普通高等教育"十一五"国家级规划教材
普通高等教育"十三五"规划教材
华中科技大学精品教材

画法几何与土木工程制图
（第五版）

U0183635

主　编　宋　玲　程　敏　庞行志　黄其柏
主　审　吴昌林　王晓琴

华中科技大学出版社
中国·武汉

内 容 提 要

本书第五版是一本"互联网+"教材。本书为普通高等教育"十一五"国家级规划教材,也是华中科技大学"提高本科生科学素质的研究与实践"教学改革研究成果之一,是学校土木、建筑、环境学科平台课程系列教材之一。书中例题动画已录制成微视频,以二维码的形式呈现在相应处。

本书分为画法几何、制图基础、土木建筑类专业图等部分,共 18 章。主要内容有:绪论,点、直线、平面的投影,直线与平面、平面与平面的相对位置,投影变换,基本体及截交线,常用工程曲线与曲面,两立体相交,轴测投影,透视投影,标高投影,制图的基本知识,组合体,剖视图与断面图,建筑施工图,结构施工图,给水排水工程图,道路工程图,桥、隧、涵工程图。

本书可作为普通高等学校土木、建筑、环境类各专业工程图学课程教材,也可供电视大学、职工大学、成人高校、函授大学及网络学院等相关专业选用,还可供相关工程技术人员学习使用和参考。

图书在版编目(CIP)数据

画法几何与土木工程制图/宋玲等主编. —5 版. —武汉:华中科技大学出版社,2020.6(2023.8重印)
普通高等教育"十三五"规划教材
ISBN 978-7-5680-6142-1

Ⅰ.①画… Ⅱ.①宋… Ⅲ.①画法几何-高等学校-教材 ②土木工程-建筑制图-高等学校-教材
Ⅳ.①TU204.2

中国版本图书馆 CIP 数据核字(2020)第 102140 号

画法几何与土木工程制图(第五版)
Huafa Jihe yu Tumu Gongcheng Zhitu

宋 玲 程 敏
庞行志 黄其柏   主编

策划编辑:万亚军
责任编辑:吴 晗
封面设计:秦 茹
责任监印:周治超
出版发行:华中科技大学出版社(中国·武汉)   电话:(027)81321913
　　　　　武汉市东湖新技术开发区华工科技园   邮编:430223
录　　排:华中科技大学惠友文印中心
印　　刷:武汉市籍缘印刷厂
开　　本:787mm×1092mm 1/16
印　　张:25 插页:2
字　　数:658 千字
版　　次:2023 年 8 月第 5 版第 5 次印刷
定　　价:59.80 元

序

　　很高兴读到了宋玲等老师编写的《画法几何与土木工程制图》这本书。工程图学课程是工科专业基础课程之一，基础不牢，地动山摇；而本书正是基于工程图学课程教学的基本要求，针对土木建筑类专业来编写的，是写得颇具特色的教材。

　　本书前言中，为了突出本书的特色，引用了物理学家劳厄的话："重要的不是获得知识，而是发展思维能力。"劳厄还讲过一句精彩的话："当所学过的知识都忘记了后，剩下的就是素质。"能力定位思维能力是素质外在表现之一。劳厄的话都包含了一点：知识是能力的基础，是素质的基础。其实，知识是文化的载体，是思维、方法、精神等的基础；离开了知识，就谈不上文化，就谈不上文化所包含的思维、方法、精神等。我赞成培根的讲法：知识就是力量；但我更赞成反过来讲这句话：没有知识，就没有力量。如果不学习知识，不获得知识，就谈不上通过知识而发展思维能力，就谈不上忘记所学过的知识而获得由这些知识通过实践而内化所形成的素质。

　　正因为如此，作者瞄准发展综合能力特别是思维能力，提高科学素质这一目标，精心选择、梳理、配置、安排有关知识，编成由 5 大部分 21 章所组成的本书，以及与本书相配套的习题集、教学辅导光盘。作者努力考虑到工程制图课程的特殊作用，不仅具有培养与发展空间想象能力与空间构思能力的作用，而且还具有由此进一步培养与发展学生的多种思维方法能力的作用；同时，作者还努力关注到实践这一环节将知识内化而形成素质上的关键作用。因此，我认为本书所把握的主线是富有见解深度的，一是培养思维能力，一是培养实践技能。

　　值得高兴的还有，本书是"提高本科生科学素质的研究与实践"教学改革成果之一。衷心希望这一改革能继续深入，本书能不断完善，特色能更加突出。实践无止境，改革无止境，进步发展也无止境。

　　热烈祝贺本书出版。

　　谨以为序。

中国科学院院士
华中科技大学教授
教育部高等学校文化素质教育委员会主任

第五版前言

本书第五版是一本"互联网十"教材。本书自出版以来,受到广大读者和专家的一致好评,多次被评为华中科技大学精品教材,分别获得过华中科技大学优秀教材一等奖、中南地区大学版协优秀教材一等奖、华中科技大学教学成果二等奖,入选普通高等教育"十一五"国家级规划教材。本书是华中科技大学"提高本科生科学素质的研究与实践"教学改革研究成果之一,是学校土木、建筑、环境学科平台课程系列教材之一。

华中科技大学历任校长都旗帜鲜明地要求进行文化素质教育,要有特色地进行创新创业教育。所以引导学生在学习中改善思维习惯和掌握多种科学的思维方法,以期培养他们的创新能力,提高他们的综合素质,提高他们主动学习与实践的意识和能力,是我们一直以来探索的方向与努力追求的目标。本书每次修订都明确地体现着两条主线:培养科学素质中的思维能力和实践技能。希望本书的使用者在课程的学习中不仅学会工程制图的实践技能;还能同步接受系统式智力训练,从而改善思维习惯和掌握多种科学的思维方法以提高思维能力。

在互联网高速普及的时代,为了方便使用者,为了更好地适应新的教学要求,本书第五版在保持原教材的基本体系和特点的基础上,有以下几方面的调整与修订。

1. 将原光盘中例题动画录制成微视频,以二维码的形式呈现在书中相应之处(二维码资源使用说明详见本书最后一页)。使用本书的教师,如需要第四版中的光盘教学及习题解答课件,可与华中科技大学出版社联系(联系电话:027-81339688-2529,电子邮箱171447782@qq.com)。

2. 去掉了与机械制图相关的第19、20、21三章以及附录。若有较集中且数量多的使用者需要这三章内容可与出版社联系协商。

3. 尽可能地采用最新国家标准,但近几年相关国家标准变化较快,我们收集的资料不不够齐全,有个别标准的更新可能滞后于实际情况。

本书第五版由华中科技大学宋玲、程敏、庞行志、黄其柏担任主编,吴昌林教授与王晓琴副教授担任主审。参加本次修订工作的有:黄其柏(第1章,第2、11章部分内容),庞行志(第3、12章),竺宏丹(第4章),宋玲(第5、6、7、16章,第2、11章部分内容),程敏(第8、14、15章),鄢来祥(第9、13、17章),贾康生(第10、16、18章)。本次修订工作得到了华中科技大学魏迎军副教授、张卉副教授和张长清副教授的大力支持和协助。

与本书配套的习题集,其习题解答和部分立体模型也以二维码形式呈现。习题集由鄢来祥、竺宏丹主编。

在本书的编写与修订过程中,我们参考了国内一些同类著作和相关资料,已作为参考文献列于书末,在此向这些文献的作者们表示诚挚的谢意。

书中难免存在错误和疏漏之处,恳请读者批评指正。

编　者

2019 年 5 月

第四版前言

2015年10月,国务院提出要在我国创建世界一流大学和一流学科。要完成这个任务,关键是要使我们的学生在综合素质方面有大的提升。

华中科技大学校长丁烈云在《提高教育质量,培养创新人才》报告中提到:要旗帜鲜明地进行文化素质教育,要有特色地进行创新创业教育。"被动学习、被动实践"是制约学生综合素质提升的主要原因之一,引导学生在学习中改善思维习惯和掌握多种科学的思维方法,以期培养他们的创新能力,提高他们的综合素质,提高他们主动学习与实践的意识和能力,是我们一直以来努力追求的目标与探索的方向。本书多次修订都明确地体现着两条主线:培养科学素质中的思维能力和实践技能。希望本书的使用者在课程的学习中不仅学会工程制图的实践技能,还能同步接受系统式智力训练,从而改善思维习惯和掌握多种科学的思维方法,以提高思维能力。

本书自出版以来,受到广大读者和专家的一致好评,在2005年、2006年、2007年、2008年先后被评为华中科技大学精品教材、华中科技大学优秀教材一等奖、中南地区大学版协优秀教材一等奖、华中科技大学教学成果二等奖,入选普通高等教育"十一五"国家级规划教材。本书是华中科技大学"提高本科生科学素质的研究与实践"教学改革研究成果之一,是学校土木、建筑、环境学科平台课程系列教材之一。

为了更好地适应新的教学要求,我们结合本课程多年来的教学改革成果,参考了读者反馈的意见和专家的建议,本书第四版在保持原教材的基本体系和特点的基础上,作了一些相关调整和修订,主要有以下几方面。

1. 尽可能地采用最新国家标准,更新了相关内容。

2. 根据新的《普通高等学校工程图学课程教学基本要求》,去掉了第5章中直线与立体相交的内容,在第15章中补充了混凝土结构平面整体表示法。

3. 第5章和第13章更换了个别图例,使学习者能够更好地学习和理解。

4. 在每章的后面增加了学习引导,以帮助学习者快速进入到章节的学习,更好掌握本章的内容。

本书第四版由华中科技大学宋玲、程敏、庞行志、黄其柏担任主编,吴昌林教授与王晓琴副教授担任主审。参加本次修订工作的有:黄其柏(第1、2、11章),庞行志(第2、3、12章),竺宏丹(第4、10、17、18章),宋玲(第5、6、7、11章),程敏(第8、14、15、16章),贾康生(第9、13章),鄢来祥(第19、20、21章、附录)。本次修订工作得到了华中科技大学张卉副教授、张长清副教授的大力支持和协助。

与本书配套的习题集、教学课件和习题解答光盘也同步作了修订。习题集由贾康生、竺宏丹、鄢来祥主编,教学课件和习题解答光盘由鄢来祥、宋玲主编。

在本书的编写与修订过程中,我们参考了国内一些同类著作和相关资料,已作为参考文献列于书末,在此向这些文献的作者们表示诚挚的谢意。

书中难免存在错误和疏漏之处,恳请读者批评指正。

编　者

2016年10月

第三版前言

在我国,"注重培养一线的创新人才"已被正式列入了党的十七大报告。然而,若与西方发达国家的大学生相比,则可以明显感到,我们的学生在综合素质方面整体上还有差距,主要表现为解决实际问题的能力以及创新能力不足。产生这个差距的原因是多方面的,而"被动实践"是其中的重要原因之一。华中科技大学校长李培根院士指出:"在我们越来越强调培养学生创新能力的今天,被动实践不能不说是中国高等教育存在的严重问题之一。创新能力的培养迫切呼唤主动实践。"因此,在课程教学中教师如何创造条件,引导学生主动实践、调动学生主动学习的潜能,是创新人才、创新能力培养的关键环节。

要培养学生的创新能力,提高他们的综合素质、主动实践的意识和能力,应该从影响学生的综合素质提高的制约瓶颈——思维能力入手。在本书第一版的编写中就努力体现两条主线:培养科学素质中的思维能力和实践技能。希望使用本书的师生明确本课程的教学目标:不仅学会能用平面图形描述空间形体——培养和提高实践技能,还能同步接受系统式智力训练,提高思维素质——改善思维习惯和掌握多种科学的思维方法,以提高思维能力。要突破综合素质的制约瓶颈,还需教与学双方的共同努力。

本书第三版在保持原教材的基本体系和特点的基础上,作了一些相关调整和修订。

本书第三版由华中科技大学王晓琴、庞行志担任主编,竺宏丹、骆莉担任副主编,吴昌林教授担任主审。编写分工为:王晓琴修订第1、2、11、14、15章,王晓琴、潘宗良修订第17、18章,庞行志修订第3、12章,竺宏丹修订第4、10章,宋玲修订第5、7章,宋玲、庞少林修订第6章,程敏修订第8、16章,贾康生修订第9章,贾康生、王晓琴修订第13章,鄢来祥修订第19、20、21章,骆莉、唐培修订附录,唐培、莫毅华绘制了第14、15、16、17、18章的部分插图,雷育祥副总工程师、王俊松高级工程师参加了第14、15、16章的修订工作。在本书的编写与修订全过程中得到了华中科技大学廖湘娟副教授、魏迎军副教授、湖北经济学院王蕾副教授的大力支持和协助。

与本书配套的教学辅导光盘和习题集也同步作了修订。教学辅导光盘由宋玲、鄢来祥主编,习题集由贾康生、程敏主编。

为弥补教学时数的不足及为读者提供另一种学习方式,本课程组编写了与本书配套的教学辅导书《画法几何与工程制图学习辅导及习题解析》,已由华中科技大学出版社出版发行。该辅导书可让读者按自己的思维速度体会解题思路和技巧,达到善于联想、触类旁通、激活思维潜能的作用,使所学知识在综合运用中适度升华。

在本书前几版的使用过程中,得到了各级领导、专家们的支持和好评,在2005年、2006年、2007年、2008年先后被评为华中科技大学精品教材、华中科技大学优秀教材一等奖、中南地区大学版协优秀教材一等奖、华中科技大学教学成果二等奖,入选普通高等教育"十一五"国家级规划教材。在此向相关领导、专家以及关注本书的读者表示诚挚的谢意。

书中难免存在缺点和错误,恳请读者提出宝贵意见。

编　者

2008 年 7 月

第二版前言

我们党和国家高度重视提高全民科学素质,2006年3月20日国务院颁布了《全民科学素质行动计划纲要(2006—2010—2020)》,描述了实施全民科学素质行动计划蓝图。全面提高公民科学素质,对于发展创新文化、提高国家竞争力、建设创新型国家、实现经济社会全面协调可持续发展、构建社会主义和谐社会,具有极其重要的意义。因此全面提高公民科学素质,正成为建设创新型国家越来越紧迫的任务,也成为我国教育和科技工作者的神圣"天职"。其中实施未成年人科学素质行动计划,以及加强高等教育,对于全民科学素质的提升尤为重要。

随着教学改革的深入和发展,根据使用本教材的师生的意见,对第一版教材的内容在保持原教材的基本体系和特点的基础上,作了一些调整和修订,主要表现在以下几方面。

1. 按《纲要》中的精神与要求,将科学素质内涵的定义作了相关的修正,并从工程图学的智力价值角度,分析了本课程对培养学习者综合素质的独特作用。同时对各章中出现的相关思维方法作了更详尽的解析。

2. 跟踪最新国家标准,更新了相关内容。

3. 为满足学习者自学的需要,充实了第9章透视图、第13章剖面图与断面图的内容。

4. 为满足土木、建筑、环境等专业学习者对于机械图学习的进一步要求,对第19章机械图的内容作了较大辐度的扩充,由一章内容改写成三章:标准件与常用件、零件图、装配图,并增加了附录。

5. 本书删除了第一版中第20章AutoCAD绘图基础,进一步的学习可参考华中科技大学宋玲等编写的教材《AutoCAD计算机绘图》。

本书由华中科技大学王晓琴、庞行志主编,宋玲、贾康生副主编,吴昌林教授主审。编写与修订分工为:王晓琴编写与修订第1、2、11、14、15章;王晓琴、潘宗良编写与修订第17、18章;庞行志编写与修订第3、12章;竺宏丹编写与修订第4、10章;宋玲编写与修订第5、7章;宋玲、庞少林编写与修订第6章;贾康生编写与修订第9、13章;程敏编写与修订第8、16章;鄢来祥编写第19、20、21章;骆莉编写附录;莫毅华绘制了第14、15、16、17、18章的部分插图,雷育祥副总工程师、王俊松高级工程师参加了第14、15、16章的编写与修订工作。在本书的编写过程中得到了廖湘娟副教授、魏迎军副教授的大力支持和协助。

与本书配套的教学辅导光盘部分和习题集部分也同步作了修订。教学辅导光盘部分由宋玲、庞行志主编,习题集部分由庞行志、贾康生主编。

本书在第一版出版使用过程中,得到了华中科技大学教务处和机械学院各级领导、专家们的支持和好评,相继在2005年、2006年被评为校级精品教材和获得优秀教材一等奖,在此表示诚挚的谢意。

限于编者的水平和能力,书中难免存在缺点和错误,恳请使用本书的读者提出宝贵的意见。

编　者
2006年7月

第一版前言

在人才和公民的科学素质竞争的时代,各高校都在积极推进教育改革,把提高教育质量、培养高素质综合人才作为求生存、谋发展的目标。在综合素质的构成中,最基本、最重要的将是科学素质。对接受过高等教育的人来说,科学素质主要表现为思维能力、实践技能、科学计算等方面的能力。在这些综合能力中,思维能力是科学素质的核心部分,它能极大地影响其他能力的提高和发展。早在 20 世纪初,著名的科学家劳厄就指出:"重要的不是获得知识,而是发展思维能力。"

在大学教育中培养思维能力的课程很多,就不同学科来讲,它们各自都有自己的研究方法和思维方式,这些都是蕴涵在教材内容中的重要智力因素,具有知识和知识以外的智力价值。工程制图课程是非常独特的一门基础课,它不但有众所周知的培养和发展学生的空间想象能力和空间构思能力的特点,还有培养或形成学习者的多种思维方法的特点,而这些思维方法的运用对优化思维品质、改善学生的思维素质有意想不到的效果。本书在继承本课程传统精华的基础上,全程把握了两条主线:培养科学素质中的思维能力和实践技能。

根据当前学生定式思维惯性大的特点,本书采用了由浅入深、由简及繁、由易到难的编排顺序,以遵循学习者的认知规律。同时为帮助教与学,还制作了教学辅导光盘与之配套。

本书主要介绍了土木工程制图的一般理论和绘图方法,紧密结合专业,注重从投影理论到制图实践的应用,遵循最新规范,并注意全书的系统性,力求反映近年来土木工程专业的发展水平。

本书由华中科技大学王晓琴、庞行志担任主编,宋玲、贾康生担任副主编,吴昌林教授担任主审,廖湘娟副教授担任副主审。编写分工为:王晓琴编写第 1、2、11、14、15 章;王晓琴、潘宗良合写第 17、18 章;庞行志编写第 3、12 章;竺宏丹编写第 4、10 章;宋玲编写第 5、7 章;庞少林、宋玲合写第 6 章;贾康生编写第 9、13 章;程敏编写第 8、16 章;鄢来祥编写第 19、20 章;莫毅华绘制了第 14、15、16、17、18 章的部分插图,雷育祥副总工程师参加了第 14、15、16 章的编写工作。

与本书配套的教学辅导光盘部分由宋玲、庞行志主编(详细分工见光盘前言),与本书配套的习题集部分由庞行志、贾康生主编(详细分工见习题集前言)。

在编写本书的过程中,得到了华中科技大学教务处和华中科技大学机械学院的支持,在此表示深切的谢意。限于水平有限,时间仓促,书中难免存在缺点和错误,恳请使用本书的教师、同学及广大读者批评指正。

编 者
2004 年 6 月

目　　录

第 1 章 绪 论

1.1 画法几何和工程制图概述

1.1.1 画法几何

画法几何是人类根据生产实践的需要而产生和发展的科学理论。但在形成一套完整的科学体系以前,画法几何的方法和规则早已根据实践的需要而应用于技术和艺术等各个领域之中。在古代,为满足丈量田亩、兴修水利和航海等的需要,产生了量度几何。根据我国古代文献的记载,古人从传说中的禹时代就已经开展了大规模的治水工程,以利于农业生产。在治水工程中,必先探测地形、水路,古人在不可能十分完整地了解、使用文字或语言和清晰地描述地形等空间对象的情况下,提出了许多有关在平面上表示空间物体的几何问题。人们经过长期努力,逐渐摸索出一些解决问题的方法,地形图的绘制技术因此而逐步发展起来。

营造技术在我国也是发展最早的科学之一。自周代以来,就有很多关于建筑的记载。其中完整无遗地保留至今的是宋代李诫(字明仲,1035—1110)于公元 1100 年著成的《营造法式》一书。这部著作完整地总结了 2 000 多年间我国在建筑技术上的伟大成就。全书共 36 卷,其中 6 卷为图册,所列图样大都是正确地按正投影的规则绘制的,还有很多图样已完全脱离了艺术画的范畴,而用轴测画法来表达。

此外,在其他技术书籍中也可看到很多图样。例如明代宋应星(1587—1661)所著的《天工开物》一书中就有大量插图,其中很多图样与现在的轴测投影相差不多,有的还适当地运用了阴影。

1795 年,法国著名科学家加斯帕尔·蒙日(Gaspard Monge,1746—1818)发表了著名的《画法几何》论著,所论述的画法是以相互垂直的两个平面作为投影面的正投影法。这个方法保证了物体在平面上的图像明显、正确,且便于度量。蒙日的著作对世界各国科学技术的发展产生了巨大的影响。而在以后的一两百年中,许多学者和工程技术人员对工程制图的理论和方法做了大量的研究工作,使之不断发展和完善。

"画法几何"这一中文名称是由我国著名物理学家萨本栋(1902—1949)和著名教育家蔡元培(1848—1940)在 1920 年前后翻译定名的。

在我国社会主义现代化建设中,画法几何对国民经济建设起着重要的作用。为了适应科学技术的发展,必须把解析几何的数解法与画法几何的图解法有机地结合起来,使空间几何问题的解决得以从手工绘图转变为计算机绘图和图形显示,并实现对本课程的计算机辅助教学。这些发展和转变都对画法几何的教学及应用产生了深远的影响。

1.1.2　工程制图

图形和文字、数字一样，是人类用来表达、交流思想和分析事物的基本工具之一，也是人类的一种信息载体。图样的发展源于图画，它和其他科学技术一样，是在社会生产实践中不断发展和完善起来的。从大量的史料来看，早期的工程图样比较多的是与建筑工程联系在一起的，而后才反映到器械制造等其他方面。

我国早在 2 000 多年以前就已有了工程图样。一些历史记载可以证明这一点。例如，唐高祖李渊（566—635 年）命欧阳询（557—641 年）等所辑的《艺文类聚》卷三十二引"说苑"中云："（战国时）齐王起九重之台，募国中能画者……有敬君者……画台。"又如东汉班固（32—92年）所撰《汉书》卷二十五"郊祀志"中记载："上欲治明堂奉高（今山东泰安）旁，未晓其制度，济南人公玉带上黄帝时明堂图……于是上令奉高作明堂汶上如带图。"可惜这些图样未能流传到现在。1977 年冬在河北省平山县战国时期中山王墓中出土的一件铜制建筑规划平面图，是现存的世界上最早的完整工程图。该图用金银线镶嵌在一块长 94 cm、宽 48 cm、厚 1 cm 的铜板上，比例为 1 : 500，有文字标明尺寸。该图是用正投影法制作的，距今已有 2 200 多年。

李诫的《营造法式》一书是世界上刊印最早的建筑工程巨著。该书总结了中国宋代以前历史上建筑技术和艺术的成就，详尽地阐述了营造技术、建筑标准、制图规范、材料规格等。这说明，早在 900 多年前我国的营造技术和工程制图技术就已发展到相当高的水平。

此外，宋代天文学家、药学家苏颂（1020—1101 年）所著的《新仪象法要》、元代农学家王桢（184—268 年）撰写的《农书》、明代科学家宋应星所著的《天工开物》等书上都有大量为制造仪器和工农业生产所需的器具和设备的插图。其中既有表明作用状况的组合图，又有拆开后分别画出的部件图和零件图。

法国科学家蒙日把三维关系用二维图形表现出来，这无疑是对历史的贡献。从传统的产品设计和生产过程来看，设计人员首先将大脑中构思的产品三维结构影像用二维视图绘成工程图，然后交付制造部门按图生产。以画法几何为基础的工程图学在工程与科学技术领域里提供了可靠的理论工具和解决问题的有效手段，它使工程图的表达与绘制高度规范化和唯一化，成为工程技术界同行进行技术交流时的通用"语言"之一。

工程制图即以简明、合理的表达方法来绘制工程图样。长期以来，工程图主要采用二维视图辅以剖视、截面等方法来表达工程对象的结构形状，而富有直观感的立体图（轴测图和透视图等），由于作图非常复杂和麻烦，不得不被传统的工程图所放弃。

随着图学理论和制图技术的发展，绘图工具从三角板、圆规、丁字尺发展到机械式绘图机。这些手工绘图工具虽然至今仍在使用，但把计算机技术及其成果引入工程图学后，图样管理实现了生产管理模式的现代化，以计算机作为绘图工具来生成各种视图乃至整个工程图样的工作效率，是人工绘图难以相比的。在计算机绘图基础上发展起来的计算机辅助设计技术，得到了广泛的应用，已成为教学、科研、生产和管理等部门的一种十分有用的技术。因此，图样不但是"工程界的技术语言"，而且也是进行科学研究和解决工程技术问题的有力手段。

1.2 画法几何和工程制图的任务

1.2.1 画法几何的任务

画法几何是几何学的一个分支，是描述"工程界的技术语言"的理论和方法。画法几何学的主要任务是：

(1) 研究在二维平面上表达三维空间形体的方法，即图示法；

(2) 研究在平面上利用图形来解决空间几何问题的方法，即图解法；

(3) 培养良好的思维习惯，提高思维品质。

由于形体的空间形态千变万化，并不便于直接研究其共性，为了使三维的形体能在二维的平面上得到正确的反映，通常把形体抽象成点、线、面、基本体来研究。画法几何学所研究的就是用二维平面表现三维的空间形体、用平面上的投影来解决空间的几何问题的方法和一些规定。虽比较抽象，但系统性和理论性较强。

1.2.2 工程制图的任务

图样是按照国家或部门有关标准的统一规定而绘制的，是施工或制造的依据，是工程上必不可少的重要技术文件。工程技术人员用图样来表达设计构思，进行技术交流。图样是工程界进行技术交流的"语言"。

工程制图的任务主要在于：培养看图想象（提高思维能力）和绘图（工程图样）表达的基本能力。

要培养绘制工程图样的基本能力，应在下列几个方面进行具体训练：

(1) 正确使用绘图仪器和工具，熟练掌握绘图技巧；

(2) 熟悉并能适当地运用各种表达物体形状和大小的方法；

(3) 学会凭观察估计物体各部分的比例而徒手绘制草图的基本技能；

(4) 熟悉有关的制图标准及各种规定画法和简化画法的内容及其应用；

(5) 掌握有关专业工程图样的主要内容及其特点；

(6) 培养利用计算机绘制图形的基本能力——掌握计算机绘图和图形显示的方法和技术。

随着计算机技术的发展，人工绘制工程图样必将愈来愈多地被计算机绘图取代。但计算机绘图并不能完全取代人工绘图，特别是在进行基础训练时，人工绘图仍然是主要的制图手段。

1.3　本课程与科学素质培养的关系

1.3.1　科学素质与思维能力

在科学技术推动人类进入全球化之后,我们生活的时代已经成为一个国家间激烈竞争的时代,这种国家竞争归根结底是国民素质的竞争,而科学素质是现代公民最重要的素质之一。作为公民现代素质的重要组成部分,科学素质的普遍提高已被提升到各国国家目标的层次,近年来,国家和政府以空前的高度重视提高全民的科学素质。2006 年 3 月 20 日,国务院印发的《全民科学素质行动计划纲要(2006—2010—2020 年)》(以下简称《科学素质纲要》)中明确提出了我国在"十一五"期间的主要目标、任务与措施和到 2020 年的阶段性目标:到 2010 年,中国公民的科学素质要达到发达国家 20 世纪 80 年代末的水平,到 2020 年要达到世界主要发达国家 21 世纪初的水平。《科学素质纲要》的推出显示了 21 世纪中华民族的宏大视野和前瞻能力,而《科学素质纲要》目标的实现,也将使中国从一个以人文传承为主要特征的传统社会,转向建设创新型国家,进入中华民族前所未有的人文与科学交相辉映的新时代。

大学生在我国的国民结构中属于高文化水平阶层,大学生科学素质水平代表着未来民族科学素质的水平,代表着整个民族的未来和希望。大学生科学素质的提高不但能增强他们自身的社会竞争力,让他们在科技应用、科技创新中发挥重要作用,还能够引领社会全体成员科学素质的提高。因此,通过科学教育培养和提高在校学生的科学素质对实现《科学素质纲要》的奋斗目标的意义不言而喻。

国内外专家、学者通过对科学素质内涵的研究,认为科学素质的培养是一个德育和智育相互兼顾、知识和能力协同培养、智力因素和非智力因素综合考虑的系统工程。科学素质主要指一个人具有用科学观点认识和描述客观世界的能力,具有在科学方法的启示下进行科学思维的习惯,具有从公民角度处理与科技问题有关事物的能力。科学素质主要由图 1-1 所示的五大要素构成。

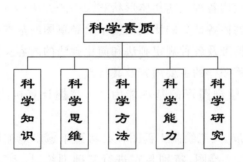

图 1-1　科学素质的构成要素

科学素质的五个构成要素之间的关系并不孤立,而是彼此相互作用和影响的:科学知识是基础,科学思维是核心,科学方法是源泉,科学能力是动力,科学研究是成果。对接受高等教育的大学生来说,科学素质是其综合素质中一项重要的素质,它表现为大学生在高等教育阶段的学习和实践中所掌握的科学知识、技能和方法,以及在此基础上形成的科学能力、科学思维以及科学品质等,这些都是知识内化和升华的结果。而其综合效应又表现为认识和改造主客观世界的知识和能力等综合素质,其中突出反映在思维能力、实践技能、科学计算等方面能力的强弱。在这些综合能力中,科学素质的核心部分——科学思维能极大地影响其他能力的提高和发展。早在 20 世纪初,一些著名的科学家就提出了有关思维的观点,如"重要的不是获得知识,而是发展思维能力"(劳厄),"想象力比知识更重要,因为知识是有限的,而想象力概括着世界的一切,推动着进步,并且是知识进化的源泉。严格地说,想象力是科学研究中的实在因素"(爱因斯坦)等。

思维是人类大脑进行的一种复杂的心理过程,它是借助感知、表象、符号、字词等中介,通过分析、综合、比较分类、抽象、概括及系统化和具体化等基本过程进行的。概念、判断和推理是思维的基本形式。思维使人们间接和概括地认识事物,反映事物的一般属性和事物间的规律性的联系。而思维能力(包括创造性思维能力)被解释为一个人运用各种符号或信息(驾驭知识、技能)进行思维,从而进行决策、解决问题、顺利完成思维任务的技能或可能性。进行决策和解决问题是思维的基本活动。

创造活动中的思维过程是非常复杂的过程,它表现为思维在不同的方式间不断变换的多次循环,而不同的思维方式在创造过程中的不同阶段起着不同的作用:如发散、直觉思维在"大胆假设"过程中起着重要作用,而收敛、逻辑思维在"小心求证"时起着决定性作用。因此,思维能力既需要收敛、逻辑思维作为基础,也需要发散、直觉思维以推动思维的深入和创新,不可忽视或偏重某一种思维方式。若忽视思维能力的培养和发展,那么科学素质的培养不但收效甚微,而且会成为导致当前大学毕业生创新能力不够的直接且主要的原因之一。

思维能力方面的各种差异受多方面、复杂因素相互交错的影响。若学生在掌握专业知识、技能的过程中学会各种思维方法,对优化思维品质、培养和发展思维能力将有着重要的意义。

1.3.2　本课程的智力价值及与科学素质的关系

本课程在传授图学知识的同时,注重学生思维能力和实践技能的培养,这是一门与提高思维品质、发展思维能力、培养科学素质有直接关系的课程,具有较高的智力价值[①]。

一门课程所具有的智力价值,可以根据该课程在培养学习者思维能力方面所起作用的大小来衡量。在大学教育中培养思维能力的课程很多,不同学科各有自己的研究方法和思维方式,这些都是蕴涵在教材内容中的重要智力因素,具有知识及知识以外的智力价值。工程制图课程则是非常独特的集基础性知识与应用性知识、理论性知识与实践性知识于一体的一门基础课。众所周知,它具有可培养和发展学生的空间想象能力和空间构思能力以及一名工程师应具备的绘制和阅读工程图样能力的特点,而这只是其显在的智力价值,其潜在的智力价值却蕴涵在工程图学的基础性知识、理论性知识中,这些枯燥、乏味、难学的图学知识,具有促进学

---

① 知识的智力价值是指知识对智力的形成和发展所起的作用。知识虽不能直接转化为创造力,但可间接地转化为创造力,因此,知识能否转化为创造力取决于知识本身的智力价值的高低,更取决于人在获取知识的过程中智力参与的程度。不同的知识具有不同的智力价值,不同的知识对人的智力发展的促进作用也会不同。如基础性知识与应用性知识相比,基础性知识具有较高的智力价值。这是因为基础性知识抓住了事物的共性,具有广泛的迁移性。掌握了基础性知识,即可以简约繁,举一反三,由此及彼,触类旁通。理论性知识与实践性知识相比,理论性知识具有较高的智力价值。这是因为理论性知识反映了事物的本质和客观规律。理论性知识一旦被掌握,它所蕴涵于客观的辩证法即转化为人们自己的辩证法,即人脑的思维规律。

生掌握多种思维方法的功能,而这些思维方法,如降维法、升维法、逆向思维法、连环思维法、收敛思维法、发散思维法、猜想法、倒逆式思维法、迁移思维法、想象法、立体交合思维法、假想构成法、原型联想法、图形思维法、联想法等的运用对优化思维品质、改善学生的思维素质有意想不到的效果①。

每一种方法都有其独特的作用与功效。如联想法是通过事物之间的关联、比较,来扩展人脑的思维活动,从而获得更多创造设想的思维方法。一个人如果不学会联想,学一点就只知道一点,那他的知识将不仅是零碎的、孤立的,而且是很有限的;如果善于运用联想,便会由一点扩展开去,使这点活化起来,实现举一反三、闻一知十、触类旁通,产生认识的飞跃,出现创造的灵感。例如:牛顿由苹果的下落联想到万有引力;法拉第从奥斯特"电生磁"逆向思维提出问题,联想到"磁能否生电",最终发现了电磁感应现象,促进了发电机的发明;阿基米德从"洗澡溢水"的现象中得出浸在液体中的物体所受到的浮力与被它排开的液体重量之间的关系;等等。又如,迁移思维法是将已学得的知识、技能或态度等,对学习新知识技能施加影响的方法。我们常说的"举一反三""触类旁通""由此以知彼",都是在学习过程中运用迁移法的生动体现。由于在学习本课程的过程中思维方式多元化、思维在不同方式间转换频繁,故可将工程制图课程比喻为"思维的体操"。若在本课程的学习中掌握科学思维方法,增强思维能力,不仅可充分挖掘自身潜能、有效地开发自身的智力资源,而且在走上社会后,不管从事什么工作,高思维品质所产生的效果都将不可限量。

正因为在学习本课程时要求多元思维,而且思维在不同方式间转换频繁,学习者如不能同步跟上,将会觉得难度非常大,这就是本课程为公认的难学课程的原因。反之,如能正确地将不同的思维方法运用到对图学理论的理解上,则会有化难为易的功效。

1.4　本课程的学习方法

本课程是一门培养科技人员将头脑中的思维变成工程图样和计算机图形的基本能力的课程,具有理论与实践联系密切的特点。

本课程分成四部分:画法几何、制图基础、工程制图(土木工程图、机械工程图)和计算机绘图基础。

1.4.1　画法几何部分的学习方法

画法几何部分将点、线、面、基本体等内容按由浅入深、由简及繁、由易到难的顺序编排,知识前后连贯、联系密切、逻辑严谨,主要通过课堂讲授和演示进行教学。

学习理论知识要注意:

(1)掌握投影的基本理论,搞清逻辑关系,注意空间元素与投影之间的对应关系、投影与投影之间的对应关系、空间几何关系的分析和空间问题与平面图形的联系等;

---

　　① 上述各种思维方法的注解及应用见本书第2、3、4、5、7、9、12章。本课程中所涉及的思维方法远远不止本书所列举的几种,因篇幅所限不能展开解释,可参看华中科技大学出版社出版的《工程制图与图学思维方法》等有关思维科学的书籍。

（2）在解决相关空间问题时，综合应用已积累的图学知识，实现知识迁移。

培养思维能力要注意：

（1）克服定式思维的"惯性"和不愿挑战困难的"惰性"；

（2）在了解由空间到平面、平面到平面的对应关系中，先建立空间思维模型，后体会通过不同事物之间的各种联系，完成思维迁移——联想的过程，逐步养成看一点想象与它有关系的其他方面的思维习惯，能快速地改变思维方向以训练思维的灵活性；

（3）良好思维品质的养成必须遵循人的认知规律，循序渐进，不能急于求成。

在分析几何元素的空间关系时，不仅需要运用已学的理论知识，而且要借助直观手段，如将铅笔当直线，用三角板或其他纸板作平面，把书或墙面当作投影体系等，以此比画、模拟，帮助思考。

在学习过程中要注意以下学习环节的配合。

（1）课前预习。利用已知的知识，以本书每章后所提供的思考题为索引，预习新的内容，并能生疑，这样带着疑问听课，可变被动接受知识为主动寻求知识。

（2）做笔记。可用符号、旁注等形式记下重点、难点、关键点，以课堂笔记为参考，归纳、总结所学知识，针对重点、难点充分消化、理解，为下一步学习扫清障碍。

（3）课堂参与。积极参与课堂讨论，在教师的引导下形成新的思维方式和在不同思维方式间进行思维迁移变换。

（4）完成适量练习。独立完成或在与同学的相互讨论中完成教师指定的作业，变外在的知识为内在的知识，使知识"活"起来。

另外，要充分利用本书提供的二维码链接资源辅助学习，同时在教师引导下，利用集体发散思维，集思广益，形成浓厚的课堂讨论的氛围，提高学习效率及增强思维训练效果。

1.4.2　制图基础部分的学习方法

学习制图基础理论知识时应注意：

（1）重视投影对应规律与各种分析方法，通过各种结构形式组合体的读图，掌握形体分析法和线面分析法，学会把复杂形体分解为简单形体组合的思维方法，为加强读图能力打下比较坚实的基础，进一步发展思维能力；

（2）重视图、物之间的投影对应关系，掌握不同形体在空间处于不同位置时其形状的图示特点，不断地由物画图，由图想物，使思维在升维和降维的多次迁移循环中变得更加灵活；

（3）在掌握形体的各种表达方法的过程中，注意分析形体内部的远近层次，使形象思维能力得以加强。

锻炼实践技能时要注意：

（1）学会正确使用绘图工具和仪器的方法；

（2）了解、熟悉和严格遵守制图标准的有关规定，并在制图技能的操作训练中，养成正确使用制图工具、仪器，遵守国家标准中有关土木建筑制图的基本规定，以及正确地循序制图和准确作图的习惯，初步培养用工具、仪器和徒手绘图的能力；

（3）掌握形体投影图的画法和尺寸注法。

在完成作业时，应注意正确使用绘图仪器和工具，不断提高绘图技能和速度，力求达到作图正确、迅速、美观的目标，培养认真负责的工作态度和严谨细致的工作作风。

1.4.3　工程制图部分的学习方法

工程制图的特点是实践性强,涉及知识面广。通过建筑类各专业图及机械图的学习,我们应知悉有关专业的一些基本知识,了解建筑专业图(如房屋、给水排水、道路、桥梁、涵洞、隧道等图样)和机械图的内容和图示特点,遵守有关专业制图标准的规定,熟悉《建筑制图》国家标准、《机械制图》国家标准及一些行业规定,初步掌握绘制和阅读专业图样的方法。通过绘制和阅读一定数量的制图作业,我们应严格遵守国家标准和规定,遵循正确的作图步骤和方法,不断提高绘图效率,以适应实际技术工作的需要。

图样是重要的技术文件,是施工和制造的依据,不能有丝毫的差错。图中多画或少画一条线,写错或遗漏一个尺寸数字,都会给生产带来严重的损失。因此,在学习过程中,必须具备高度的责任心,养成实事求是的科学态度和严肃认真、耐心细致、一丝不苟的良好习惯。

1.4.4　计算机绘图基础部分的学习方法

计算机绘图是适应现代化建设的新技术,是一种新的图形技术,是计算机辅助设计(CAD)的基础手段,也是本学科发展的一个重要方向。在计算机技术高度发展的今天,图形技术也发生了突破性的变革,使用计算机生成和输出图形已经成为一项成熟的实用技术,它在工业及工程设计中得到了广泛的应用。计算机绘图已成为工程技术人员必须具备的一项基本技能。

实现计算机绘图离不开绘图程序。直接依靠程序的运行而自动完成绘图称为程序式绘图,这是不能进行人工中途干预的自动绘图过程;如果绘图程序只是产生了一种作图环境,提供作图工具,而具体要画什么图是由操作人员通过交互过程完成的,这种绘图方式就称为交互式绘图。两种绘图方式各有各的用途,采用哪种绘图方式绘图要视具体任务而定。

计算机绘图的突出特点是实践性强,所以不论是利用绘图软件还是编写程序进行图形的绘制,都必须用足够的时间和精力上机操作,这样才有可能真正掌握这一技术。

由于绘图软件升级频繁,为方便学习者接受最新版本的绘图软件,本课程组专门编写了《AutoCAD 计算机绘图》与本书内容配套使用,请参考使用。

1.5　投影法的基本概念

空间的三维形体转变为平面上的二维图形是通过投影法实现的。因此,画法几何的基础是投影法。

1.5.1　投影的形成

当光线(阳光或灯光)照射物体时,就会在地面上产生影子,如图 1-2 所示。人们就是在这种自然现象的基础上,对影子的产生的过程加以科学抽象,即把光线抽象为投射线,把物体抽象为几何形体,把地面抽象为投影面(见图 1-3(a)),而创造出投影方法的。当投射线穿过形体,在投影面上就得到投影图,如图 1-3(b)所示。

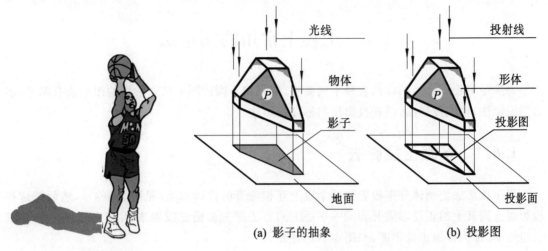

图 1-2 自然现象

(a) 影子的抽象　　　　(b) 投影图

图 1-3 投影的形成

1.5.2 投影法的分类

1. 中心投影法

投射线都从投影中心 S 出发,在投影面上作出物体投影的方法,称为**中心投影法**,如图1-4所示。

2. 平行投影法

若将投影中心 S 沿某一不平行于投影面的方向移至无穷远的地方,则所有的投射线相互趋向平行,在这种情况下作出物体投影的方法称为**平行投影法**。在平行投影的情况下,如果投射线与投影面交成一个不等于 $90°$ 的斜角,那么称这种平行投影法为**斜投影法**,如图 1-5(a) 所示;如果投射线与投影面交成直角,那么称这种平行投影法为**正投影法**,如图 1-5(b)所示。由此得出的投影分别称为斜投影和正投影。

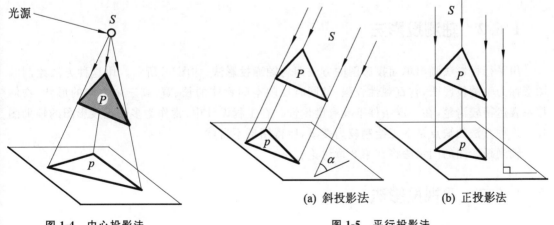

图 1-4 中心投影法

(a) 斜投影法　　　　(b) 正投影法

图 1-5 平行投影法

正投影法能准确地表达物体的形状结构,而且度量性好,因而在工程上得到了广泛应用。

正投影法是本课程学习的主要内容,后面除有特别说明外,所述投影均指正投影。

1.6　工程上常用的图示法

为满足工程设计对图样的各种不同要求,常采用不同的图示法。常用的图示法有四种:多面正投影法,轴测投影法,透视投影法和标高投影法。

1.6.1　多面正投影法

用正投影法把物体分别投影到两个以上互相垂直的投影面上(见图 1-6(a)),然后把这些投影面连同其上的正投影展开到同一平面上的方法即为**多面正投影法**,用这种方法所得到的一组图形,称为多面正投影图,如图 1-6(b)所示。

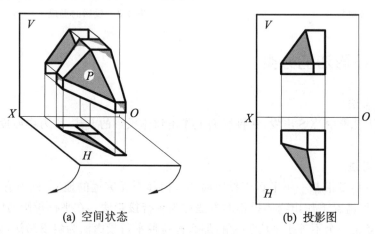

(a) 空间状态　　　　　　　　　(b) 投影图

图 1-6　多面正投影法

多面正投影图可准确地反映物体的形状大小,便于度量,作图简便,是工程设计中的主要图样,但缺乏立体感。多面正投影法是本书重点介绍的图示法。

1.6.2　轴测投影法

用平行投影法画出单面投影图的方法即为**轴测投影法**,如图1-7所示。用这种方法绘制的图形称为轴测投影图,它直观性较强,能同时反映空间物体的长、宽、高三个方向的形状,物体形象表达得较清楚,在一定条件下具有度量性。在工程设计中,常作为多面正投影图的辅助图样。这种方法的缺点是手工绘制较为费事,所得图形不自然。

轴测投影图的图示法将在第 8 章讨论。

1.6.3　透视投影法

透视投影法属中心投影法。用这种方法绘制的图形符合人的视觉效果,富有立体感和真实感,如图 1-8 所示。

图 1-7 轴测投影法

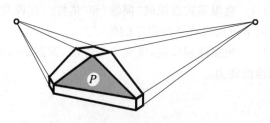

图 1-8 透视投影法

在土木建筑设计中,透视投影法常用来表示土木建筑工程的外貌或内部陈设,以便研究其造型和空间处理。这一方法的缺点是作图复杂,而且在这种图形上一般不能直接量度尺寸。

透视投影的图示法将在第 9 章讨论。

1.6.4 标高投影法

标高投影法是绘制地形图和土工结构物的投影图的主要方法。标高投影是用正投影图画的单面投影图,它由单面正投影加高度数字共同组成。高度数字称为标高(以米为单位),它表示相应点、线或面距离投影面的高度。图 1-9 中画出了两个山峰,假定这两个山峰被一系列高度差为 10 m 的水平面所截割,则由截割所形成的交线必定是一些封闭的不规则曲线。每一条曲线上的点的高度都一样,这些曲线称为等高线。把这些曲线正投影到水平面上,就得到了这些曲线的投影。再在投影图上分别标注它们的高度值,就可以得到用等高线表示的山峰的标高投影图。

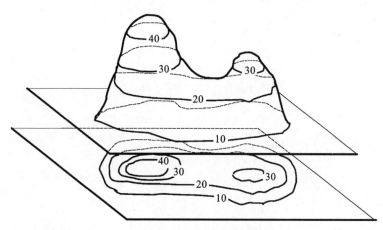

图 1-9 标高投影法

标高投影的图示法将在第 10 章讨论。

学 习 引 导

1-1 耐心阅读本章内容,明确学习目的,培养自主学习、兴趣学习的好习惯。

1-2 关注国内外土木建筑行业的新动态、新技术,多阅读相关文献资料,多参观各地不同的有特点的建筑物,积累素材。

1-3　掌握与熟悉投影法的产生,清楚 4 种投影法的原理和特点。

1-4　克服定式思维的"惯性"和"惰性",在课堂上认真听讲,积极主动参与课堂讨论,独立或与同学讨论完成老师指定的练习。

1-5　根据课程特点,讲究学习方法,提高学习效率,遵循认知规律,循序渐进,逐步提高绘图和读图能力。

思　考　题

1-1　画法几何的任务是什么?

1-2　土木工程制图的任务是什么?

1-3　本课程与科学素质有什么关系?

1-4　画法几何部分的学习方法是什么?

1-5　制图基础部分的学习方法是什么?

1-6　工程制图部分的学习方法是什么?

1-7　工程中常用哪几种图示方法?

1-8　为什么多面正投影法为绘制工程图样的主要方法?

第 2 章　点、直线、平面的投影

本章要点

- **图学知识**

  研究构成各种形体的基本几何元素——点、线、面在投影面上的投影规律,完成图学知识的初步积累。

- **思维能力**

  (1) 由几何元素的各面投影,想象其空间位置,构思出解题的方案和步骤后回到平面并表现出来,初步形成用不同思维方式思考问题的意识。

  (2) 在由平面到空间、从空间又回到平面以及从平面到平面的多次循环中,体会由一事物到另一事物的思维迁移过程——联想过程,逐步养成良好的思维习惯。

- **教学提示**

  注意对不同思维方式变换的引导。

2.1　点 的 投 影

点、线、面是构成各种形体的基本几何元素,它们是不能脱离形体而孤立存在的,本章将它们从形体中抽象出来研究,为的是深刻地认识形体的投影本质,掌握其投影规律。

2.1.1　点的单面投影和两面投影

2.1.1.1　点的单面投影

如图 2-1 所示,从空间点 A 作垂直于平面 P 的投射线与投影面 P 交于一点 a,则称点 a 是空间点 A 在 P 平面上的**正投影**。**点的投影仍然是点,而且是唯一的**。

如图 2-2 所示,投影 b 不能唯一确定与之对应的空间点 B,在同一条投射线上可有若干点。

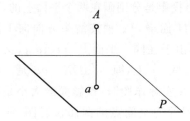

图 2-1　空间点的投影是唯一的

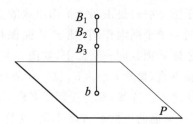

图 2-2　一个正投影点是同一条投影线上若干点的正投影

点的单面投影具有如下特性:

(1)一点在一个投影面上的投影仍是一个点,它是通过空间点所作投影面垂线与投影面的交点;

(2)一点在一投影面上的正投影是唯一的,反之,根据一点的一个正投影,不能确定该点在空间的位置。

注意　本章主要讨论的是正投影,即一组平行投射线必定垂直于投影面。在标注时规定空间点及投影面、平面均用大写字母表示,投影用与空间点相应的小写字母表示。

2.1.1.2　点的两面投影

1. 两面投影体系的建立

为了确定空间点的位置,设立两个相互垂直的投影面组成两投影面体系,如图 2-3 所示。

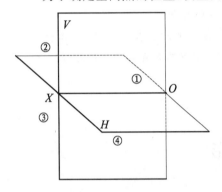

图 2-3　两投影面体系

规定将水平位置的投影面用字母 H 表示,称之为**水平投影面**,简称 **H 面**或**水平面**;将另一个正对观察者的投影面,即正立位置的投影面用字母 V 表示,称之为**正立投影面**,简称 **V 面**或**正面**,这两个投影面的交线称为**投影轴**,用字母 OX 表示,简称 **X 轴**。两个相互垂直的投影面组成两投影体系,将空间分为四个区域,即四个分角(见图 2-3)。国家标准规定在第一分角内进行正投影。在两投影面体系中,设有一空间点 A,过点 A 分别向 H 面和 V 面作投影,即分别过点 A 向 H 面和 V 面作垂线——投射线 Aa、Aa',分别与 H 面和 V 面相交,得到 A 的水平投影(H 面投影)a 和正面投影(V 面投影)a',即点的两面投影。

空间点用大写字母如 A,B,…表示,其水平面投影用相应的小写字母如 a,b,…表示,其正面投影用相应的小写字母加一撇如 a',b',…表示。

由空间状态图(见图 2-4(a))可知:两射线 Aa、Aa' 构成了一个平面 $Aaa_X a'$,这个平面既垂直于 V 面、H 面,也垂直于 H 面与 V 面的交线 OX 轴。该平面与 OX 轴有一交点 a_X,与 H 面及 V 面分别有交线 aa_X、$a'a_X$。

由于 H 面、V 面及 $Aaa_X a'$ 为三个相互垂直的平面,故它们之间的交线也相互垂直,即有 $aa_X \perp OX$,$aa_X \perp a'a_X$。显然 $Aaa_X a'$ 是一个矩形。根据矩形对边平行且相等的特点,点的 H 面投影 a 到 OX 轴的距离 aa_X 反映了空间点 A 到 V 面的距离;同样,点的 V 面投影 a' 到 OX 轴的距离 $a'a_X$ 反映了空间点 A 到 H 面的距离。

由于图 2-4(a)是由两个平面组成的立体图,点的两个投影是分别画在两个平面上的,为了便于在同一个平面内作图,规定 V 面保持正立不动,将 H 面绕 OX 轴按箭头方向向下旋转 $90°$,使之与 V 面在同一平面上,如图 2-4(b)所示。这样,由于在同一平面上,aa_X、$a'a_X$ 又保持与 OX 轴垂直,显然 aa_X、$a'a_X$ 位于一条与 OX 轴垂直的直线 aa' 上,即 $aa' \perp OX$。aa' 是一点的两个投影之间的连线,称为投影联系线,简称**投影连线**。在实际作图时,投影面的大小是任意的,因此投影面的边框可省略不画,这样处理后得到的图即为空间点的两面投影图,简称**投影图**。

2. 点在两面投影体系中的投影规律

点的两面投影图具有下列特性:

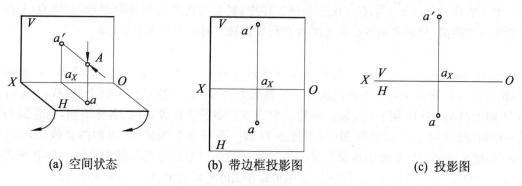

(a) 空间状态　　　　　　　(b) 带边框投影图　　　　　　　(c) 投影图

图 2-4　点在两投影面体系中的投影

（1）一点的两个投影的投影连线垂直于它们之间的投影轴，即 $aa' \perp OX$；

（2）一点的一个投影与投影轴之间的距离，等于该点与相邻投影面间的距离，即

$$aa_X = Aa', \quad a'a_X = Aa$$

根据上述规律，可由任意位置的空间点作出该点的两面投影图，这就是**从空间到投影面之间**，以及**投影面与投影面之间点的投影对应规律**。反之，如果已知点 A 的两面投影 a 和 a'，也就能唯一确定该点的空间位置。而怎样根据投影图来想象点 A 在空间所处的位置呢？这个问题又称**从投影面到空间之间的投影对应规律**，对初学者来说它常常是一个难点。

在这个投影图中，虽然看不见空间点 A，但是可以看到点 A 的两个投影 a 和 a'。根据正投影法展开 H 面时的规定，保持 V 面不动，让 H 面逆转回到它原来的位置，再由 a 和 a' 分别作 H 面、V 面的垂线，这两条垂线的交点就是点 A 在空间点的位置。由空间点画出它的投影图，再由投影图来想象空间点的位置，这不仅是画图和看图的基本训练，也是本课程在讨论、分析问题时所用的最基本的方法，必须熟练掌握。

2.1.2　点的三面投影和直角坐标系

在工程上，两个投影往往不能唯一确定复杂几何形体的空间形状，而需要三个或更多的投影才能确定。

1. 三面投影体系的建立

如图 2-5 所示，在两投影面体系基础上，增加一个与 H 面和 V 面都垂直的投影面——**侧立投影面**，用字母 W 表示，简称 **W 面**或**侧面**，由此组成一个三面投影体系，简称三面体系。W 面与 H 面、V 面之间的交线，分别称为投影轴 OY 和投影轴 OZ，简称 **Y 轴**和 **Z 轴**。三条投影轴交于一点 O，称为原点。由于三个投影面相互垂直，故三条投影轴也相互垂直。三面投影体系将空间分成八个区域，国家标准规定在第一分角内进行正投影。在三面体系中，设有一空间点 A，过点 A 分别向 H、V、W 面作垂线——投射线 Aa、Aa'、Aa''，且分别与 H、V、W 面相交并得到点 A

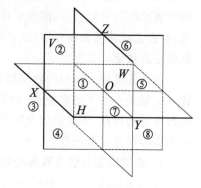

图 2-5　三投影面体系

的水平投影（H 面投影）a、正面投影（V 面投影）a'、侧面投影（W 面投影）a''，如图 2-6(a) 所示。

与两投影面体系一样，每两条投射线分别确定一个平面，它们与三个投影面分别相交，构

成一个长方体 $Aaa_Xa'a_Za''a_YO$。在这个长方体中,根据对边平行相等的原理,空间点 A 到三个投影面的距离,分别可用各投影上的投影到投影轴之间的距离来表示,即

$$Aa=a''a_Y=a'a_X, \qquad Aa'=aa_X=a''a_Z, \qquad Aa''=aa_Y=a'a_Z$$

投影面展开时,规定保持 V 面不动,沿 OY 轴分开 H 面和 W 面,H 面向下转,W 面向右转,使它们与 V 面位于同一平面。这时,OY 轴成为 H 面上的 OY_H 和 W 面上的 OY_W;点 a_Y 成为 H 面上的 a_{YH} 和 W 面上的 a_{YW}。尽管它们在展开后所处位置不同、名称不同,但它们仍是同一根轴或同一个点。因此作图时,可过点 O 画一条与水平线呈 $45°$ 方向的斜线,而 $a_{YH}a$、$a_{YW}a''$ 的延长线必与这条辅助线交汇于一点。展开后的投影图与两面投影体系一样有下述关系:$a'a \perp OX$,$a_{YH}a \perp OY_H$,$a_{YW}a'' \perp OY_W$。在实际作图时省略边框,如图 2-6(b)所示。

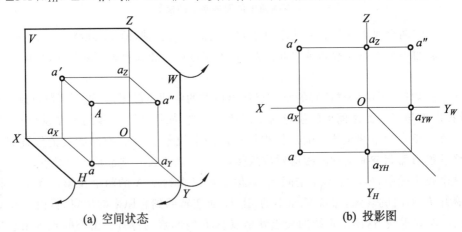

(a) 空间状态　　　　　　　　(b) 投影图

图 2-6　点在三投影面体系的投影

2. 点在三面投影体系中的投影规律

点的三面投影具有如下特性:

(1) 点的每两个投影之间的投影连线,必定垂直于相应的投影轴,即 $a'a \perp OX$,$a'a'' \perp OZ$;

(2) 点的各面投影到投影轴间的距离,反映了该点到相应的相邻投影面的距离,即 $aa_X=a''a_Z=Aa'$,$a'a_X=a''a_Y=Aa$,$a'a_Z=aa_Y=Aa''$。

注意　在很多书中,常看到插图被画成立体图,这种图在画法几何中称为轴测投影图(简称轴测图,详见第 8 章)。由于轴测图具有多面正投影图没有的特点——直观性强,即在一个图中能反映其空间状态,因此常作为辅助图来帮助看图。轴测图也有多面正投影图共同的特点:各投影线或投影间连线(及立体的各边线)与相应的轴平行,在轴方向上可按实际尺寸并根据规定系数量取长度。

在这几章中所应用的轴测图均为正面斜等测投影,如在图 2-6(a)中,其 V 面处于正立位置,OY 轴是与水平方向呈 $45°$ 的斜线,而原来边框为矩形的 H 面和 W 面,都变成平行四边形。由斜等测的特点,各投影线及投影间连线均与相应的轴平行,在各轴以及平行于各轴的方向上可按实际尺寸量取长度。

3. 点的投影与该点直角坐标的关系

彼此垂直的三个投影面 H、V、W 面可作为坐标平面,相互垂直的三根投影轴 X、Y、Z 可作为坐标轴,三轴之交点 O 为坐标原点。**规定**:OX 轴自点 O 向左为正,OZ 轴自点 O 向上为正,OY 轴自点 O 向前为正。

由于图 2-6(a)中的长方体 $Aaa_Xa'a_Za''a_YO$ 每组平行边分别相等,得出点 $A(X_A,Y_A,Z_A)$

的投影与该点的坐标有下述关系：

点 A 的 X 坐标 X_A ＝ 点 A 与 W 面的距离；

点 A 的 Y 坐标 Y_A ＝ 点 A 与 V 面的距离；

点 A 的 Z 坐标 Z_A ＝ 点 A 与 H 面的距离。

由此可概括出**点的投影与坐标之间的关系**如下：

（1）点的投影位置可以反映出点的坐标，因此，当点坐标确定时，可由其坐标画出点的各面投影；

（2）根据点的任意两个投影可以求出第三个投影。

注意　在用坐标表示点的位置时，如无特别注明，尺寸均以毫米（mm）为单位且不必注明。

2.1.3　点的投影作图

根据几何元素的空间状态作出其投影图称为画图（降维）。

【**降维法思维原理与提示**】

降维法是将高维的状态或问题化为低维的来处理的一种思维方法。高维与低维的关系常表现为复杂与简单、一般与特殊的关系，故降维法把高维的状态和问题降为低维的，可起到化繁为简、化难为易和特殊探路的作用。

例如，人们通常称自身生活的空间为三维空间，而将平面和直线分别称为二维空间和一维空间。于是，把空间问题化为平面或直线问题的方法，就是一种降维的方法。思维过程中，在一定条件下，将较多方位、较多侧面的思考化为较少方位、较少侧面思考的方法，也是降维的方法。

1. 从空间到投影面之间的投影对应

点的空间位置由 X、Y、Z 三个坐标确定，若已知一点的坐标 (x,y,z)，则该点的各面投影可据此确定。

2. 投影面与投影面之间的投影对应

若已知一点的两投影，则该点在空间的位置就确定了，因此它的第三投影也唯一确定了。当用坐标表示点的空间位置时，点的一个投影反映两个坐标，任意两投影则可确定三个坐标，即可确定点的空间位置，故可由已知点的任意两面投影作出第三面的投影。

例 2-1　已知点 $A(20,10,20)$，作它的三面投影。

分析　由已知点 A 的 X 坐标可知，$X_A = 20 = a''A$（点 A 与 W 面的距离）；由已知点 A 的 Y 坐标可知，$Y_A = 10 = a'A$（点 A 与 V 面的距离）；由已知点 A 的 Z 坐标可知，$Z_A = 20 = aA$（点 A 与 H 面的距离）。

作图　（1）在建立的坐标系（见图 2-7(a)）中，在 X、Y、Z 方向上分别量取 $X_A = 20$、$Y_A = 10$、$Z_A = 20$；

（2）过这些量取的点，分别作轴的垂线，这些垂线的交点即点 A 的三面投影，如图 2-7(b) 所示。

例 2-2　已知点 A 的两面投影 a'、a，如图 2-8(a)所示，求作点 A 的 W 面投影 a''。

分析　由点 A 的两投影即可知其三个坐标 X、Y、Z。由决定 a'' 的坐标 Y、Z 即可作出 a''。在作图时，也可由点的投影规律作出 a''。

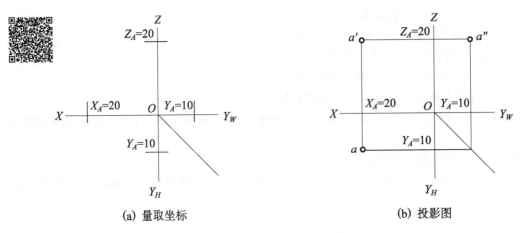

（a）量取坐标　　　　　　　　　（b）投影图

图 2-7　例 2-1 图

　　作图　如图 2-8(b)所示，先由 a' 作水平投影连线，然后由 a 作 X 轴平行线与 $45°$ 斜线相交，过其交点作 Y_W 轴垂直线，与过 a' 作的水平投影连线相交，则该交点即为 a''。

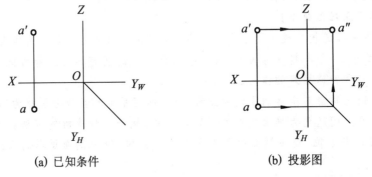

（a）已知条件　　　　　　　　　（b）投影图

图 2-8　例 2-2 图

2.1.4　特殊点的投影

　　由点坐标的坐标值分析可知，坐标值可为任意值，同样也可能出现零值。当坐标值中出现零值时，称这些点为**特殊点**。归纳起来有以下几种情况。

　　（1）当点的坐标值中有一个为零值时，点位于投影面上。在该投影面上，点的投影与空间点重合。在相邻投影面上的投影分别在相应的投影轴上，如图 2-9 中点 A、B、C。

　　（2）当空间点的坐标值有两个为零值时，点位于投影轴上。在包含这条轴的两个投影面上的投影都与该点重合，在另一投影面上的投影则与点 O 重合，如图 2-10 中点 D、E、F。

　　（3）当空间点的三个坐标值都为零值时，该点在原点上。三个投影都与自身重合于点 O。

　　不管空间点位于任何位置，它仍然是空间点，它们在投影面体系中的各投影一定符合点的投影规律。

2.1.5　两点的相对位置和重影点

1. 两点的相对位置

　　点的空间位置可由其三个坐标确定，也可以由相对其他已知点的相互位置来确定。两点

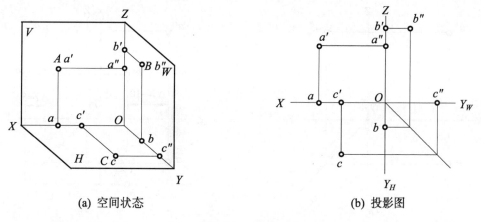

(a) 空间状态　　　　　　　　　　　　(b) 投影图

图 2-9　特殊点——投影面上的点

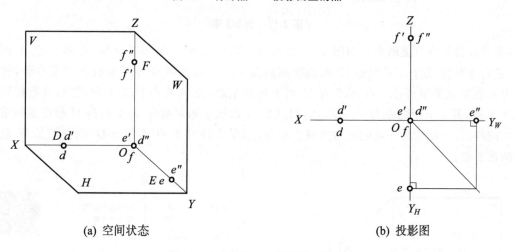

(a) 空间状态　　　　　　　　　　　　(b) 投影图

图 2-10　特殊点——投影轴上的点

的相对位置是指平行于投影轴 X、Y、Z 方向的左右、前后、上下的相对位置关系。这种位置关系在投影图中可表现为两点之间的坐标差或方位差。

坐标差——ΔX（长度差）、ΔY（宽度差）和 ΔZ（高度差）。

方位差——左右差、前后差和上下差。

因此，若已知两点的相对位置以及其中一点的各投影，即能作出另一点的各投影。

例 2-3　如图 2-11(a)所示，已知点 A 的投影：点 B 在点 A 之右，距离为 10；在点 A 之前，距离为 5；在点 A 之下，距离为 10。作点 B 的三面投影。

分析　已知点 A 的三面投影，可根据点 B 相对点 A 的方位关系及距离作出点 B 的三面投影。

作图　根据点 B 相对于点 A 的距离 $\Delta X = X_A - X_B = 10$，距离 $\Delta Y = Y_B - Y_A = 5$，距离 $\Delta Z = Z_A - Z_B = 10$，在给定的方位上量取差值作各面投影，如图 2-11(b)所示。

在判断相对位置时，上下、左右的位置关系比较直观，而前后位置关系较难以想象。根据投影图形成原理，离 V 面远者是前，或 Y 坐标大者是前；反之，离 V 面近者或 Y 坐标小者是后。

2. 重影点及其可见性

当空间两点相对于某一投影面在同一条投射线上时，它们在该投影面上的投影重合于一

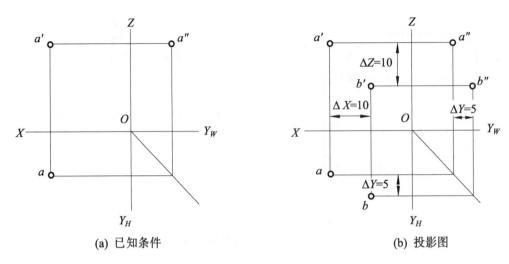

(a) 已知条件　　　　　　　　　　　　(b) 投影图

图 2-11　例 2-3 图

点,此重合投影称为**重影点**。如图 2-12 所示,点 A、B 在 V 面上形成重影,点 B 在点 A 正后方,它们具有相同的 X、Z 坐标,其前后距离差为 $Y_A - Y_B$,这两点的 V 面投影相互重合,称它们为 V 投影面的重影点。点 A、C 在 H 面上形成重影,点 A 在点 C 正上方,它们具有相同的 X、Y 坐标,其上下距离差为 $Z_A - Z_C$,这两点的 H 面投影相互重合,称它们为 H 投影面的重影点。同理,若一点在另一点的正右方或正左方,如图 2-12 中的点 A 与点 D,则它们是 W 投影面的重影点。

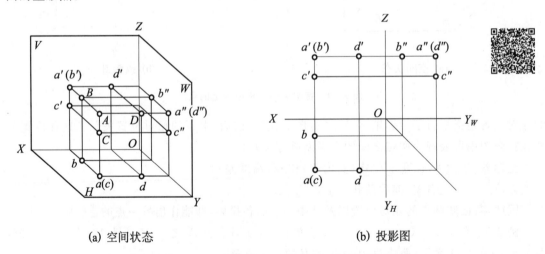

(a) 空间状态　　　　　　　　　　　　(b) 投影图

图 2-12　重影点在三面投影体系中的投影

2.1.6　点投影的读图

根据已知投影图去想象出几何元素的空间状态称为读图(升维)。

【升维法思维原理与提示】

升维法是与降维法相反的一种思维方法,它将低维的状态或问题化为高维的来处理。升维法与降维法常常相辅相成。

思维科学研究表明,人类的思维发展经历了一个由圆点型思维到直线型思维到平面型思维再到立体型思维的不断深化过程。例如,直线型思维是纵向而没有横向的思维,平面型思维虽有纵横方向的思考,但它不能多层次、整体地认识事物,而立体型思维呈现出上下左右、纵横交叉的立体结构,具有多路性、多层次性,因而表现出思维的活跃性、敏锐性、创造性等。应用升维法或降维法时,首先要尽可能多地发掘出影响问题的各种因素,故离不开多渠道、多侧面、多层次的立体型思维。

由于升维表现为从简单到复杂的过渡,故通常升维法要比降维法更难掌握。如初学视图者,易于掌握由实物画出视图的降维过程,但对于由视图去想象实物形象的升维过程却常感困难。要培养用升维法解决问题的能力,唯一的办法是多观察、多想象、多练习、多实践,逐步形成思维迁移自如的良好习惯。

1. 读一个点的投影图

采用**以轴代面法**读图:在观察一个投影时,可将点的投影想象为空间点与该投影重叠,而将该投影面上相应的两个投影轴想象为相邻两投影面的积聚投影,这样以轴代面,观察投影点到另两个投影轴间的距离,即可想象出空间点到另两个投影面间的距离。

例 2-4 如图 2-13 所示,想象点 A 的空间位置。

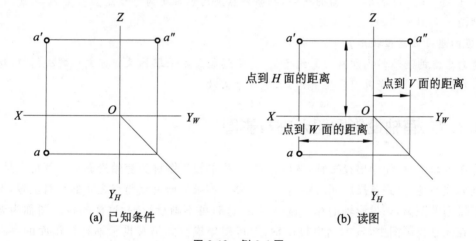

(a) 已知条件   (b) 读图

图 2-13 例 2-4 图

分析 已知点 A 的两面投影,则可确定其空间位置。由 V 面的投影,想象空间点到 W 面和 H 面的距离;由 W 面的投影,想象空间点到 H 面和 V 面的距离;由 H 面的投影,想象空间点到 V 面和 W 面的距离。

看点的投影图,还可采用逆向思维法:想象把 H 面向上、W 面向左旋转 90° 回复到原空间位置,由通过每个投影点引投射线,在空间相交而得的结果来判断点在空间的位置。

【逆向思维法思维原理】

在解决问题时,利用事物因和果、前和后、作用和反作用相互转化的原理,由果到因、由后到前、由反作用到作用反向思考,以达到深化认识、获得创新成果的一种思维方法,称为逆向思维法,亦称倒转思维法。

2. 读两个点的投影图

想象空间两点的相对位置,必须先确定其中一点为基准点,说明另一点相对该点的位置。在判断时也可用以轴代面法。

例 2-5 如图 2-14 所示,想象 A、B 两点的空间位置。

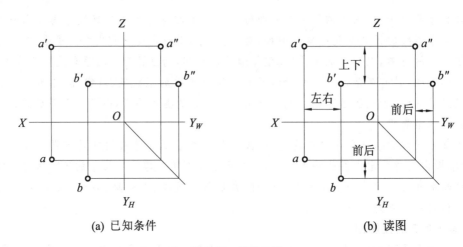

(a) 已知条件　　　　　　　　　　(b) 读图

图 2-14　例 2-5 图

分析　以点 A 为基准点,判断点 B 相对点 A 的空间位置;从 V 面和 H 面的投影,判断两点间的左右距离——点 B 在点 A 之右;从 V 面和 W 面的投影,判断两点间的上下距离——点 B 在点 A 之下;从 H 面和 W 面的投影,判断两点间的前后距离——点 B 在点 A 之前。

结论　点 B 在点 A 下右前方。

【**逆向思维法思维提示**】

逆向思维的表现形式和常规思维不同,逆向思维总是采取特殊的方式来解决问题,这是它的异常性。譬如司马光采用异常的形式,把缸砸破救人。

2.1.7　有轴投影图和无轴投影图

在作投影图时,先画出投影轴,然后作图,这样的投影图称为**有轴投影图**。其特点是:投影面之间界线清楚,点到各投影面的距离一目了然。如果只研究点与点之间的相对位置,不管各点到投影面的距离,则投影轴的存在显得多余,这时可不画投影轴,这样的投影图称为**无轴投影图**。在无轴投影图中,虽未画出投影轴,但可想象成空间仍有投影轴和投影面的存在。因此,点的三个投影之间的相互排列位置,仍然按有投影轴时一样,它们之间的连线方向不变,即点的投影规律不变。

例 2-6　已知点 A 的两投影 a、a',点 B 的两投影 b、b'',如图 2-15(a)所示。作两点无轴投影中的第三面投影。

分析　若只有点 A 的两投影 a、a',则 H、W 面之间 45°联系线位置不定。当两点同处于一个三面投影体系中,且点 B 给定的是 b、b'',那么只有一条 45°斜线,其位置由点 B 的两投影确定。因此必须先从点 B 开始图,然后作点 A 的第三面投影。

作图　(1) 分别过 b、b'' 作水平线①及铅垂线②,这两条线交于点 b_0,即可确定 45°斜线的位置;

(2) 分别过 b''、b 作水平线③及铅垂线④,这两条线的交点即是 b';

(3) 过 b_0 作 45°斜线⑤;

(4) 过 a 作水平线⑥交 45°斜线于 a_0,而后过 a_0 作铅垂线⑦;过 a' 作水平线⑧与铅垂线⑦相交,其交点即 a''。

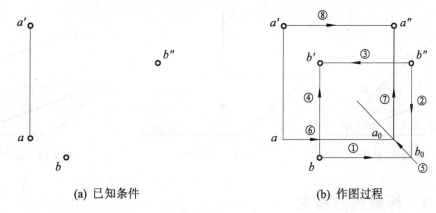

(a) 已知条件　　　　　　　　(b) 作图过程

图 2-15　例 2-6 图

思考　想象各点两两之间在空间的相互位置。

2.2　直线的投影

直线是可以无限延长的,由线上任意两点,或由线上一点及直线的方向,可确定其空间位置。直线上两定点之间的部分称为"线段",本书所述直线指的是线段。

2.2.1　直线的投影特性

1. 不变性

直线的投影在一般情况下仍然是直线。如图 2-16 所示,将直线 AB 向 H 面进行正投影,直线 AB 上各点的投影与直线组成一个投影平面,该平面与 H 面交于一条直线 ab,ab 直线即是 AB 在 H 面上的投影。

2. 从属性

直线上任一点的投影必在该直线的同面投影上。如图 2-16 所示,在直线 AB 上有一点 C,当 AB 向 H 面投影时,过点 C 的投影线必在过 AB 直线的投影平面 $ABba$ 上,因此点 C 的投影 c 必在 ab 上。同理,直线段端点的投影仍为直线投影的端点,因此,作直线的投影时,只要作出直线两端的投影,然后连成直线即可。

3. 积聚性

当空间直线平行于投影方向时,直线的投影不再是直线,而成为一个积聚点。如图 2-17 所示,当直线 DE 向 H 面投影时,由于 DE 平行于投影线(或与投影线重合),因此投影线贯穿 DE 而与 H 面交于一点。在标注时,按投影线贯穿的先后顺序标注两端点,由于 E、D 不是一对重影点,因此不必判断其可见性。

4. 真实性

当空间直线平行于投影面时,投影线段的长度等于线段的真实长度。如图 2-18 所示,当直线 FG 向 H 面投影时,由于 FG 平行于投影面,通过直线的投影平面 $FGgf$ 是一个矩形,由对边平行且相等的原理,有 $FG = fg$。

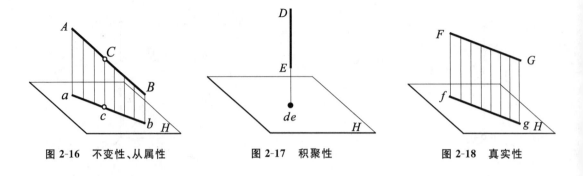

图 2-16　不变性、从属性　　　　图 2-17　积聚性　　　　图 2-18　真实性

2.2.2　作直线的投影

根据直线的投影特性——从属性可知:要作直线的各面投影,必须已知直线上任意两点的投影,它们的各同面投影的连线就是直线在各面的投影。

例 2-7　已知直线上两点的坐标分别为 $A(10,15,5)$、$B(25,5,20)$,作直线的三面投影。

分析　由直线的从属性可知,只要作出直线上任意两点的投影,即可作出直线的投影。

作图　如图 2-19 所示,先由点 A 的坐标分别在 X、Y、Z 轴上确定 10、15、5 的点,并过这几个点作相应轴的垂线(或作另外两轴的平行线),则线间必两两相交,其交点即为点 A 在 V、H、W 三面上的投影点。

用同样的方法作出点 B 的三面投影,然后在各面将两点的投影相连,即得 AB 直线的三面投影。

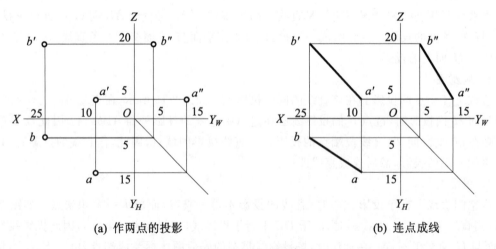

(a) 作两点的投影　　　　　　(b) 连点成线

图 2-19　例 2-7 图

在投影图中,直线的投影用粗实线表示,而直线的名称可用其端点表示,也可用一个字母表示,如直线 L 的三投影分别为 l、l'、l''。

直线的任意两投影可确定直线在空间的位置,则由直线的任何两个投影可求出其第三面投影。

2.2.3 直线与投影面的相对位置及投影特性

空间的直线可处于各种不同的位置。在三面投影体系中,平行于某一个投影面而相对另外两个投影面倾斜的直线称为**投影面平行线**,垂直于某一个投影面而与另外两个投影面平行的直线称为**投影面垂直线**,这两种直线称为特殊位置直线;相对三个投影面都倾斜的直线称为**一般位置直线**,简称一般线。

直线与投影面 H、V、W 间的夹角分别用小写希腊字母 α、β、γ 表示。

1. 投影面平行线

投影面平行线上的点到所平行投影面的距离是相等的。

投影面平行线分为三种:平行于 V 面的直线称为**正平线**(该直线上各点的 Y 坐标相同),平行于 H 面的直线称为**水平线**(该直线上各点的 Z 坐标相同),平行于 W 面的直线称为**侧平线**(该直线上各点的 X 坐标相同)。

观察并想象一立体各边线中的平行线。如图 2-20 所示,当该立体相对三投影面的位置确定后,立体表面上与某一投影面距离处处相等的直线即为该投影面平行线,如立体中的 AB、CD、EF。在分析其特点后,再比较表 2-1 中所列举三种平行线的空间状态与投影特点。

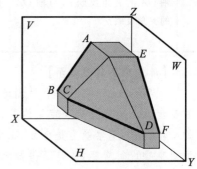

图 2-20 观察立体上的平行线

表 2-1 投影面平行线

	正平线 (平行于 V 面,对 H、W 面倾斜)	水平线 (平行于 H 面,对 V、W 面倾斜)	侧平线 (平行于 W 面,对 V、H 面倾斜)
空间状态			
投影图			

续表

	正平线 （平行于 V 面，对 H、W 面倾斜）	水平线 （平行于 H 面，对 V、W 面倾斜）	侧平线 （平行于 W 面，对 V、H 面倾斜）
投影特点	(1) V 面投影反映实长，$a'b' = AB$； (2) H、W 面投影与相应投影轴平行，$ab // OX$、$a''b'' // OZ$，反映 $\beta = 0$； (3) V 面投影为一条斜投影，与轴 OX 的夹角反映 α，与轴 OZ 的夹角反映 γ	(1) H 面投影反映实长，$cd = CD$； (2) V、W 面投影与相应投影轴平行，$c'd' // OX$、$c''d'' // OY_W$，反映 $\alpha = 0$； (3) H 面投影为一条斜投影，与轴 OX 的夹角反映 β，与轴 OY_H 的夹角反映 γ	(1) W 面投影反映实长，$e''f'' = EF$； (2) H、V 面投影与相应投影轴平行，$ef // OY_H$、$e'f' // OZ$，反映 $\gamma = 0$； (3) W 面投影为一条斜投影，与轴 OY_W 的夹角反映 α，与轴 OZ 的夹角反映 β

【培养观察能力提示】

观察，是人们有目的有计划地对客观现象、问题进行考察的一种方法，是一切科学研究的首要步骤。观察指有一定目的的、比较持久的和主动的知觉，是通过各种方式去认识某种事物的心理过程，观察能力是全面、正确、深入地认识事物特点及其发展过程的能力。运用观察能力对事物进行观察，这是获得知识的一个首要步骤或最初阶段。观察能力包括观察的速度、广度、精细度等内容。

投影面平行线的投影特性如下：

（1）直线在所平行的投影面上的投影相对轴倾斜，且反映实长，投影与轴间夹角分别反映直线与相应投影面的夹角；

（2）与直线不平行的两个投影面上的投影，共同垂直于一条投影轴，这两个投影的连线方向为水平或铅垂方向。

注意　正平线的 H、W 面两投影的连线无此特点。

2. 投影面垂直线

投影面垂直线分为三种：垂直于 V 面的直线称为**正垂线**（该直线上各点的 X、Z 坐标相同），垂直于 H 面的直线称为**铅垂线**（该直线上各点的 X、Y 坐标相同），垂直于 W 面的直线称为**侧垂线**（该直线上各点的 Y、Z 坐标相同）。

观察并想象立体表面边线的垂直线。如图 2-21 所示，当立体相对三投影面的位置确定后，立体表面上的直线，如 AB、AC、DE 分别与某一投影面垂直。在分析其特点后，再看表 2-2 中列举的三种投影面垂直线的空间状态与投影特点。

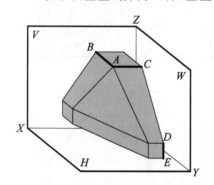

图 2-21　观察立体上的垂直线

投影面垂直线的投影特性如下：

（1）在与直线垂直的投影面上，其投影积聚为一点；

（2）直线在另外两个投影面上的投影都反映实长，并平行同一根投影轴。

表 2-2　投影面垂直线

	正垂线 （垂直于 V 面，平行于 H、W 面）	铅垂线 （垂直于 H 面，平行于 V、W 面）	侧垂线 （垂直于 W 面，平行于 V、H 面）
空间状态			
投影图			
投影特点	（1）V 面投影积聚为一点； （2）H、W 面投影平行同一根投影轴，$ab /\!/ OY_H$、$a''b'' /\!/ OY_W$，均反映实长	（1）H 面投影积聚为一点； （2）V、W 面投影平行同一根投影轴，$c'd' /\!/ OZ$、$c''d'' /\!/ OZ$，均反映实长	（1）W 面投影积聚为一点； （2）V、H 面投影平行同一根投影轴，$ef /\!/ OX$、$e'f' /\!/ OX$，均反映实长

3. 一般位置直线

一般位置直线（一般线）与各投影面均呈倾斜关系，因此直线对各投影面的倾角就是该直线与其在各投影面上的投影之间的夹角。

如图 2-22（a）所示，一般线由于既不平行于投影面又不垂直于投影面，因此相对各投影面的各倾角均大于 0° 而小于 90°。如图 2-22（c）所示，直线的各投影都相对投影轴倾斜，这样表明直线上各点到同一投影面的距离都不相等，而且投影与轴的夹角并不反映线段对相应投影面的倾角（如 α_1 不反映直线对 H 面的倾角）。投影长度均小于直线的实际长度。如 AB 直线在

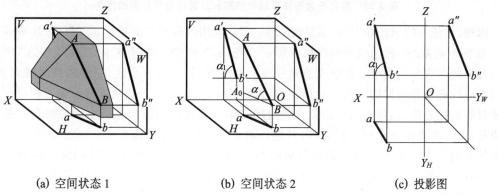

（a）空间状态 1　　　　　　　（b）空间状态 2　　　　　　　（c）投影图

图 2-22　一般位置直线

H 面上的投影 ab,从图 2-22(b)上看,在 $\text{Rt}\triangle ABA_0$ 中,$A_0B=ab$,因此 $ab = AB\cos\alpha$,由于 $0° < \alpha < 90°$,$0 < \cos\alpha < 1$,所以 $ab < AB$。同理,$a'b' < AB$,$a''b'' < AB$。

一般线的投影特性如下:

(1) 三个投影都相对投影轴倾斜;

(2) 三个投影与投影轴间的夹角均不反映线段对相应投影面的真实倾角;

(3) 三个投影长度均小于线段实长。

4. 求线段的实长及其对各投影面的倾角

对于特殊位置直线,根据投影图即可得知它们的实长及其对各投影面的倾角;对于一般位置直线,常需根据线段的两个投影,利用直角三角形法作出它的实长及其对投影面的倾角,以解决某些度量问题。

(1) 空间分析　在图 2-23(a)中,在 AB 直线对 H 面的投射平面内,过点 B 作平行于 ab 的直线与 Aa 相交得一 $\text{Rt}\triangle AA_0B$。在这个直角三角形中,AB 为斜边,一直角边 $\Delta Z= Z_A - Z_B$ 是 A、B 两端点相对 H 面的距离差(Z 坐标差),另一直角边 A_0B 与 ab 平行且等长。在该直角三角形中,斜边就是直线的实长,斜边 AB 与一直角边、A_0B 间的夹角就是直线对 H 面的倾角 α。

(2) 投影分析　在图 2-23(b)、(c)中,A、B 两端点相对 H 面的距离差 ΔZ 反映在 V 投影面上为 a' 与 b' 的上下高度差。由 ΔZ 及 ab 即可求出直线的实长和相对投影面的夹角。

根据投影图作出直角三角形、求一般直线的实长和相应的倾角的方法称为**直角三角形法**。

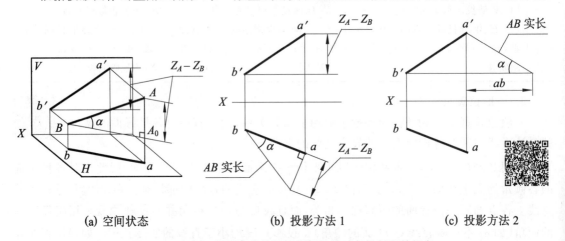

(a) 空间状态　　　　　　　(b) 投影方法 1　　　　　　　(c) 投影方法 2

图 2-23　直角三角形法求线段的实长及其对各投影面的倾角

同理,讨论直线 AB 在 V、W 面上的投影:可以利用线段的正面投影 $a'b'$ 与 A、B 两端点相对 V 面的距离差 ΔY、利用线段的侧面投影 $a''b''$ 与 A、B 两端点相对 W 面的距离差 ΔX,作出类似的另外两个直角三角形。这三个直角三角形有共性,各自也有个性,它们的**共同特点**是:直角三角形的斜边是线段的实长,一直角边是投影长,另一直角边为空间线段两端点相对投影长所在投影面的距离差,斜边与投影长直角边的夹角是直线对投影所在投影面的倾角。**各自的特点**是:每一个直角三角形除斜边外,其他各要素均与相应投影面有关。如图 2-23 中的直角三角形中的一个夹角为 α;两直角边分别是 H 面投影 ab,两端点相对于 H 面的距离差 ΔZ。由于三个直角三角形是分别在三个投影平面内作出的,因此它们分别是与相应投影面有关的三个直角三角形。

直角三角形法不仅是求线段实长和其对投影面倾角的方法,也是解决一般位置直线作图问题的一种方法。只要已知四个组成要素中的任意两个,就可作出此直角三角形,继而求得另外两个未知要素。在利用直角三角形法求未知要素时,必须熟练掌握这几个直角三角形的共性和个性,以便准确地作出直角三角形。

例 2-8　如图 2-24(a)所示,已知点 A 的两面投影 a' 和 a,$AB = 25$ mm,$\alpha = 30°$,$\beta = 45°$,点 B 在点 A 的左、后、下方,作 AB 直线的两投影。

分析　按已知条件所给直线的实长及对 H 面与 V 面的倾角,可以作出两个直角三角形;由两个直角三角形即可得知四个未知要素,再由题意给定的方向作出线段的两投影。

作图　(1)为简化作图过程,以直线的实长 25 mm 为直径作一圆,从直径的一端点分别作两条与直径成 $\alpha = 30°$、$\beta = 45°$ 的弦与圆相交,再过直径的另一端点作弦,分别与前两交点相交,即可得两个直角三角形,如图 2-24(b)所示。从这两个直角三角形中,可得到 $a'b'$ 投影长、ΔY、ab 投影长、ΔZ。

(2)只用所得四个要素中的任意三个,就可按给定方向作出 $a'b'$ 和 ab,如图 2-24(c)、(d)所示。

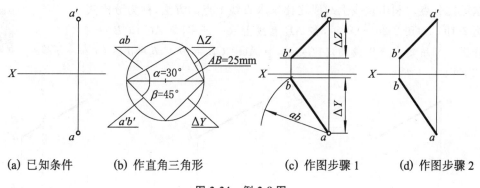

(a) 已知条件　　　(b) 作直角三角形　　　(c) 作图步骤 1　　　(d) 作图步骤 2

图 2-24　例 2-8 图

2.2.4　直线上的点

2.2.4.1　直线上点的投影

点与直线的相对位置有两种情况:点在直线上和点在直线外。

在直线上的点与直线本身有以下两种投影关系。

1. 点对直线的从属关系

由直线投影特性——从属性可知:**直线上任一点的投影必在该直线的同面投影上**;反之,**一点的各投影若均在直线的各同面投影上,则该点必在直线上**。因此,作为点本身,它的各面投影符合点的投影规律;作为直线上的点,它的各面投影都在直线的同面投影上。

例 2-9　如图 2-25(a)所示,判断点 C 是否在直线 AB 上。

分析　因点 C 在直线 AB 两投影上,若点 C 的 W 面投影 c'' 也在直线的 W 面投影上,则由投影的从属性可确定:点 C 在直线 AB 上。

作图　如图 2-25(b)中①→②→③所示。

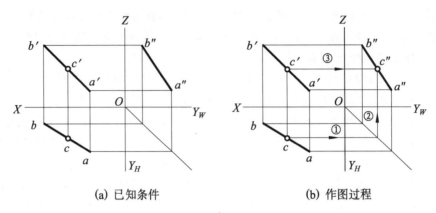

(a) 已知条件　　　　　　　　　(b) 作图过程

图 2-25　例 2-9 图

2. 点分直线的定比关系

直线上的点将直线分为几段，**各线段长度之比等于它们的各同面投影长度之比**；反之，**若点的各投影分线段的同面投影长度之比相等，则此点在该直线上**。有了定比关系，可在投影图上任意定比分点。利用直线上线段之比来求直线上点的方法，称为分比法。

例 2-10　如图 2-26(a)所示，在 AB 直线上取一点 C，使 $AC：CB = 2：1$。

分析　利用定点分线段的定比关系，有 $AC：CB = ac：cb = a'c'：c'b' = a''c''：c''b'' = 2：1$。

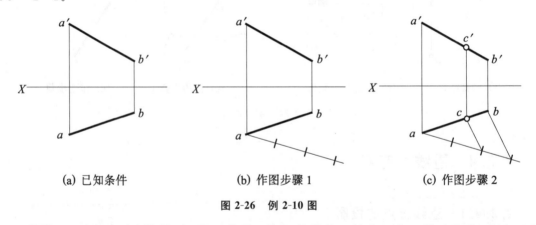

(a) 已知条件　　　　　(b) 作图步骤 1　　　　　(c) 作图步骤 2

图 2-26　例 2-10 图

作图　(1) 任选一个投影，如 H 面投影，过 ab 投影任一端点 a 作一辅助线段，任取三等份，如图 2-26(b)所示；

(2) 如图 2-26(c)所示，连接端点，过等分点作端点连线的平行线交 ab 于一点即为点 c；

(3) 完成点 C 的两投影。

2.2.4.2　直线的迹点

直线与投影面的交点称为直线的迹点。如图 2-27(a)所示，直线 AB 延长后，与 H、V 面的交点 M、N 分别称为 H 面迹点和 V 面迹点。同样，直线与 W 面的交点，称为 W 面迹点。

迹点是直线上的点也是投影面上的点，因此，迹点在它所在投影面上的投影与自身重合；另外的投影则在相应的投影轴上。如图 2-27(b)所示，H 面迹点 M 是 H 面上的点，所以它的 H 面投影 m 与 M 重合，而其 V 面投影 m' 必在 X 轴上。同样，V 面迹点 N 的 V 面投影 n' 与 N

重合,其 H 面投影 n 则在 X 轴上。迹点还是直线上的点,因此,迹点的各面投影在线段各同面投影的延长线上。

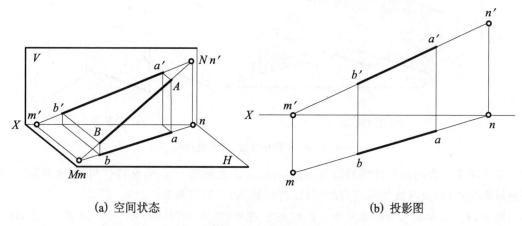

(a) 空间状态　　　　　　　　　　　　　　(b) 投影图

图 2-27　直线的迹点

由于直线与投影面的相对位置不同,直线与投影面的交点位置及数量均有差异:一般位置直线有三个迹点,可能在第一分角也可能在其他分角;投影面平行线有两个迹点,直线与所平行的投影面无交点,即在其上没有迹点;投影面垂直线只有一个迹点。

注意　在透视投影部分将介绍迹点的应用——视线的迹点。

2.2.5　两直线的相对位置

空间两直线的相对位置有三种:平行、相交(两直线交于一点)和交叉(既不平行又不相交)。在特殊情况下,两直线可相互垂直。平行和相交两直线为同面两直线,交叉两直线为异面两直线。

1. 平行两直线

平行两直线的投影特性如下:

(1) 平行性　若空间两条直线相互平行,则它们的各同面投影仍互相平行,反之,若两直线的各同面投影相互平行,则此两直线在空间相互平行。

(2) 等比性　两直线的长度之比等于它们各同面投影中线段的投影长度之比,即

$$AB : CD = ab : cd = a'b' : c'd' = a''b'' : c''d''$$

注意　平行性、等比性是平行投影的重要特性,在第 8 章的轴测图中也有应用。

如图 2-28(a)所示,因为 $AB//CD$,故过 AB 和 CD 所作的垂直于 H 面的两个投射平面也必相互平行,因此,它们与 H 面交线即 H 面投影 ab 和 cd 也一定平行。同样,V 面和 W 面的投影 $a'b'//c'd'$ 和 $a''b''//c''d''$。一般情况下,两直线只要有两组同面投影相互平行,则此两直线在空间也一定相互平行。反之,若两直线有两组同面投影不平行,则两直线在空间亦不平行,如图 2-28(a)中的 AB 与 EF,其投影如图 2-28(b)所示。但如果空间两直线为某一投影面平行线,则这两条直线在空间是否平行要根据它们在所平行投影面上的投影是否平行才能判定。

在图 2-28(a)中,由于 AB、CD 对 H 面的倾角 α 相等,而 $ab = AB\cos\alpha$、$cd = CD\cos\alpha$,所以有定比关系 $ab : cd = AB : CD$ 成立。同理有 $AB : CD = a'b' : c'd' = a''b'' : c''d''$。

注意　当只有两投影时,对于两条一般位置的直线只要用特性(1)即可判断出它们是否平

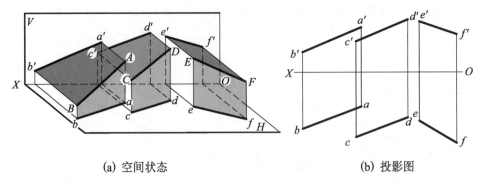

(a) 空间状态　　　　　　　　　　　　　　　(b) 投影图

图 2-28　平行两直线、交叉直线

行。对于两条均为同面平行线的情况，则要看给定的是哪两个投影，在特性(1)无法判断时，就要用投影特性(2)及其直线段端点的字母顺向（见例 2-13）来判断。

例 2-11　已知直线 AB 及线外一点 C 的两投影（见图 2-29(a)），过点 C 作直线，使 $AB//CD$ 且 $CD=15$ mm。

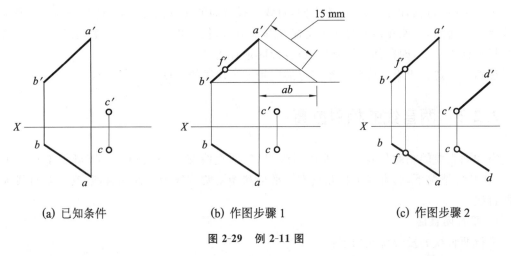

(a) 已知条件　　　　　　　　(b) 作图步骤 1　　　　　　　　(c) 作图步骤 2

图 2-29　例 2-11 图

分析　由于 $AB//CD$，故 CD 的各面投影必平行于 AB 的各同面投影，因此可采用以下两种方法：

(1) 过点 C 作平行于 AB 的任意长度的直线，然后求任意线的实长，再利用定比分割的性质确定点 D；

(2) 直接求 AB 的实长，然后在直线上找到与某端点（如点 A）距离为 15 mm 的点 F，再过点 C 作 AF 的平行线并取等长线。

作图　用方法(2)作图，如图 2-29(b)、(c)所示。

2. 相交两直线

空间两直线相交的交点是两直线的共有点，相交两直线的投影特性如下：

(1) 两直线的各同面投影必相交，且投影交点的连线垂直于投影轴，即必符合点的投影规律；

(2) 交点是两直线的共有点，它将两直线分别分成的两线段符合等比性。

图 2-30 中，空间直线 AB、CD 相交于点 K，则其各面投影必相交于同一点的投影 k'、k，交点 K 是两直线的共有点，它既与两直线具有从属性和等比性的关系，自身还符合空间点的投

影规律——投影连线垂直于投影轴。反之,当两直线的各面投影均相交,其交点的投影符合空间点的投影规律时,则两直线在空间必相交。

注意　判断两条直线是否相交时,对于两条一般位置的直线,只要在两投影中即可处理它们有关相交的问题,但若两条线中有一条为平行线,则要由第三面投影或利用直线上点的定比分割的性质,检查它们是否有公共点(见例 2-14)。

例 2-12　如图 2-31(a)所示,已知直线 AB、CD 的两投影及点 E 的 V 面投影 e',试过点 E 作直线 EF,使 $EF//CD$ 并与 AB 相交,并借助直线 AB、CD 完成点 E 的 H 面投影 e。

分析　(1) 欲使 $EF//CD$,则 EF 的各投影必平行于 CD 的

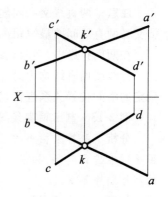

图 2-30　相交两直线

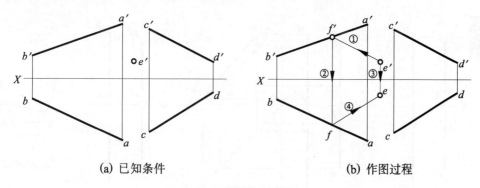

(a) 已知条件　　　　　(b) 作图过程

图 2-31　例 2-12 图

同面投影;

(2) EF 若要与 AB 相交,其各同面投影必然相交且交点符合点的投影规律。

作图　如图 2-31(b)步骤①、②、③、④所示。

3. 交叉两直线

如图 2-32 所示,空间交叉两直线的投影出现"交点",但"交点"是两直线在同一投射线上两个不同点的重合,是重影点而不是公共点,如图中的Ⅰ、Ⅱ在相对 H 面的同一条投射线上,它们为对 H 面的重影点,Ⅰ在上,Ⅱ在下。Ⅲ、Ⅳ在相对 V 面的同一条投射线上,它们为对 V 面的重影点,Ⅲ在前,Ⅳ在后。

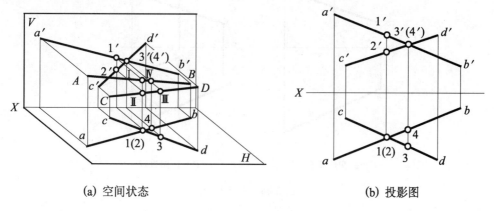

(a) 空间状态　　　　　(b) 投影图

图 2-32　交叉两直线

注意　两直线交叉问题,往往在判断后处理:①重影点的可见性(判断方法见 1.1 节);②交叉两直线间的最短距离(见第 3 章)。

在两面投影中,当两直线均为一般位置直线时,可直接进行判断。若有一直线为另一投影面平行线或两直线均为另一投影面的平行线,则要由其投影特性——平行性或定比性对其不确定的空间位置关系进行判断。

例 2-13　判断两直线 AB、CD 的空间位置关系,如图 2-33(a)所示。

分析　先排除相交的可能性。因两条均为 W 面平行线,所给定的投影无 W 面投影,故可用平行性进行判断,其方法为作第三面投影,或用等比性进行判断(在该两投影中,直线两端点的字母顺序不变)。

作图　作第三面投影用平行性进行判断,如图 2-33(b)所示。用等比性进行判断如图 2-33(c)所示。

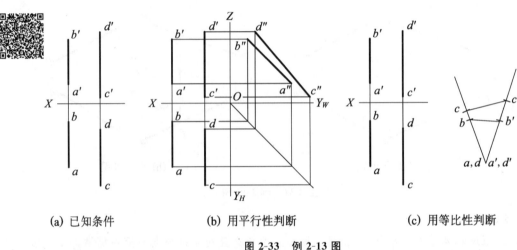

(a) 已知条件　　　　　　(b) 用平行性判断　　　　　　(c) 用等比性判断

图 2-33　例 2-13 图

结论　直线 AB、CD 为空间交叉两直线。

本题还可用平面的表达方式可相互转换的特点进行判断。

例 2-14　判断两直线 AB、CD 的空间位置关系,如图 2-34(a)所示。

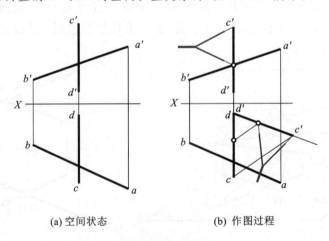

(a) 空间状态　　　　　　　　(b) 作图过程

图 2-34　例 2-14 图

分析　先排除平行的可能。因 CD 为 W 面平行线,所给定的投影无 W 面投影,故可作出第三面投影来确定有无公共点，还可取任意一投影中的"交点"判断其与 CD 侧平线的相对位置。

作图　（1）作第三面投影用平行性进行判断(省略)；

（2）用等比性进行判断，如图 2-34(b)所示。

结论　（1）直线 AB、CD 为空间交叉两直线；

（2）V 面上这个形式上的"交点"是一对重影点的投影，AB 上的点在前，为可见投影，CD 上的点在后，为不可见投影。

请读者自行判断 H 面重影点的可见性，并想象四个点在空间的相互位置。

4. 垂直两直线

当两直线之间的夹角为 90°时，称它们垂直相交或垂直交叉。垂直两直线的投影所表现的夹角与它们在空间的位置有关，以**垂直相交两直线**为例分析其投影特性如下：

（1）当直角的两边均平行于某一投影面时，在所平行的投影面上，投影直角关系不变，如图 2-35(a)所示；

（2）当直角的一边垂直于同一投影面时，在所垂直的投影面上，投影积聚为一直线，如图 2-35(b)所示；

（3）当直角的两边均相对同一投影面倾斜时，在该投影面上直角的投影或大于 90°或小于 90°，如图 2-35(c)所示。

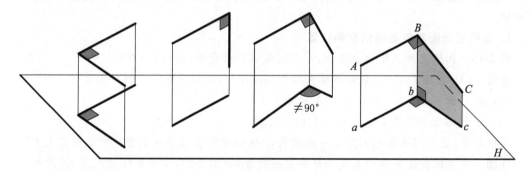

(a) 投影直角关系不变　(b) 投影积聚为一直线　(c) 投影直角不等于 90°　(d) 投影直角关系不变

图 2-35　直角的投影

（4）当直角的一边平行于投影面，另一边相对该投影面倾斜时，在该投影面上的投影面仍为直角。如图 2-35(d)所示，AB 为水平线，BC 为一般线，因为 $AB \perp BC$，$AB \perp Bb$，所以必有 $AB \perp BCcb$，又 $AB // ab$，所以 $ab \perp BCcb$，因此可证得 $ab \perp bc$，即 $\angle abc = 90°$。

反之，若两直线在某个投影面上的投影互相垂直，且其中有一直线平行于该投影面，则此两直线必互相垂直。此即**直角投影定理**。该定理也适用于两交叉直线。

直角投影定理在工程中广泛应用于判断两直线的垂直关系和解决距离问题。

例 2-15　求直线 AB 与 CD 的距离的投影及实长(见图 2-36(a))。

分析　（1）交叉两直线间的最短距离即是它们之间公垂线的长度；

（2）因 CD 为铅垂线，故公垂线必为同面平行线——水平线；

（3）由于 CD 的水平投影有积聚性，所以公垂线的水平投影必过该积聚性投影。

作图　分两步进行：先作公垂线的投影，如图 2-36(b) ①→②→③所示；后确定距离的实长,如图 2-36(c)所示。

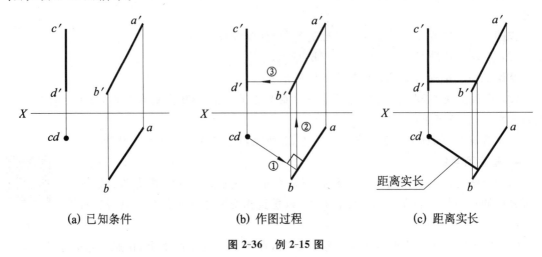

(a) 已知条件　　　　　　(b) 作图过程　　　　　　(c) 距离实长

图 2-36　例 2-15 图

2.2.6　直线投影的读图

读直线的投影图时,要求能够根据直线的任意两面投影图想象出直线的空间位置(含直线的倾斜趋势),进而解决一些相关几何问题。在读图中通常采用作第三投影的方法检查读图是否正确。

1. 根据投影图想象直线的空间位置

例 2-16　阅读直线 AB 的两投影,并作出其第三面投影(见图 2-37(a))。

分析　(1) 在图 2-37(a)中由两投影都是斜线可知,直线 AB 为一般位置直线;

(2) 由 V 面投影可知,点 B 在点 A 的左上方;

(3) 由 H 面投影可知,点 B 在点 A 的左后方。

归纳起来:直线 AB 在空间处于一般位置,AB 的倾斜状态是从右前下方至左后上方。

作图　按点的投影规律作直线 AB 的第三投影,如图 2-37(b)步骤①、②、③、④所示。

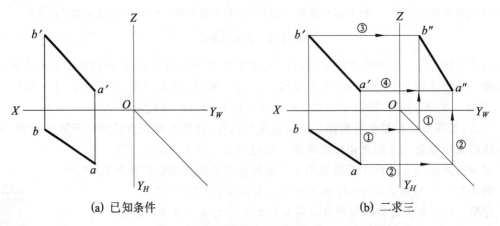

(a) 已知条件　　　　　　　　　　(b) 二求三

图 2-37　例 2-16 图

对于一般位置直线,由其任意两个投影即可想象出该直线的空间位置,而对于特殊位置直线,则容易将平行线与垂直线混淆。对于这类直线,应先区分类型,再想象出其空间位置。由于投影面垂直线是投影面平行线的特殊情况,故它们的投影必有异同。这两种直线主要区别是:投影面垂直线的三个投影图中,必有一个投影积聚成一点,另外两个投影同时平行于同一轴;而投影面平行线的三个投影中,必有一个投影相对投影轴倾斜并反映线段的实长,另两个投影同时垂直于同一轴。抓住这些特点就不会使两者混淆。

2. 根据直线的空间位置解决几何问题

例 2-17 求直线 AB 与 CD 的距离的投影及实长(见图 2-38(a))。

分析 (1) 在图 2-38(a)中,由两投影都是 Z 轴垂直线可知,直线 AB 上的点具有同一 Z 坐标(即与 H 面距离相等),AB 为水平线,直线 CD 也是一水平线;

(2) 两水平线的公垂线必是一同面垂直线——铅垂线;

(3) 因铅垂线在 H 面上的投影必具有积聚性,所以两水平线在 H 面上投影的"交点"即是公垂线的积聚性投影,由此而求得距离的投影及实长。

作图 (1) 按投影规律作直线 AB 与 CD 的第三面投影,如图 2-38(b)所示;

(2) 由两水平线在 H 面投影的"交点"求得距离的投影及实长,如图 2-38(c)①、②、③步骤所示。

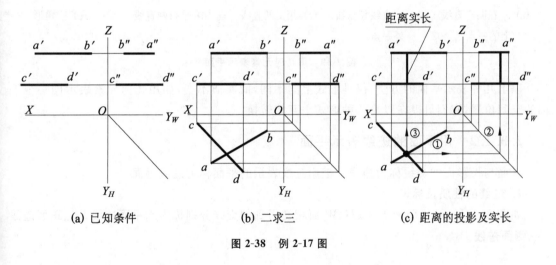

(a) 已知条件   (b) 二求三   (c) 距离的投影及实长

图 2-38 例 2-17 图

2.3 平面的投影

平面是广阔无边的,平面的有限部分的投影,称为平面图形。

2.3.1 平面在投影图上的表示方法

由初等几何学可知,不在同一直线上的三点可确定一个平面。从这条公理出发,平面可有两种表示方式:非迹线平面(几何元素)和迹线平面。

2.3.1.1 用几何元素表示平面(非迹线平面)

用非迹线的几何元素表示平面的方法有以下几种:

(1) 不在同一直线上的三点——确定平面位置最基本的几何元素(见图 2-39(a));

（2）一直线和直线外一点（见图 2-39(b)）；

（3）相交两直线（见图 2-39(c)）；

（4）平行两直线（见图 2-39(d)）；

（5）任意平面图形，例如三角形、平行四边形、圆等，不但可表示空间位置，还可表示平面的大小和形状，是常用的一种表达方式（见图 2-39(e)）。

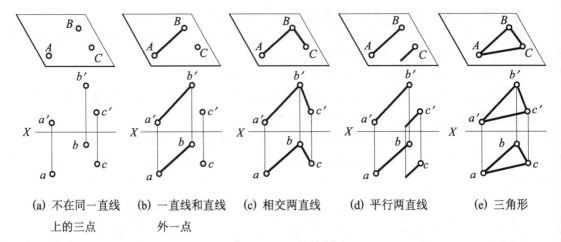

（a）不在同一直线　　（b）一直线和直线　　（c）相交两直线　　（d）平行两直线　　（e）三角形
上的三点　　　　　　　外一点

图 2-39　用几何元素表示平面

以上几种表示平面的方法，仅是形式上的不同，而实质不变，如用几何元素表示同一个平面的空间位置，它们可以在以上几种形式中互相转换。

2.3.1.2　用平面的迹线表示平面

平面与投影面的交线称为**迹线**。把用迹线表示的平面称为**迹线平面**。

1. 迹线的性质及标记

如图 2-40 所示，平面 P 与 V、H、W 面相交得到的交线分别称为**水平面迹线 P_H**、**正面迹线 P_V**、**侧面迹线 P_W**。

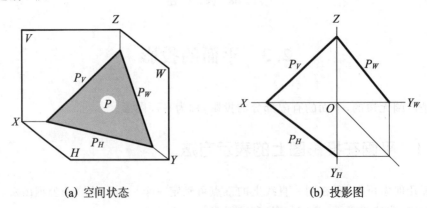

（a）空间状态　　　　　　　　（b）投影图

图 2-40　迹线表示平面

迹线既是投影面上的直线，又是某个平面上的直线。因此在投影面上，迹线在该面的投影与它本身重合，另两个投影在相应的投影轴上。在图 2-40(b)中，P_H 既在 H 面上，又在 P 面上，P_H 的水平投影与 P_H 重合，其正面投影和侧面投影分别在 OX 轴和 OY 轴上。

在投影图上,通常只将与迹线重合的那个投影画出,并用带脚标的大写符号标记;凡和投影轴重合的投影不需画出,也省略标记。

2. 求作非迹线平面的迹线

在用迹线表示的平面上,可以作出表示该平面的任一组几何要素。反之,用任一组几何要素表示的平面——非迹线平面,也可求作出其迹线,因为迹线是平面与投影面的交线,是该面迹点的集合。

根据"平面上一切直线的迹点必在该平面的同面迹线上"这一事实可以得知,平面上直线的迹点就是平面与投影面的共有点。因此求迹线投影的方法是:求出平面上任意两条直线的两对同面迹点,将每对同面迹点相连即可得到。

例 2-18 求作图 2-41(a)中平面的迹线。

分析 (1) 在图 2-41(a)中,因两投影都是一般位置直线,两相交直线即可确定一个平面;(2) 平面的迹线是该面迹点的集合,因此只需求出各投影面迹线上的两个同面迹点,然后连接即可。

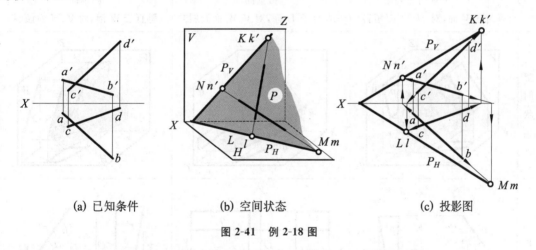

(a) 已知条件　　　　(b) 空间状态　　　　(c) 投影图

图 2-41　例 2-18 图

作图 按求直线的迹点的方法求得两直线的各面迹点后连接各同面迹点即可。

例题小结 不难看出,所谓迹线平面实质上是相交两直线或平行两直线所表示平面的特殊情况,因而迹线平面与非迹线平面可以根据需要互相转换。

注意 在第 9 章透视投影部分中将有迹线的应用——平面与画面的交线。

2.3.2　各种位置平面的投影

空间平面相对投影面有三种不同的位置。垂直于某一个投影面且相对另外两个投影面倾斜的平面称为**投影面垂直面**,平行于某一个投影面而与另外两个投影面垂直的平面称为**投影面平行面**,这两种平面称为**特殊位置平面**;与相对三个投影面都倾斜的平面称为**一般位置平面**,简称**一般面**。

平面与投影面 H、V、W 间的夹角分别用小写希腊字母 α、β、γ 表示。

1. 投影面垂直面

投影面垂直面分为三种:垂直于 V 面的平面称为**正垂面**,垂直于 H 面的平面称为**铅垂面**,垂直于 W 面的平面称为**侧垂面**。

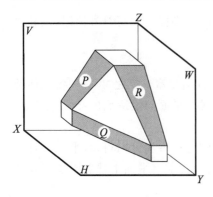

图 2-42　观察立体上的垂直面

如图 2-42 所示,观察并想象立体表面中的垂直面:当该立体相对于三投影面的位置确定后,观察立体表面中与某一投影面垂直(则与该投影面两面角为 90°)而对另两投影面倾斜(0°<夹角<90°)的平面,如立体中的平面 P、Q、R。在分析其特点后,再了解表 2-3 中列举的三种垂直面的空间状态与投影特点,可得出**投影面垂直面的投影特性**如下:

(1)在与平面垂直的投影面上,平面的投影积聚为倾斜的直线,该积聚投影与相应轴间夹角分别等于该平面与另两个投影面的真实倾角;

(2)另外两个投影面上的投影,均为小于实形的原图形的类似形(也称原形的相仿形)。

表 2-3　投影面垂直面

正垂面 (垂直于 V 面,对 H、W 面倾斜)	铅垂面 (垂直于 H 面,对 V、W 面倾斜)	侧垂面 (垂直于 W 面,对 V、H 面倾斜)
空间状态		
投影图		
投影特点 (1) V 面投影积聚为一斜线,与相应投影面间夹角为 α 和 γ; (2) H 面投影和 W 面投影均为原形的类似形	(1) H 面投影积聚为一斜线,与相应投影轴面间夹角为 β 和 γ; (2) V 面投影和 W 面投影均为原形的类似形	(1) W 面投影积聚为一斜线,与相应投影轴面间夹角为 β 和 α; (2) V 面投影和 H 面投影均为原形的类似形

2. 投影面平行面

投影面平行面分为三种:平行于 V 面的平面称为**正平面**,平行于 H 面的平面称为**水平面**,平行于 W 面的平面称为**侧平面**。

如图 2-43 所示,观察并想象立体表面中的平行面(当该立体相对于三投影面的位置确定后,与某一投影面平行的平面),如立体中的平面 P、Q、R。在分析其特点后,再了解表 2-4 中列举的三种平行面的空间状态与投影特点,可得出**投影面平行面的投影特性**如下:

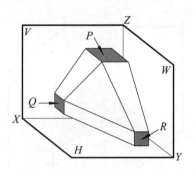

图 2-43　观察立体上的平行面

表 2-4　投影面平行面

	正平面 （平行于 V 面，与 H、W 面垂直）	水平面 （平行于 H 面，与 V、W 面垂直）	侧平面 （平行于 W 面，与 V、H 面垂直）
空间状态			
投影图			
投影特点	（1）V 面投影反映实形； （2）H 面投影和 W 面投影均积聚为直线，且平行于相应投影轴	（1）H 面投影反映实形； （2）V 面投影和 W 面投影均积聚为直线，且平行于相应投影轴	（1）W 面投影反映实形； （2）V 面投影和 H 面投影均积聚为直线，且平行于相应投影轴

（1）在与平面平行的投影面上，平面的投影具有真实性，即反映平面实形；

（2）另外两个投影面上，平面的投影具有积聚性，且同时垂直于同一投影轴，反映与相应投影面等距。

3. 一般位置平面

观察并想象图 2-44 中立体表面中的一般位置平面 P。

一般位置平面对三个投影面都是倾斜的，如图 2-45 所示，**一般位置平面投影特性**如下：

（1）三个投影不反映实形，也无积聚性投影，均为小于实形的原形的类似形；

（2）各投影面上的投影均不反映平面与投影面的真实倾角。

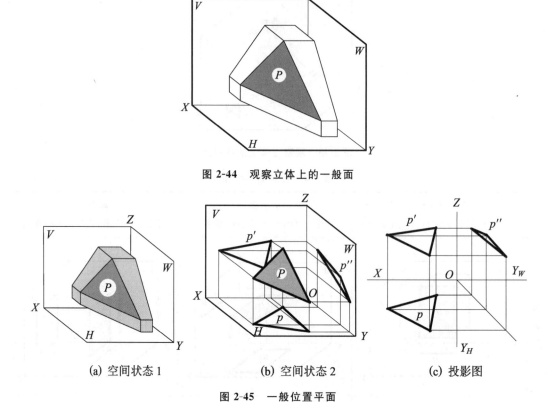

图 2-44 观察立体上的一般面

(a) 空间状态1　　　　　(b) 空间状态2　　　　　(c) 投影图

图 2-45 一般位置平面

2.3.3 平面投影的作图与读图

2.3.3.1 平面投影的作图

平面投影的作图包括表示平面的空间位置和平面的形状。表示平面的空间位置可用任何平面的表示方法,而要表示平面的形状只能用平面多边形的表示方法,因此,平面多边形表示法是工程上常用的表示方法。

对某一投影作图而言,可按点、线的投影规则作图。对于垂直面的投影,作图时一般按实际倾角**先画积聚线,再画类似形**。对于平行面的投影,作图时一般**先画反映实形的那个投影**。

在实践中,对于特殊位置平面,只需要表示它们的空间位置,因此多用迹线表示方法,图2-46所示为在两投影体系中的特殊位置平面。

例 2-19 包含直线 AB 作一铅垂面,如图 2-47(a)所示。

分析 (1) 当铅垂面上一直线的空间位置确定后,则该铅垂面的空间位置也已确定(铅垂面的投影特点:在 H 面投影上的投影积聚成一斜线);

(2) 表示铅垂面空间位置可用非迹线平面也可用迹线平面。

作图 分别用非迹线平面(相交两直线,见图 2-47(b))、平行两直线(见图 2-47(c))和迹线平面(见图 2-47(d))完成该题(读者还可试用其他表示方式)。

例题小结 从本例题不难看出,所谓迹线平面,实质上是相交两直线或平行两直线等非迹

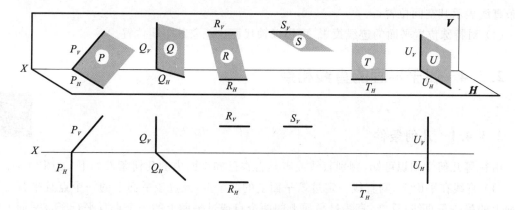

图 2-46　用迹线表示特殊位置平面

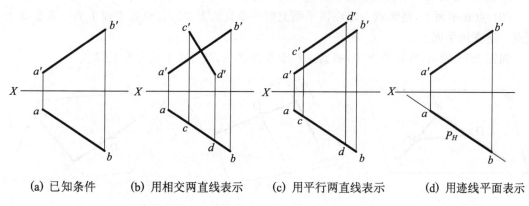

(a) 已知条件　　　(b) 用相交两直线表示　　　(c) 用平行两直线表示　　　(d) 用迹线平面表示

图 2-47　例 2-19 图

线平面所表示平面的特殊情况,因而迹线平面与非迹线平面可以根据需要互相转换。

2.3.3.2　读平面的投影图

掌握各种位置平面的投影特性之后,就可以读平面的投影图,想象其空间位置。

1. 平面用多边形表示

当平面用多边形表示时,读图时要注意以下几点:

(1) 一平面只要有一面投影积聚为一条相对投影轴倾斜的直线,该平面就一定是投影面垂直面,并且垂直于该倾斜线所在的投影面;

(2) 一平面只要有一面投影积聚为一条平行于投影轴的直线,该平面就一定是投影面平行面;

(3) 如果平面的三个投影都是平面图形,那么该平面一定是一般位置平面;

(4) 对特殊位置平面的积聚性投影,可用以轴代面法想象其空间位置。

2. 平面在两投影面体系用迹线表示

当平面在两投影面体系中用迹线表示时,读图时要注意如下几点:

(1) 两条迹线都倾斜于投影轴,则该平面一定是一般位置平面;

(2) 一迹线倾斜于投影轴,另一迹线垂直于投影轴,则该平面一定是投影面垂直面,对投影面垂直面通常只用一条斜线表示其空间位置;

(3) 两条迹线都垂直于投影轴,则该平面一定是投影面平行面,对投影面平行面通常只用

一条直线表示其空间位置;

(4) 对特殊位置平面的迹线投影,可用以轴代面法想象其空间位置。

2.3.4 属于平面的直线和点

2.3.4.1 几何条件

由初等几何学知识可知,判别直线或点是否在已知平面内的几何条件如下(见图2-48)。

(1) 直线在平面上,则直线一定过该平面上的两个点,或过该平面上的一个点且平行于该平面上的另一条直线;反之,直线过平面上的两个点或过平面上的一个点且平行于该平面上的另一条直线,则直线一定在该平面上。

(2) 点在平面上,则该点一定在该平面上的一条直线上;反之,点在平面上的一条直线上,则点一定在该平面上。

如图 2-48 所示,在投影图中,根据这两个条件之一,就可在平面上取直线。

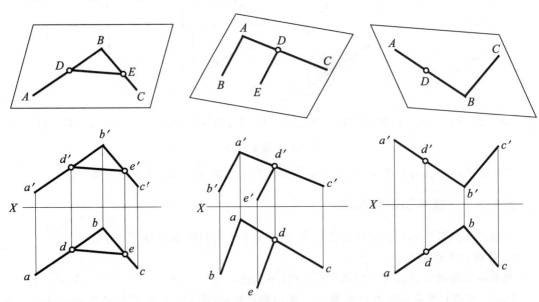

(a) 点 D 在 AB 上,点 E 在 BC 上,所以线 DE 在 AB 与 BC 所确定的平面上

(b) 点 D 在 AC 上,过点 D 作 DE 平行于 AB,则 DE 在 AB 与 AC 所确定的平面上

(c) 点 D 在 AB 上,故点 D 在 AB 与 BC 所确定的平面上

图 2-48 平面上的直线和点

2.3.4.2 几何作图

在平面上取点时,必须先在平面上作一辅助线,然后在辅助线的投影上取得点的投影。

在平面上取直线时,要利用平面上的点,在平面上取点时,又要利用平面上的直线,两者之间相辅相成,互为因果。

例 2-20 已知点 K 的 V 面投影 k',且点 K 与平面图形 ABC 共面,如图 2-49(a)所示,完

成点 K 的水平投影。

分析　(1) 由平面图形 ABC 的两投影可知,该平面为一般位置平面;

(2) 因点 K 属于 ABC 所在的平面,故点 K 满足在已知平面上取点的几何条件;又点 K 不在平面△ABC 内,所以要作辅助线。

作图　(1) 在 V 面上连接 c'、k' 作为辅助线,交 $a'b'$ 于 d',如图 2-49(b)中步骤①所示;

(2) 由 d' 作投影连线交 ab 于点 d,由 c、d 的连线及过 k' 所作的投影连线,可得 k,如图 2-49(b)中步骤②、③、④所示。

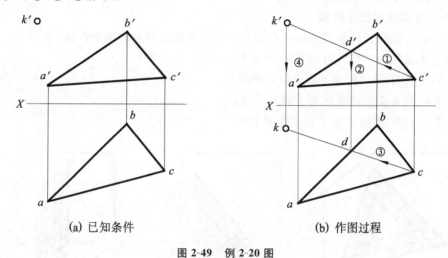

(a) 已知条件　　　　　　　(b) 作图过程

图 2-49　例 2-20 图

例 2-21　已知平面 $ABDC$ 的 H 面投影,如图 2-50(a)所示,完成平面的 V 面投影。

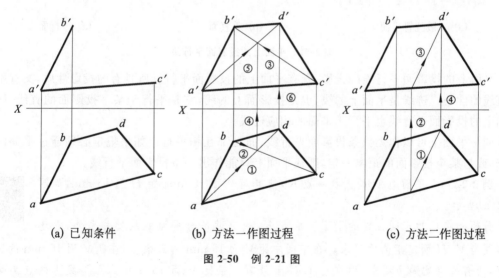

(a) 已知条件　　　(b) 方法一作图过程　　　(c) 方法二作图过程

图 2-50　例 2-21 图

分析　由 V、H 面中 AB、AC 两交线的投影可知,平面 $ABDC$ 的空间位置已确定,完成平面图形的 V 面投影无非是面上取点的问题。

作图　有以下两种方法:

(1) 在平面内作对角相交线,作图过程如图 2-50(b)中步骤①、②、③、④、⑤、⑥所示;

(2) 在平面内作 AB(或 AC)的平行线,作图过程如图 2-50(c)中步骤①、②、③、④所示。

例题小结　无论完成平面图形还是检验直线或点是否在平面上,均需从直线或点在平面上的几何条件出发,取点或作辅助线进行求解,而辅助线则应根据具体情况而定,若选取得当,将简化作图过程,如图 2-50(c)所示。

2.3.4.3　平面上的特殊位置直线

在任何平面上都能作出无数条方向各不相同的直线,但其中必有以下两种特殊位置直线:

(1) 平面上的投影面平行线;

(2) 平面上对投影面的最大斜度线。

1. 平面上的投影面平行线

既在平面上同时又与某投影面平行的直线称为**平面上的投影面平行线**。

平面上的投影面平行线有以下三种(见图 2-51):

(1) 平行于 H 面的称为平面上的水平线;

(2) 平行于 V 面的称为平面上的正平线;

(3) 平行于 W 面的称为平面上的侧平线。

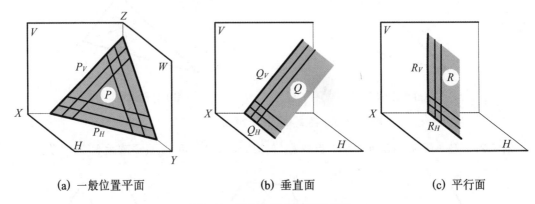

(a) 一般位置平面　　　　　　(b) 垂直面　　　　　　(c) 平行面

图 2-51　平面上的投影面平行线

平面上的投影面平行线的投影,既有平面上的投影面平行线所具有的投影性质,又有平面上直线的性质。迹线是平面上的线,也是投影面上的线,它是平行于某一投影面的直线,所以平面上的投影面平行线也平行于平面的相应迹线。

同一平面上可以作无数条投影面平行线,而且都互相平行。如果规定必须通过平面内某个点,或与某个投影面的距离一定,则在平面上只能作出一条投影面平行线。

例 2-22　在平面 $\triangle ABC$ 上找一点 K,使其距 V 面 15 mm,距 H 面 15 mm,如图 2-52(a)所示。

分析　在已知空间位置的平面上取点 K,除应满足与平面的从属关系外,它还要满足与 V、H 面定距离的要求。在空间中距 V 面 15 mm 的点很多,在距 V 面 15 mm 的正平面上,所有的点均满足要求,而在 $\triangle ABC$ 上只有一条距 V 面 15 mm 的正平线上的点满足要求;同样,在 $\triangle ABC$ 上也只有一条距 H 面 15 mm 水平线上的点满足要求。由此得知要求的 K 点与两直线均有从属关系,即满足题意要求的点只有唯一的一个。

作图　在平面内作两条满足题意的平行线,作图过程如图 2-52(b)中步骤①、②、③、④、⑤、⑥所示。

2. 平面上对投影面的最大斜度线

过平面上一点,可在平面上作无数条直线,它们对投影面的倾角各不相同,其中必有一条

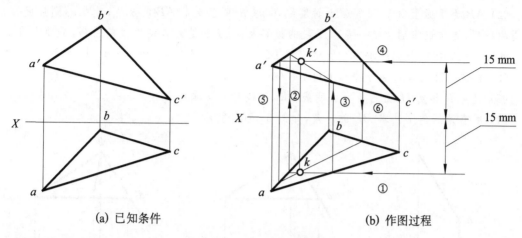

(a) 已知条件　　　　　　　　　　　　　　(b) 作图过程

图 2-52　例 2-22 图

直线对投影面的倾角最大。平面上对某一投影面具有最大倾角的直线称为此平面上对该投影面的**最大斜度线**。

(1) 最大斜度线的性质　**垂直于平面的同面迹线和平面上的投影面平行线。**

图 2-53(a) 中，设在平面 P 内自点 A 向 P_H 作一条垂线 AB 和任意斜线 AC，自点 A 向 H 面作一条垂线 Aa，分别与它们各自在 H 面的正投影形成了两个等高的直角三角形，由于 AB $\perp P_H$，故 AB 最短。如将它们重合在一起 (见图 2-53(b))，不难看出，角 α 最大，即在平面 P 内过点 A 所作的直线中，以垂直于 P_H 的直线 AB 对 H 面的倾角为最大，AB 称为对 H 面的最大斜度线。试想象将 H 面换成 V 面或 W 面，则有对 V 面的最大斜度线和对 W 面的最大斜度线。

显然，最大斜度线是相对投影面而言的，对不同的投影面有不同的最大斜度线，同一类最大斜度线也不只有一条，而是一组相互平行且垂直于该平面的同面迹线及平面上的同面平行线，如图 2-53(c) 所示。

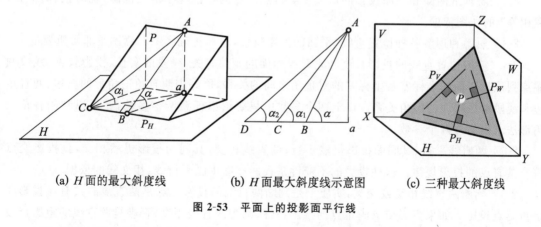

(a) H 面的最大斜度线　　　(b) H 面最大斜度线示意图　　　(c) 三种最大斜度线

图 2-53　平面上的投影面平行线

(2) 求最大斜度线的意义　几何意义：最大斜度线可用于测定一平面对投影面的倾角。物理意义：当有小球或水珠在斜坡自由滚落时，其滚落轨迹必是沿对 H 面的最大斜度线。

例 2-23　已知 AB 为平面上对 V 面的最大斜度线，求平面的 α 角，如图 2-54(a) 所示。

分析　(1) 平面上对 V 面的最大斜度线的方向是唯一的，已知任意一最大斜度线的投影，则平面的空间位置就已确定；

(2) AB 为平面上对 V 面的最大斜度线,若求 β,可直接求 AB 的 β 角;若求 α,则应先作出平面的投影,再作该平面上的一条水平线的投影及对 H 面的最大斜度线的投影,进而求得 α。

作图 (1) 作一与 AB 垂直相交的直线 BC,完成平面的投影,如图 2-54(b)所示;

(2) 在该平面内取一条水平线 CD;

(3) 过点 B 作对 H 面的最大斜度线 BE,该线与 CD 垂直;

(4) 用直角三角形法求 BE 的 α 角,如图 2-54(c)所示。

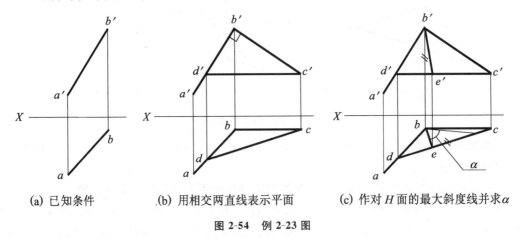

(a) 已知条件　　(b) 用相交两直线表示平面　　(c) 作对 H 面的最大斜度线并求 α

图 2-54 例 2-23 图

学 习 引 导

2-1 学习画法几何与工程制图,首先是要能根据几何元素的空间位置画出其投影图,同时,也要能根据投影图想象出空间位置。点是最基本的几何元素,建立空间点与其投影图之间的对应关系是学习制图的基础。

2-2 要理解两面和三面投影的形成及其特点。点的投影规律是三视图"长对正、高平齐、宽相等"的作图依据。

2-3 熟悉和理解各种位置直线、平面的投影特性,这对正确画图和读图是非常重要的。

2-4 一般位置直线的投影长度与它对投影面的倾角有关,线段的实长、投影长度、线段两端点到该投影面的坐标差及坐标差的对顶角之间的关系,恰好表明直角三角形的斜边、两直角边和线段对投影面的倾角关系。以上四个参数中只要给出任意两个参数,就可以利用直角三角形法求出另外两个参数。

2-5 两直线平行,其同面投影仍然平行;两直线相交,其同面投影仍然相交,且投影交点符合共有点的投影规律。这种投影的不变性是投影作图中画平行线、相交线的依据。

2-6 判断两直线相交或交叉,实质上是判断两直线的投影交点是两直线的共有点投影还是重影点投影。如果投影交点满足点的投影特性,则为两直线相交;否则是两直线的重影点投影,则两直线交叉。

2-7 两直线垂直(相交垂直或交叉垂直),其投影一般不会垂直。但是,当其中有一条直线与投影面平行时,则在该投影面上的投影仍然垂直。这是直角投影的特性。利用直角投影特性可以作特殊线的垂线,解决点到特殊线的距离问题。

2-8 直线上定点和平面上定点是投影作图中常见的从属问题。

2-9　在学习本章及第 3、4 章时,还应注意回忆和复习初等几何中与直线、平面有关的一些几何性质。

思 考 题

2-1　为什么点的一个投影不能确定该点在空间的位置? 需要几个投影?

2-2　点的 H 面投影反映空间点相对哪个投影面的距离? 具有什么坐标? 反映哪些方位? 自行判断 V、W 面的投影。

2-3　当一点的 X 坐标为零,其他坐标不为零时,该点在空间什么位置?

2-4　已知 A、B 两点相对 V、H 面距离相等,点 A 比点 B 距 W 面更近,这两点在空间有什么特点?

2-5　当已知一点的 V、H 面投影时,在无轴投影中能否唯一确定该点的 W 面投影?

2-6　试从日常生活中举出哪些事例是降维法、升维法的应用。

2-7　由历史上一些发明创造,如爱迪生发明留声机,法拉第发明发电机等,来感受逆向思维法在学习和科学研究过程中的作用。

2-8　投影面平行线、投影面垂直线的投影特性有哪些? 观察周围事物中的特殊位置直线。

2-9　能否只从两个投影图求得一段线的实长及对各投影面的倾角 α、β、γ? 如何求?

2-10　点和直线的相对位置有几种?

2-11　在题 2-11 图中你能用哪几种方法判断点是否在直线上?

2-12　平面的表达方式有哪几种? 它们之间如何转化? 能表示平面形状大小的是哪一种?

2-13　试分析垂直面和平行面投影特性的相同和不同之处。

2-14　用平面的概念判断如题 2-14 图所示两直线的空间位置。

2-15　如题 2-15 图所示,如何求平面图形的实形? 如何求平面对各投影面的倾角 α、β、γ?

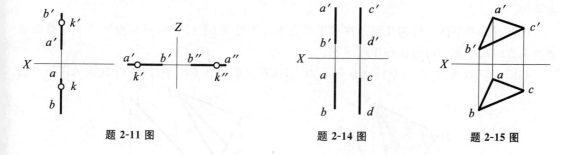

题 2-11 图　　　　　　　　题 2-14 图　　　　　　　　题 2-15 图

第 3 章　直线与平面、平面与平面的相对位置

本章要点

- **图学知识**

  研究直线与平面,平面与平面之间平行、相交和垂直三种位置关系的投影性质及相应的投影作图,学会综合运用图解空间几何问题的方法。

- **思维能力**

  在图解空间几何问题的过程中,注意以下几点。①思维的充分发散。根据几何题的投影图,想象其空间位置,善于从多方位、多角度分析思考问题,构建出解题的空间模型和思路,以促使思维在不同方式的循环过程中灵活地迁移,同时在思维的迁移过程中也伴随着知识的迁移,从而提高思维能力及水平。②思维的有效收敛。确定图解的方法和步骤。③正确表达。空间模型与投影图对应。

- **教学提示**

  注意通过二维平面图,培养空间逻辑思维和形象思维能力。

3.1　平行关系

3.1.1　直线与平面平行

直线与平面平行的几何条件:**若直线与平面上的任一条直线平行,则此直线与该平面必相互平行。**

根据直线与平面平行的几何条件和正投影的投影性质(平行性),可在投影图上检验或求解有关直线与平面平行的投影作图问题。

如图 3-1(a)所示,因为直线 AB 与平面 $\triangle DEF$ 上的直线 CF 平行,所以直线 AB 与平面

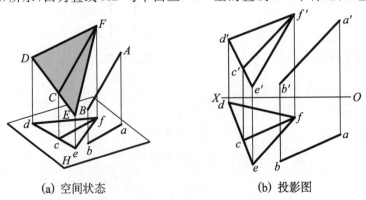

(a) 空间状态　　　　　　　　(b) 投影图

图 3-1　直线 AB 与平面 $\triangle DEF$ 上的直线 CF 平行

△DEF 平行。图 3-1(b)是其两面投影图,图中 $a'b'//c'f'$, $ab//cf$,由于 CF 在平面△DEF 上,故 $AB//△DEF$。

例 3-1　已知平面△ABC 及点 M 的两面投影,试过点 M 作水平线 MN 平行于平面 △ABC(见图 3-2)。

分析　过点 M 可作无数条平行于平面△ABC 的直线,其中只有一条为水平线,它必平行 于平面△ABC 上的任一条水平线。

作图　(1) 过 a' 在△$a'b'c'$ 上作 $a'd'//OX$;

(2) 作出△ABC 平面上水平线 AD 的水平投影 ad;

(3) 作 $m'n'//a'd'$, $mn//ad$。

$m'n'$、mn 即为所求直线 MN 的两面投影。

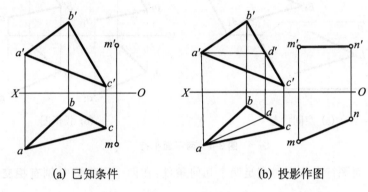

(a) 已知条件　　　　　　　　　　　(b) 投影作图

图 3-2　例 3-1 图

若相互平行的直线与包含其中一直线的平面垂直于投影面,则直线与平面的平行特性能 在平面有积聚性的投影中直接反映出来,并且此投影中的距离反映了线与面之间的真实距离, 如图 3-3 所示。

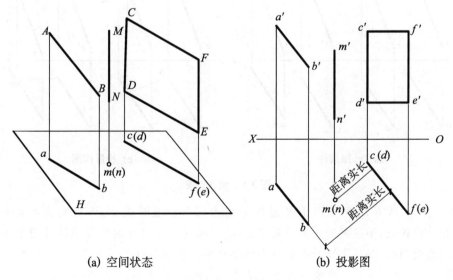

(a) 空间状态　　　　　　　　　　　(b) 投影图

图 3-3　特殊位置的线、面平行

3.1.2 两平面平行

两平面平行的几何条件:一平面上的相交两直线对应地平行于另一平面上的相交两直线。如图 3-4 所示,由于平面 P 内的一对相交直线 AB 与 BC 对应地平行于平面 Q 内的另一对相交直线 A_1B_1、B_1C_1,因此,P、Q 两平面平行,其投影如图 3-4(b)所示。此条件是平行两平面作图或检验的依据。

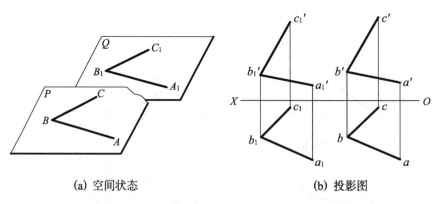

(a) 空间状态   (b) 投影图

图 3-4 两平面平行

注意 两平面平行必须同时满足两个几何条件:在两个平面内分别有**相交**两直线而且**对应**平行。

例 3-2 判断平面 $ABCD$ 与平面 Ⅰ Ⅱ Ⅲ Ⅳ 是否平行(见图 3-5)。

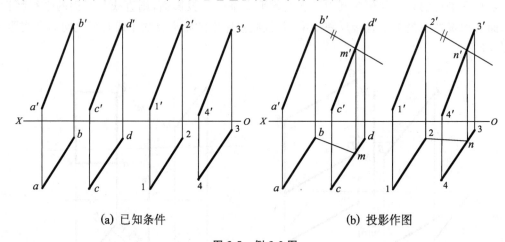

(a) 已知条件   (b) 投影作图

图 3-5 例 3-2 图

分析 平面 $ABCD$ 和平面 Ⅰ Ⅱ Ⅲ Ⅳ 分别由两平行直线表示,尽管由图中得知:$AB//CD//$ Ⅰ Ⅱ $//$ Ⅲ Ⅳ,仍不能判断这两平面平行,必须在两平面内分别作与 AB、Ⅰ Ⅱ 相交的直线 BM、Ⅱ N,通过判断 BM、Ⅱ N 是否平行来判断两平面是否平行。

作图 (1)过 b' 任作一直线 $b'm'$ 交 $c'd'$ 于 m',由 m' 确定 m,并连接 b、m;

(2)过 $2'$ 作直线 $2'n'//b'm'$,交 $3'4'$ 于 n',由 n' 确定 n,并连接 2、n。

(3)判断 bm 与 $2n$ 是否平行。

结论 由图 3-5 得知,由于 bm 与 $2n$ 不平行,所以平面 $ABCD$ 与平面 Ⅰ Ⅱ Ⅲ Ⅳ 不平行。

例 3-3　判断平面△ABC 与平面△DEF 是否平行(见图 3-6)。

分析　由平面△ABC 与平面△DEF 的 V 面投影可知,$a'b'//e'f'$,$b'c'//d'e'$,但 H 面投影 $ab//de$,而不是平行于 ef,平行关系不对应。

结论　平面△ABC 与平面△DEF 不平行。

当两个特殊位置的平面平行时,它们具有积聚性的同面投影必相互平行。图 3-7 是两相互平行的铅垂面的投影图,两铅垂面积聚成线的 H 面投影除反映投影的平行特性外,还反映了两平面之间的真实距离。因此,若已知两平面的同面投影为积聚性投影且相互平行,则此两平面在空间一定平行。

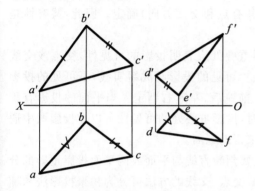

图 3-6　例 3-3 图

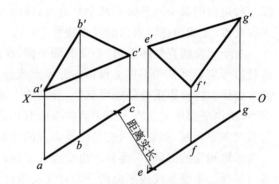

图 3-7　两特殊位置的平面平行

例 3-4　如图 3-8 所示,已知直线 AB、△CDE、点 P 的两面投影,判断直线 AB 与平面△CDE 是否平行,并过点 P 作平面平行于平面△CDE。

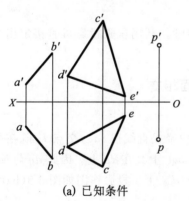

(a) 已知条件

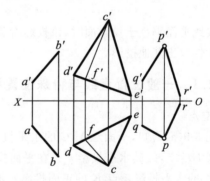

(b) 作图过程

图 3-8　例 3-4 图

分析　(1) 判断 AB 与△CDE 是否平行,关键是检验在平面△CDE 上能否作出直线与给定直线 AB 平行。若在△CDE 平面上有一直线 CF//AB,符合直线与平面平行的几何条件,则 AB//△CDE,否则,AB 与△CDE 不平行。

(2) 要使过点 P 所作的平面平行于△CDE,应根据两平面平行的几何条件作图,即过点 P 作两相交直线,分别平行于△CDE 平面上的任意两条相交直线。

作图　(1) 过 c 作 cf//ab,与 de 交于 f;由 f 引投影连线,与 d'e' 交于 f',连接 c'、f'。检验 c'f' 是否与 a'b' 平行。

(2) 过 p 作 pq//cd,pr//ce;过 p' 作 p'q'//c'd',p'r'//c'e'。

QPR 即为所求平面。

结论　　由于 $c'f'$ 不平行于 $a'b'$，因此，AB 不平行于 $\triangle CDE$。

3.2　相交关系

　　求直线与平面的交点和两平面的交线是投影作图中常见的定位问题，也是解决工程图上各种相交问题的基础。

　　直线与平面的交点是直线和平面的共有点。两平面的交线是两平面的共有直线。共有直线一般可由同属于两平面的两个共有点（或由一个共有点和交线方向）确定。因此，共有性是求解交点、交线问题时依据的基本特性。

　　对于相交的直线和平面、相交的两平面，在投影重叠处应表明投影的可见性，交点或交线的投影分别是可见和不可见投影的分界点或分界线。可见的投影画成粗实线，不可见的投影画成虚线。各投影重叠处的可见性，分别按上遮下、前遮后、左遮右判定。当平面的投影有积聚性，或两平面中至少有一个平面的投影有积聚性时，投影重叠处的可见性可以在投影图中通过直接观察判断，否则可用交叉线重影点的可见性来帮助判断。

　　求解相交的问题，一是要求出交点或交线，二是要判断直线与平面或两平面投影重影部分的可见性。根据直线或平面的投影有无积聚性，求解交点、交线的方法可分为积聚投影法和辅助平面法。

3.2.1　相交元素中有积聚投影的情况

　　当直线或平面垂直于投影面时，该投影有积聚性。利用积聚投影可直接定出交点、交线，再根据从属性求出其他投影。

3.2.1.1　一般位置直线与特殊位置平面相交

1. 求交点

　　根据图 3-9(a)得知，平面 $\triangle ABC$ 的水平投影积聚成直线段 bac，交点 K 既在平面 $\triangle ABC$ 上又在直线 DE 上，故其水平投影 k 必在平面投影 bac 上又在 de 上。因此 de 与 bac 的交点 k 必为交点 K 的水平投影。点 K 的正面投影 k' 必在 $d'e'$ 上。投影作图如图 3-9(b)所示。

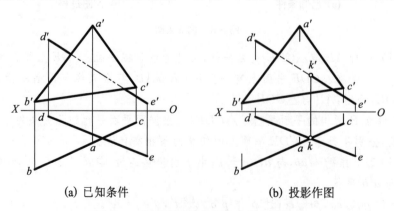

(a) 已知条件　　　　　　　　　　　(b) 投影作图

图 3-9　一般位置直线与特殊位置平面相交

2. 判断可见性

在图 3-9(b)中,直线与平面的正面投影有一段重叠,显然,只有线段 DE 与△ABC 相重叠部分才有可见性的问题。直线是以交点 K 分界的。由水平投影可以看出,直线的 EK 段在平面之前,DK 段在平面之后。所以 $e'k'$ 可见,画成粗实线,$d'k'$ 与△$a'b'c'$ 重叠的部分不可见,画成虚线。

当平面投影有积聚性时,求线面交点可转化为"线上定点"。

3.2.1.2　特殊位置直线与一般位置平面相交

图 3-10 表示一铅垂线 MN 与平面△ABC 相交。因交点 K 在 MN 上,故 k 与 mn 重合;又因交点 K 同时在平面△ABC 上,故可利用平面上取点的方法,作辅助线 BD 求出 k'。

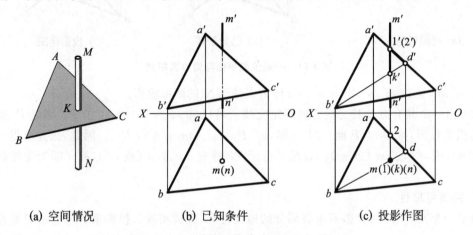

（a）空间情况　　　　　（b）已知条件　　　　　（c）投影作图

图 3-10　特殊位置直线与一般位置平面相交

直线 MN 正面投影的可见性,可以利用直线 MN 上的点 I 与平面上直线 AC 上的点 II 的投影来判断。从图中可以看出,MN 线上的点 I 在前,AC 线上的点 II 在后,故 $k'm'$ 可见,画成实线,$k'n'$ 与平面△ABC 重影段不可见,画成虚线。

此题可见性还可采用升维法、连环思考法,通过投影图想象其空间位置,再直观判断得出结果,请读者自行分析判断。

【连环思考法思维原理】

连环思考法是对事物之间的循环联系关系进行追踪、考察,从而产生新设想的一种思考方法。运用连环思考法必须注意:对事物之间要进行系统整体的分析和考察,防止孤立、片面地考察事物,割断事物之间的联系;积累知识经验,不断丰富、扩展知识面,为连环思考提供丰富的素材;要培养自己的创新联想能力。

当直线投影有积聚性时,求线面交点可转化为"面上定点"。

3.2.1.3　一般位置平面与特殊位置平面相交

图 3-11 表示一般位置平面△ABC 与铅垂面 P 相交,交线 MN 是两平面的共有直线段,其端点 M、N 分别是直线 AB 和 AC 与平面 P 的交点。因此,求两平面的交线,实质上可转化为求一般面上的两条直线与另一平面的交点。具体作图过程如图 3-11(c)所示。

1. 求交线（两种方法）

（1）由两个共有点确定交线　交线两端点 M、N 的 H 面投影 m、n 可直接确定,由 m、n 分

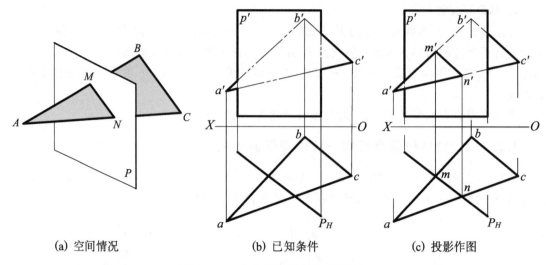

(a) 空间情况　　　　　　　(b) 已知条件　　　　　　　(c) 投影作图

图 3-11　一般位置平面与铅垂面相交

别求出 m'、n',连接 m'、n',则 $m'n'$、mn 即为交线 MN 的两面投影。

（2）由一个共有点及其交线方向确定交线　若已知 $bc // P_H$ 面,由于 P_H 面是 P 面在 H 面上的积聚投影,则 $BC // P$ 面 $// MN$,即 $bc // P_H$ 面 $// mn$,$m'n' // b'c'$。因此,只要求得一个共有点如 m'(或 n'),过 m'(或 n')作直线平行于 $b'c'$ 并交 $a'c'$ 于 n'(或 m'),$m'n'$ 即为交线的正面投影。

2. 判断可见性

两平面相交,其同面投影不重叠部分的边线可见,画成实线。投影重叠部分的可见性以交线为界,若△ABC 平面在交线的一侧可见,则该平面在交线的另一侧必不可见,而平面 P 的可见性与其正好相反。如图 3-11 所示,因为平面 P 在 H 面上的投影有积聚性,所以只需判断两平面正面投影重叠部分的可见性。交线右侧的△ABC 平面在后,故 m' b'、$n'c'$ 及 $b'c'$ 与平面 P 重叠部分不可见,用虚线表示;其余部分可见,用实线表示。而平面 P 在 V 面上的可见性与之相反,左下侧有一小段被平面△ABC 轮廓线遮挡,应画成虚线。

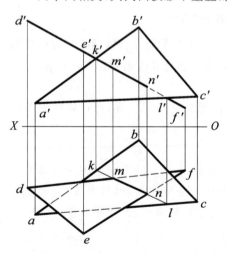

图 3-12　两平面相交

注意　如果两交点连线的投影只有一段位于两个平面图形的投影重叠处,则两平面实际交线的投影只是这一段。如图 3-12 所示平面△ABC 与平面△DEF 相交,交线的实际长度仅是 KL 线上的 MN 段,余下的是实际交线的延长线投影(或为两平面扩大后的交线)。

例 3-5　水平矩形 P 与平面梯形 $ABCD$ 相交,梯形上、下底 AB、CD 均为水平线,求两平面的交线,并判断可见性(见图 3-13)。

分析　梯形平面 $ABCD$ 与水平面 P_V 的交线 EF 必是重叠于 P_V 的水平线,它同时平行于梯形平面 $ABCD$ 上的 AB 和 CD,即 $EF // AB // CD$,而交线的一个端点 E 可由直线 AD 与平

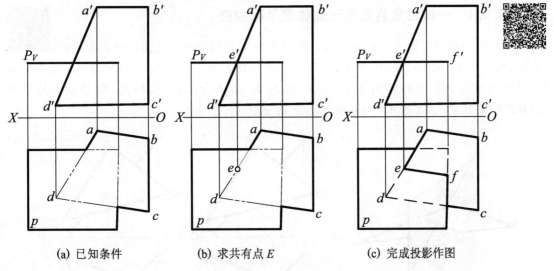

(a) 已知条件　　　　　　(b) 求共有点 E　　　　　　(c) 完成投影作图

图 3-13 例 3-5 图

面 P_V 的正面投影直接确定。两平面水平投影重叠部分的可见性,可按正面投影的上下位置确定。

作图 (1) 求出 $a'd'$ 与 P_V 平面的交点 e',由 e' 作出 e;

(2) 过点 e 作 $ef//dc$。$e'f'$、ef 即为交线 EF 的两面投影;

(3) 由正面投影可知,$a'b'$ 在 P_V 的上方,所以,ae 可见,画成实线,另一端 ed、dc 被遮挡的部分不可见,画成虚线。矩形平面 P 的虚实亦可知。

求一般位置平面与特殊位置平面相交的交线,可转化为"求一般位置直线与特殊位置平面相交的交点"。

3.2.1.4 两特殊位置平面相交

两个平面同时垂直于一个投影面,则交线是垂直于该投影面的直线,且交线的积聚投影为两平面积聚投影的交点。如图 3-14 所示的两铅垂面的交线 MN 必是铅垂线,其作图过程及可见性的判断请读者自行分析。

小结 当相交两元素之一的投影有积聚性时,交点或交线的一个投影可以直接得出,另一投影可用直线上取点或平面上取点、线的方法得出。

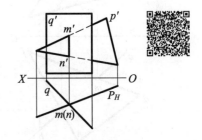

图 3-14 求两平面的交线

若相交两平面之一平行于某投影面,则交线亦平行于该投影面;若相交两平面垂直于同一投影面,则交线亦垂直于该投影面。

3.2.2 相交元素中无积聚投影的情况

若参与相交的两几何元素都不垂直于投影面,则两几何元素的投影都没有积聚性,此时交点、交线的投影不能直接定出,可运用逆向思维法将相交的两几何元素的投影升维在空间思考,如图 3-15(a)所示,再降维在投影图中求解。

3.2.2.1　一般位置直线与一般位置平面相交

图 3-15(a)说明了用辅助平面法求直线与平面交点的原理。从图中可以看出：包含直线 AB 作一辅助平面 P，则平面 P 与平面 $\triangle DEF$ 有一交线 MN，MN 与 AB 必有交点 K（因为 MN 与 AB 共面），由于 $K \in AB$，同时 $K \in MN \in \triangle DEF$，因此，$K$ 是 AB 与平面 $\triangle DEF$ 的共有点，也就是 AB 与平面 $\triangle DEF$ 的交点。

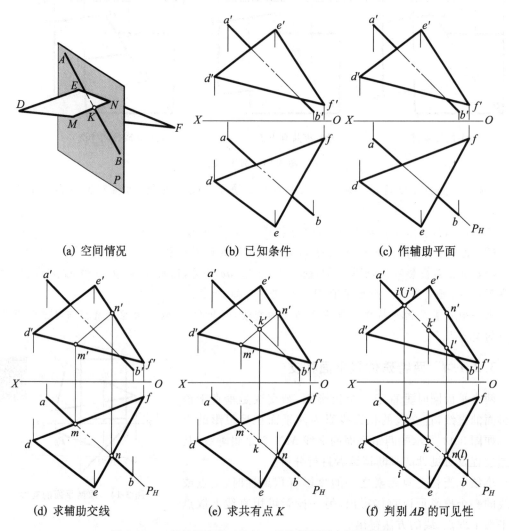

(a) 空间情况	(b) 已知条件	(c) 作辅助平面
(d) 求辅助交线	(e) 求共有点 K	(f) 判别 AB 的可见性

图 3-15　一般位置直线 AB 与一般位置平面 $\triangle DEF$ 相交

包含直线 AB 可作无穷多个平面，为了便于求解 $\triangle DEF$ 平面与辅助平面 P 的交线 MN，平面 P 宜作成特殊位置平面。因此，辅助平面法作图的实质，还是利用了特殊位置平面的积聚性，将一般位置直线与一般位置平面相交转化为特殊位置平面与一般位置平面相交。

求一般位置直线与一般位置平面交点的作图步骤如下：

(1) 包含已知直线作辅助的特殊位置平面；

(2) 求辅助平面与已知平面的辅助交线；

(3) 求出辅助交线与已知直线的交点，即为所求直线与平面的交点；

(4) 根据重影点，分别判断正面投影和水平投影中直线段重影部分的可见性。

注意　H 面投影的可见性与 V 面投影的可见性的判断彼此独立，二者无任何联系。

下面以例 3-6 为例介绍在投影图上的作图。

例 3-6　求直线 AB 与平面 $\triangle DEF$ 的交点（见图 3-15）。

作图　(1) 包含直线 AB 作辅助的铅垂面 P_H。因为铅垂面的水平投影有积聚性，所以 P_H 与 ab 重合（见图 3-15(c)）。

(2) 求 P_H 与 $\triangle DEF$ 的交线。交线 MN 的水平投影与 P_H 重合，其上两点 m、n 是 P_H 与 df、ef 的交点。由此求出交线的正面投影 $m'n'$（见图 3-15(d)）。

(3) 求交线 MN 与直线 AB 的交点。由 $m'n'$ 与 $a'b'$ 的交点 k' 在 ab 上求出 k，则 $K(k'$、$k)$ 即为所求直线 AB 与 $\triangle DEF$ 的交点（见图 3-15(e)）。

(4) 判断直线 AB 的可见性。由于所给直线与平面均处于一般位置，所以不易直观判断，只能利用"重影点"来判断（见图 3-15(f)）。

先判断 V 面投影的可见性。显然，应选取 V 面投影一对交叉线的重影点，如 $e'd'$ 上的点 i' 与 $a'b'$ 上的点 j' 的重影，再通过 H 面投影看这两点中哪一点的 Y 坐标大。由图可知，点 i 的 Y 坐标大于点 j 的 Y 坐标，即点 i 在点 j 的前方，则点 I 所属的线段 ED 在线段 AB 之前，故在 V 面投影上可见。因此 $k'j'$ 不可见，画成虚线；$k'b'$ 可见，画成实线。

再判断 H 面投影的可见性。选取 ef 上的 n 与 ab 上的 l 的重影，由 V 面投影可以看出，点 N 的 Z 坐标大于点 L 的 Z 坐标，即点 N 在点 L 的上方，亦即平面上的直线 EF 位于直线 AB 之上，所以 ab 在交点 k 的右边一段 kl 不可见，而另一段 jk 可见。

辅助平面法可总结为"包线作面"，即通过直线作辅助平面，将求直线 AB 与平面 $\triangle DEF$ 的交点问题转化为求同一平面 P 上两直线 AB、MN 的交点问题。

3.2.2.2　一般位置平面与一般位置平面相交

两平面相交的交线是直线，所以求出相交两平面的两个共有点便可确定交线。求两个一般面共有点常用的方法有线面交点法和三面共点法。

1. 线面交点法

把求平面与平面的交线问题转化为求直线与平面的交点问题，即求出一个平面上的某条直线与另一平面的交点。在求直线与平面的交点时，所选择的两条直线是位于同一平面上还是分别在两个平面上，对最后结果没有影响。

判断各投影的可见性时，需分别进行，各投影中只需选一重影点判断即可，因为它们皆以交线投影为可见与不可见的分界线，且一个平面在交线异侧的可见性相反，同侧相同；两个平面在交线同侧的可见性也相反。

注意　由于作图线较多，为清晰起见，对作图过程中的各点最好加以标记。

例 3-7　求平面 $\triangle ABC$ 与平面 $\triangle DEF$ 的交线，并判断可见性（见图 3-16）。

分析　由图可知，相交的两平面的投影重叠，宜选用线面交点法，求出相交元素中的两条直线分别与另一平面的交点，即可得出交线。

交线是平面投影可见性的分界线。若交线投影的某一侧可见，则另一侧必不可见，每个投影只需判断一个重影点，便可判定该面投影。

作图　(1) 求交线。

① 求出 AC 与平面 $\triangle DEF$ 的交点 K，选择包含直线 AC 的正垂面作为辅助平面，先求出点 k，由 k 作出 k'；

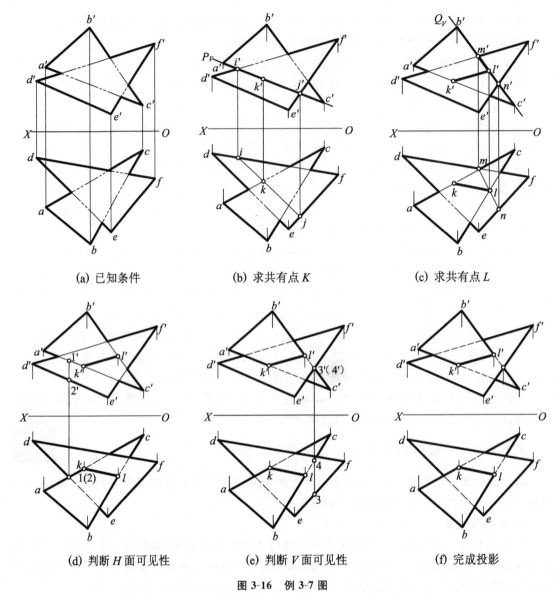

(a) 已知条件　　　　　　(b) 求共有点 K　　　　　　(c) 求共有点 L

(d) 判断 H 面可见性　　　(e) 判断 V 面可见性　　　(f) 完成投影

图 3-16　例 3-7 图

② 求出 BC 与平面△DEF 的交点 L，做法与求点 K 同，先求出 l，再由 l 作出 l′；

③ 分别连接 k、l，k′、l′，即得交线 KL 的两面投影。

(2) 判断并表示出平面投影的可见性。对 V、H 面上的投影分别进行判断。

① H 面投影的可见性是利用在水平投影上找一对重影点的投影来判断的。如图 3-16(d)所示，取属于 AC 上的点 I 和属于 DE 上的点 II 这一对重影点，其水平投影 1 和 2 重叠，且分别位于 ac 和 de 上。求出 1′和 2′，它们分别位于 a′c′和 d′e′上。按投射方向从上向下观察，1′在上，2′在下，所以 H 投影中 1 可见，2 被遮挡不可见。与此相应，1 所属的线段 ac 可见，画成粗实线；由此可得：以交线 kl 为分界，平面△ABC 与点 I 同侧的可见，画粗实线，另一侧不可见，画成虚线。而平面△DEF 与其正好相反，在 de 与△ABC 重叠处不可见，画成虚线；其余可见，画成粗实线。

② V 面投影可见性利用重影点 3′(4′)和 3、4 判断，请读者自行分析。

读者亦可用两三角板摆出空间情况以作验证。

可将求平面与平面的交线问题,转化为求直线与平面的交点问题。

线面交点法适用于求解相交两平面图形投影重叠的情况,投影重叠时的相交有全交和互交两种情况,如图 3-17 所示。若相交两平面的投影不重叠,常用三面共点法求两平面的交线,如图 3-18 所示。

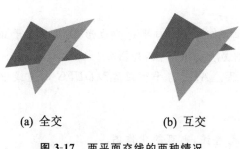

(a) 全交   (b) 互交

图 3-17 两平面交线的两种情况

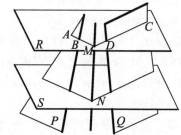

图 3-18 三面共点法求两平面的交线原理

2. 三面共点法

利用三面共点的原理作出属于两平面的两个共有点。如图 3-18 所示,作辅助平面 R,此平面与两已知平面相交,交线分别为直线 AB 和 CD,它们的交点 M 就是 P、Q、R 三面的共有点,当然也是两平面的共有点。同法可作出另一共有点 N。直线 MN 就是两已知平面的交线。为作图简便起见,通常以水平面或正平面作为辅助平面。

例 3-8 求作平面 $\triangle ABC$ 与平行四边形 $DEFG$ 的交线(见图 3-19(a))。

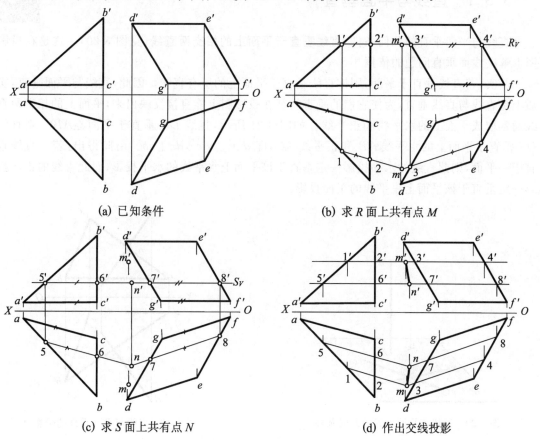

(a) 已知条件   (b) 求 R 面上共有点 M

(c) 求 S 面上共有点 N (d) 作出交线投影

图 3-19 例 3-8 图

分析　由于两个一般位置平面在投影图中没有相互重叠部分，若采用线面交点法求共有点，则作图较为复杂，故宜采用三面共点法求解。

作图　（1）作水平面 R，求出 R 平面与△ABC 的交线Ⅰ Ⅱ（即 $1'2'$、12），再求出平面 R 与平行四边形 $DEFG$ 的交线Ⅲ Ⅳ（即 $3'4'$、34），两交线相交于点 M（m'、m）处，点 M 即为所求的一个共有点，如图 3-19(b) 所示。

（2）作水平面 S，与△ABC 平面交于Ⅴ Ⅵ（即 $5'6'$、56），与平行四边形 $DEFG$ 交于Ⅶ Ⅷ（$7'8'$、78），Ⅴ Ⅵ 与Ⅷ 的交点 N（n'、n）即为所求的另一个共有点，如图 3-19(c) 所示。

（3）分别连接 m'、n' 和 m、n，$m'n'$、mn 即为平面△ABC 与平行四边形 $DEFG$ 的交线投影，如图 3-19(d) 所示。

思考　此图无需判断可见性，为什么？

提示　此题若设一辅助平面通过 AC 和 FG 两直线，则可简化作图。

3.3　垂　直　关　系

在解决距离、角度等度量问题时，经常用到两个几何元素相互垂直的几何概念。

3.3.1　直线与平面垂直

直线与平面垂直的几何条件：**直线垂直于平面上的相交两直线**（见图 3-20）。这是在投影图上解决线面垂直问题的依据。

其实，若直线垂直于平面，则该直线垂直于平面上的所有直线。因此，直线与平面垂直，实质上是直线与直线垂直，为使它们的垂直特征在投影图上能直接反映出来，平面上的相交两直线通常取成平面上的水平线和正平线。如图 3-21 所示，直线 DE 垂直于平面△ABC，则直线 DE 垂直于平面上的水平线 AB 和正平线 AC，即 $d'e'⊥a'c'$，$de⊥ab$。由此得出：若一直线垂直于一平面，则此直线的水平投影一定垂直于该平面上水平线的水平投影；而此直线的正面投影一定垂直于该平面上正平线的正面投影。

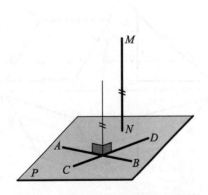

图 3-20　直线与平面垂直的几何条件

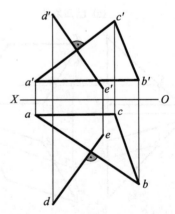

图 3-21　直线与平面垂直的投影

例 3-9　判断直线 MN 是否垂直于平面△ABC（见图 3-22）。

分析　若直线 MN 垂直于平面△ABC，必垂直于平面上的水平线和正平线，通过作图判断。

作图　(1) 作出平面上水平线 AD 的两投影($a'd'//OX$，由 d' 求得 d，连接 a、d)。

(2) 由图可知，ad 不垂直于 mn(不必再作平面上的正平线)。

结论　直线 MN 不垂直于平面△ABC。

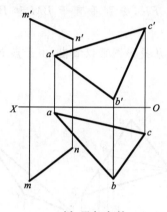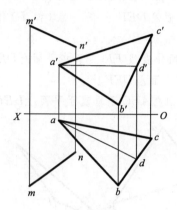

(a) 已知条件　　　　　　　　　(b) 投影作图

图 3-22　例 3-9 图

与特殊位置平面垂直的直线必是特殊位置直线。如图 3-23 所示，直线 EF 与正垂面垂直相交，则 EF 必为正平线，且 EF 与△ABC 的 V 面投影(积聚成直线)必反映直角，即 ef // OX，$e'f'\perp a'b'$。垂足 F 可由平面有积聚性的正面投影直接确定。

3.3.2　平面与平面垂直

两平面垂直的几何条件：一平面上的一条直线垂直于另一平面。根据这个条件并运用平面垂线的投影特性，即可解决有关两平面垂直的作图问题。

如图 3-24 所示，平面△DEF 上若有一直线 $DG\perp$△ABC，则△$DEF\perp$△ABC。由图可

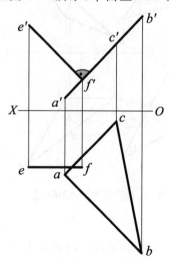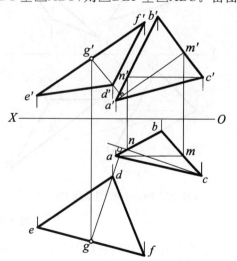

图 3-23　直线与特殊位置平面垂直　　　　　　**图 3-24　平面与平面垂直**

知，$d'g' \perp a'm'$，$dg \perp cn$，而 AM 和 CN 分别是△ABC 平面上的正平线和水平线，所以 $DG \perp$ △ABC；又由于 DG 在平面△DEF 上，故△$DEF \perp$△ABC。

例 3-10 试判断平面△ABC 和平面△DEF 是否相互垂直（见图 3-25）。

分析 判断两平面是否垂直，关键是看在一平面内是否有一条直线垂直于另一平面。

作图 （1）在平面△ABC 上任作一水平线（如 BM）和正平线（如 BN）的两投影。

（2）过平面△DEF 上任一点（如 F）作直线 FK，分别垂直于 BM 和 BN（即垂直于 △ABC）。

（3）判断所作直线 FK 是否在平面△DEF 上，从投影图可以看出：由于点 K 不在 DE 上，所以，FK 不在平面△DEF 上。

结论 平面△ABC 不垂直于平面△DEF。

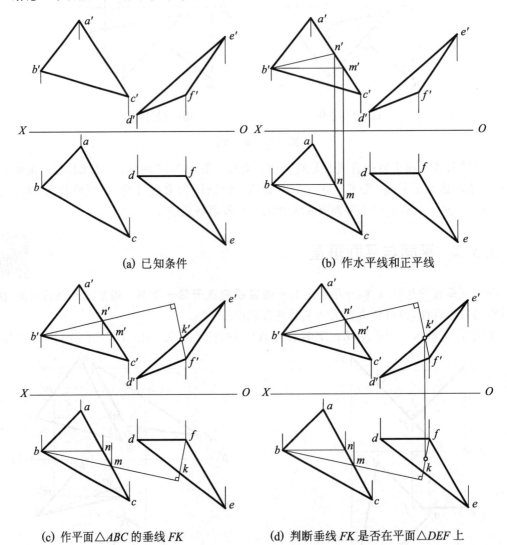

(a) 已知条件　　　　　　(b) 作水平线和正平线

(c) 作平面△ABC 的垂线 FK　　(d) 判断垂线 FK 是否在平面△DEF 上

图 3-25　例 3-10 图

两平面相互垂直时，它们的两面角（夹角）为直角。当两个相交平面同时垂直于某一投影面时，它们在该投影面上积聚成直线的投影能直接反映两面角的真实大小，如图 3-26 所示。

因此,当两平面同时垂直于投影面时,可在它们的积聚投影上直接判断或解决两平面的垂直问题。

例 3-11 过点 M 作正垂面 P,使其垂直于平面 $\triangle ABC$(见图 3-27(a))。

分析 平面 $\triangle ABC$ 为一般位置平面,它与待求的正垂面 P 垂直。由于正垂面的垂直线都是正平线,根据两平面垂直的条件,平面 P 必须垂直于 $\triangle ABC$ 平面上的正平线。所以只需确定平面 $\triangle ABC$ 上的正平线,便能作出平面 P。

作图 (1) 过 c 作 $cd//OX$,由 d 求出 d',并连接 c'、d',$c'd'$ 即平面 $\triangle ABC$ 上正平线 CD 的两投影。

(2) 过点 m' 作 $P_V \perp c'd'$,P_V 即为所求正垂面的投影。

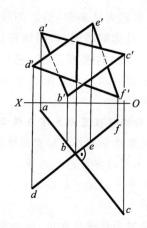

图 3-26 $\triangle ABC$ 和 $\triangle DEF$ 相互垂直

直线与平面垂直,两平面垂直,最终可归结为直线与直线垂直。因此,第 2 章所介绍的"一边平行于投影面的直角投影定理"是解决有关线面垂直和面面垂直问题的作图依据。

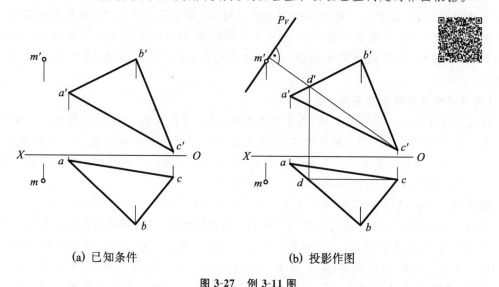

(a) 已知条件　　　　　　　　(b) 投影作图

图 3-27 例 3-11 图

3.4 综合问题解题方法

从工程实际中抽象出来的几何问题,如距离、角度的度量,点、直线、平面的定位等等,一般都是较复杂的综合问题,其突出特点是往往要受若干条件的限制,也就是问题的最终解答要满足两个或两个以上的条件。综合问题的求解过程能训练学习者运用不同的思维方法来思考如何解决几何问题,这对培养和提高其思维的发散水平具有显著的效果。

解综合题时,一般要经过空间分析、确定解题方法步骤和具体作投影图三个过程。

空间分析是十分重要的。首先运用发散思维法将问题引向空间,分析已知元素和所求元素间的空间几何关系,进行空间思维想象;再应用迁移思维法,结合前面所学的有关知识,确定解题方法步骤;最后用收敛思维法将在空间的构思设想进行有目的的筛选,直至解决问题。具体解题时,常用轨迹法求解,即将综合要求分解成若干个简单的问题,先找出满足某一个条件的求解范围,它往往形成一定的轨迹(如直线、平面,甚至某一曲面如球面等),然后再寻求能满足第二个条件的轨迹,多个条件则形成多个轨迹,这些轨迹相交即为所求结果。

【发散思维法思维原理与提示】

发散思维法是指大脑在思维时呈现的一种扩散状态的思维模式,是对同一个问题,从不同的方向、不同的方面进行思考,从而寻找解决问题的正确答案的思维方法。具有这种思维模式的人在考虑问题时一般会比较灵活,能够从多个角度或多个层次去看问题和寻求解决问题的方法。

在学习和科学研究中,运用发散思维方法,有助于拓宽思维范围,发展创造性思维能力。因为,思维只有广泛发散,才能摆脱习惯思维的束缚,找到开拓前进的新途径和解决问题的新方法,从已知导致未知,发现新事物,创造新理论。

【收敛思维法思维原理与提示】

收敛思维法即以已有的若干事实或命题为起点,把问题所提供的各种信息聚合起来,遵循传统逻辑形式,沿着单一或归一的方向进行推导,集向某一中心点,找到合意答案或最好答案的思维。这种思维方式能帮助我们从平时纷繁复杂的现象中去粗取精、去伪存真、提纲挈领、收拢梳理,可以使思维逐步清晰,慢慢理顺,本质渐次显露,最终在一点上取得突破。

【迁移思维法思维原理与提示】

迁移思维法是将已学得的知识、技能或态度等,对学习新知识、技能施加影响的思维方法。

我们常说的"举一反三"、"触类旁通"、"由此以知彼",都是在学习过程中运用迁移法的生动体现。这种方法所施加的影响可能是积极的,也可能是消极的。积极的迁移又称正迁移,它对学习具有促进作用,学习者必须充分运用这种迁移。

例 3-12　过点 A 作一直线,与交叉两直线 BC、DE 都相交(见图 3-28(a))。

分析　首先作满足过点 A 与其中一条线 BC 相交的直线,这一问题的解答有无穷多个,形成一轨迹平面,如图 3-28(b)所示的平面 $\triangle ABC$;再使它满足与另一条直线 DE 相交,求出直线 DE 与平面 $\triangle ABC$ 的交点 K,连接 A、K 并延长交 BC 于点 L,直线 AKL 即为所求。

作图　(1) 由点 A 和直线 BC 组成平面 $\triangle ABC$。在正面投影中分别连接 a'、b'、a'、c',在水平投影中分别连接 a、b,a、c,得平面 $\triangle ABC$ 的两面投影(见图 3-28(c))。

(2) 求直线 DE 与平面 $\triangle ABC$ 的交点 K(见图 3-28(d)、(e))。

① 包含 DE 直线作辅助铅垂面 P,其水平迹线 P_H 与 de 重合,12 即为辅助平面 P_H 与平面 $\triangle ABC$ 交线的水平投影。

② 由 1、2 作投影线,在 $a'b'$、$a'c'$ 上分别得 $1'$、$2'$,连线 $1'2'$ 即为辅助交线的正面投影。

③ $1'2'$ 与 $d'e'$ 的交点为 k',由 k' 作投影线,在水平投影 de 上得 k。k'、k 即为直线 DE 与平面 $\triangle ABC$ 交点的两面投影。

(3) 连接 a'、k' 并延长,使 $a'k'$ 与 $b'c'$ 交于点 l',连接 a、k 并延长,使 ak 与 bc 交于 l,则 $a'l'$、al 即为所求直线的两面投影(见图 3-28(f))。

请读者应用发散思维法思考其他的解法,并比较哪种简便。

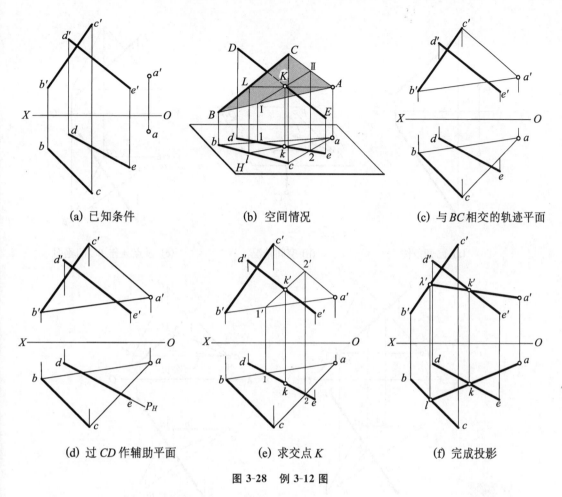

(a) 已知条件　　　　(b) 空间情况　　　　(c) 与 BC 相交的轨迹平面

(d) 过 CD 作辅助平面　　　　(e) 求交点 K　　　　(f) 完成投影

图 3-28　例 3-12 图

例 3-13　求点 A 到直线 BC 的距离（见图 3-29(a)）。

分析　求点 A 到直线 BC 的距离，首先应作出点 A 到直线 BC 的垂线 AK，再求 AK 的实长。

由于已知直线 BC 是一般位置直线，而在空间相互垂直的两条一般位置直线的投影并不反映垂直关系，因此，不能直接作出垂线 AK，但直线 AK 一定在过点 A 并垂直于 BC 的平面 Q 上（见图 3-29(b)）。所以，首先作出满足垂线 AK 所有解答的轨迹平面 Q，并求出直线 BC 与 Q 面的交点 K，则 AK 的实长就是所求点 A 到直线 BC 的距离。

作图　(1) 过点 A 作平面 Q 垂直于 BC，平面 Q 用水平线 AE 和正平线 AD 表示（见图 3-29(c)）。

① 过 a 作 ad //OX，作 a'd'⊥b'c'；

② 过 a' 作 a'e'//OX，作 ae⊥bc；

③ 分别连接 d'、e'、d、e，△a'd'e' 与 △ade 即为 BC 垂面 Q 的两投影。

(2) 求出平面 Q 与直线 BC 的交点 K（见图 3-29(d)）。

① 包含 BC 作正垂辅助面 P_V；

② 求 P_V 与平面 Q(△ADE) 的辅助交线 MN；

③ 求出辅助交线 MN 与 BC 的交点 K，即为直线 BC 与平面 Q 之交点。

(3) 连接点 A、K，并求其实长。分别连接 a'、k'，a、k，a'k'、ak 即为 AK 的两投影，用直角

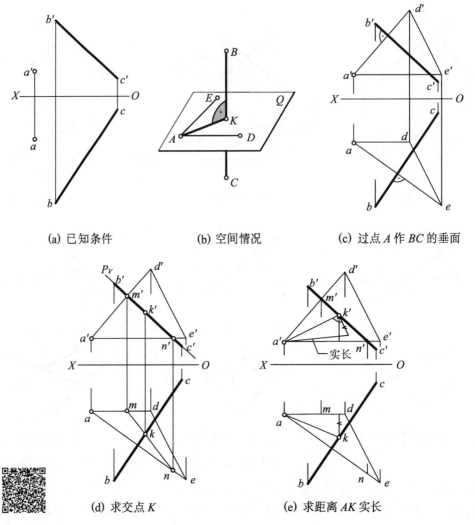

(a) 已知条件　　　　　(b) 空间情况　　　　　(c) 过点 A 作 BC 的垂面

(d) 求交点 K　　　　　　　　　(e) 求距离 AK 实长

图 3-29　例 3-13 图

三角形法求得 AK 实长,即为点 A 到直线 BC 的距离,如图 3-29(e)所示。

　　例 3-14　已知矩形 ABCD 一边 BC 的两面投影 b′c′、bc 及邻边 AB 的水平投影 ab,完成矩形的两面投影(见图 3-30(a))。

　　分析　矩形的邻边相互垂直,对边相互平行且相等。BC 是一般位置直线,通常 AB 也是一般位置直线,所以,投影图不反映它们的垂直关系,但 AB 必在过点 B 并垂直于直线 BC 的平面内。

　　作图　(1) 过点 B 作平面 BMN 垂直于直线 BC。过点 B 作水平线 BN⊥BC,即 b′n′//OX,bn⊥bc;过点 B 作正平线 BM⊥BC,即 bm//OX,b′m′⊥b′c′。如图 3-30(b)所示。

　　(2) 作出 AB 的正面投影。直线 AB 在平面 BMN 上,连接 M、N(即分别连接 m、n,m′、n′),mn 与 ab 相交于点 e,由 e 在 m′n′ 上得 e′,连接 b′、e′ 并延长,与点 a 的投影连线相交得 a′,如图 3-30(c)所示。

　　(3) 完成矩形 ABCD 的两面投影。作 a′d′//b′c′,ad//bc,作 c′d′//a′b′,cd//ab,那么 abcd、a′b′c′d′ 即为矩形 ABCD 的两面投影,如图 3-30(d)所示。

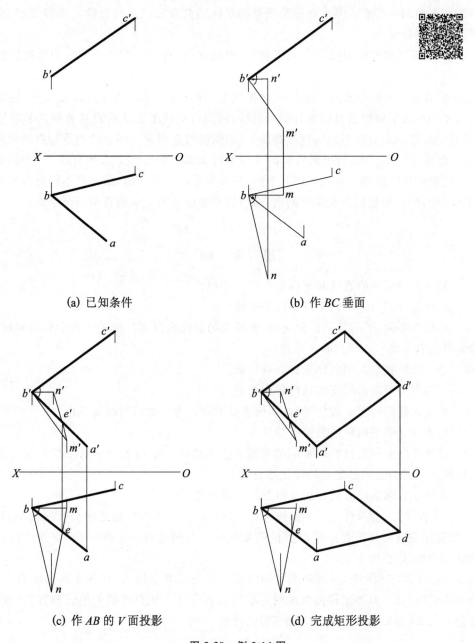

(a) 已知条件　　　　　　　　　(b) 作 BC 垂面

(c) 作 AB 的 V 面投影　　　　　　(d) 完成矩形投影

图 3-30　例 3-14 图

例 3-13、例 3-14 的解法并不唯一,请读者再联想构思其他解题途径,并比较之。

学 习 引 导

　　3-1　直线与平面、平面与平面平行的几何条件及其投影特性是求作直线与平面、平面与平面平行的作图依据;学习时不能只满足于了解这些几何性质所对应的空间位置,要注意学会运用立体几何中有关线面相对位置的几何特性及投影特性绘制相应的投影图。

　　3-2　直线与平面相交、平面与平面相交是投影作图中常见的定位问题。直线与平面的交点是直线和平面的共有点。两平面的交线是两平面的共有直线。共有性是求解交点、交线问题时依据的基本特性。

3-3　根据直线或平面的投影有无积聚性,求解交点、交线的方法可分为积聚投影法和辅助平面法。

3-4　求直线与平面相交或平面与平面相交的问题,除了要求出交点或交线外,还需要判断直线与平面或两平面投影重影部分的可见性;判别可见性的方法有直接判断法和重影点判断法,特殊情况可采用直观判别法直接判断,一般情况可应用交叉两直线的重影点进行判断。

3-5　直线与平面、平面与平面垂直的几何条件及其投影特性是求解直线与平面、平面与平面垂直问题的作图依据。有关直线与平面、平面与平面垂直问题,最终离不开直线与直线垂直的问题。因此,只要题目涉及垂直问题,就可以考虑应用第2章的直角投影定理。

思　考　题

3-1　如何判断已知的直线和平面是否相互平行?

3-2　怎样过已知点作平面平行于已知平面?

3-3　直线与平面、平面与平面相交时,要解决的是什么问题? 相关元素中有积聚投影时,如何求解其共有元素? 如何判断可见性?

3-4　过一般位置直线如何作投影面垂直面?

3-5　正垂面和铅垂面的交线是何种位置直线?

3-6　相交元素都处于一般位置时,如何求其共有元素? 如何判断可见性?

3-7　试述并证明平面垂线的投影特征。

3-8　怎样作出有积聚投影的平面的垂线? 怎样作出一般位置平面的垂线? 为什么说垂直于特殊位置平面的直线必定是特殊位置直线?

3-9　简述综合问题的分析方法及解题的一般步骤。

3-10　从古代"三十六计"之一的"连环计"了解人与人、人与事物之间相互制约、相互作用的关系,试运用现有的知识和经验举例说明如何求一空间点到一空间平面(空间位置自己设定)之间的距离及投影的方法。

3-11　在日常的思维中,发散思维和辐集思维是交叉并存的,试在各学科的练习中(如完成一选择题或填空题)思考怎样按思维的追踪目标而设计多种有价值的假设和方案(发散)及进行整合和筛选(辐集),最后得到正确答案的过程。

第4章 投影变换

本章要点

- **图学知识**

  研究投影变换的规律，介绍换面法与以投影面垂直线为轴的旋转法。

- **思维能力**

  （1）用求异思维的方法揭示投影变换的规律。由所给的几何条件及图解要求，分析空间状态，并在空间确定解题方案。分析投影特性，按投影变换的要求使几何元素相对投影面处于特殊位置，然后在平面上进行图解。在解题过程中不仅要能正向联想，有时还需大胆假设，逆向思维。

  （2）由平面到空间，再从空间回到平面，进行思维的迁移，从多角度考虑，选择最佳解题路径。

- **教学提示**

  注意在不同思维方式的变换过程中对学生的引导。

4.1 投影变换的目的和方法

4.1.1 投影变换的目的

从前面学习的章节可知，当直线、平面相对于某个投影面处于平行或垂直的特殊位置时，它们的投影或能直接反映实长、实形，或有积聚性，或反映其与投影面的倾角。还可以从投影图上直接判定直线与直线、直线与平面、平面与平面的平行、相交、垂直等关系。当几何元素对投影面处于一般位置时，求解点、直线、平面之间的度量和定位问题，虽然可以用综合问题解题方法来解决，但作图较复杂和麻烦。如果能将关键的几何元素与投影面的相对位置变换为特殊位置，则有利于图解，就使得解决方案更直接、更简化。投影变换的思维包括求异思维、倒逆思维等。

4.1.2 投影变换的方法

1. 换面法

在两投影面体系中解题时，保持几何元素的位置不动，保留一个投影面，设立一个新投影面替换另一个投影面，新投影面与保留的投影面构成一个新的两投影面体系，使选定的几何元素在新两投影面体系中处于有利于解题的位置，然后在新两投影面体系解题，这样的投影变换方法称为**换面法**。

在图 4-1 中，为了作出 $\triangle ABC$ 的实形，可以保留 H 面，用与 $\triangle ABC$ 平行的 V_1 面（V_1 面也

垂直于 H 面)替换 V 面,则 V_1 与 H 面就构成一个互相垂直的新的两投影面体系 V_1/H,$\triangle ABC$ 在新投影体系中就成为 V_1 面的平行面,在 V_1 面上的投影 $\triangle a_1'b_1'c_1'$ 反映出它的实形。

2. 旋转法

在两投影面体系中,投影体系保持不动,几何元素绕同一条轴旋转到有利于解题的位置,再用新投影来解题。为了作图方便,旋转轴通常选择投影面的垂直线,这样的投影变换方法称为**旋转法**。

如图 4-2 所示,为了作出铅垂的 $\triangle ABC$ 的实形,以一条垂直于 H 面的铅垂线为轴,让 $\triangle ABC$ 绕其旋转,转到与 V 面平行的位置 $\triangle A_1B_1C_1$,此时 $\triangle A_1B_1C_1$ 在 V 面上的投影 $\triangle a_1'b_1'c_1'$ 反映它的实形。

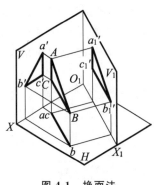

图 4-1　换面法

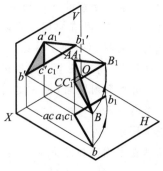

图 4-2　旋转法

4.2　换　面　法

4.2.1　基本条件

在正投影情况下,必须遵守以下条件。

(1) 保留两投影面体系中的一个投影面,新投影面必须垂直于保留的投影面。新投影面与保留的投影面构成互相垂直的新两投影面体系。于是前面章节推导的所有正投影规律在新两投影面体系中仍可使用。

(2) 新投影面必须与几何元素处于有利图解的位置,主要是确定新投影轴的方向和位置。

4.2.2　点的变换(换面法的基本作图方法)

1. 点的一次变换

在图 4-3 中,已知点 A 在原两投影面体系 V/H 中的两面投影 a 和 a'。设置垂直于 H 面的 V_1 面作为新投影面来替换 V 面。V 面称为旧投影面,a' 称为旧投影,H 面称为保留投影面,a 称为保留投影,V 面与 H 面的交线 OX 就是旧投影轴。V_1 面和 H 面形成新两投影面体系 V_1/H,V_1 面与 H 面的交线就是新投影轴 O_1X_1。由 A 作垂直于 V_1 面的投射线,与 V_1 面交得新投影 a_1',在新投影面体系中,两投射线 Aa 和 Aa_1' 构成的平面与投影面 H、V_1 分别交得 aa_{X_1}

和 $a_1'a_{X_1}$。不难看出：$a_1'a_{X_1}=Aa=a'a_X$。将 V_1 面绕轴 O_1X_1 旋转到与 H 面重合，如图 4-3 所示，由于 V_1 面$\perp H$ 面，重合后 aa' 必垂直于 O_1X_1，即点的新投影与其保留投影的连线垂直于新投影轴，点的新投影到新投影轴的距离等于旧投影到旧投影轴的距离。

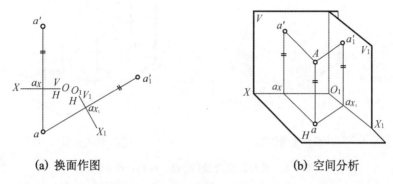

(a) 换面作图　　　　　　　　　　　(b) 空间分析

图 4-3　点的一次变换$(V/H \rightarrow V_1/H)$

　　因此，由点的旧投影求新投影的作图方法为：按实际需要确定投影轴，由点的保留投影作垂直于新投影轴的投影连线。在这条投影连线上，从新投影轴向新投影面一侧，量取点的旧投影到旧投影轴的距离得到该点的新投影。反之，当已知新投影轴、旧投影轴、保留投影、新投影时，也可以求出旧投影。

　　如图 4-4 所示，在原投影面体系 V/H 中设置垂直于 V 面的 H_1 面来替换 H 面，在所得投影图中投影具有同样的特性。

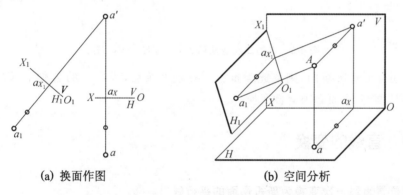

(a) 换面作图　　　　　　　　　　　(b) 空间分析

图 4-4　点的一次变换$(V/H \rightarrow V/H_1)$

2. 点的二次变换

　　二次换面是在一次换面的基础上再作一次换面。如图 4-5 所示，点 A 在一次换面后的两投影面体系 V_1/H 中再进行第二次换面，作 $H_2\perp V_1$，得到新两投影面体系 V_1/H_2，新投影轴为 O_2X_2。这时点 A 在新投影面 H_2 上的新投影 a_2 到新轴 O_2X_2 的距离等于点 A 在旧投影面 H 上的旧投影 a 到旧轴 O_1X_1 的距离，即 $aa_{X_1}=a_2a_{X_2}$。在图 4-5 中，表示了由 a、a' 作出 a_1'，然后再由 a、a_1' 作出 a_2 的画法。也可以按图 4-6 进行二次换面。

　　本书规定　第一次换面后的新投影轴用 O_1X_1 表示，第二次换面后的新投影轴则用 O_2X_2 表示；第一次换面后的新投影的符号在规定的投影符号的右下角加下标 1，第二次换面后的新投影的符号，则加下标 2。在初学时为清楚起见，常在投影轴两侧标出投影面的名称字母，第一次换面的新投影面的名称字母右下角也加注下标 1，第二次换面的新影面的名称字母则加

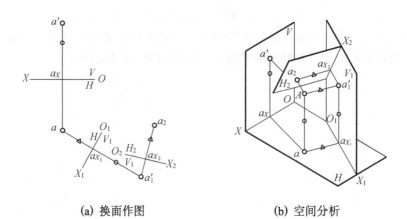

(a) 换面作图　　　　　　　　(b) 空间分析

图 4-5　点的二次变换$(V/H{\rightarrow}V_1/H{\rightarrow}V_1/H_2)$

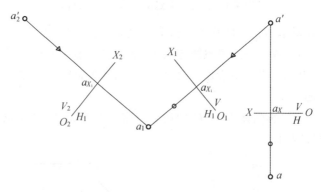

图 4-6　点的二次变换$(V/H{\rightarrow}V/H_1{\rightarrow}V_2/H_1)$

注下标 2,若还有更多次换面,则依此类推。在解题熟练后,投影面的名称字母可省略不标。连续换面时,V 面与 H 面必须交替变换。

4.2.3　直线的变换

1. 一般位置直线一次变换为新投影面的平行线

如图 4-7 所示,两投影面体系中有一般位置直线 AB,设置 V_1 面 $/\!/ AB$,V_1 面 $/\!/ Aa$,因 $Aa{\perp}H$ 面,则 V_1 面${\perp}H$ 面。新轴 O_1X_1 也是 V_1 面在 H 面上的积聚投影。

作图过程:在适当位置作 $O_1X_1 /\!/ ab$,它们之间的距离可以任意。过端点 a 作新轴的垂线,按点的变换规律,得到点 A 的新投影 a_1'。用同样的方法作出 b_1',连接 a_1'、b_1',$a_1'b_1'$ 即为所求的新投影。$a_1'b_1' = AB$,反映 AB 的实长,与轴 O_1X_1 的夹角就是对 H 面的倾角 α。

同理,如图 4-8 所示,通过一次换面可将一般位置直线 AB 换成 H_1 面的平行线。这时,a_1b_1 反映实长,与轴 O_1X_1 的夹角即为对 V 面的倾角 β。

2. 投影面平行线一次变换为新投影面的垂直线

一次换面即可,选反映直线实长的投影作为保留投影,新投影轴应垂直于保留投影。

如图 4-9 所示,在两投影面体系 V/H 中有正平线 $AB /\!/ V$,设置 H_1 面${\perp}AB$,则 H_1 面${\perp}V$

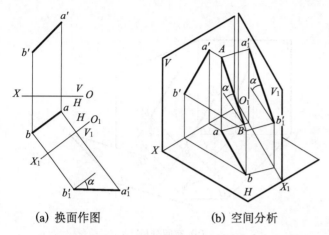

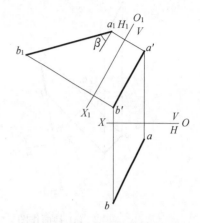

(a) 换面作图　　(b) 空间分析

图 4-7　将一般位置直线 AB 换为新投影面 V_1 的平行线

图 4-8　将一般位置直线 AB 换成 H_1 面的平行线

面,新轴 $O_1X_1 \perp a'b'$ 。

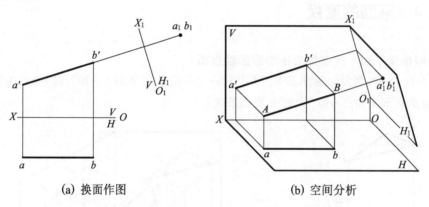

(a) 换面作图　　　　　(b) 空间分析

图 4-9　将正平线 AB 变换成新投影面 H_1 的垂直线

作图过程:延长 $a'b'$,在适当位置作 $O_1X_1 \perp a'b'$,按点的变换规律,得到点 A 、B 的新投影 a_1 、b_1 ,a_1 与 b_1 重合,即为所求在新投影面体系中的垂直线积聚成一点的投影。

同理,通过一次变换可将水平线 AB 变换成新投影面 V_1 的垂直线,它的 V_1 面的投影 $a_1'b_1'$ 便积聚成一点。读者不妨自己试着画一画。

3. 一般位置直线两次变换成投影面垂直线

第一次换面将一般位置直线变换成新投影面的平行线,第二次换面将投影面平行线变换成新投影面的垂直线。

如图 4-10 所示,先将在原投影面体系 V/H 中的一般位置直线 AB 变换成新投影面体系 V_1/H 中 V_1 面的平行线,再变换成 V_1/H_2 中 H_2 面的垂直线。

作图过程:先作 V_1 面 $/\!/ AB$,即 $O_1X_1 /\!/ ab$,求出 $a_1'b_1'$,再作 $O_2X_2 \perp a_1'b_1'$,即可求出 AB 在 H_2 面上积聚成一点的投影 a_2b_2 。

同理,可以先作 H_1 面 $/\!/ AB$,即 $O_1X_1 /\!/ a'b'$,求出 a_1b_1 ,再作 $O_2X_2 \perp a_1b_1$,使 AB 在 V_2 面的投影 $a_2'b_2'$ 积聚成一点。

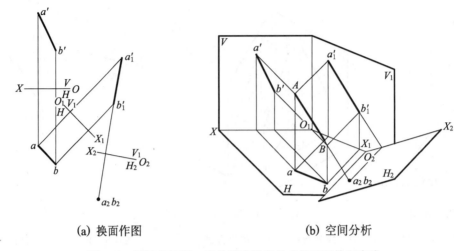

(a) 换面作图　　　　　　　　　(b) 空间分析

图 4-10　两次换面将一般位置直线变换成投影面的垂直线

4.2.4　平面的变换

1. 一般位置平面一次变换成投影面的垂直面

如图 4-11 所示，两投影面体系 V/H 中有一个一般位置平面 $\triangle ABC$，设 $V_1 \perp \triangle ABC$，$V_1 \perp H$，则 V_1 面垂直于平面 $\triangle ABC$ 上的一条水平线。

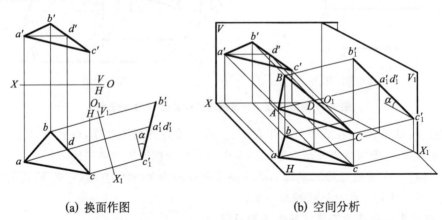

(a) 换面作图　　　　　　　　　(b) 空间分析

图 4-11　将一般位置平面变换成投影面的垂直面

作图过程：在 $\triangle ABC$ 平面上作水平线 AD，作 $a'd' // OX$，求出 ad；作 $O_1X_1 \perp ad$，这时作出的新投影 $a_1'b_1'c_1'$ 必位于同一直线上，该直线与轴 O_1X_1 的夹角就是平面 $\triangle ABC$ 与 H 面倾角 α。

若需求作 $\triangle ABC$ 与 V 面的倾角 β，则先应在 $\triangle ABC$ 平面上作正平线 AE，垂直于这条正平线的平面为新投影面 H_1。此时 $\triangle ABC$ 变换成新投影面体系 V/H_1 中的面 H_1 的垂直面，$\triangle a_1b_1c_1$ 积聚成一直线，它与新投影轴的夹角就是 $\triangle ABC$ 平面的倾角 β。

2. 投影面垂直面一次变换成新投影面的平行面

如图 4-12 所示，在原投影面体系 V/H 中有 $\triangle ABC \perp V$，设置 $H_1 // \triangle ABC$，则 $H_1 \perp V$。$\triangle ABC$ 在 H_1 面上的新投影 $\triangle a_1b_1c_1$ 反映实形。

作图过程:在适当位置作 $O_1X_1 // a'b'c'$,则 $\triangle a_1b_1c_1$ 反映实形。

同理,$\triangle ABC \perp H$,设置 $V_1 // \triangle ABC$,则 $V_1 \perp H$。$\triangle ABC$ 在 V_1 面上的投影 $\triangle a_1'b_1'c_1'$ 反映实形。

作图过程:在适当位置作 $O_1X_1 // abc$,则 $\triangle a_1'b_1'c_1'$ 反映实形。

3. 一般位置平面两次变换为投影面平行面

如图 4-13 所示,先将在原投影面体系 V/H 中的一般位置平面 $\triangle ABC$ 变换成新投影面体系 V_1/H 中 V_1 面的垂直面,再变换成 V_1/H_2 中的 H_2 面的平行面。

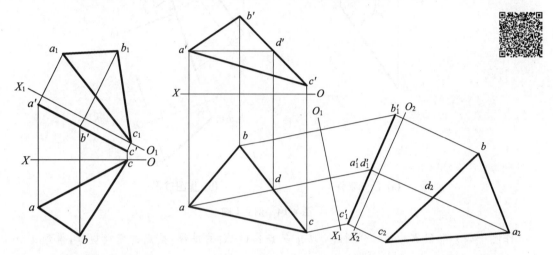

图 4-12 投影面垂直面变换成
新投影面的平行面

图 4-13 两次换面将一般位置平面变换为投影面平行面

作图过程:先在 $\triangle ABC$ 平面上作 $a'd' // OX$,求出 ad,再作 $O_1X_1 \perp ad$,$a_1'b_1'c_1'$ 积聚成一直线;在适当位置作 $O_2X_2 // a_1'b_1'c_1'$,则 $\triangle a_2b_2c_2$ 反映实形。

亦可在 $\triangle ABC$ 平面上,先作 $ae // OX$,求出 $a'e'$,再作 $O_1X_1 \perp a'e'$,$a_1b_1c_1$ 积聚成一直线;在适当位置作 $O_2X_2 // a_1b_1c_1$,则 $\triangle a_2'b_2'c_2'$ 反映实形。

4.2.5 应用举例

例 4-1 如图 4-14 所示,求点 C 到直线 AB 的距离。

分析 (1)先运用升维法在空间分析点到直线间距离的几何关系。在空间过点作直线的垂线,点到垂足之间的距离即为所求;然后,再运用降维法考虑在投影图上解决的几何作图过程。直线 AB 与新投影面垂直时,其新投影积聚成一个点,过 C 作 AB 垂线 CD 与新投影面平行,CD 在新投影面上的投影反映实长。

(2)一般位置直线 AB 需两次换面才可变换成投影面垂直线,第一次换面将一般位置直线变换成新投影面的平行线,第二次换面将投影面平行线变换成投影面垂直线。

【升维法与降维法思维原理与提示】

升维法与降维法是相反的两种思维方法(参看 2.1.3 节、2.1.6 节),它们从不同的角度观察、分析、认识问题,寻找解决问题的途径的方法。在解决空间几何问题时,通常是高维分析直观明了,然后,考虑方案在低维实施的可行性。

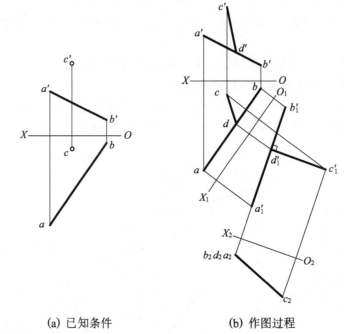

(a) 已知条件　　　　　　　　　(b) 作图过程

图 4-14　例 4-1 图

作图　(1) 作 $O_1X_1 /\!/ ab$，分别过 a、b、c 三点作 O_1X_1 的垂线，按点的变换规律，得到 a_1'、b_1'、c_1'。

(2) 连接 a_1'、b_1'，作 $O_2X_2 \perp a_1'b_1'$，过 c_1' 作 O_2X_2 的垂线，按点的变换规律，得到 a_2、b_2、c_2，且 a_2、b_2 重合。点 D 在 AB 上，得 d_2。连接 c_2、d_2，c_2d_2 的长即为所求点 C 到直线 AB 的距离。

(3) 求 CD。作 $c_1'd_1' /\!/ O_2X_2$，交 $a_1'b_1'$ 于 d_1'，返回到原投影体系作出 d、d'，分别连接 c、d，c'、d'。

例 4-2　如图 4-15 所示，求点 E 到平面 $\triangle ABC$ 的距离。

分析　运用升维法与连环思考法。求点 E 到平面 $\triangle ABC$ 的距离，就必须过点 E 作 $\triangle ABC$ 的垂线，当 $\triangle ABC$ 垂直于新投影面时，垂线是新投影面的平行线，其在新投影面上的投影反映距离实长。$\triangle ABC$ 是一般位置平面，经过一次换面可变换成投影面的垂直面。

作图　(1) 作 $a'd' /\!/ OX$，交 $b'c'$ 于 d'。过 d' 作投影连线交 bc 于 d。

(2) 连接 a、d 并延长，作 $O_1X_1 \perp ad$，分别过 a、b、c、e 作 O_1X_1 的垂线，按点的变换规律，得 a_1'、b_1'、c_1'、e_1'。

(3) 连接 a_1'、b_1'、c_1'，可知三点在一条直线上。

(4) 作 $e_1'f_1' \perp a_1'b_1'c_1'$，交 $a_1'b_1'c_1'$ 于 f_1'。$e_1'f_1'$ 的长即为所求距离。

(5) 返回到原投影体系作 $ef /\!/ O_1X_1$，按点的变换规律，得 f、f'。连接 e'、f'。

例 4-3　如图 4-16 所示，求两交叉直线 AB 与 CD 的公垂线 EF。

分析　运用分析、综合思维法求解。EF 分别与 AB 和 CD 垂直且相交于 E 和 F，三条直线都是一般位置直线，只有当 AB 或 CD 相对新投影面垂直时，公垂线 EF 平行于该投影面，其新投影才反映距离实长与垂直关系。因此，可通过两次换面将 AB(或 CD)变换成新投影面的垂直线进行求解。

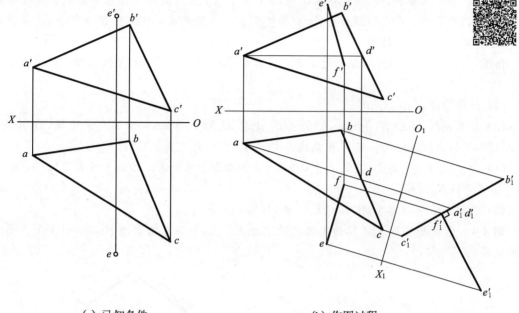

(a) 已知条件   (b) 作图过程

图 4-15 例 4-2 图

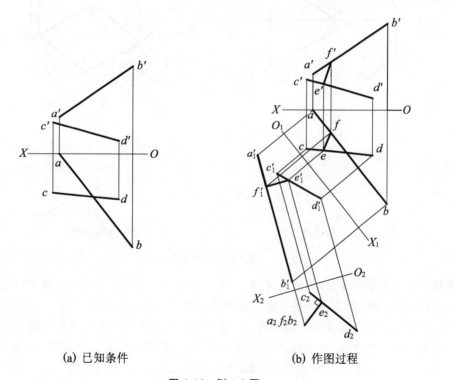

(a) 已知条件   (b) 作图过程

图 4-16 例 4-3 图

【分析、综合思维法思维原理与提示】

分析是在思维过程中把对象的整体分解为各个部分、要素、环节、阶段,并加以考察、研究的思维方法。通过分析,可以从不同的方面、根据不同特征来认识事物。综合是在思维过程中把对象的各个部分、要素、环节、阶段有机地结合成为一个整体的思维方法。分析和综合是互相补充、互相验证的。在认识活动中，分析和综合各自只能完成其中的一部分任务，必须彼此补充，才能完成整个认识活动。

作图 （1）作 $O_1X_1 /\!/ ab$，分别过 a、b、c、d 作 O_1X_1 的垂线，按点的变换规律，得 a_1'、b_1'、c_1'、d_1'。

（2）分别连接 a_1'、b_1'，c_1'、d_1'。

（3）延长 $a_1'b_1'$，作 $O_2X_2 \perp a_1'b_1'$，分别过 c_1'、d_1' 作 O_2X_2 的垂线，按点的变换规律，得 a_2、b_2、c_2、d_2，且 a_2、b_2 积聚为一点。点 F 在直线 AB 上，f_2 与 a_2、b_2 重叠。

（4）过 f_2 作 $f_2e_2 \perp c_2d_2$，交 c_2d_2 于 e_2，f_2e_2 的长即为所求距离。过 e_2 作投影连线交 $c_1'd_1'$ 于 e_1'，作 $e_1'f_1' /\!/ O_2X_2$，得 e_1'。

（5）返回到原投影体系，作出 e、f、e'、f'，连接 e、f、e'、f'。

例 4-4 已知正方形 ABCD 的顶点 A 在直线 EF 上，顶点 C 在直线 BL 上，补全正方形的两面投影（见图 4-17）。

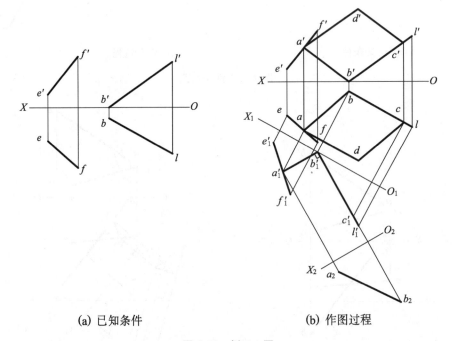

(a) 已知条件   (b) 作图过程

图 4-17 例 4-4 图

分析 运用迁移思维法（参看 3.4 节）。由正方形邻边垂直、对边平行和四边长度相等的几何关系，将直线 BL 通过一次换面由一般位置直线变换成投影面平行线，就可按 BL、AB 两边在该投影面上的投影成直角的投影特性作出边 AB。因边 AB 在新投影面体系和原投影面体系中都是一般位置直线，投影都不能直接反映实长，还需进行第二次换面，将边 AB 变换成新投影面平行线。在第二次换面后，边 AB 的新投影反映实长，因为直线 BL 在第一次换面后的新投影反映实长，所以就可以用边 AB 的实长在其上量得顶点 C 的投影。最后，将已作出的一对邻边 AB 和 BC 返回 H、V 原投影面体系，就可按平行两直线的投影特性作出这个正方形的投影。

作图 （1）第一次换面：在适当位置作 $O_1X_1 /\!/ bl$，分别过 e、f、b、l 作 O_1X_1 的垂线，按点的

变换规律,得新投影 e_1'、f_1'、b_1'、l_1',连接 e_1'、f_1'、b_1'、l_1'。

（2）过 b_1' 作 $b_1'a_1'\perp b_1'l_1'$,交 $e_1'f_1'$ 于 a_1'。

（3）第二次换面:在适当位置作 O_2X_2 // $a_1'b_1'$,则 $O_2X_2\perp b_1'l_1'$,分别过 a_1'、b_1' 作 O_2X_2 的垂线,按点的变换规律,得 a_2、b_2。连接 a_2、$b_2a_2b_2$ 反映 AB 的实长。

（4）在 $b_1'l_1'$ 上量取 $b_1'c_1'=a_2b_2$,得 c_1'。

（5）作返回投影连线得 a、a'、c、c',连接 a、b,a'、b'。

（6）作 ad // bc、cd // ab,ad 与 cd 交于 d。作 $a'b'$ // $b'c'$、$c'd'$ // $a'b'$,$a'd'$ 与 $c'd'$ 交于 d'。

例 4-5 如图 4-18 所示,已知 $\triangle ABC$ 的两面投影,求作 $\triangle ABD$,使其与 $\triangle ABC$ 成 $60°$,等腰 $\triangle ABD$ 底边 AB 上的高 DE 等于 $\frac{1}{2}AB$ 的长。

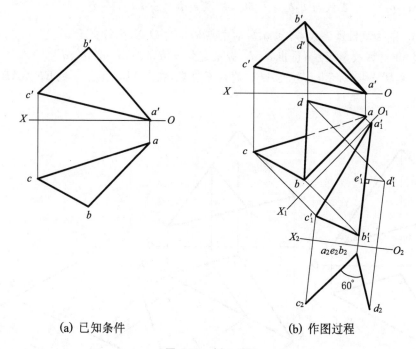

(a) 已知条件　　　　　　(b) 作图过程

图 4-18　例 4-5 图

分析　（1）运用猜想法。假设 $\triangle ABD$ 已给出,求 $\triangle ABD$ 与 $\triangle ABC$ 的夹角,自然会想到求 $\triangle ABD$ 与 $\triangle ABC$ 的夹角的平面角。而 AB 是一般位置直线,只有经过两次换面将它变换为新投影面的垂直线时,两面角的平面角才能反映真实大小。

（2）运用倒逆式思维法。现在已知 $\triangle ABD$ 与 $\triangle ABC$ 成 $60°$,经过两次换面将 AB 变换为新投影面的垂直线时,可作出 $\triangle ABD$ 积聚投影的方向,此时 DE 与新投影面平行,投影反映实长,而 AB 实长在第一次换面时已求出,由此可求出点 D 的新投影,再用返回光线法作出点 D 的 V、H 面投影,连接 A、D,B、D 即可。

【猜想法思维原理与提示】

猜想法是人们发挥思维的能动性,对事物发展进程和未知关系进行预测、设想的一种思维方法。在积累一定知识的情况下,弄清各元素之间的联系,看一看哪些条件已知,当几何元素处于怎样的特殊位置时,它们的投影能直接显现出来,然后,再来考虑解决的方法。

【倒逆式思维法思维原理与提示】

倒逆式思维法是大胆、积极地把自己的思路引向倒转、反逆的轨道,打破惯例、超越常规的探索,从而创新和获得新发现的一种思维方法。

在解决问题时,利用事物的因和果、前和后、作用与反作用相互转化的原理,由因到果、由前到后、由反作用到作用的反向思考,以达到认识的深化。倒逆式思维法是在常规的知识积累基础上进行的变革。有一些题型在正向思维非常熟练的情况下,只要大胆地去尝试,在已知条件与未知的几何元素间去寻找联系,一定会"柳暗花明又一村"的。

作图 (1) 作 $O_1X_1 \parallel ab$,分别过 a、b、c 作 O_1X_1 的垂线,按点的变换规律,得 a_1'、b_1'、c_1',分别连接 $a_1'b_1'$、$b_1'c_1'$、$a_1'c_1'$。

(2) 延长 $a_1'b_1'$,作 $O_2X_2 \perp a_1'b_1'$,过 c_1' 作 O_2X_2 的垂线,按点的变换规律,得 a_2、b_2、c_2,且 a_2、b_2 积聚为一点。e_2 也在同一点上。连接 a_2b_2、c_2。

(3) 过 $a_2(b_2)$ 作一直线与 $a_2b_2c_2$ 成 $60°$,量取 $e_2d_2 = \dfrac{1}{2}a_1'b_1'$,得 d_2。

(4) 过 d_2 作返回投影连线,与过 $a_1'b_1'$ 的中点 e_1' 作的 O_2X_2 平行交于 d_1'。

(5) 继续作返回投影连线,得出 d、d',分别连接 a、d,b、d,a'、d',b'、d'。

例 4-6 如图 4-19 所示,已知 $\triangle ABC$ 的两面投影,在 $\triangle ABC$ 上作直线 $EF \parallel AB$,且两直线相距 12 mm。

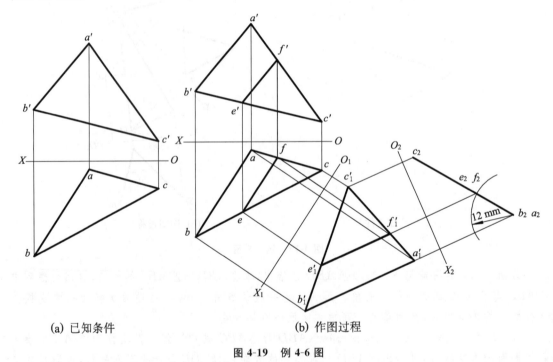

(a) 已知条件　　　　　　　　　　(b) 作图过程

图 4-19　例 4-6 图

分析 本例采用求异思维法,有两种解法。

(1) 如果给出 $\triangle ABC$ 的实形,在实形上作直线 $EF \parallel AB$ 且使两直线相距 12 mm 就容易了。从投影图可知 $\triangle ABC$ 是一般位置平面,需经过两次换面才能变换出实形。

(2) 因为 AB 直线是一般位置直线,一次换面变换成新投影面的平行线,两次换面变换成新投影面的垂直线,新投影积聚为一点,此时 $\triangle ABC$ 也成了新投影面的垂直面。以 AB 的积聚投影为圆心、以 12 mm 为半径画圆弧交 $\triangle ABC$ 的积聚投影于一点,将该点返回原投影体系,即得所求 EF。

经比较知解法(2)更简便,故选用解法(2)。

求异思维法是对某一对象,通过多起点、多方向、多角度、多原则、多层次、多结局的思考和分析,暴露知与不知间的矛盾,揭示现象与本质间的差别,从而选择富有创造性的、最能有效表达自己思想的一种思维方法。

求异思维不落俗套,独辟蹊径,善于标新立异,想他人所未想,求他人所未求,做他人所未做过的事情,富有创造性;它辐射宽阔,不拘一格,不盲从权威,多方求索,富有探索性;它思想活泼,善于推导,变化多端,富有灵活性。

这种思维方法包括按时间先后顺序进行推移的纵向求异,从不同角度和侧面观察分析理解某一现象或事物的横向求异,以某一现象或事物的特点及与它相关的现象或事物的多向求异,从某一现象或事物的对立面出发进行反向思维的逆向求异,等等。要进行这四种方式的求异思维,必须积极调动大脑生理机制和长期积累的知识,给人们带来新颖的、独特的、有价值的思维成果。

作图 (1) 作 $O_1X_1 \parallel ab$,分别过 a、b、c 作 O_1X_1 的垂线,按点的变换规律,得 a_1'、b_1'、c_1',分别连接 $a_1'b_1'$、$b_1'c_1'$、$a_1'c_1'$。

(2) 延长 $a_1'b_1'$,作 $O_2X_2 \perp a_1'b_1'$,分别过 a_1'、b_1'、c_1' 作 O_2X_2 的垂线,按点的变换规律,得 a_2、b_2、c_2,且 a_2、b_2 积聚为一点。连接 a_2、b_2、c_2。

(3) 以 $a_2(b_2)$ 为圆心、12 mm 为半径画圆弧交 $a_2b_2c_2$ 于一点,此点即为所求 e_2f_2。

(4) 作返回投影连线,得 e_1'、f_1'、e、f、e'、f',分别连接 $e_1'f_1'$、e、f、e'、f'。

4.3 以投影面垂直线为轴的旋转法简介

4.3.1 基本条件

(1) 旋转轴必须垂直于两投影面体系中的任一投影面。旋转轴的选择应考虑:旋转轴应垂直于哪一个投影面,才能使选定的几何元素能旋转到处于有利解题的位置,以使作图简便。如一次旋转不能解决问题,可考虑旋转两次,即先绕垂直于一个投影面的旋转轴旋转,再绕垂直于另一投影面的旋转轴旋转。

(2) 几何元素必须绕同一旋转轴以同一方向旋转同一角度。

4.3.2 点的旋转

如图 4-20 所示,点 A 绕轴线 OO 旋转一周的运动轨迹是过该点的一个圆周。圆平面 P 与轴线 OO 垂直,圆心 C 就是轴线 OO 与圆平面 P 的交点,OO 轴为旋转轴,圆平面 P 为旋转平面,圆心 C 为旋转中心,CA 为旋转半径,点 A 到 AA_1 所转过的角度 θ 为旋转角。

图 4-21 中的轴线 OO 是铅垂线,旋转平面 P 是水平面,它在所平行的 H 面上的投影反映实形,即以 o 为圆心,以 oa 为半径的

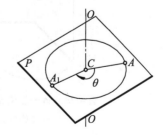

图 4-20 点的旋转

一个圆,而在 V 面上的投影则积聚成一条平行于投影轴 OX 的线段,长度等于圆的直径。先在与旋转轴垂直的 H 面上以旋转轴 OO 的积聚投影 oo 为圆心,过点 A 的原 H 面投影 a 作圆弧,将原 H 面投影 a 转到选定的新位置,得新投影 a_1。

在 V 面上,过点 A 的原 V 面投影 a' 作投影轴 OX 的平行线,与过 H 面上的新投影 a_1 作的投影连线交得另一新投影 a_1'。

点 A 以正垂线 OO' 为轴线绕其旋转的情况如图 4-22 所示。

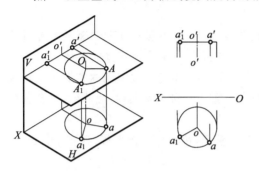

图 4-21　点以铅垂线为轴线旋转

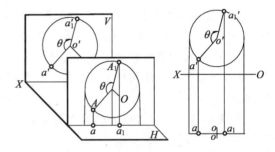

图 4-22　点以正垂线为轴线旋转

使用旋转法时,几何元素在旋转后新位置的新投影的符号,都在右下角加下标,下标为旋转次数。

4.3.3　直线的旋转变换

1. 将一般位置直线一次旋转成某一投影面的平行线

旋转轴通过直线的一个端点。如图 4-23 所示,过端点 B 以铅垂线 OO 为旋转轴,将 AB 旋转至得到正平线 A_1B_1。B 在旋转轴上,旋转后 B_1 在原位。旋转另一端点 A,使 AB 旋转后所得的直线 A_1B_1 平行于 V 面。

在 H 面上以 b 为圆心、ab 为半径作弧,使 ab 旋转到平行于 OX 轴的新位置 a_1b_1 处。再过 a' 作 OX 轴的平行线,与过 a 的投影连线交得 a_1',连接 b_1'、a_1'。

同理,绕过一般位置直线 AB 的端点 B 的正垂线旋转一次,可将该直线旋转成水平线 A_1B_1,如图 4-24 所示。

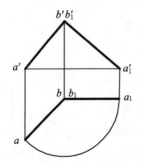

图 4-23　将一般位置直线 AB
一次旋转成正平线

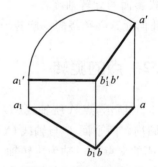

图 4-24　将一般位置直线 AB
一次旋转成水平线

2. 将某一投影面的平行线一次旋转成另一投影面的垂直线

旋转轴应垂直于直线平行的投影面且通过直线的一个端点。如图 4-25 所示,将正平线 AB 旋转成铅垂线 A_1B_1。过端点 B 以正垂线 OO 为旋转轴,点 B 在旋转轴上,旋转后 B_1 在原位,旋转另一端点 A,使 A_1B_1 垂直于 H 面。

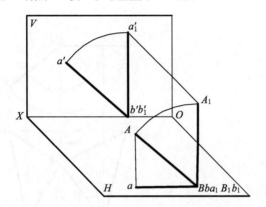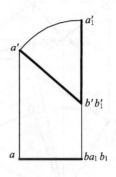

图 4-25　将正平线 AB 旋转成铅垂线

在 V 面上以 b' 为圆心,以 $a'b'$ 为半径,使 $a'b'$ 旋转到垂直于 OX 轴的新位置 $a_1'b_1'$ 处,再过 a 作 OX 轴的平行线,与过 a_1' 的投影连线交得 a_1,a_1 与 b 相重合。b_1 与 b 相重合。

同理,通过绕水平线的一个端点的铅垂线为轴旋转一次,可将这条水平线旋转成正垂线。

3. 将一般位置直线两次旋转为投影面垂直线

先将一般位置直线旋转成投影面平行线,再将投影面平行线旋转成另一投影面的垂直线。

如图 4-26 所示,过一般位置直线的端点 B 以铅垂线为旋转轴,将 AB 旋转至得到正平线 A_1B_1。B 在旋转轴上,旋转后 B_1 在原位。再过端点 A_1 以正垂线为旋

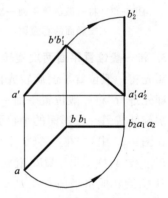

图 4-26　将一般位置直线旋转成投影面垂直线

转轴,点 A_1 在旋转轴上,旋转后 A_2 在原位,旋转另一端点 B_1,使 A_2B_2 垂直于 H 面。

4.3.4　平面的旋转

1. 将一般位置平面一次旋转成投影面的垂直面

必须先在一般位置平面上取一条另一投影面的平行线,将其旋转成该投影面的垂直线,则平面就旋转成该投影面的垂直面。应注意按同轴、同角度、同方向旋转,作出它们的新投影,然后同面投影相连。

在图 4-27 中,先在 $\triangle ABC$ 上取一条水平线 AD,选过点 A 的铅垂线为旋转轴,先将 AD 旋转成正垂线 A_1D_1,则 $\triangle ABC$ 就旋转成了正垂面 $\triangle A_1B_1C_1$。新的正面投影 $\triangle a_1'b_1'c_1'$ 积聚成一条直线,与 OX 轴的夹角等于 $\triangle ABC$ 相对 H 面的倾角 α。

2. 将投影面的垂直面一次旋转成另一投影面的平行面

选择通过这个投影面垂直面上的任一点,并且与该投影面的垂直面平行的投影面垂直线

　　为旋转轴,将投影面垂直面的积聚投影旋转到与 OX 轴平行。另一面投影反映实形。

　　图 4-28 中的△ABC 平面是一正垂面,选过顶点 B 的正垂线为旋转轴,将它转到水平面位置△$A_1B_1C_1$,则新的正面投影△$a_1'b_1'c_1'$ 积聚成一条与 OX 轴平行的直线,新的水平投影△$a_1b_1c_1$ 就反映实形。

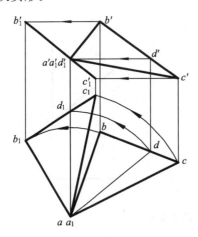 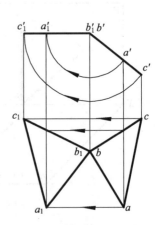

图 4-27　将一般位置平面一次旋转成
　　　　　投影面的垂直面

图 4-28　将投影面的垂直面一次旋转
　　　　　成另一投影面的平行面

3. 将一般位置平面两次旋转成投影面的平行面

　　需先将一般位置平面旋转成投影面垂直面,再将投影面垂直面旋转成另一投影面的平行面。即先进行"将一般位置平面一次旋转成投影面的垂直面"的旋转,再进行"将投影面的垂直面一次旋转成另一投影面的平行面"的旋转。

　　在图 4-29 中:先在△ABC 上取一条水平线 AD,选择过点 A 的铅垂线为旋转轴,将 AD 转成正垂线 A_1D_1,则△ABC 就旋转成正垂面△$A_1B_1C_1$;再选择过点 C 的正垂线为旋转轴,将△$A_1B_1C_1$ 旋转成水平面△$A_2B_2C_2$,则新的正面投影 $a_2'b_2'c_2'$ 积聚成一条与 OX 轴平行的直线,新的水平投影△$a_2b_2c_2$ 反映实形。

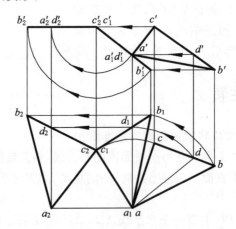

图 4-29　将一般位置平面旋转成水平面

4.3.5　旋转法中的直线和平面的几何不变性

直线和平面以投影面垂直线为轴旋转时,在旋转轴垂直的投影面上,直线的投影长度、平面图形的形状和大小不变,与该投影面的倾角也不变。证明从略。

学 习 引 导

4-1　要注意与牢记换面法及旋转法,它们都是利用在正投影情况下的辅助投影来解题的。

4-2　换面法的原则是:新投影面必须垂直于保留投影面,构成新两投影面体系。正投影规律在新两投影面体系中仍可使用。注意确定新投影轴的方向和位置。

4-3　在用换面法时,点的新投影与其保留投影的连线垂直于新投影轴,点的新投影到新投影轴的距离等于旧投影到旧投影轴的距离。

4-4　用换面法将一般位置直线变换成投影面的垂直线需要经过两次变换。

4-5　用换面法将一般位置平面变换成投影面的平行面需要经过两次变换。

4-6　在垂轴旋转法中,要掌握点旋转时的投影规律。

4-7　若已知几何元素不止一个,用垂轴旋转法解题时应注意按同轴、同角度、同方向旋转,作出它们的新投影,然后同面投影相连。

4-8　直线和平面以投影面垂直线为轴旋转时,在旋转轴垂直的投影面上,直线的投影长度、平面图形的形状和大小不变,与该投影面的倾角也不变。

4-9　用旋转法将一般位置直线变换成投影面的垂直线需要经过连续两次旋转。

4-10　用旋转法将一般位置平面变换成投影面的平行面需要经过连续两次旋转。

思 考 题

4-1　在正投影情况下,投影变换是通过什么途径实现的? 常用的有哪几种方法?

4-2　在正投影情况下,换面法中设置新投影面必须遵循的原则是什么? 为什么必须遵循这个原则?

4-3　在用换面法时,点的新投影与它的旧投影有什么关系?

4-4　怎样用换面法将一般位置直线变换成投影面的垂直线?

4-5　怎样用换面法将一般位置平面变换成投影面的平行面?

4-6　在垂轴旋转法中,点旋转时的投影规律是怎样的?

4-7　若已知几何元素不止一个,用垂轴旋转法解题时应注意什么问题?

4-8　怎样运用直线、平面绕垂直轴旋转时一个倾角不变的规律来选用垂直于 H 面或 V 面的旋转轴?

4-9　怎样用旋转法将一般位置直线变换成投影面的垂直线,将一般位置平面变换成投影面的平行面?

4-10　在猜想过程中,可尽情地猜测、假设、试错、修改,突破原有的知识圈。试用猜想法设计求一般位置直线与一般位置平面(空间位置均自定)间夹角的解题途径。

第5章 基本体及截交线

本章要点

- **图学知识**

  将从立体中抽象出来的基本几何元素——点、线、面返回于立体,应用投影规律,研究立体及被切割立体在投影面上的表达。

- **思维能力**

  注意观察常见的基本立体,由立体的各面投影,想象立体的空间形状,并根据投影规律,在平面图中作出立体上相应点、线、面的投影。

- **教学提示**

  注意强调三维立体与二维平面之间的相互联系。

常见的基本形体分为平面立体和曲面立体两大类,如图 5-1 所示。

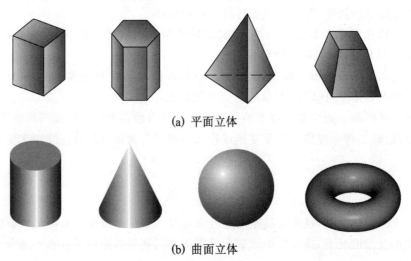

(a) 平面立体

(b) 曲面立体

图 5-1　基本立体

平面立体的表面全部由平面多边形围成,曲面立体的表面由曲面或曲面与平面围成。

本章将对学习者的形象思维能力进行训练。形象思维是人们借助形象来思考的一种思维形式。形象思维主要发生在显意识,也有潜意识参与,因此,它比抽象思维复杂,是面型的、二维的。形象思维的酝酿及其发生过程是多种因素相互关联、相互影响、相互作用的结果。

【形象思维方法思维原理】

形象思维是依靠形象来进行思维活动的一种思维形式,因此,形象性是它的主要特征。在思维过程中,根据思维目的对一些储存在记忆中的形象材料进行加工改造,这样,原来的形象已不是直观形象,而是加工改造过的形象。譬如,建筑设计师观念中存在的形象,是过去众多楼房、桥梁、园林经过筛选后典型化了的形象,是体现了新颖构思的蓝图。这样形象思维的过程,是对原始形象进行加工改造的过程,体现了形象思维的另一个重要特征——创造性。

形象思维过程有五个环节:形象感受,形象储存,形象判断,形象创造,形象描述。在本章的学习中注意形象感受和形象储存的思维训练过程。

5.1 平面立体及其表面上的点和线

平面立体是由若干平面多边形围成的实体。立体的各条棱线就是相邻表面的交线,立体的各个顶点就是相交棱线的交点。因此,绘制平面立体的投影,可归结为绘制它的所有多边形表面的投影,也就是绘制这些多边形的边和顶点的投影,即用**降维法**来思考和处理问题。多边形的边是平面立体的轮廓线,当轮廓线的投影可见时画粗实线,不可见时画细虚线;当粗实线与细虚线重合时,只画粗实线。

工程上常用的平面立体是棱柱和棱锥(包括棱台)。

5.1.1 棱柱

棱柱由两个形状大小相同且相互平行的底面和若干个平行四边形棱面所围成。相邻两棱面的交线相互平行,称之为棱线。棱线垂直于底面的棱柱为直棱柱,棱线与底面斜交的棱柱称为斜棱柱。底面是正多边形的直棱柱称为正棱柱。

图 5-2 是一个正五棱柱的立体图和投影图。本书从这里开始,在投影图中都不画投影轴。只要按照各点的 V 面投影和 H 面投影位于铅垂的投影连线上,V 面投影与 W 面投影位于水平的投影连线上,以及任两点的 H 面投影和 W 面投影保持前后方向的宽度相等和前后对应的所谓"三等关系"(长对正、高平齐、宽相等)绘图,投影轴是不必画的,在实际应用中通常也不画投影轴。

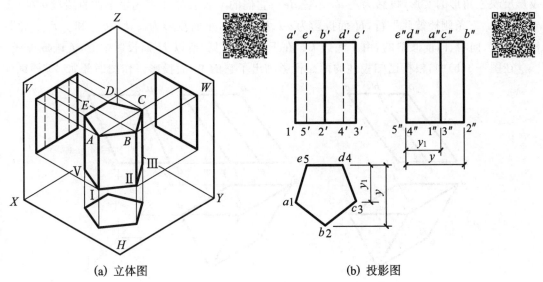

(a) 立体图   (b) 投影图

图 5-2 正五棱柱及其投影

1. 空间分析

图 5-2(a)所示是一个正五棱柱,它由 7 个多边形(5 个矩形棱面和上、下正五边形底面)、15 条直线(5 条棱线和上、下底面各 5 条边)、10 个顶点(A、B、C、D、E、Ⅰ、Ⅱ、Ⅲ、Ⅳ、Ⅴ)组成。

2. 投影分析和作图

为了便于画图和读图,使它的底面平行于 H 面,后面的棱面平行于 V 面。这样,正五棱柱的 H 面投影是一个正五边形(见图 5-2(b)),上、下底面的投影重合,反映了底面的实形。五边形的五条边就是垂直于底面的五个棱面的具有积聚性的投影。

在五棱柱的 V 面投影中,由于它的上、下底面平行于 H 面,所以它们成为上、下两段水平直线。前面的左、右两个棱面 ABⅡⅠ 和 BCⅢⅡ 倾斜于 V 面,分别投影成为两个可见的变窄了的矩形 $a'b'2'1'$ 和 $b'c'3'2'$;后面的左、右棱面 EAⅠⅣ 和 CDⅣⅢ 倾斜于 V 面,分别投影成为两个不可见的变窄了的矩形 $e'a'1'5'$ 和 $c'd'4'3'$;后面的棱面 DEⅤⅣ 平行于 V 面,其投影 $d'e'5'4'$ 反映该棱面的实形。棱线 DⅣ、EⅤ 在 V 面投影中不可见,把它们画成细虚线。

在 W 面投影中,五棱柱上、下底面的投影也是两段水平直线。后棱面 DEⅤⅣ 垂直于 W 面,其投影 $d''e''5''4''$ 积聚成一段竖直的直线。左边的棱面 EAⅠⅣ 和 ABⅡⅠ 投射成两个可见的矩形 $e''a''1''5''$ 和 $a''b''2''1''$;右边两个棱面的投影则分别与左边两个棱面的投影重合,它们是不可见的。

作图时,应注意先画出特征投影图形。根据五棱柱的形状特点,应先画出 H 面投影图,即正五边形线框,再按投影关系画出五棱柱的 V 面投影图和 W 面投影图。

在图 5-2(b)中,请特别注意 H 面投影与 W 面投影之间必须符合宽度相等和前后对应的关系。例如前棱线与后棱面之间的宽度为 y,左右棱线与后棱面之间的宽度为 y_1,并且前棱线和左右棱线都分别在后棱面之前。这种 H 面投影和 W 面投影之间的关系,如图 5-2(b)所示,一般可直接量取宽相等的距离作图,也可用添加 45°辅助线方法作图,如图 5-3 所示。

图 5-3(a)所示是斜三棱柱的两面投影图。斜三棱柱的上、下底面都平行于 H 面,其 H 面投影反映三角形的实形,投影为△abc 和△def;它们的 V 面投影积聚为水平的直线段 $a'b'c'$ 和 $d'e'f'$。三条侧棱彼此平行,H 面投影为 ad、be 和 cf,正面投影为 $a'd'$、$b'e'$ 和 $c'f'$。该棱柱是向上、向右、向前倾斜的,由于底边 EF 在下边,不可见,所以 H 面投影中的 ef 画成虚线。

在图 5-3(b)中,根据已知棱柱的两面投影画出了它的 W 面投影。作图时添加 45°辅助作

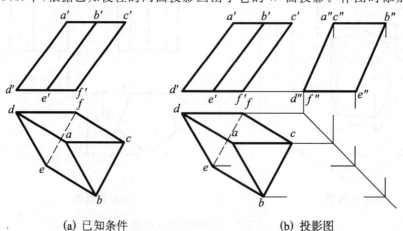

(a) 已知条件　　　　　　　　　　　(b) 投影图

图 5-3　斜三棱柱的投影

图线,利用此线画出各顶点的 W 面投影,然后连成立体的 W 面投影。

5.1.2　棱锥

棱锥由一个多边形底面和若干个共顶点的三角形棱面所围成。如果棱锥的底面是一个正多边形,而且顶点与正多边形底面的中心的连线垂直于该底面,这样的棱锥就称为正棱锥。

1. 空间分析

图 5-4(a)所示为一正三棱锥,它由 4 个多边形(3 个等腰三角形棱面和正三角形底面)、6 条直线(3 条棱线和底面 3 条边)、4 个顶点(S、A、B、C)组成。

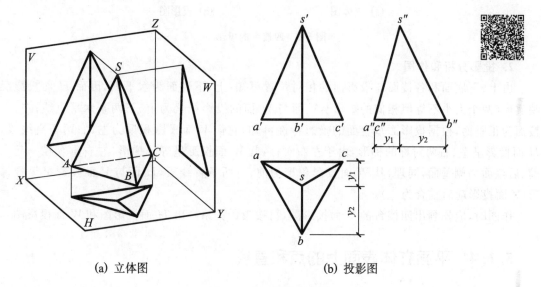

(a) 立体图　　　　　　　　　(b) 投影图

图 5-4　正三棱锥的投影

2. 投影分析和作图

三棱锥的底面平行于 H 面,其 H 面投影 $\triangle abc$ 反映 $\triangle ABC$ 的实形,V 面投影和 W 面投影分别积聚成水平直线段 $a'b'c'$ 和 $a''c''b''$;后棱面 $\triangle SAC$ 垂直于 W 面,其 W 面投影 $s''a''c''$ 积聚成一段倾斜的直线,V 面投影和 H 面投影成为与 $\triangle SAC$ 类似的图形 $\triangle s'a'c'$ 和 $\triangle sac$。另外两个棱面($\triangle SAB$ 和 $\triangle SBC$)与三个投影面都斜交,它们的三个投影都是三角形,二者的 W 面投影重合。

作图时,应先画出三棱锥的 H 面投影图,再按投影关系画出 V 面投影图和 W 面投影图。

注意　三棱锥的 W 面投影不是等腰三角形,宽度 y_1 和 y_2 应与 H 面投影中的宽度相等。

5.1.3　棱台

棱锥的顶部被平行于底面的平面切割后形成棱台。棱台的两个底面为相互平行的相似的平面图形。所有的棱线延长后仍应交会于一公共顶点,即锥顶。

1. 空间分析

图 5-5 所示是一个以矩形为底面的四棱台,它由 6 个多边形(4 个梯形棱面和上、下矩形底面)、12 条直线(4 条棱线和上、下底面各 4 条边)、8 个顶点组成。

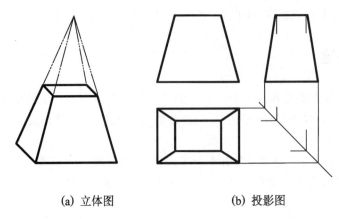

　　　　(a) 立体图　　　　　　　　　　　(b) 投影图

图 5-5　四棱台的投影

2. 投影分析和作图

　　由上、下底面和各棱面与投影面的相对位置可知：上、下底面为水平面，因而 H 面投影反映实形（两个大小不等但相似的矩形），V 面与 W 面的投影积聚为上、下两条水平直线；左、右棱面为正垂面，根据投影面垂直面的投影特性可知，它们 V 面投影积聚为左、右两条直线段，H 面投影呈左、右两对称的梯形，由于左右对称，其 W 面投影呈等腰梯形（左右重合在一起）；前、后棱面为侧垂面，同理，其 W 面投影积聚为前、后两条直线段，H 面与 V 面投影呈等腰梯形（V 面投影前后重合为一）。

　　作图时，应先画出四棱台的 V 面投影图，再按投影关系画出 H 面投影图和 W 面投影图。

5.1.4　平面立体表面上的点和直线

　　根据立体表面上的点的一个投影作出其在立体其他投影上的投影在今后解决有关立体问题时经常要用到，可进一步熟悉和掌握立体的投影。在这部分内容的学习中，应注意采用升维法、迁移思维法、发散思维法等来思考和解决问题。

　　【迁移思维法思维提示】

　　在学习中，能做到"举一反三""触类旁通""由此以知彼"，这是学习中突破性的飞跃，可为以后创新性的工作打下良好的基础。在下面的学习中，要回忆、体会第 2 章所学知识（在平面上取点和直线的原理和方法），并加以灵活运用。

　　在平面立体表面上取点和直线，其原理和方法与在平面上取点和直线相同。平面立体表面上的点和直线的可见性，取决于点和直线所在棱面的可见性，即凡位于可见棱面上的点和直线是可见的，而位于不可见棱面上的点和直线是不可见的。

　　求平面立体表面上的点和直线的作图步骤如下：

　　(1) 分析点和直线位于立体的哪一个平面上；

　　(2) 找出该点和直线的其他投影，可根据平面上取点和直线的方法求得。若所属面的投影有积聚性，则先在积聚的投影上求，若无积聚性，则过点在平面内作辅助直线求；

　　(3) 由点、直线的两面投影，求出第三投影；

　　(4) 分析所求点和直线的投影的可见性。

　　平面立体表面上的点和直线的求作方法有以下两种。

1. 积聚性法

当点、直线所在的表面为特殊位置平面时,可运用积聚性投影作图。

例 5-1　已知正五棱柱表面上的点 A 及直线 BC、CD 的 V 面投影 a'、$b'c'$、$c'd'$（见图 5-6 (a)）,求作它们的其余两投影。

分析　由 V 面投影 a'、$b'c'$、$c'd'$ 的可见性和位置可知,点 A 在左后棱面上,直线 BC、CD 分别在五棱柱左前和右前棱面上,点 C 在最前棱线上。棱面为铅垂面,H 面投影有积聚性,因此可利用水平的积聚性投影作图。

作图　如图 5-6(b)所示,过 a'、$b'c'$、$c'd'$ 向水平面作投影线,投影线与棱面的积聚投影左后面交得 a,与左前面交得 b,与右前面交得 d,c 点在最前棱线的积聚投影上。bc、cd 与棱面的 H 面投影重合。

由点 A、B、C、D 的 V、H 两面投影求得 W 面投影 a''、b''、c''、d''。W 面投影可用量取 H 面投影中宽度 y 的方法定出。

判断可见性:由于 CD 在右侧棱面上,其 W 面投影不可见,因此 d'' 加括号,$c''d''$ 用虚线表示;点 A、BC 在左侧棱面上,其 W 面投影可见,$b''c''$ 用粗实线表示。

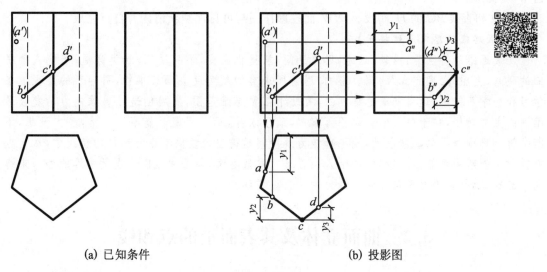

(a) 已知条件　　　　　　　　　　　　　　(b) 投影图

图 5-6　例 5-1 图

2. 辅助直线法

当点和直线所在表面是一般位置平面时,三面投影都无积聚性,故需在平面内过点(或直线端点)作辅助直线确定该点的投影。此辅助直线是过点且位于点所在棱面上的任何直线。

例 5-2　已知四棱台表面上的点 D 及直线 AB、BC 的 V 面投影 d'、$a'b'$、$b'c'$（见图 5-7 (a)）,求作它们的另两面投影。

分析　根据 $a'b'$、$b'c'$、d' 的可见性及位置可知:AB、BC 分别在四棱台的前面左、右两侧棱面上;点 D 在后面右侧棱面上;AB 平行于底边,它们的同面投影必相互平行。由于四棱台的四个棱面都是一般位置平面,所以要利用辅助直线来解题。辅助直线怎样作更好(运用发散思维法)? 请读者思考。

作图　如图 5-7(b)所示,过 a' 作 $a'b'$ 的延长线与左侧棱线的 V 面投影交于 $1'$,过 $1'$ 向水平面作投影线与左侧棱线的 H 面投影交于 1,过 1 作直线与底边的 H 面投影平行得 $1b$,过 a' 向水平面作投影线与 $1a$ 相交得 a,连 ab 即得直线 AB 的 H 面投影;运用投影规律,作出 AB

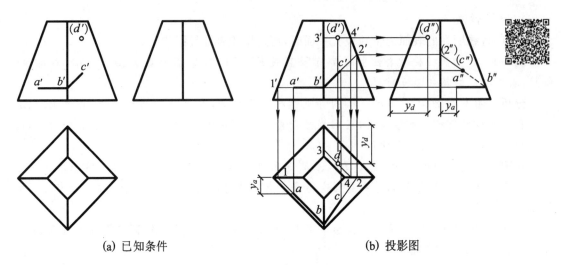

　　　　　　(a) 已知条件　　　　　　　　　　　　　　(b) 投影图

图 5-7　例 5-2 图

的 W 面投影 $a''b''$。

　　点 D 和直线 BC 的 H 面投影及 W 面投影作图与可见性判断请读者自行完成。

【发散思维法思维原理提示】

　　发散思维的特点是：灵敏，迅速，思路开阔，能随机应变，举一反三，触类旁通；能使人摆脱旧的联系，克服"心理定式"的消极影响，用前所未有的新角度去洞察事物，引导新的发现。在学习和科学研究中，运用发散思维方法，有助于拓宽思维范围，发展创造性思维能力。发散思维法的主要功能，在于使人的认识不落窠臼，敢于求异，思考问题时能不拘一格，多方设想，不断求新。思维如果欠缺发散性，就不可能为解决问题提出大量供考虑与选择的新线索，从而也就减少了创新的可能性。所以，一个人能否进行发散思维，能否冲破阻碍发散思维的外部束缚或内部定式，是能否发挥与显示创造力的一个重要环节。

5.2　曲面立体及其表面上的点和线

　　常见的曲面立体有圆柱、圆锥、圆球、圆环等，它们的表面是光滑曲面，不像平面体那样有明显的棱线。所以在画图(降维)和看图(升维)时，要抓住曲面的特殊本质，即曲面的形成规律和曲面轮廓的投影。

5.2.1　圆柱体

1. 圆柱的形成和投影

　　如图 5-8(a)所示，圆柱体表面由圆柱面和上、下两端面(平面)所组成。圆柱面可以看成是由直线 AA_1 绕与它平行的轴线 OO_1 旋转而成的。直线 AA_1 称为母线，圆柱面上任意一条平行于轴线 OO_1 的直线，即母线的任一位置，称为圆柱面的素线。

　　当圆柱面的轴线垂直于 H 投影面时，它的 H 面投影为一圆，有积聚性。圆柱面上任何点和线的水平投影都积聚在这个圆上。圆柱体的其他两个投影是由上、下端面的积聚性投影和圆柱面最外边的素线——转向轮廓线组成的矩形(见图 5-8 (b)、(c))。

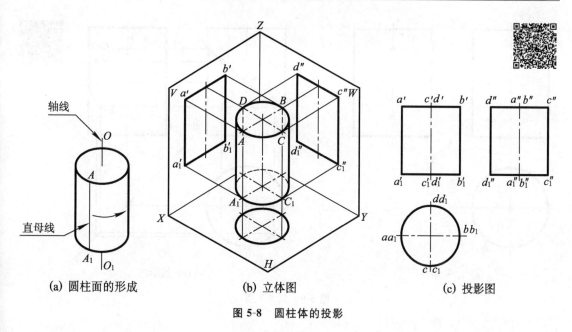

(a) 圆柱面的形成　　　　　　(b) 立体图　　　　　　　　(c) 投影图

图 5-8　圆柱体的投影

画图时,首先画出回转中心线,其次画出投影为圆的图形,最后画另外两个投影成矩形的图形。

2. 分析轮廓线与判断曲面的可见性

(1) 从不同方向投射时,圆柱面的投影轮廓线是不同的。从图 5-8(b)可看出,V 面上的轮廓线 $a'a_1'$、$b'b_1'$ 是轮廓素线 AA_1、BB_1 的投影。但在 W 面上 $a''a_1''$、$b''b_1''$ 与轴线重合,它们不是侧面投影图的轮廓线,因此画图时不必画出。而在 W 面上圆柱面的轮廓线 $c''c_1''$、$d''d_1''$ 是从左向右看时,圆柱面的轮廓素线 CC_1、DD_1 的投影,它们在 V 面的投影也与轴线重合,不必画出。

(2) 曲面在投影图上的轮廓线是在该投影图上可见与不可见部分的分界线。在图 5-8 (b)、(c)中,V 面投影图上曲面的可见部分,可以根据轮廓线 AA_1 和 BB_1 在 H 面投影图上的位置来判断,在轮廓线 AA_1 和 BB_1 以前的 ABC 半个圆柱面是可见的,而后半个圆柱面 ADB 是不可见的。AA_1、BB_1 即为 V 面投影图上可见与不可见的分界线。

W 面投影图上可见与不可见的分界线,请读者自行分析。

3. 圆柱面上点、线的投影

例 5-3　已知圆柱面上点 A 的 V 面投影 a'、点 B 的 H 面投影 b、点 C 的 W 面投影 c''(见图 5-9(a)),求作它们的另两面投影。

分析和作图　点 A、B、C 均在圆柱面上(点 C 在圆柱面的最右素线上),点 A 和点 C 的 H 面投影必定在圆柱面 H 面投影的圆周上;点 B 的 V 面投影有无穷多解(此题只要求作出在连线 $a'c'$ 上的点 b'),于是它的 V 面投影是唯一的。再根据 V 面投影和 H 面投影作出点 A 和点 B 的 W 面投影 $a''(b'')$,如图 5-9(b)所示。由于点 B 在右半个圆柱面上,故其 W 面投影不可见。

思考　把 A、B、C 三点的 V 面投影连成一条直线,其空间形状是直线还是曲线? 如果是曲线,又是什么曲线呢?

注意　圆柱面上,只有与轴线平行的素线是直线,所以,求作圆柱表面上的点时,应过该点作直素线来解决问题,且不可随意画线。

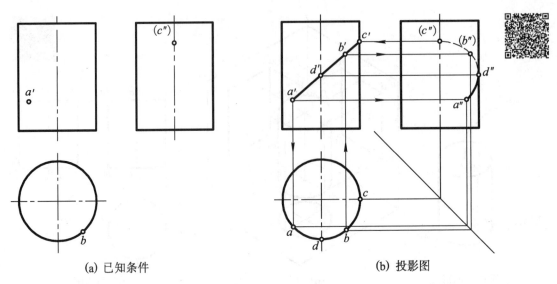

(a) 已知条件   (b) 投影图

图 5-9 例 5-3 图

5.2.2 圆锥体

1. 圆锥体的形成和投影

如图 5-10(a)所示,圆锥体由圆锥面和底平面组成。圆锥面可以看成是直母线 SA 沿着圆曲线移动,并始终与轴线 OO_1 相交于一点,此点为圆锥顶点。母线的任一位置,称为圆锥面的素线。

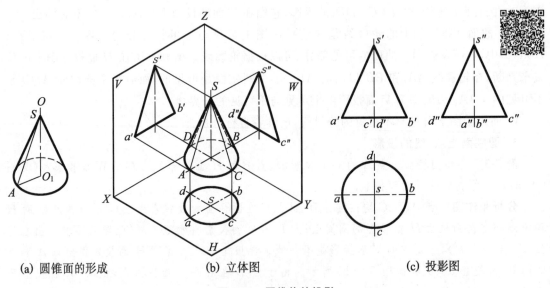

(a) 圆锥面的形成   (b) 立体图   (c) 投影图

图 5-10 圆锥体的投影

圆锥面的三个投影都没有积聚性。当圆锥的轴线垂直于水平面时,圆锥的水平投影为一圆。圆锥的正面投影和侧面投影为大小相同的等腰三角形（见图 5-10(c)）。

画圆锥投影图时,首先画出回转中心线,其次画出投影为圆的图形,再根据圆锥的高度,画出另外两个投影为等腰三角形的图形。

2. 分析轮廓线与判断曲面的可见性

轮廓线与曲面的可见性判断问题与圆柱面的分析方法相同,请读者看图 5-10(b)、(c)自行分析。

3. 圆锥面上点的投影

例 5-4　已知圆锥面上点 Ⅰ 的 V 面投影 1′、点 Ⅱ 的 H 面投影 2(见图 5-11(a)),求作两点的另外两个投影。

分析和作图　点 Ⅰ、点 Ⅱ 均在圆锥面上。由于圆锥面的各个投影都没有积聚性,因此必须在圆锥面上作辅助线,再在辅助线上取点,这与在平面内取点的作图方法是相似的。

为了作图方便,应选取素线或垂直于轴线的纬圆作为辅助线。

(1)素线法:过点的已知投影和圆锥顶点连成一条直线。如图 5-11(a)所示,在圆锥的 V 面投影图中,将 1′和 s′连成直线,并延长至与底边交于 e′,作出 SE 的 H 面投影 se,点 Ⅰ 的 H 面投影 1 必定在 se 线上。根据投影规律,作出 1″。由于点 Ⅰ 在左、前圆锥面上,故其 W 面投影 1″可见。

(2)纬圆法:过点的已知投影作一个圆。如图 5-11(b)所示,在 H 面投影图中,以锥顶 S 的 H 面投影 s 为圆心,以 s2 为半径作一个纬圆,画出纬圆的 V 面投影,即平行于水平面的直线,点 Ⅱ 的 V 面投影 2′必定在该直线上。根据投影规律,作出 2″。由于点 Ⅱ 在右、后圆锥面上,其 V 面投影和 W 面投影均不可见,所以 2′、2″加括号。

注意　纬圆是曲面上垂直于曲面轴线的圆。

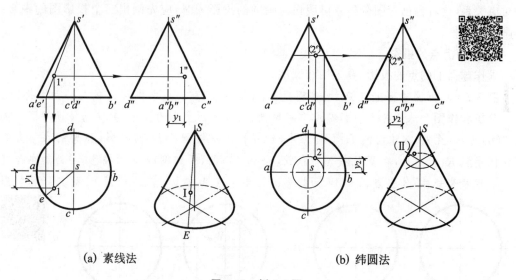

(a) 素线法　　　　　　　　　　　(b) 纬圆法

图 5-11　例 5-4 图

5.2.3　圆球体

1. 圆球面的形成

如图 5-12(a)所示,圆球面(常称球面)可以看成是一圆弧母线绕其直径 OO_1 旋转而成的。

2. 投影画法及轮廓分析

圆球体的各个投影都没有积聚性,三面投影图均为直径相同的圆。这三个圆是分别从三

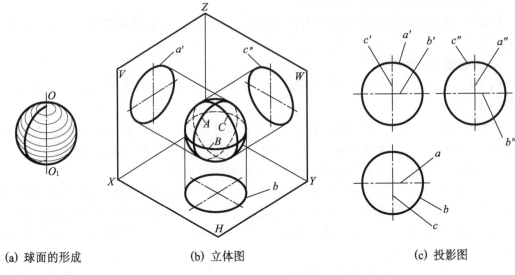

(a) 球面的形成   (b) 立体图   (c) 投影图

图 5-12　圆球体的投影

个方向看球时所得的形状,即三个方向的球面轮廓线的投影,不能认为它们是球面上某一个圆的三个投影。从图 5-12 (b)、(c)可看出,球面上轮廓线 A 的 V 面投影是圆 a',而 H 面投影 a 和 W 面投影 a'' 都与中心线重合,不必画出。其他两个投影图上轮廓线圆的投影在三个投影上的对应关系,读者自己看图分析就可明白。画圆的投影图时,应先画出三个投影图的中心线,再画出圆线框。

3. 球面上点的投影

求作球面上的点的投影,要采用纬圆法。

例 5-5　已知圆球面上点 A 的 H 面投影 a(见图 5-13(a)),求作点 A 的另外两个投影。

分析和作图　球面各个投影都没有积聚性,求作球面上点的投影,要借助辅助纬圆。如图 5-13(b)所示:首先,在球面的 H 面投影中,过 a 作正平纬圆的 H 面投影(积聚的水平直线),得纬圆半径 R_A。然后,在 V 面投影中以 R_A 为半径画圆,得纬圆的 V 面投影,a' 必然在此纬圆上。利用投影规律,作出点 A 的 W 面投影 a''。由于点 A 在上、前、左球面上,故其 V 面投影 a'

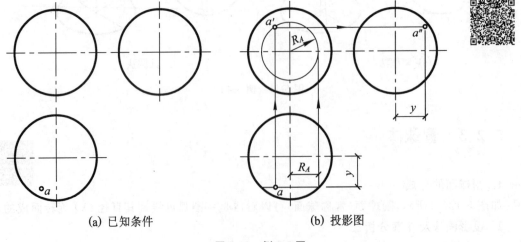

(a) 已知条件   (b) 投影图

图 5-13　例 5-5 图

和 W 面投影 a'' 均可见。

运用迁移思维法和发散思维法,读者可以想到:用同样的作图原理和方法也可在图 5-13 (b)中用过点 A 的球面上平行于水平面的水平纬圆求作 a' 和 a'',还可用过点 A 的球面上平行于侧平面的侧平纬圆求作 a' 和 a''。

注意　球面上没有直线,在求作球面上点的投影时,只能过该点作纬圆解决问题,切不可随意画线。

5.2.4　圆环

1. 形成

如图 5-14 (a)所示圆环可以看成是以圆为母线,绕与圆在同一平面内但不通过圆心的轴线旋转而成。外半圆形成外环面,内半圆形成内环面。

2. 投影画法

如图 5-14 (b)所示,画投影图时,首先画出中心线,其次在 V 面投影中画出平行于正面的两个素线圆,再画出母线圆上最高点 A 和最低点 C 的轨迹的投影(为两条水平线),其中内半圆的投影不可见,应画成虚线。环面的水平投影应画出母线圆上距旋转轴最远点 B 和最近点 D 以及母线圆的圆心轨迹的投影,它们是半径不等的三个圆,其中母线圆的圆心轨迹的投影用点画线表示。

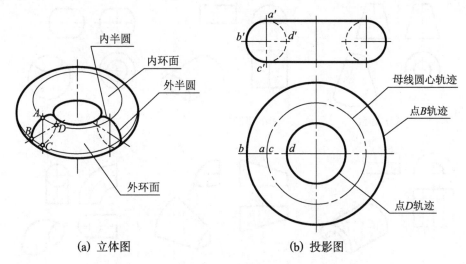

(a) 立体图　　　　　　　(b) 投影图

图 5-14　圆环的投影

3. 圆环面上点的投影

求作圆环面上的点的投影,要采用纬圆法。

例 5-6　已知 1/4 圆环面上点 A 和点 B 的 V 面投影 a' 和 b'(见图 5-15(a)),求作两点的 H 面及 W 面投影。

分析和作图　从已知条件可知,点 A 在前环面上并且处于特殊位置(母线圆心轨迹上),根据投影规律可作出点 A 的 V 面投影 a'(可见)和 W 面投影 a''(可见)。点 B 在内环面的后半部分,要用纬圆法作出其 H 面投影 b,再按投影规律作出其 W 面投影 b'',点 B 的 H 面投影及 W 面投影均不可见。如图 5-15(b)所示。

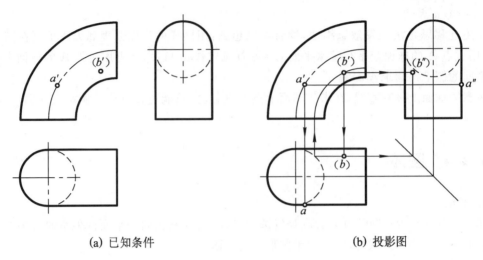

(a) 已知条件　　　　　　　　　　　　(b) 投影图

图 5-15　例 5-6 图

注意　圆环面上没有直线,在求作圆环面上点的投影时,只能过该点作纬圆解决问题,切不可随意画线。

4. 几种不完整的曲面体

如图 5-16 所示是工程上常见的几种不完整的曲面体,应该熟悉它们。

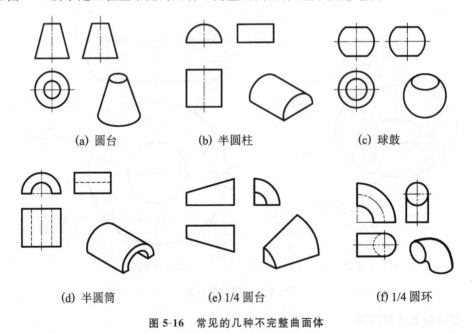

(a) 圆台　　　　　　　　(b) 半圆柱　　　　　　　　(c) 球鼓

(d) 半圆筒　　　　　　　(e) 1/4 圆台　　　　　　　(f) 1/4 圆环

图 5-16　常见的几种不完整曲面体

5.3　平面与平面立体相交

在工程上常常会遇到立体与平面相交的情形。如图 5-17(a)所示榫头和榫槽就是用若干平面切割棱柱而成的,这样可以保证构件紧密结合,使凸的榫头与凹的榫槽对接。图 5-17(b)

所示的铣床上的尾架顶尖,就是圆锥体和圆柱体被平面切割而成的。在画图时,为了清楚地表达它们的形状,必须画出交线的投影。同时,在用图解法解决一些空间几何问题时,也常常会遇到立体与平面、立体与直线相交的问题。在这一部分的学习中,除了要继续运用前面所提的升、降维法,迁移思维法以外,还要注意用想象法来思考和解决问题。

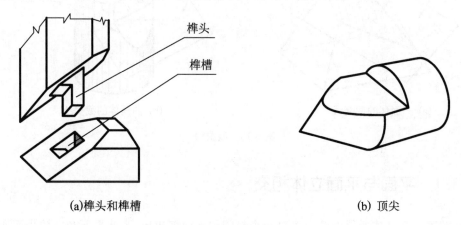

(a)榫头和榫槽　　　　　　　　　　　　　　　　　(b) 顶尖

图 5-17　平面与立体相交

【想象法思维原理与提示】

想象法是一种把概念与形象、具体与抽象、现实与未来、科学与幻想巧妙结合起来的一种独特的思维与研究的方法,它具有鲜明的创造性和新颖性。想象的具体类型主要有三种:再造想象、创造想象和幻想。科学灵感、科学直觉、科学联想、科学想象都是重要的创造性思维方法。

科学想象,就是根据现有的科学知识与实事,发挥高度的抽象与联想能力,超脱现实条件,猜测未知的客观规律,设想未知的变化过程,描绘科学发展与人类征服客观世界的奇妙远景,提出一种为人们所向往的目标与理想。

首先,科学想象具有超前性的特点。它虽然以一定的现实条件与科学知识为根据,但是这种根据毕竟不足以使它能够在理论上立即得到严格的证明,在实践上立即实现。它只能作为科学发展的未来目标,人类将来会实现的理想、蓝图或远景。并且,它只具有将来实现的抽象可能性,不存在即将实现的现实可能性。

科学想象又具有科学性的特点。它是人们从一定的现实条件与科学根据出发产生的想象、联想、猜测与幻想。科学想象虽不是现实的东西,但能借助现有的科学知识,阐明未来与现实之间的联系,阐明在将来转化为现实的各种条件。这种联系和转化,现在看来也许还不是必然的、现实的,但是这种联系与转化的可能性却是存在的。如果一种想象与现实没有任何联系,在现有科学知识中找不到任何根据,那就不是科学想象,而是胡思乱想或空想了。

在学习过程中,可以从平面图形想象被切截立体的空间形状以及被切截以前的基本体形状,还可以想象基本立体被各种位置的平面切截后的形状。

基本体被一个或多个平面截割(如图 5-18(a)所示的四棱锥被一个平面截割,图 5-18(b)所示的圆柱被两个平面截割),必然在形体的表面上产生交线。

假想用来截割立体的平面,称为截平面。截平面与立体表面的交线称为截交线。截交线围成的平面图形称为断面(见图 5-18)。

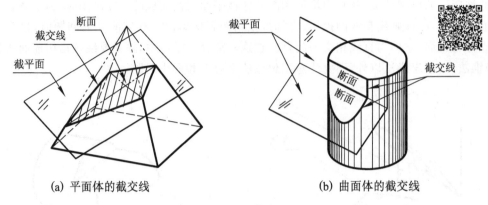

(a) 平面体的截交线 　　　　　　(b) 曲面体的截交线

图 5-18　截交线

5.3.1　平面与平面立体相交

平面截割平面立体所得的截交线是一个封闭的平面多边形,为截平面和立体表面所共有。多边形的顶点是平面立体的棱线或底边与截平面的交点,多边形的边是平面立体的棱面与截平面的交线。因此,求平面与平面立体的截交线有以下两种方法:

(1) 交点法　作出平面立体的棱线与截平面的交点,并依次连接各点;

(2) 交线法　求出平面立体的棱面与截平面的交线。

在投影图上作出截交线后,还应注意可见性问题。截交线的可见部分应画粗实线,不可见部分应画细虚线。

例 5-7　如图 5-19(a)所示,求作被截五棱柱的 W 面投影图和断面的实形。

分析　由于截平面 P 是一个正垂面,所以截交线的 V 面投影与平面 P 的正面迹线 P_V 重合。从 V 面投影中可以看出,棱柱上被截着的平面是上顶面和四个棱面,故截交线是一个五边形。五边形的五个顶点就是截平面与五棱柱的三条侧棱及上顶面的两条边的交点。

作图　截平面 P 与上顶面交出的一条正垂线ⅢⅣ,它的 V 面投影 $3'4'$ 由 P_V 与 $a'b'c'd'e'$ 相交得出,重合为一个点。根据投影规律作出其 H 面投影 34。W 面投影 $3''4''$ 可利用宽度 y_2 相等而定出。

截平面 P 与四个棱面的交线的 V 面投影与 P_V 重合,而 H 面投影又分别与各棱面的 H 面投影重合。按投影规律,可以确定它们的 W 面投影。作图时,先求出侧棱 A、B、E 与平面 P 的交点Ⅰ、Ⅱ、Ⅴ的各投影,然后依次连接截交线各顶点的投影,分清各侧棱投影的可见性,描清所需要的图线,以完成被截后五棱柱的三面投影(见图 5-19(b))。

注意　棱柱被截后,W 面投影中 $b''2''$ 和 $b''3''$ 这两段图线应予除去;侧棱投影 $a''1''$ 也因被截而不存在,在这位置上所画的虚线,表示侧棱 C 的 W 面投影。

为了作出断面的实形,可建立新投影面 H_1 平行于截平面 P,作出截交线在 H_1 面上的投影 $1_1 2_1 3_1 4_1 5_1$,即为所求的实形(见图 5-19(c))。图中没有画出新旧投影轴,而是以断面投影的边线 45 和断面实形的边线 $4_1 5_1$ 作为基准线进行作图的。例如,新投影 3_1 和 4_1 应分别位于过正面投影中 $3'4'$ 且垂直于 P_V 的直线上,点 3_1 至 4_1 的距离 y_2 取自水平投影中点 3 至 4 的距离。

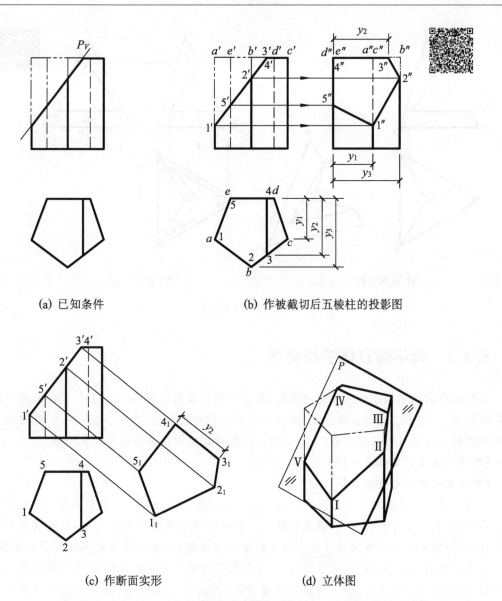

(a) 已知条件　　　　　　(b) 作被截切后五棱柱的投影图

(c) 作断面实形　　　　　　(d) 立体图

图 5-19　例 5-7 图

例 5-8　完成切口正三棱锥的 H 面投影，补作 W 面投影图（见图 5-20(a)）。

　　分析和作图　按投影关系，先作出棱锥的 W 面投影（见图 5-20(b)）。水平截平面 P 平行于底面，所以它与棱锥面的交线是一个与底边平行的 △ⅠⅡⅢ，其 V 面投影 $1'2'3'$ 与 P_V 重合为一段水平线，由此可作出其 H 面投影 △123 和 W 面投影 $1''2''3''$（一段水平直线）。正垂截平面 Q 分别与前、后棱面相交于直线 ⅣⅡ、ⅣⅢ，截交线 ⅣⅡ、ⅣⅢ 的 V 面投影 $4'2'$、$4'3'$ 与 Q_V 重合。由此可作出其 H 面投影 42、43 和 W 面投影 $4''2''$、$4''3''$。

　　注意　(1) ⅡⅢ 是两个截平面的交线，其 H 面投影 23 不可见，应画成虚线。

　　(2) 形体表面上点的投影规律可根据形体的长、高、宽归结为：长对正、高平齐、宽相等。

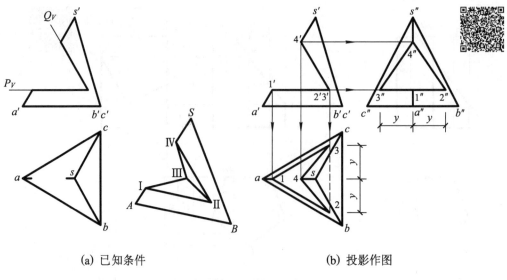

(a) 已知条件　　　　　　　　　　　　(b) 投影作图

图 5-20　　例 5-8 图

5.3.2　读平面立体的投影图

人们惯有的认知规律是从实物到图形,而读图则是根据已有的平面图形,把前面所学的知识串联起来,想象出物体的空间形状,画出另一个投影视图。在读图的过程中,要充分的运用前面所提到的各种思维方法,同时还要注意运用倒逆式思维法来帮助思考和作图。

【倒逆式思维法思维原理】(见 4.2.5 节)

【倒逆式思维法思维提示】

人们通常是按照事物发展的因果顺序或者认识问题的逻辑顺序去思考问题的。如解数学题,一般都从已知条件分析推导,以求得结论。而有些难题往往从结论出发,倒转来推导到已知条件,反而容易解决。算术演算自古以来都由低位算起,而速算大师史丰收却一反常规,设想从高位算起,经过十年努力,终于创造了 13 位数以内的加减乘除和开方、平方的速算法。史丰收的成功,在一定意义上说是"倒逆式思维方法"的成功。1820 年,法国物理学家安培发现通电的螺线管具有磁石的作用。英国物理学家法拉第想,电能产生磁,为什么不能用磁来产生电?他循着这条思路去试验,终于发现了电磁感应现象,制成了世界上第一台发电机。怎样才能掌握好倒逆式思维法呢?第一,要激发和保持自己的好奇心。好奇心是一个人兴趣爱好的基石,是任何一个成功者的基本素质。好奇心的升华,就成为研究问题的强烈愿望;而这种强烈的愿望正是发明创造的动力要素。没有好奇心,也就不会倒逆思维。第二,要注意把握它的限度。我们推崇"倒逆思维",但并不能任何时间、任何地方和任何问题,倒逆得越厉害越好,任何东西都有度的规定性,无视度的存在,就势必要走向反面。因此,科学地运用这种思维方法,要既能倒进,也能倒出,既能逆上,也能逆下。

下面以图 5-21 为例,说明怎样读图,想象立体的空间形状,完成该立体的俯视投影图。

读图步骤:

(1) 已知的两视图是由直线段组成的图线框,因此可以初步设想该立体是平面立体。找出特征视图(左视图),采取拉伸法想象出该立体的基本形状,如图 5-21(b)所示;

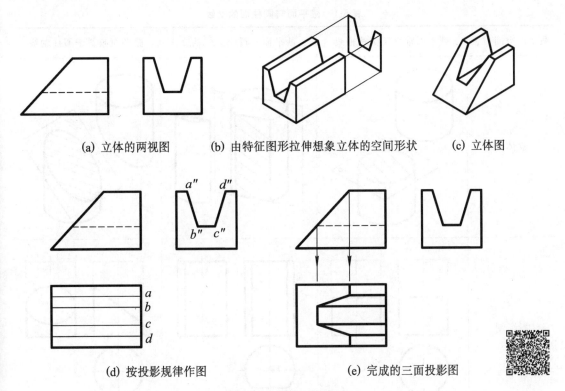

(a) 立体的两视图　　(b) 由特征图形拉伸想象立体的空间形状　　(c) 立体图

(d) 按投影规律作图　　　　　(e) 完成的三面投影图

图 5-21　平面立体读图

（2）根据主视图形状，斜切去立体的左边部分，立体形状如图 5-21(c) 所示；

（3）根据投影规律作图（见图 5-21(d)），图 5-21(e) 是作图完成后的立体的三面投影图。

作图过程也是思考创作的过程，不必拘泥于某一种作图方法，作图熟练以后，可直接按投影规律一边作图一边思考，图形完成以后，立体的形状也就出现在脑子里了。

5.4　平面与曲面立体相交

平面与曲面立体相交所得的截交线，一般情况下，是平面曲线或平面曲线和直线所组成的封闭图形，为截平面和曲面立体表面所共有。曲面立体截交线上的每一点，都是截平面与曲面立体表面的共有点。求出截交线上足够的共有点的投影，然后依次连接起来，便可得出截交线的投影。求共有点时，应先求作出截交线上特殊点的投影，如最高、最低点，最前、最后点，最左、最右点，可见与不可见部分的分界点，截交线本身固有的特殊点（如椭圆长、短轴的端点，抛物线顶点）等；如有必要再求一般点。

截交线是曲面体和截平面的共有点的集合。求作截交线的基本方法有素线法和纬圆法。

5.4.1　平面与圆柱相交

截平面与圆柱面的交线有三种情况，如表 5-1 所示。

表 5-1　截平面与圆柱面的交线

截平面空间位置	截平面垂直于圆柱轴线	截平面平行于圆柱轴线	截平面倾斜于圆柱轴线
立体图			
投影图			
截交线形状	圆	平行于轴线的两条直素线	椭圆

例 5-9　已知圆柱和截平面 P 的投影(见图 5-22(a)),求截交线的投影,补作被截圆柱 W 面投影图。

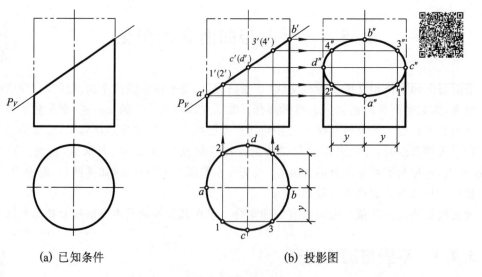

(a) 已知条件　　　　　　　　(b) 投影图

图 5-22　例 5-9 图

分析　正垂面 P 相对圆柱轴线倾斜,截交线为椭圆。该椭圆的 V 面投影积聚在 P_V 上,H 面投影位于圆柱面的投影圆周上。根据点的投影规律,即可求出截交线的 W 面投影。

作图　如图 5-22 (b)所示,先作出圆柱的 W 面投影,再求作截交线上若干个点的投影,用光滑的曲线连接各点,即为所求。

(1) 求特殊点。圆柱的 V 面投影轮廓线(最左、最右素线)与 P_V 的交点 a'、b' 为椭圆长轴端点的 V 面投影,最前、最后素线的 V 面投影与 P_V 的交点 c'、d' 为短轴端点的 V 面投影;由 a'、b' 和 c'、d' 可作出其 W 面投影 $a''b''$ 和 $c''d''$。

(2) 求一般点。为使作图准确,需要再求截交线上若干个一般点。在 H 面投影圆周上取 1、2、3、4 点,根据投影规律作出其 V 面投影 $1'$、$2'$、$3'$、$4'$,再作出 W 面投影 $1''$、$2''$、$3''$、$4''$。

(3) 在 W 面投影图中,用光滑的曲线依次连接各点成椭圆曲线,即为截交线的 W 面投影。

讨论　当截平面与圆柱轴线相交的角度发生变化时,其截交线椭圆在投影面上投影的形状、长、短轴方向及大小也随之变化。圆柱轴线处于铅垂位置时,正垂面截圆柱其 W 面投影如图 5-23 所示。图中 $c''d''$ 长度不变,等于圆柱直径。当 $\alpha < 45°$ 时,$c''d'' > a''b''$,W 面投影是以 $c''d''$ 为长轴、$a''b''$ 为短轴的椭圆(见图 5-23(a));当 $\alpha = 45°$ 时,$c''d'' = a''b''$,W 面投影为圆(见图 5-23(b));当 $\alpha > 45°$ 时,$a''b'' > c''d''$,W 面投影是以 $a''b''$ 为长轴、$c''d''$ 为短轴的椭圆(见图 5-23(c))。

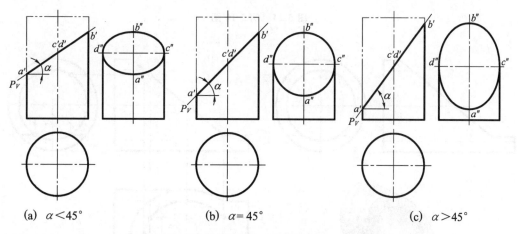

(a) $\alpha < 45°$　　　　　　(b) $\alpha = 45°$　　　　　　(c) $\alpha > 45°$

图 5-23　截平面倾斜角度对截交线投影的影响

思考　圆柱轴线处于水平位置时,正垂面截圆柱后立体的 H 面投影会是什么样呢?

例 5-10　如图 5-24(a)所示,已知切口圆柱的 V 面和 W 面投影,求作 H 面投影。

分析　从给出的 V 面投影图可知,圆柱被水平截平面 P 和正垂截平面 Q 截割。水平截平面 P 与圆柱轴线平行,其截交线是与轴线平行的两条直素线,截交线的 V 面投影与 P_V 重合,截交线的 W 面投影积聚成两点,位于圆柱面的 W 面投影圆周上;正垂截平面 Q 相对圆柱轴线倾斜,其截交线为大半椭圆,截交线的 V 面投影与 Q_V 重合,截交线的 W 面投影与圆柱面的 W 面投影圆周重合。截交线的 V 面和 W 面投影为已知,根据投影规律,即可求出 H 面投影。

作图　如图 5-24(b)所示,先作出圆柱的 H 面投影,再求作截交线上若干个点的投影,用光滑的曲线连接各点,即为所求。作图步骤请读者看图自行思考。

图 5-25 所示为空心圆柱被水平面和正垂面截切后的结果。截平面与圆柱外表面的截交线与图 5-24 完全相同。截平面与圆柱内表面的交线仍是椭圆弧和直素线。求作圆柱内表面截交线的方法与求作圆柱外表面截交线的方法是完全相同的。

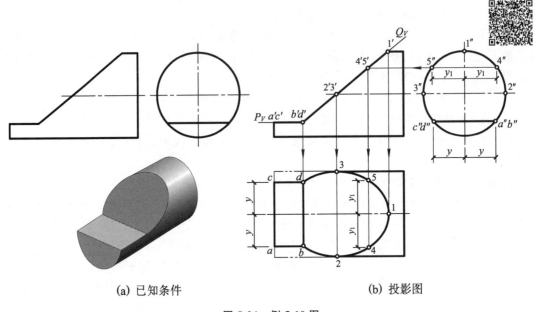

(a) 已知条件　　　　　　　　　　　(b) 投影图

图 5-24　例 5-10 图

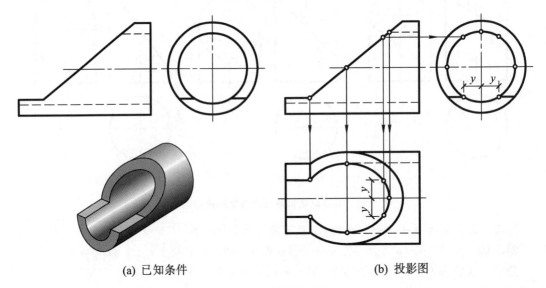

(a) 已知条件　　　　　　　　　　　(b) 投影图

图 5-25　切口空心圆柱

5.4.2　平面与圆锥相交

截平面与圆锥面相交时，由于截平面相对圆锥轴线位置的不同，截交线有五种情况，如表 5-2 所示。

表 5-2　截平面与圆锥面的交线

	通过锥顶	垂直于圆锥轴线	倾斜于圆锥轴线，并与所有素线相交 $(90° > θ > α)$	倾斜于圆锥轴线且平行于一条素线 $(θ = α)$	平行或倾斜于圆锥轴线 $(0 ≤ θ < α)$
立体图	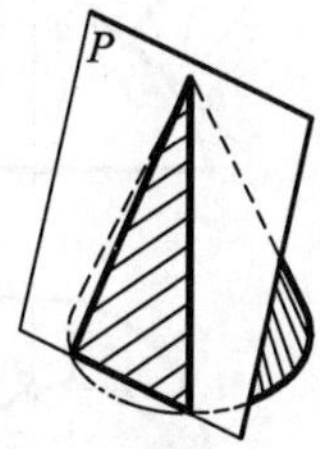	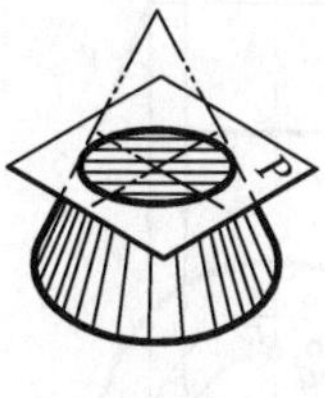	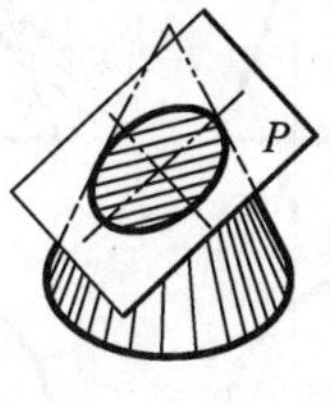	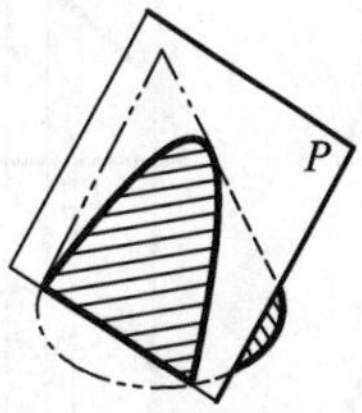	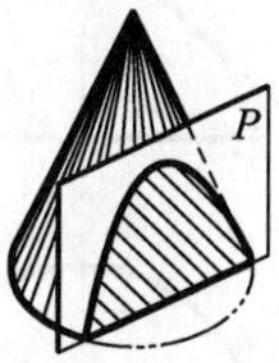
投影图	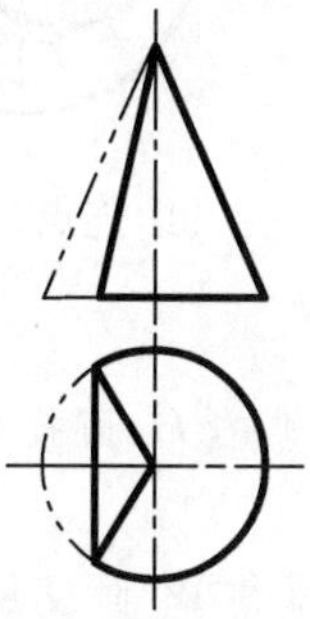	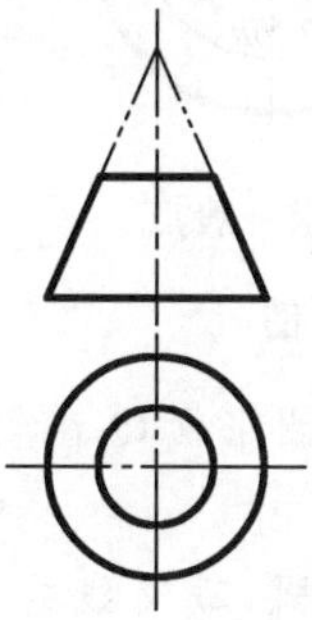	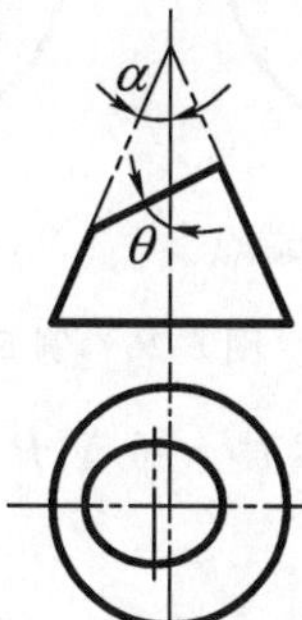	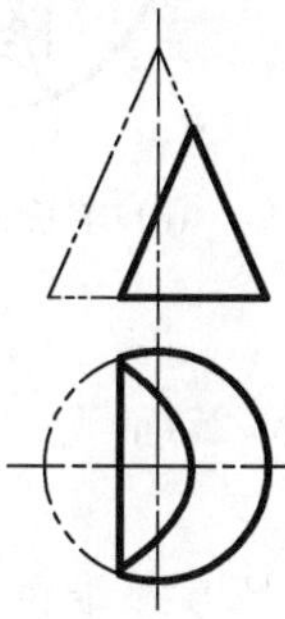	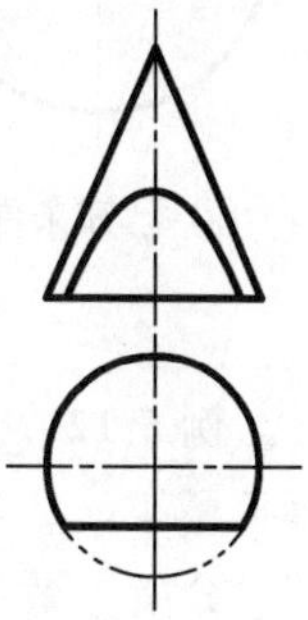
交线形状	过锥顶的两条相交直线	圆	椭圆	抛物线	双曲线

例 5-11　如图 5-26(a)所示，已知圆锥和截平面 P 的投影，求截交线的投影和断面的实形。

分析　由图 5-26(a)可知，截平面 P 为正垂面。平面 P 与圆锥的所有素线相交，截交线为椭圆。平面 P 与圆锥最左、最右素线的交点，即为椭圆长轴的端点 A、B。椭圆短轴垂直于 V 面，且垂直平分 AB。截交线的 V 面投影重合在 P_V 上，为已知；H 面投影仍为椭圆。椭圆长短轴的投影仍为椭圆投影的长短轴。

作图　(1) 求特殊点(见图 5-26(b))。在 V 面投影上 P_V 与圆锥 V 面投影轮廓线的交点 a'、b'，即为长轴端点 A、B 的 V 面投影。AB 的 H 面投影 ab，就是椭圆投影的长轴。椭圆短轴 CD 的 V 面投影 $c'd'$ 必积聚在 $a'b'$ 的中点。过 C、D 作纬圆或作素线 $SⅠ$、$SⅡ$，求出 C、D 的 H 面投影 c、d。

(2) 求一般点(见图 5-26(c))。用纬圆法作最前、最后素线与平面 P 的交点 M、N 和一般点 E、F 的 H 面投影 m、n 和 e、f。

(3) 在 H 面投影图中，用光滑的曲线依次连接各点成椭圆曲线，即为截交线的 H 面投影(见图 5-26(d))。

(4) 求断面实形。用换面法求出断面的实形(见图 5-26(d))。

思考　本题的 W 面投影怎样作图？

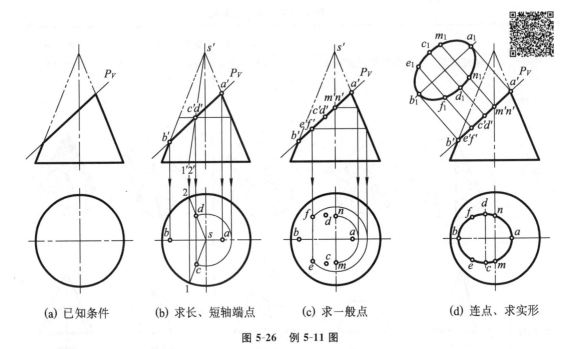

(a) 已知条件　　(b) 求长、短轴端点　　(c) 求一般点　　(d) 连点、求实形

图 5-26　例 5-11 图

例 5-12　如图 5-27(a)所示，完成被水平面 P 和侧平面 Q 截切圆锥的 H 面投影，求作 W 面投影。

分析　截平面 P 与圆锥面的交线是部分水平圆弧，截交线的 V 面和 W 面投影积聚成为一条直线，分别与截平面 P 的 V 面投影 P_V、W 面投影 P_W 重合，根据投影规律，在 H 面投影中画圆弧；截平面 Q 与圆锥轴线平行，截平面 Q 与圆锥面的交线是双曲线，截交线的 V 面投影和 H 面投影积聚成为一条直线，分别与截平面 Q 的 V 面投影 Q_V、H 面投影 Q_H 重合，根据投影规律，可作出截交线的 W 面投影。

作图　用迁移思维、形象思维和想象思维，将该题的作图求解分成图 5-27(b)、图 5-27(c)所示的两部分。

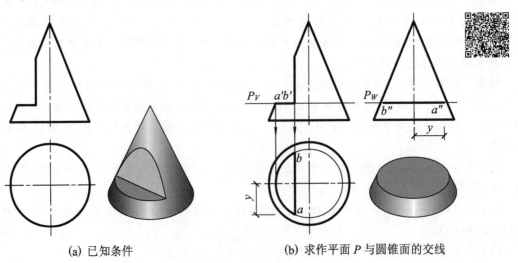

(a) 已知条件　　　　　　(b) 求作平面 P 与圆锥面的交线

图 5-27　例 5-12 图

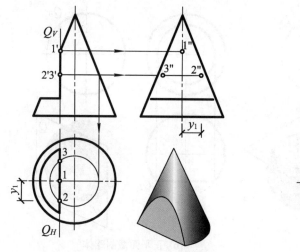
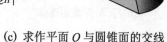
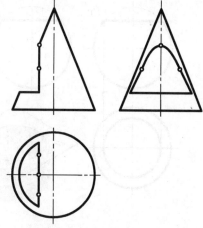

(c) 求作平面 Q 与圆锥面的交线　　　　　　(d) 完成作图

续图 5-27

（1）根据投影规律作出圆锥的 W 面投影。

（2）想象圆锥完全被 P 平面截切，在 H 面上画出水平圆，P、Q 两截平面交线的 H 面投影为 ab，图形前后对称，由宽度 y 确定 $a''b''$，如图 5-27(b)所示。

（3）想象圆锥完全被 Q 平面截切，求出截交线上若干个点的投影，如图 5-27(c)所示。

① 求特殊点。求作截交线上最高点 Ⅰ 的 W 面投影 $1''$，最低点 A、B 的 W 面投影为 a''、b''。

② 求一般点。用纬圆法求作一般点 Ⅱ、Ⅲ 的 W 面投影 $2''$、$3''$。

（4）用光滑的曲线依次连接 a''、$2''$、$1''$、$3''$、b''，即得截交线的 W 面投影，如图 5-27 (d)所示。

5.4.3　平面与圆球相交

平面与圆球相交，截交线是圆（见图 5-28）。截交线在投影面上的形状取决于截平面相对于投影面的位置。当截平面平行于投影面时，圆截交线在该投影面上的投影反映圆的实形；当截平面垂直于投影面时，圆截交线在该投影面上的投影为直线，长度等于截交线圆的直径；当截平面倾斜于投影面时，圆截交线在该投影面上的投影为椭圆。

例 5-13　如图 5-29(a)所示，已知带切口半球的 V 面投影，求作 H 面和 W 面投影。

分析　半球的切口由一个水平截平面和两个侧平截平面组成，并对称于半球的对称面。水平截平面与半球的截交线为圆，在 H 面投影中反映圆的实形。侧平截平面与半球的截交线为半圆，在 W 面投影中反映半圆实形。

作图　如图 5-29(b)所示，求出截交线圆的半径 R_1 和 R_2。在 H 面投影中，以 R_1 为半径、以半球面的 H 面投影圆的圆心为圆心画圆，由投影规律"长对正"，得截交线的 H 面投影。在 W 面投影中，以 R_2 为半径，以半球面的 W 面投影的圆心为圆心画半圆弧，由投影规律"高平齐"，得截交线的 W 面投影。两截平面的交线（是一段正垂线）在 W 面投影中不可见，应画成虚线。

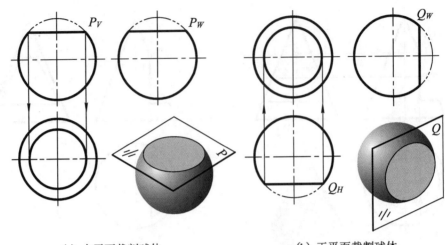

(a) 水平面截割球体　　　　　　　(b) 正平面截割球体

图 5-28　平面与圆球的截交

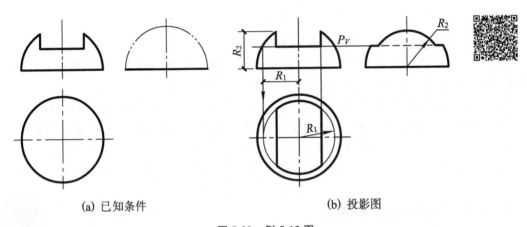

(a) 已知条件　　　　　　　　　(b) 投影图

图 5-29　例 5-13 图

例 5-14　如图 5-30(a)所示,已知球被正垂面 P 切截,求作被切截后球的 H 面和 W 面投影。

分析　由于截平面 P 为正垂面,所以截交线是一个正垂圆。截交线的 V 面投影为直线,反映截交线圆的直径的实长。截交线的 H 面和 W 面投影为椭圆。

作图　利用球面上作点的方法作出椭圆上的若干个点。

(1) 求作椭圆长、短轴的端点。如图 5-30(b)所示,由截交线的 V 面投影可知椭圆长、短轴端点 C、D、A、B 的 V 面投影 c'、d'、a'、b',根据投影规律,作出 c、d、a、b 和 c''、d''、a''、b''。

(2) 求作球面轮廓线上的点。如图 5-30(c)所示,由截交线的 V 面投影可知球面水平轮廓线上的点 Ⅰ、Ⅱ 的 V 面投影 $1'$、$2'$,球面侧面轮廓线上的点 Ⅲ、Ⅳ 的 V 面投影 $3'$、$4'$,根据投影规律,作出 1、2、3、4 和 $1''$、$2''$、$3''$、$4''$。

(3) 用光滑的曲线把各点连接成椭圆曲线,该曲线即为所求(见图 5-30(d))。

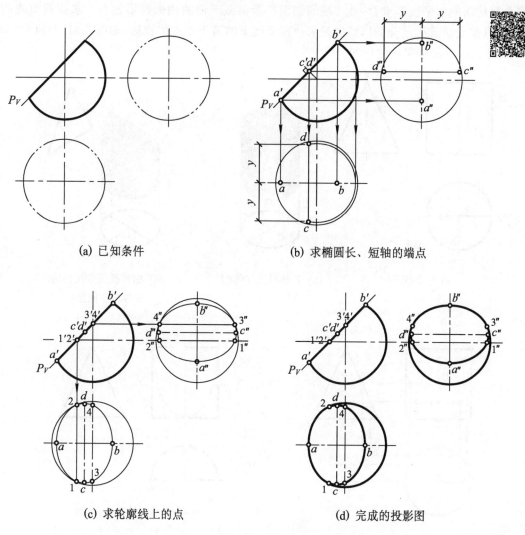

（a）已知条件　　　　　　　（b）求椭圆长、短轴的端点

（c）求轮廓线上的点　　　　　　　（d）完成的投影图

图 5-30　例 5-14 图

5.4.4　读被平面所截切的曲面立体投影图

在被平面所截切的曲面立体上，大多数会出现曲线截交线，因此判断立体确定截交线形状是正确作图的关键。

下面以图 5-31 为例，说明怎样读懂所示的图形，用形象思维、迁移思维等方法想象空间形状，补画主视图中所缺的图线。

（1）在已知的视图中，俯视图的轮廓是圆，主视图的轮廓是矩形，因此可以初步设想该立体是曲面立体圆柱体。找出特征视图（俯视图），采取拉伸法想象出该立体的基本形状，如图 5-31（b）所示。

（2）根据左视图形状及俯视图中间的粗实线，确定这是圆柱体被前、后两个侧垂面截切。由左视图和俯视图，采取拉伸法想象出圆柱体被侧垂面截切后的形状，如图 5-31（c）所示。

（3）圆柱体被与轴线倾斜的平面截切，其截交线是前、后各半条椭圆曲线。截交线的水平投影与圆柱面的水平投影重合,截交线的侧面投影与截平面的侧面投影重合。求作截交线的正面投影(截交线前后重合)时,需要先求作截交线上的若干个点的投影,如图 5-31(d)所示。

(4) 图 5-31(e)是完成的作图。

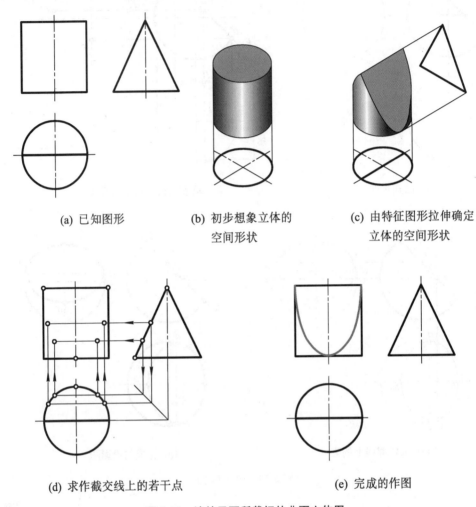

(a) 已知图形　　　　　(b) 初步想象立体的　　　　　(c) 由特征图形拉伸确定
　　　　　　　　　　　　　　空间形状　　　　　　　　　　　立体的空间形状

(d) 求作截交线上的若干点　　　　　　　　(e) 完成的作图

图 5-31　读被平面所截切的曲面立体图

学习引导

5-1　平面立体投影图为平面多边形,曲面立体投影图中至少一个有曲线。

5-2　在平面立体表面取点、取线的方法与在平面上取点、取线的方法相同,但要注意根据已知条件,分析所求点、线在棱面上的位置及其与边线的关系(相交或平行),最后判断其可见性。

5-3　求作曲面立体表面上的点和线,应根据曲面(圆柱面、圆锥面、圆球面)的不同,分别运用直素线法或纬线圆法作图。

5-4　求作截交线时应注意用原形联想,先分析形体未被截切前的形状及空间位置,分析截平面的组成及空间位置,对截交线的形状有大概了解。

5-5　单个截平面与平面立体相交,截交线为平面多边形。多个截平面与平面立体相交,其交线为多条截交线组合而成封闭的空间折线。当截平面或平面立体上参与相交的表面具有积聚性投影时,可从具有积聚性的投影开始作图。

5-6 熟悉和理解圆柱、圆锥、圆球被平面截切的各种情况,掌握求作截交线的方法与技巧。圆柱被平面截切,产生的截交线有三种;圆锥被平面截切,产生的截交线有五种;圆球被平面截切,截交线的投影取决于截平面相对于投影面的情况。

思 考 题

5-1 如何在投影图中表示平面立体? 怎样在投影图中判断和表明平面立体的内外轮廓线的可见性?

5-2 常见曲面立体有几种? 它们的投影图各有何特点?

5-3 试比较作平面上的点和作曲面上的点的方法有何异同。

5-4 截交线是怎样形成的? 平面立体的截交线用什么方法求得? 曲面立体的截交线用什么方法求得?

5-5 想象是在已有信息的基础上,经重新分解组合,创造出一个新的形象、模型或假说,试从圆柱或圆锥被不同位置的平面所截想象它们各自会出现哪几种不同类型的截交线,用什么方法求得其各面投影。

5-6 要改变定式思维状态需克服思维惰性,使思维纵横向联动——迁移思维。试用迁移思维法分析过圆球面上一点能作几个圆,其中过该点且与投影面平行的圆有几个。

5-7 在球面上有直线段吗?

5-8 平面与球面的交线是什么形状? 当截平面平行、垂直、倾斜于投影面时,截平面与球面的交线投影情况怎样?

5-9 怎样求作直线与平面立体的贯穿点? 怎样求作直线与曲面立体的贯穿点?

第6章 常用工程曲线与曲面

本 章 要 点

- **图学知识**

  工程曲线与曲面的概念、分类、图示特点和绘图方法。

- **思维能力**

  通过对常用工程曲线、曲面及其投影的比较、分析和综合,用移植思维法掌握它们的投影性质、读图和绘图方法。

- **教学提示**

  曲线的投影作图与其性质和特殊点的选择密切相关,曲面的投影作图与其性质、几何要素和轮廓线(曲面的界线及投影转向线)同样密切相关。

在工程和科学技术中,经常会遇到形态各异的工程物表面,如图 6-1 所示的悉尼歌剧院外景。这些工程物表面上的曲线、曲面称为工程曲线、曲面。本章主要讨论常用的工程曲线与曲面的形成、投影特点及图示方法。

图 6-1　悉尼歌剧院外景

6.1　曲 线 概 述

6.1.1　曲线的形成与分类

曲线可以看做是由下列三种方式形成的:

(1) 描绘动点作连续变向的轨迹,或描绘其轨迹上一系列连续点的集合,如图 6-2(a)所示;

(2) 曲面与曲面或曲面与平面相交的交线,如图 6-2(b)所示;

(3) 一条线(直线或曲线)运动过程中的包络线(直线族或曲线族的包络线),其中,线族的每一条线都与包络线相切,如图 6-2(c)、(d)所示。

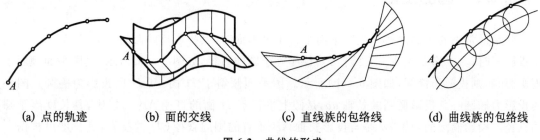

| (a) 点的轨迹 | (b) 面的交线 | (c) 直线族的包络线 | (d) 曲线族的包络线 |

图 6-2　曲线的形成

　　根据点的运动有无规律,曲线可以分为规则曲线和不规则曲线。一般,可用图或数学公式(代数式或非代数式)表示的曲线称为**规则曲线**,如抛物线。不能用数学公式表达,只能用图或数据列表的方式表示的曲线称为**不规则曲线**,如在地形图上表示不平的地面时,利用地面上高度相等的点连成的等高曲线。

　　曲线又可分为平面曲线和空间曲线。所有的点都位于同一平面内的曲线称为**平面曲线**,如圆、椭圆等;任意连续四个点不在同一平面内的曲线称为**空间曲线**,如圆柱螺旋线等。

6.1.2　曲线的投影

　　在画法几何中一般是根据曲线的投影来研究曲线的性质的。因为曲线可看做点的运动轨迹,所以画出曲线上一系列点的投影,并连成光滑曲线,就可以得到该曲线的投影。为了较准确地画出曲线的投影,一般应画出曲线上一些特殊点的投影,以便控制曲线的形状。

　　曲线的投影性质如下所述。

　　(1) 曲线的投影一般仍为曲线,如图 6-3(a)所示。在特殊情形下,在与其垂直的投影面上,平面曲线的投影为直线,如图 6-3(b)所示;在与其平行的投影面上,平面曲线的投影为其实形,如图 6-3(c)所示,即平面曲线与其投影存在着三种的对应关系。

　　(2) 曲线的切线在某投影面上的投影仍与曲线在该投影面上的投影相切,如图 6-3(a)所示。

　　(3) 二次曲线的投影一般仍为二次曲线。如椭圆、抛物线和双曲线投射后,它们的投影虽形状有所改变,仍分别为椭圆、抛物线和双曲线。在特殊情况下,它们的投影可变为圆或直线。

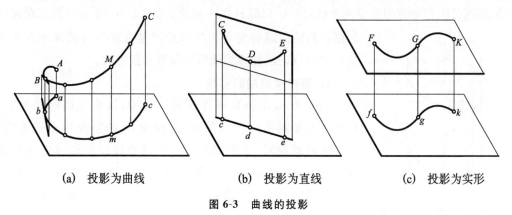

| (a) 投影为曲线 | (b) 投影为直线 | (c) 投影为实形 |

图 6-3　曲线的投影

6.1.3 圆的投影

圆是最常见的平面曲线。当圆平面平行于投影面时,其投影反映圆的实形;当圆平面垂直于投影面时,其投影积聚成一直线段,其长度等于圆的直径,如图 6-4(a)所示;当圆平面倾斜于投影面时,则投影为椭圆,如图 6-4(b)所示。圆平面倾斜于 H 面,其 H 面投影为椭圆。圆心的投影为椭圆心。投影椭圆的长轴 ab,是圆上平行于 H 面的直径 AB 的投影,其长度等于圆的直径。投影椭圆的短轴 cd 是与投影长轴 AB 垂直的圆周直径 CD 的投影,其长度可根据 c' d' 利用投影关系求出。求出椭圆的长短轴即可用四圆心法画出椭圆,也可采用变换投影面的方法画出椭圆,如图 6-4(b)所示。

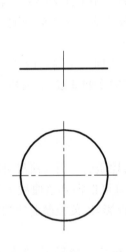

(a) 圆周平行于 H 面,垂直于 V 面　　　(b) 圆周垂直于 V 面,倾斜于 H 面

图 6-4　圆周的投影

6.1.4 圆柱螺旋线的投影

螺旋线是工程中常用的空间曲线之一。以圆柱面为导面(见 6.2 节)时形成圆柱螺旋线,以圆锥面或圆球等为导面时形成圆锥螺旋线或圆球螺旋线等。这里主要讨论圆柱螺旋线形成及其作图方法。

1. 圆柱螺旋线的形成

当动点 M 沿一直线等速向上移动,该直线同时绕与它平行的一根轴线等角速回转时,此动点 M 的复合运动轨迹即为一条**圆柱螺旋线**,简称**螺旋线**。该动直线旋转形成的圆柱面,称为导圆柱;点 M 回转一周,沿轴向移动的距离称为导程,记为 L。圆柱的半径为螺旋半径,记为 R;柱轴为螺旋线的轴线,如图 6-5 所示。螺旋线有左旋和右旋之分,符合右手定则的螺

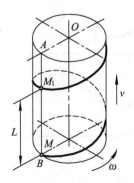

图 6-5　圆柱螺旋线的形成

旋线,称为右螺旋线,如图 6-5 所示。同样,符合左手定则的螺旋线,称为左螺旋线,如图 6-6(d)所示。工程中常用的是右螺旋线。显然,螺旋半径 R、导程 L、旋向是确定螺旋线的三个要素。

2. 螺旋线的投影分析

在图 6-6 中,因为已给的柱轴为铅垂线,所以,圆柱螺旋线的水平投影为圆周,它在圆柱面的积聚投影线上。圆柱螺旋线的正面投影为"虚实相间"的正弦型曲线,在前半导圆柱面上为可见螺旋线段,在后半柱面上为不可见螺旋线。它是按逆时针方向盘旋上升的,所以是右螺旋线。通常,根据螺旋线的水平投影(圆周)和正面投影(正弦曲线),便可作出其侧面投影(余弦曲线)。

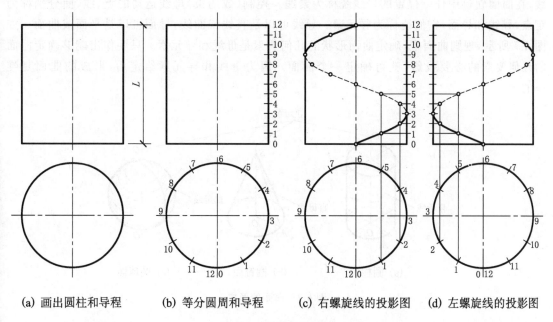

| (a) 画出圆柱和导程 | (b) 等分圆周和导程 | (c) 右螺旋线的投影图 | (d) 左螺旋线的投影图 |

图 6-6　螺旋线的画法

3. 圆柱螺旋线的作图步骤

当已知螺旋直径 D、导程 L 和旋向这**三个要素**后,便可作出螺旋线的投影。

(1)画出轴线垂直于 H 面、直径为 D、高度为导程 L 的圆柱两面投影。

(2)将导圆柱面沿径向和轴向分为相同的等份。如图 6-6 所示,将水平投影圆周分为 $n=12$ 等份,把导程 L 也分为 12 等份。等份越多,绘制的螺旋线越精确。

(3)起点和螺旋线相应等分点的投影。首先,根据旋向(右旋),对水平投影中的圆周各等分点编号;其次,将各等分点向上作垂直于 X 轴连线;再从导程各相应的等分点作平行于 X 轴的连线;然后,分别交于点 $1'$,$2'$,…,$12'$,即得螺旋线上各点的 V 面投影。

(4)用光滑曲线依次连接各点,即得螺旋线的 V 面投影。前半部可见,应画成实线;后半部分不可见,应画成虚线。依次平滑连接各点,即得圆柱螺旋线的正面投影——"虚实相间"的正弦型曲线,其水平投影重合于圆周上。

6.2 曲 面 概 述

6.2.1 曲面的概念与形成

与平面相区别，不是平面的"光滑面"统称为曲面。曲面可以看成描绘一条动线的连续轨迹。它也可以看成是一系列曲线的集合。其中，在一定的约束条件下，产生曲面的动线称为**母线**，在曲面轨迹中任一位置的母线统称为**素线**。控制（或约束）母线运动的点、线、面分别称为**定点**、**导线**和**导面**，它们统称为**导元素**。导线可以是直线或曲线，导面可以是平面或曲面。如图 6-7 所示，规则曲面中，确定曲面形状的几何要素是母线和导元素。只要作出能够确定曲面的几何要素的必要投影，就可确定一个曲面。因为母线和导元素给定后，形成的曲面是唯一的。

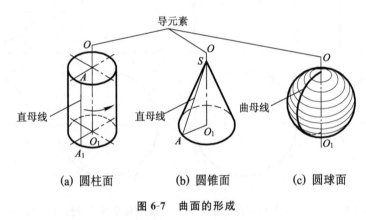

| (a) 圆柱面 | (b) 圆锥面 | (c) 圆球面 |

图 6-7　曲面的形成

6.2.2 曲面的分类

根据曲面和母线的性质、形成方法等的不同，曲面的分类如下：
（1）按母线的形状分类，曲面可分为**直线面**和**曲线面**两大类；
（2）按母线的运动方式分类，曲面可分为**移动面**和**回转面**；
（3）按母线在运动中是否变化分类，曲面可分为**定母线面**和**变母线面**；
（4）按曲面是否能无折皱地摊平在一个平面上来分类，曲面可分为**可展曲面**和**不可展曲面**；
（5）按母线运动是否有规律来分类，曲面可分为**规则曲面**和**不规则曲面**。
本章主要讨论规则曲面。

6.3 直 线 面

直线面分为可展直线面和不可展直线面两类。所谓"可展"，是指该曲面可被展平在一个平面上,而不发生任何折皱或破裂。从几何性质上看,直线面上相邻两素线如果是共面的相交或平行直线,则直线面称为**可展直线面**;如果是异面的交叉直线,则直线面称为**不可展直线面**,也称其为**扭面**。

6.3.1　可展直线面

6.3.1.1　柱面

由一条直母线 M 沿着一条曲导线移动,并始终平行于一条直导线 K 所得的曲面称为**柱面**,如图 6-8(a)所示。柱面是相邻两直素线共面的曲面,所以是可展曲面。画柱面的投影图时,必须画出曲导线 L、直导线 K 和一系列素线的投影。

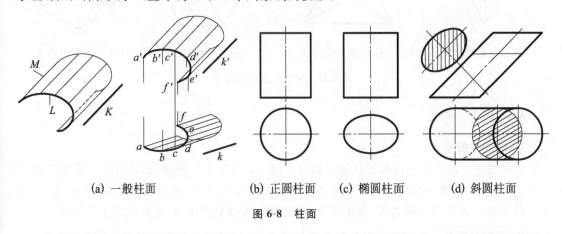

(a) 一般柱面　　　　(b) 正圆柱面　　(c) 椭圆柱面　　(d) 斜圆柱面

图 6-8　柱面

垂直于柱面素线的截面称为正截面,正截面的形状反映柱面的特征。当柱面的正截面为圆周时称为圆柱面(见图 6-8(b)),为椭圆时称为椭圆柱面(见图 6-8 (c)),图 6-8(d)所示曲面也是椭圆柱面(它的正截面是椭圆),但其上、下底面为圆周,而母线与底圆倾斜,所以通常称为斜圆柱面。图 6-9 所示为柱面建筑。

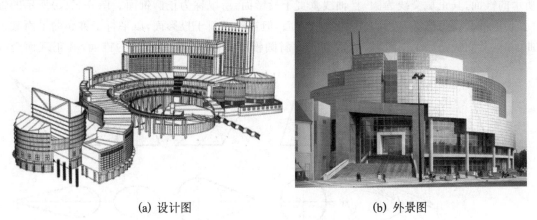

(a) 设计图　　　　　　　　　(b) 外景图

图 6-9　柱面建筑

在建筑上往往采用多个同一类型或不同类型的曲面组成各种不同形式的大跨度屋面。如图 6-10 所示的水平投影轮廓为三角形或六角形的封闭式或开敞式屋面,都各自由多个相同形状的圆柱面组成。

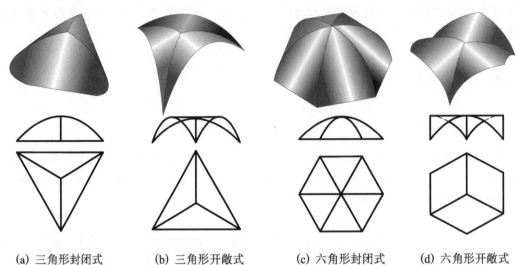

(a) 三角形封闭式　　　(b) 三角形开敞式　　　(c) 六角形封闭式　　　(d) 六角形开敞式

图 6-10　由柱面组成的屋顶

6.3.1.2　锥面

1. 形成与概念

直母线沿一曲导线连续移动且始终通过空间一定点 S（锥顶）而形成的曲面称为锥面,如图 6-11(a)所示。锥面的相邻两素线为过锥顶的相交直线,位于同一平面内,所以它是可展曲面。曲导线 L 可以是平面曲线,也可以是空间曲线;可以是封闭的,也可以是不封闭的。

2. 分析与画法

锥面的结构和投影分析与圆锥面的相似。对于基本体的简单锥面作图,一般只画出锥顶、导线和曲面的轮廓线的两面投影;对于复杂的锥面,才有必要画出其上的若干素线的投影。

各锥面是以垂直于轴线截面(正截面)与锥面的交线(正截交线)形状来命名。图 6-11(b)所示的锥面,其正截交线为圆,且轴线垂直于投影面,所以称为正圆锥面。图 6-11(c)所示的锥面,其正截交线为椭圆,因此是一个椭圆锥面,但轴线倾斜于投影面,以平行于锥底的平面截该曲面时,截交线是一个圆,所以通常称其为斜圆锥面。图 6-11(d)所示的锥面,其正截面交线

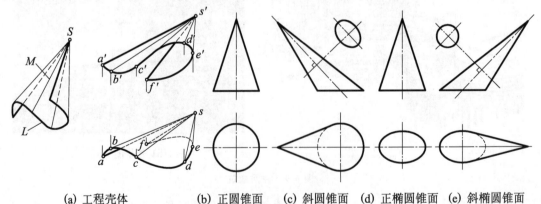

(a) 工程壳体　　　　(b) 正圆锥面　　(c) 斜圆锥面　　(d) 正椭圆锥面　(e) 斜椭圆锥面

图 6-11　锥面及工程壳体

为椭圆，且轴线垂直于投影面，所以称为正椭圆锥面。图 6-11(e)所示的锥面，其正截交线为圆，因此是一个圆锥面，但轴线倾斜于投影面，以平行于锥底的平面截该曲面时，截交线是一个椭圆，所以通常称其为斜椭圆锥面。

　　圆锥面在化工、石油和建筑等工程上应用广泛。不同轴线和直径的管道连接，常常应用到斜锥面，如图 6-12(a)所示。不少屋面建成圆锥形。图 6-12 (b)是一个由八个正圆锥面组成的屋面的示意图。它们有公共锥顶，每一锥面被一垂直于锥轴的平面所截，圆弧截口用以采光。

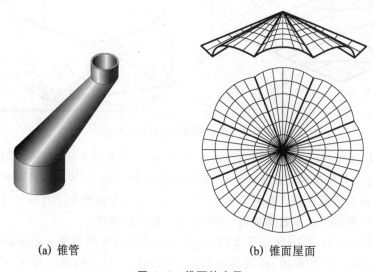

(a) 锥管　　　　　　　　　　　(b) 锥面屋面

图 6-12　锥面的应用

6.3.2　具有导平面的扭面

　　曲面上相邻两素线是交叉直线的曲面称为扭面，也称相邻两直素线异面的曲面，为不可展直线面。常见的不可展直线面有双曲抛物面、柱状面、锥状面和单叶回转双曲面(见 6.5 节)。其中，双曲抛物面、柱状面和锥状面统称为**具有导平面的扭面**，它们之间的区别在于导线性质的不同。双曲抛物面、柱状面和锥状面的导线分别为两条交叉直线、两条曲线和一条直线一条曲线。双曲抛物面、柱状面和锥状面也可分别称为扭平面、扭柱面和扭锥面。

6.3.2.1　双曲抛物面

1. 形成与概念

　　一直母线沿交叉两直导线移动，且始终平行于一个导平面而形成的曲面称为**双曲抛物面**。如图 6-13 所示的双曲抛物面，直母线是 AC，交叉直导线是 AB 和 CD，所有直素线都平行于铅垂面为 P 的导平面。由于它的导线、素线皆是直线，在设计和施工中都较为方便，所以以双曲抛物面在工程上应用广泛，如风车轮翼、马鞍形屋顶、岸坡过渡面等。

2. 结构与投影分析

　　双曲抛物面与平面相交时，特殊情况下所得交线是直线，一般情况下都是双曲线或抛物线。它由此得名。如图 6-13 所示，它与水平面 R、T 的交线为双曲线，与铅垂面的交线(与导平面不平行)是抛物线。在水平面 S 通过曲面中心 O 时，它们的交线就退化为相交两直线。

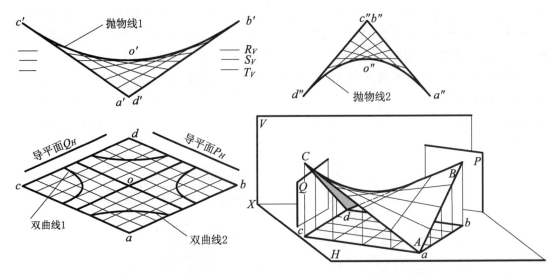

图 6-13   双曲抛物面的形成及投影

显然可见,以 CD 为母线,AD、BC 两直线为导线,铅垂面 Q 为导平面,可形成同样的双曲抛物面。在双曲抛物面上存在着两族直素线,不同族的素线皆相交,同族相邻的两素线皆为交叉两直线,所以它也是不可展曲面。与两个直素线族相对应,双曲抛物面上有两个导平面。若两个导平面相互垂直,则称为**正双曲抛物面**,否则称为**斜双曲抛物面**。

从图 6-14 中可以看出,曲面边界为四段直线,故又称其为**翘平面**或**扭平面**。双曲抛物面在 V 面的投影包括一组直素线、曲面界线和包络抛物线。抛物线是其可见与不可见的分界线。即抛物线之前曲面的正面皆可见(其法线与 Y 轴的夹角为锐角);抛物线之后的曲面正、反面,只有没被遮挡的部分才可见。H 面投影轮廓线是平行四边形,表示曲面界线的投影;曲面的正面皆可见,曲面的反面皆不可见。

图 6-14   双曲抛物面的屋顶

6.3.2.2   柱状面

1. 形成与概念

若将双曲抛物面的两条直导线都改为曲线,则形成**柱状面**(扭柱面)。它的母线是一直线段。约束条件是:导线是两条曲线段,导面为一平面;直母线 AB 沿着两条曲导线连续移动,且又始终平行于一个导平面 P,这样形成的曲面称为柱状面。如图 6-15 所示。

2. 投影分析

如图 6-15(a)所示,直母线 AA_1 沿着两条曲导线——半个正平椭圆 ABC 和半个正平圆

$A_1B_1C_1$ 移动,并且始终平行于导平面 P(图中为侧平面),即可形成一个柱状面。

可以看出,柱状面上相邻的素线都是交叉直线,这些素线又都平行于侧平面,都是侧平线,因此它们的水平投影和正面投影都相互平行,侧面投影不平行。

图 6-15(b)是这个柱状面的投影图,在图上除了画出两条导线的投影外,还画出了曲面的边界线、投影轮廓线及若干素线的投影(图中没有画出导平面的投影)。由以上的分析可以知道,柱面与柱状面不同,前者是可展曲面,后者则是扭面。

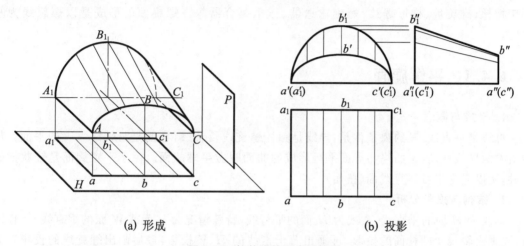

(a) 形成　　　　　　　　　　　　　　(b) 投影

图 6-15　柱状面的形成及投影

6.3.2.3　锥状面

若将双曲抛物面的两条直导线之一改为曲线,则形成**锥状面**。直母线一端沿着直导线移动,另一端沿着曲导线移动,而且又始终平行于一个导平面,这样直母线形成的曲面称为锥状面,如图 6-16 所示。锥状面的画法与柱状面的画法基本相同,这里不再重复。

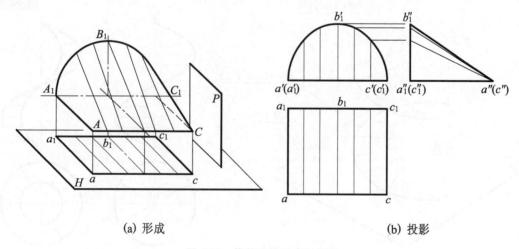

(a) 形成　　　　　　　　　　　　　　(b) 投影

图 6-16　锥状面的形成及投影

6.4　平螺旋面与螺旋楼梯

在一定的约束条件下,母线沿螺旋线移动,形成的曲面称为**螺旋面**。螺旋面的母线可以是直线,也可以是曲线。在建筑、机械和化工等工程中,螺旋面应用比较广泛,常见的如螺旋楼梯、螺旋坡、梯形螺纹、螺旋输送器、三爪离合器等。螺旋面的形成是以螺旋线为基础的。

6.4.1　平螺旋面

1. 形成与概念

母线是一直线,其约束条件是:导线是圆柱螺旋线及轴线,导面是与轴线垂直的平面。母线沿着两导线移动,又始终与导面平行形成的曲面叫做**平螺旋面**。由于平螺旋面是锥状面的一种,所以它为不可展直线面(扭面)。

2. 结构与投影分析

轴线为 H 面的垂直线,素线为 H 面的平行线(特殊情况为 V 面或 W 面的垂直线)。作图时,先画出轴线及圆柱面的投影,再画出若干素线的 H、V 投影,最后画出螺旋线的投影。为了作图方便,取素线为圆柱面的径向、轴向等分线,如图 6-17(b)所示。

假想平螺旋面被一同轴线圆柱面截切,得到空心平螺旋面的两投影图。由图 6-17(c)可知,空心平螺旋面的两条曲导线皆为圆柱螺旋线,连续运动的直母线始终垂直于圆柱轴线,所以空心平螺旋面是一种柱状面,又叫做平螺旋柱状面。它的母线是一直线,导线是两条直径不

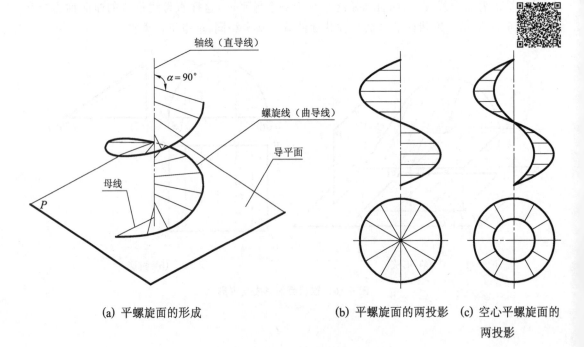

(a) 平螺旋面的形成　　　　(b) 平螺旋面的两投影　　(c) 空心平螺旋面的
　　　　　　　　　　　　　　　　　　　　　　　　　　　　　　两投影

图 6-17　平螺旋面的形成与投影

同但导程、旋向相同的共轴线的圆柱螺旋线,导面是与螺旋线的轴线垂直的平面。

由以上的分析可以知道,平螺旋面是不可展直线面。

3. 平螺旋面的画法

平螺旋面投影图的画法如下:

(1) 作出圆柱螺旋线及轴线的两面投影;

(2) 先将圆柱螺旋线的水平投影(圆周)分为 12 等份,得到各等分点的水平投影和平螺旋面上相应素线的 H 面投影,如图 6-17(b)所示;

(3) 求出各分点的 V 面投影,过螺旋线上各等分点分别作水平线与轴线相交,得到相应素线的 V 面投影。这些水平线均为平螺旋面的素线;

作空心圆柱螺旋面投影图时,也是先画出素线,再画螺旋线(导线)的投影,如图 6-17(c)所示。

6.4.2　螺旋楼梯

对于现代建筑来说,楼梯已是一种既具有交通功能,又可使建筑生辉的组成部分。螺旋楼梯具有节约空间、外形美观和表现力强的优点,它广泛用于特殊要求的建筑里,如图 6-18 所示。只要螺旋楼梯的设计合理,行走起来会特别稳定和舒适。

(a)室内螺旋楼梯　　　　　　　　　　　(b)室外螺旋楼梯

图 6-18　螺旋楼梯实例

例 6-1　已知梯板高度 L、踏步级数为 12 级、旋转角度为 360°、梯板竖直厚度 h、内外两个导圆柱面的直径分别为 d 和 D,绘制右旋螺旋楼梯的两面投影图。

分析　(1) 在螺旋梯的每一个踏步中,踏面为扇形,踢面为矩形,两端面是圆柱面,底面是空心平螺旋面(见图 6-19)。

(2) 将螺旋梯的各级踏步看成是,一个踏步沿着两条圆柱螺旋线(空心平螺旋面)脉动上升而形成;每级踏面与踢面的交线是顶部平螺旋面的素线。

(3) 画出另外的两条螺旋线,去掉被遮挡部分(不可见的多余线),即将顶部螺旋线向下降梯板竖直厚度 h 高度形成底面(梯板的竖直厚度可认为由底部与顶部平螺旋面间的竖直厚度);此外还需用重影点法,判断各个线段的可见性。

作图　(1) 画空心平螺旋面的两面投影。根据导圆柱直径 d 和 D 及导程 L,作出同轴两

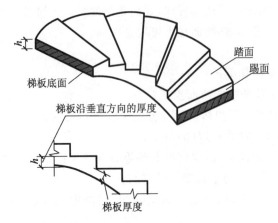

图 6-19　例 6-1 图 1（梯段分析）

导圆柱的两面投影后，再作出两条螺旋线的两面投影。此后，将内、外圆柱在 H 面上投影（分别积聚为两个圆）12 等分，得到 12 个扇形踏面的水平投影，就完成了螺旋梯的 H 面投影，如图 6-20(a)所示。

（2）画楼梯各踏步的 V 面投影。每一踏步各有一踢面和踏面，踢面为铅垂面，踏面为水平面。在 H 投影中扇形的每个线框，就是每个踏步的投影——踏面的实形和踢面的积聚投影。由此可作出各个踏步的 V 面投影。在 V 面投影图中根据踏步数及各级踢面的高度，先画出表示所有踏步高度的水平线（各个踢面为积聚投影）；再由 H 面投影，"长对正"画出各踏步踢面的 V 面投影，并把可见的踏步轮廓线加粗，如图 6-20(b)、(c)所示。

（3）画楼梯底板面的 V 面投影。底板面是与顶面相同的螺旋面，因此可从顶面各点向下取竖直厚度，即可作出底板面的两条螺旋线。分别在内、外导圆柱的 V 面投影上，由已经作出顶部空心平螺旋面正投影（也就是其内外螺旋线的正投影），从各踏步的两侧竖直向下截取楼梯板的竖直厚度，即可连得楼梯底面（空心平螺旋面的两条导螺旋线），如图 6-20(d)所示。

（4）完成全图。描深踏步及楼梯的外轮廓，用粗实线表示可见的线，不可见的线画为虚线

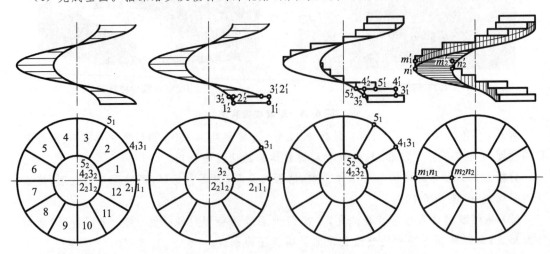

(a) 作出圆柱螺旋面以及　(b) 作出第一步级踢面和　(c) 作出第二步级踢面和踏面的　(d) 螺旋梯的
　　螺旋梯的 H 面投影　　　踏面的 V 面投影　　　　V 面投影，并完成其余各级　　两投影

图 6-20　例 6-1 图 2（螺旋楼梯的画法）

或擦去即完成作图。

6.5　单叶回转双曲面

　　两条交叉直线,以其中一条直线为母线,另一条直线为轴线(导线)做旋转运动,这样母线形成的曲面称为**单叶回转双曲面**。如果用包含轴线的平面截切单叶回转双曲面,其截交线为双曲线,因此这种曲面也可以由双曲线绕它的虚轴旋转而成。

　　如图 6-21 所示,AA_1 和 OO_1 为两条交叉直线,以 AA_1 为母线、OO_1 为轴线做回转运动,即可形成一个单叶回转双曲面。在回转过程中,母线上各点运动的轨迹都是纬圆(位于与轴线垂直的平面上),纬圆的大小取决于母线上的点到轴线的距离。母线的两端点 A 和 A_1 旋转形成顶圆和底圆。母线上距离轴线最近的点,旋转形成了曲面上最小的纬圆,称为颈圆;其半径为两交叉直线的公垂线长度。投影如图 6-21(b)所示,其 V 面投影的投影轮廓为双曲线,在 H 面投影上表示出颈圆和底圆的投影。

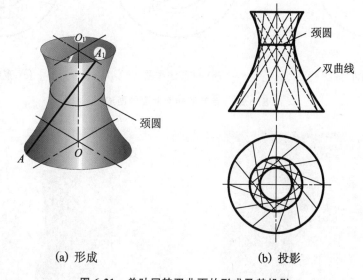

(a) 形成　　　　　　　　(b) 投影

图 6-21　单叶回转双曲面的形成及其投影

　　若已知母线 AA_1 和轴线 OO_1,即可作出曲面的投影,其作法如图 6-22(b)所示。由于 AA_1 上的每一点都绕轴线做圆周运动,这些纬圆的 V 面投影均为水平直线,因此与直母线 aa_1 相切的水平纬圆为最小的圆(即颈圆),是 AA_1 线上距轴线最近的点Ⅲ的运动轨迹,其 V 面投影为一段最小直径。找出直母线上一系列点的轨迹圆的 V 面投影,并将端点($1'$、$2'$、$3'$、$4'$)连接起来,即为单叶回转双曲面的 V 面投影,它是一条双曲线。这个曲面的投影还可用若干条素线的包络线求得,如图 6-22(c)所示。单叶回转双曲面的工程应用如图 6-23所示。

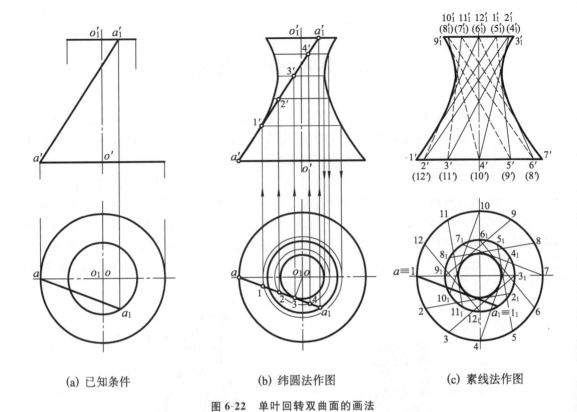

(a) 已知条件　　　　　　(b) 纬圆法作图　　　　　　(c) 素线法作图

图 6-22　单叶回转双曲面的画法

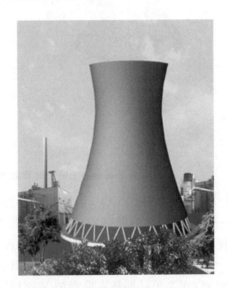

(a) 电视发射塔　　　　　　　　　　(b) 冷凝塔

图 6-23　单叶回转双曲面的工程应用

学 习 引 导

6-1　理解曲线的形成方式,清楚曲线的投影性质,掌握圆柱螺旋线投影作图的方法。

6-2　清楚曲面形成的条件,确定控制该曲面的几何元素;根据不同的曲面,在绘制其投影图时,要明确定出应该绘制的轴线、导线、导平面、母线、素线等。

6-3　螺旋面的形成是以螺旋线为基础的,其投影图形有所不同。

6-4　观察有螺旋面的建筑物,如螺旋立交桥、螺旋楼梯、楼梯扶手的弯头等。要了解它们的形成、掌握其投影图形的绘制。

思　考　题

6-1　试述曲线的分类及其投影的一般性质。

6-2　试述圆柱螺旋线的形成、几何性质和投影特性。对于直径不同的圆柱螺旋线,当它们的导程相等时,升角是否相等? 哪个大,哪个小?

6-3　圆柱螺旋线是如何形成的? 它的三个基本要素是什么? 试述圆柱螺旋线和平螺旋面的投影图作图方法。

6-4　试述螺旋面的种类、形成规律、绘制方法和投影特性。

6-5　试述曲面分类及其图示方法。形成曲面的几何要素是什么?

6-6　柱面和锥面是怎样形成的? 两者有何区别?

6-7　单叶回转双曲面、柱状面、锥状面、平圆柱螺旋面、双曲抛物面分别是如何形成的? 怎样画出它的投影? 举例说明圆柱螺旋面、单叶回转双曲面、双曲抛物面在工程实际中的应用。

6-8　曲面立体的投影轮廓线是怎样形成的? 它是曲面上什么线的投影? 曲面上的外视转向线为何通常只需画出其一个投影?

6-9　当一直线绕一轴线旋转时,可能产生哪几种曲面? 常见回转体的投影图各有何特点?

6-10　柱状面、锥状面及双曲抛物面之间是怎样形成的? 这三种曲面有何内在联系与不同点?

6-11　已知曲面上某一点的一个投影,如何作出它的另一投影? 试以锥状面为例说明之。

第7章 两立体相交

本章要点

- **图学知识**

  运用前面所学的知识，抓住立体上点、线、面的投影特性，应用投影规律研究相交立体的交线在投影面上的表达。

- **思维能力**

  注意观察各种常见的立体的相交实例，理解交线的形状和趋势，由常见立体的形状，设计和想象立体相交的情况；由相交立体的各面投影，想象出相交立体的空间形状，并根据投影规律在平面图中作出相交立体上交线的投影。

- **教学提示**

  把复杂的问题简单化，注意分解相交立体成单个立体，强调交线（交点）的共有性和作图方法。

工程中的物体常常会出现立体相交的情形（见图 7-1）。两相交的立体称为**相贯体**，它们表面的交线称为**相贯线**。立体分平面立体和曲面立体两大类，所以立体相贯可分为三种情况：①平面立体与平面立体相贯，②平面立体与曲面立体相贯，③曲面立体与曲面立体相贯。

(a) 坡顶屋(平面立体相贯)　　(b) 柱头(平面立体与曲面立体相贯)　　(c) 三通管(曲面立体相贯)

图 7-1　立体与立体相交

由于相贯体的组合与相对位置不同，相贯线也表现为不同的形状和数目。但任何两立体的相贯线都具有下列两个基本特性：

(1) 相贯线是由两相贯体表面上一系列共有点（或共有线）组成的；

(2) 由于立体具有一定的范围，所以相贯线一般都是闭合的。

学习本章时要注意采用类似联想、对比联想观察日常生活中可见的立体相交实例，运用想象法充分的想象各种立体相交的形状，用降维法把它们表达在平面图中，多做这样的训练，有助于学习者的创造性思维的发展。

【联想法思维原理与提示】

联想法是通过事物之间的关联、比较，扩展人脑的思维活动，从而获得更多创造摄像的思维方法。

联想的能力是与一个人想象力密切联系的，人们在知识和经验充分积累条件下，通过联想,能够克服两个概念在意义上的差距,而把它们连接,联想能力越强,越能把意义上差距很大的两个概念连接起来。

7.1　平面立体与平面立体相交

　　两立体相贯时,如果一个立体全部贯穿入另一个立体,产生两组相贯线,这种情形称为**全贯**(见图 7-2(a))。如果两立体互相贯穿,产生一组相贯线,这种情形称为**互贯**(见图 7-2(b))。

　　两平面立体相交,其相贯线在一般情况下是由若干条直线组成的封闭空间折线。每一段折线必定是两平面立体上相关的两个棱面的交线,每一个折点必定是一立体的棱线与另一立体棱面的交点。因此,求作平面立体相贯线的实质是求作线与面的交点,即求作参与相交的棱线与棱面的交点(相贯线上的折点),将各交点依次相连,即为所求相贯线。

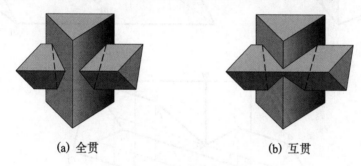

　　　　　(a) 全贯　　　　　　　　　　　　　　(b) 互贯

图 7-2　平面体相贯的两种情形

求作相贯线的一般步骤如下。

　　(1) 求出相贯线上的所有交点(折点)。

　　① 根据已知的投影图,弄清两立体在空间的相对位置;

　　② 判定两立体上哪些棱面、棱线参与了相交;

　　③ 求出所有参与相交的棱线与棱面的交点(即相贯线上的每一个折点)。

　　(2) 依次连接各个折点。

　　① 连点时应注意,每一段折线都是一立体上的一棱面与另一立体上一棱面的交线,只有两点都位于两个相交的棱面上时才能相连;

　　② 在投影图上,如果相交的两个棱面都可见,折线连成粗实线;两棱面中只要有一个不可见,折线连成细虚线。

　　例 7-1　如图 7-3(b)所示,求直立三棱柱与斜放三棱柱的相贯线。

　　分析　从图 7-3(a)中可知,两三棱柱互贯,相贯线为一组封闭的空间折线(猜想法、立体交合思维法)。

　　【立体交合思维法思维原理与提示】

　　立体交合思维法是平面扩散思维方法和线性集中思维方法的统一。平面扩散思维方法是把思维对象突破实际空间,在空间进行思考。线性集中思维方法,就是抓住思维对象中的一个个问题作穷根究底的纵深式思考,既弄清它的"来龙",又预测它的"去脉"。

　　人们在开展思维活动时,平面扩散思维方法和线性集中思维方法往往相互交错结合起作用。这两种思维方法的有机结合和统一就是立体交合思维方法。其基本特点是把思维对象当

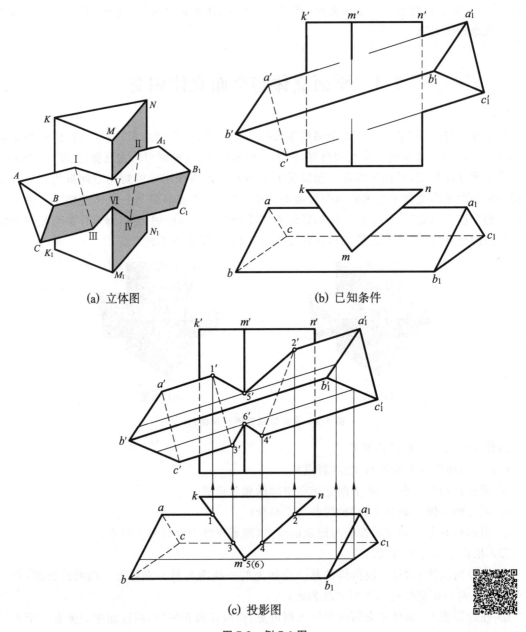

(a) 立体图   (b) 已知条件

(c) 投影图

图 7-3 例 7-1 图

作系统的整体，作纵横结合的思考，使思维对象处于纵横交错的交合点上，从而既把握对象的广泛联系，又把握对象的过去、现在和将来，既体现横向的开放性，又体现纵深的指向性。人们的思维能力和思维水平的高低，以及思维成果的大小，往往同平面扩散思维方法与线性集中思维方法结合的优化程度成正比。有的论述问题面面俱到，但缺乏深度；有的对某个问题的思考能一竿子插到底，比较深刻，但思路不开阔，灵活性差。这都是两种思维结合上有偏差造成的。这两种思维方法的优化结合，就构成一种优化的立体交合思维方法，它的思维成果必然是比较出色的。

　　斜放三棱柱的 A 棱线、C 棱线参与相贯，它们与直立三棱柱的侧棱面相交有四个交点（Ⅰ、Ⅱ、Ⅲ、Ⅳ）。直立三棱柱的 M 棱线参与相贯，它与斜放三棱柱的棱面相交有两个交点

（Ⅴ、Ⅵ）。由于直立三棱柱的三个侧棱面为铅垂面，其 H 面投影有积聚性，相贯线的 H 面投影已知。根据点的投影规律，可作出相贯线的 V 面投影。

作图　在 H 面投影上定出斜放三棱柱的棱线 aa_1、cc_1 与直立三棱柱左、右两侧棱面的交点 1、2 和 3、4，定出直立三棱柱棱线 m 与斜放三棱柱棱面的交点 5（6）。根据点的投影关系可求出交点的 V 面投影 $1'$、$2'$、$3'$、$4'$、$5'$、$6'$。分别连接 $1'$、$5'$，$5'$、$2'$，$2'$、$4'$，$4'$、$6'$，$6'$、$3'$，$3'$、$1'$，即为相贯线的 V 面投影（见图 7-3(c)）。应该注意，在 V 面投影上，$2'4'$ 和 $3'1'$ 为不可见，应该画成虚线。

注意　因为两立体相交后成为一整体，所以棱线 MM_1 在交点 Ⅴ、Ⅵ 之间应该没有线，在 V 面投影中 $5'$ 与 $6'$ 之间不能画线。

思考　图 7-2(a) 所示的两个全贯三棱柱，在投影图上的相贯线怎样作图？（可用迁移思维法、降维法、想象法、立体交合思维法等多种思维方法分析与思考。）

例 7-2　如图 7-4(a) 所示，求四棱柱与三棱锥的相贯线，并完成 W 面投影。

分析　从图 7-4(c) 中可知，四棱柱完全贯穿三棱锥，两立体全贯。因此，相贯线为两组封闭折线（**升维、猜想**）。前面一组是空间折线，是四棱柱与三棱锥棱面 SAB 及 SBC 相交所产生的。后面一组是平面折线，是四棱柱与三棱锥棱面 SAC 相交所产生的。由于四棱柱的上下棱面平行于 H 面，左右棱面平行于 W 面，所以相贯线的各段均为水平线或侧平线。相贯线的 V 面投影为已知。

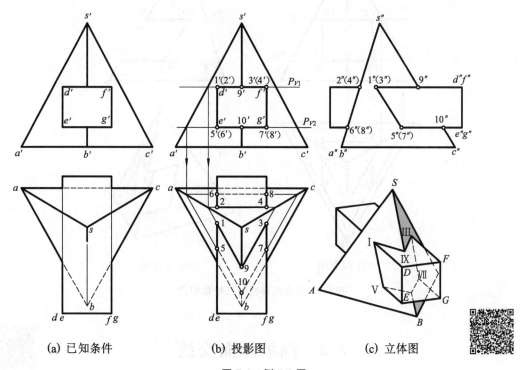

(a) 已知条件　　　　　　(b) 投影图　　　　　　(c) 立体图

图 7-4　例 7-2 图

作图　根据投影规律，先作出相贯体的 W 面投影。然后求四棱柱的两水平面 DF、EG 对三棱锥各棱面的交线。设想将四棱柱的两个水平棱面扩大为平面 P_1 和 P_2，则它们与三棱锥的交线为两个与棱锥底面相似的三角形。三角形的端点是三棱锥的三条棱线 SA、SB、SC 与面 P_1、P_2 的交点，如图 7-4(b) 中的 H 面投影所示。这两个三角形的 H 面投影在棱面 df 及

eg 范围内的线段 193、24 和 5107、68 即为所求棱面 DF、EG 与三棱锥各棱面的交线的 H 面投影。

四棱柱棱面 DE 与棱锥的交线 Ⅰ Ⅴ、Ⅱ Ⅵ 及棱面 FG 与棱锥的交线 Ⅲ Ⅶ、Ⅳ Ⅷ 的 V 面投影和 W 面投影可以根据积聚性投影直接定出。因为线段 Ⅰ Ⅴ（Ⅲ Ⅶ）与棱线 SB 平行，所以它们的侧面投影 $1''5''(3''7'')$ 与 $s''b''$ 应该相互平行。

在 H 面投影中，因棱锥的三个侧棱面及棱柱的上棱面都可见，所以它们的交线 193、24 都可见；但棱柱的下棱面不可见，因此交线 5107、68 也不可见。

注意 因为两立体相交后成为一整体，所以四棱柱的四条棱线在各自的两交点之间没有线，三棱锥的棱线 SB 在交点 Ⅸ、Ⅹ 之间没有线。在 H 面投影中，1、2 两点，3、4 两点及 9、10 两点之间不能画线，在 W 面投影中 $1''$、$2''$ 两点及 $5''$、$6''$ 两点之间不能画线。

图 7-5 是在三棱锥上挖切了四棱柱孔，在分析作图时，可将这个形体看成是空心的四棱柱与三棱锥相贯，作图方法与图 7-4 完全相同。但应注意，相贯线的 H 面投影全部为可见，要画成实线。还应注意，在 H 面和 W 面投影图上各有两条虚线分别表示四棱柱孔壁的投影。

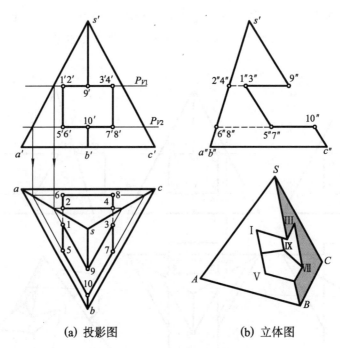

(a) 投影图   (b) 立体图

图 7-5 空心四棱柱与三棱锥相贯

7.2 同坡屋面交线

为了排水需要，屋面均有坡度，当坡度大于 10% 时称**坡屋面**或**坡屋顶**。坡屋面分单坡、两坡和四坡屋面，如果各坡面与地面（H 面）倾角都相等，则称为**同坡屋面**（见图 7-6）。同坡屋面的交线是两平面体相贯的工程实例，但因其自有的特点，其作图方法与前面所述有所不同。在同坡屋面上，两屋面的交线有以下三种：

（1）屋脊线　与檐口线平行的二坡屋面交线；

（2）斜脊线　凸墙角处檐口线相交的二坡屋面交线；

（3）天沟线　凹墙角处檐口线相交的二坡屋面交线。

同坡屋面交线的投影有以下特点，如图 7-7 所示。

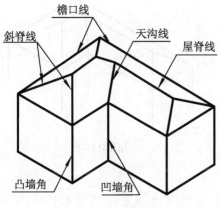

图 7-6　同坡屋面

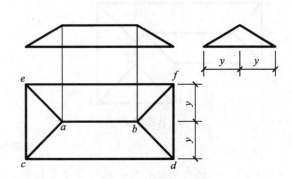

图 7-7　同坡屋面的投影特性

（1）两个屋檐平行的屋面，其交线为屋脊。屋脊的 H 面投影不仅与两屋檐的 H 面投影平行，而且与两檐口的距离相等。如 ab（屋脊线）平行于 cd 和 ef（屋檐线），且 $y=y$。

（2）两个屋檐相交的屋面，其交线为斜脊或天沟。斜脊或天沟的 H 面投影为两屋檐夹角的平分线。如 $\angle eca=\angle dca=45°$。

（3）在同坡屋面上，如果有两条屋面交线交于一点，则该点上必然有第三条屋面交线通过该点。这个点就是三个相邻屋面的共有点。如过点 a 有三条脊棱线 ab、ac、ae，即两条斜脊线 AC、AE 和一条屋脊线 AB 相交于点 A。

例 7-3　如图 7-8（a）所示，已知同坡屋面檐口线的 H 面投影，屋面对 H 面的倾角为 30°，求作屋面交线的 H 面投影和屋面的 V、W 面投影。

作图　根据上述同坡屋面交线的投影特点，作图步骤如下。

（1）作屋面交线的 H 面投影。

① 在屋面的 H 面投影上，作出各相交屋檐即各墙角（$\angle 1$、$\angle 2$、$\angle 3$、$\angle 4$、$\angle 5$、$\angle 6$）的角平分线，在凸墙角上作的是斜脊线 $a1$、$a6$、$d3$、$d4$、$c5$、cb，在凹墙角上作的是天沟线 $b2$。其中 cb 是将 23 延长至点 7，从点 7 作 45°分角线与天沟线 $b2$ 相交而截取的（见图 7-8 （b））。

② 作出各对平行屋檐的中线，即屋脊线 ab 和 cd（见图 7-8 （c））。

（2）作屋面的 V 面和 W 面投影。根据屋面倾角和投影规律，作出 V 面和 W 面投影（见图

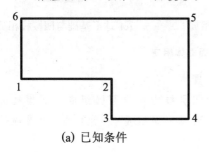

(a) 已知条件

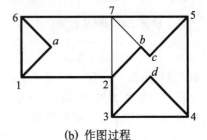

(b) 作图过程

图 7-8　例 7-3 图

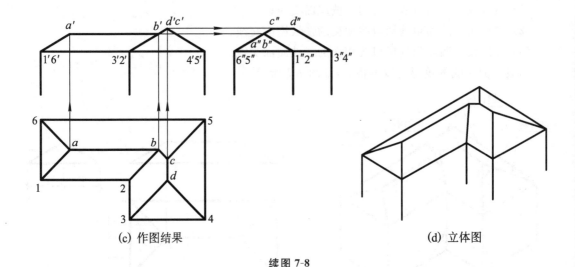

(c) 作图结果　　　　　　　　　　(d) 立体图

续图 7-8

7-8 (c))。一般先作出具有积聚性的屋面投影,如 V 面投影中,先作出左、右屋面的投影;W 面投影中,先作出前、后屋面的投影,再加上屋脊线的投影,即为所求屋面的 V 面和 W 面投影。

7.3　平面立体与曲面立体相交

　　在建筑设计中,平面立体与曲面立体相贯组成的形体常见,如图 7-9 所示。平面立体与曲面立体相贯,可以认为是平面立体上的若干个棱面与曲面立体的表面相交,其交线在一般情况下是由若干段平面曲线或平面曲线和直线所组成的空间封闭线框。每一段平面曲线(或直线段)是平面立体上一个棱面与曲面立体的截交线,相邻两段平面曲线的交点或相邻的曲线与直线的交点是平面立体的棱线与曲面立体的贯穿点。所以求作平面立体与曲面立体的相贯线,也就是求作平面与曲面立体的截交线和直线与曲面立体的贯穿点(迁移思维)。

(a) 棱锥基础与圆柱相贯　　　(b) 圆柱与梁板相贯　　　(c) 球形基础与四棱柱相贯

图 7-9　平面立体与曲面立体相交

　　例 7-4　如图 7-10(a)所示,求正四棱柱与半球的相贯线。

　　分析　四棱柱的四个侧棱面与半球相交,所形成的相贯线由四段圆弧组成。四棱柱的四个侧棱面均为铅垂面,H 面投影有积聚性,相贯线的 H 面投影与其重合,为已知;相贯线前后对称,在 V 面上的投影前后重影,为两段椭圆弧。

　　作图　如图 7-10(b)所示,因相贯线前后对称,所以可以只作前面部分相贯线的投影,作图步骤如下。

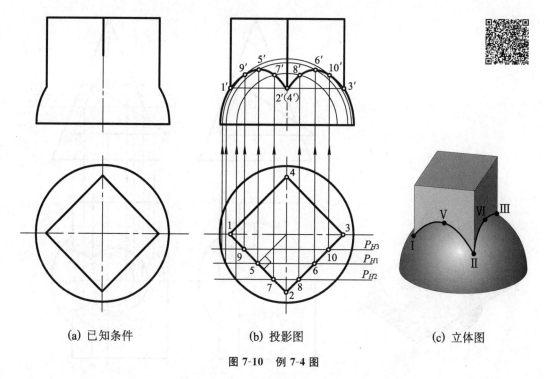

(a) 已知条件　　　　　　(b) 投影图　　　　　　(c) 立体图

图 7-10　例 7-4 图

（1）求特殊点。四段圆弧的连接点 Ⅰ、Ⅱ、Ⅲ、Ⅳ为相贯线上的最低点，用纬圆法可求出 V 面投影 $1'$、$2'$、$3'$、$4'$。在 H 面投影图中，自球心向 1 2、2 3 作垂线，垂足 5、6 即为相贯线上最高点的 H 面投影，采用正平面 P_1 作辅助平面与球面相交于一半圆，画出这个半圆弧的 V 面投影，即可在此圆弧上得 $5'$、$6'$。

（2）求一般点。采用正平面 P_2、P_3 作辅助平面，可求出 Ⅶ、Ⅷ、Ⅸ、Ⅹ 四点的 V 面投影 $7'$、$8'$、$9'$、$10'$。

（3）用光滑曲线依次连接 $1'$、$9'$、$5'$、$7'$、$2'$、$8'$、$6'$、$10'$、$3'$，即为相贯线的 V 面投影。

例 7-5　如图 7-11(b)所示，求三棱柱与圆锥的相贯线。

分析　三棱柱的 V 面投影有积聚性，相贯线的 V 面投影积聚其上，已知，只需求作 H 面投影。从 V 面投影可知，棱面 AB、AC、CB 与圆锥面的交线分别为椭圆、抛物线、水平圆。相贯线上的点 Ⅰ、Ⅱ、Ⅲ、Ⅲ 分别为棱线 A、棱线 B 与圆锥面的交点。

作图　如图 7-11(a)所示，采用辅助水平面和圆锥面上作点的方法来作图。

（1）求棱面 BC 与圆锥面的交线。以 $4'$ 到中心线的距离为半径，在 H 面投影上画圆弧 3 4 3（该圆弧不可见，画成虚线），即为所求。

（2）求相贯线上的特殊点。作辅助水平面 Q_1、Q_2，它们与圆锥面的交线是平行于 H 面的圆，作这两个圆的 H 面投影，点 Ⅱ、Ⅱ 和点 Ⅴ、Ⅴ 的 H 面投影 2、2 和 5、5 必定在这两个圆上。

（3）求相贯线上的一般点。作辅助水平面 Q_3，求得点 Ⅵ、Ⅵ 和点 Ⅶ、Ⅶ 的 H 面投影 6、6 和 7、7。

（4）用光滑曲线依次连接各点，并判断可见性。在 H 面投影中，棱面 AB、AC 可见，故其上的椭圆、抛物线可见，画成实线。

思考　本例相贯体及相贯线的 W 面投影怎样作图（迁移思维、发散思维）？

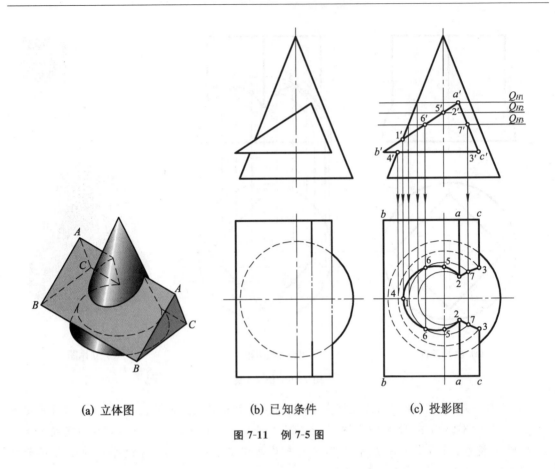

(a) 立体图　　　　　　　(b) 已知条件　　　　　　　(c) 投影图

图 7-11　例 7-5 图

7.4　曲面立体与曲面立体相交

相贯曲面造型的建筑物别具一格,曲面体组成的相贯体在工程设计中也是很常见的,如图 7-12 所示。两曲面立体相交,其相贯线一般为封闭的空间曲线,特殊情况下是平面曲线或直线。相贯线是两立体表面的共有线。求作曲面体相贯线的实质是求相贯线上的一系列共有点 (在本节内容的学习中,应注意充分使用迁移思维、发散思维、猜想、升维、降维等方法来理解和解决问题),然后依次光滑地连接,并区分其可见性。

(a) 拱顶屋　　　　　　　　　　　　(b) 三通管

图 7-12　曲面立体与曲面立体相贯

根据两曲面立体的表面形状、曲面立体与投影面的相对位置和曲面立体之间的相对位置,求相贯线上点的常用方法有表面定点法、辅助平面法、辅助球面法。

7.4.1　表面定点法

表面定点法的实质是利用曲面的积聚性投影作图。

相交两曲面中,如果有一个投影具有积聚性,则相贯线的这个投影必位于曲面积聚投影上而成为已知,这时,可利用积聚性投影,通过表面上作点的方法作出相贯线的其余投影。

例 7-6　如图 7-13 所示,已知直径不等的正交两圆柱的投影,求其相贯线的投影。

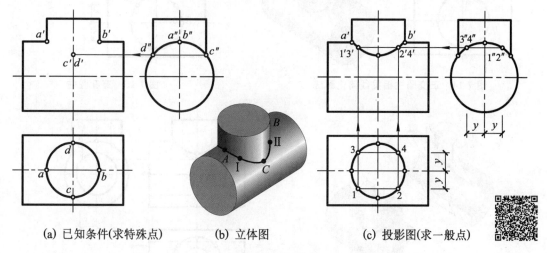

(a) 已知条件(求特殊点)　　　(b) 立体图　　　(c) 投影图(求一般点)

图 7-13　例 7-6 图

分析　小圆柱的轴线为铅垂线,小圆柱面的 H 面投影积聚为圆,相贯线的 H 面投影重合在此圆上。大圆柱的轴线为侧垂线,大圆柱面的 W 面投影积聚为圆,相贯线的 W 面投影重合在此圆的一段圆弧上。相贯线的 H 面投影和 W 面投影已知,因此,可采用表面定点的方法,求出相贯线的 V 面投影。

作图　(1) 求特殊点。特殊点是位于相贯线上的最左、最右、最前、最后、最高、最低及处于外形轮廓素线上的点。如图 7-13(a)定出 H 面投影点 a、b、c、d 及 W 面投影点 $a''(b'')$、c''、d'',根据投影规律求得最左、最右及最高点 a'、b',最前、最后及最下重合点 c'、d'。

(2) 求一般位置点。如图 7-13(c)所示,在 V 面投影上取中间点 1、2 和 3、4。由此求出其 W 面投影点 $1''$、$2''$ 和 $3''$、$4''$,以及 V 面投影点 $1'$、$2'$ 和 $3'$、$4'$。

(3) 用光滑的曲线连接点 a'、$1'$、c'、$2'$、b'(见图 7-13(c)),即为所求相贯线的 V 面投影。

两正交圆柱在工程中常见,如三通管。相贯线是在加工过程中自然形成的,若对相贯线形状的作图精确性要求不高,可简化作图,允许采用圆弧代替相贯线的投影。圆弧半径等于大圆柱半径,其圆心在小圆柱轴线上,具体作图过程如图 7-14 所示。

图 7-15 为在圆柱体上穿通了一个圆柱孔,圆柱体外表面与圆柱孔的内表面产生相交线,以外相贯线形式出现。相贯线的作法和形状与图 7-13 相同,也可采用图 7-14 所示的简化画法。作图时应注意用虚线表示圆柱孔的内轮廓素线。

图 7-16 为室内管道常用的三通管,两圆柱外表面相贯,相贯线可见,画成实线;空心的内表面是两圆柱孔相交,其形成的内相贯线和实心圆柱的相贯线是相对应的,但因相贯线在内表面,不可见,画成虚线。相贯线的投影可采用简化作图,也可用图 7-13 所示方法作图。

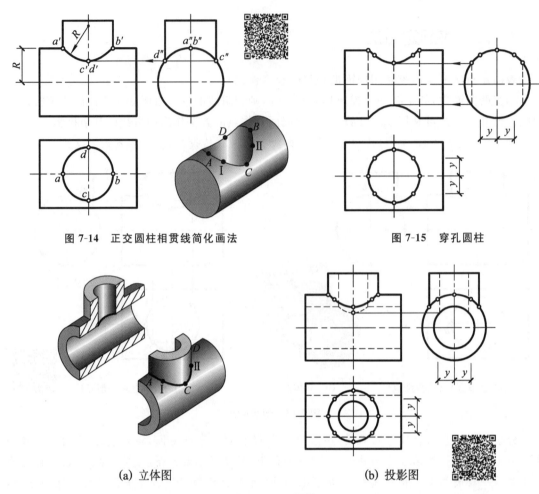

图 7-14　正交圆柱相贯线简化画法　　　　　　　图 7-15　穿孔圆柱

(a) 立体图　　　　　　　　　　　　　(b) 投影图

图 7-16　三通管

例 7-7　如图 7-17 所示,求作半圆球与圆柱孔的孔口相贯线,并补作 W 面投影。

分析　半圆球的球面与圆柱孔(即内圆柱面)所形成的孔口相贯线是一条闭合的空间曲线,半圆球的底面与圆柱孔口的相贯线是一个闭合的水平圆。因此,实际所要求的孔口相贯线主要是半圆球面与圆柱孔口的相贯线。圆柱面垂直于 H 投影面,其投影积聚为圆,孔口相贯线的 H 面投影与这个圆重影,已知。作图时把所求的这一孔口相贯线当作是球面上的线来考虑,这样用表面定点法便可作出该相贯线的 V 面和 W 面投影。根据形体结构前后对称性可以判定,所求孔口相贯线前后对称部分的 V 面投影重影,W 面投影为前后对称的图形。

作图　作图步骤如图 7-17(b)所示。

(1) 求特殊点。从 H 面投影可直接确定相贯线上的特殊点 A、B、C、D 的 H 面投影 a、b、c、d。由 a、c 作投影线与半球面的 V 面投影轮廓线相交得 a′、c′,在半球面上作过点 B、D 的正平圆辅助线则得到 b′、d′,根据投影规律,作出 a″、b″、c″、d″。

(2) 求一般位置点。在孔口相贯线 H 面投影的圆周上,确定出前后对称的四个点 Ⅰ、Ⅱ、Ⅲ、Ⅳ 的 H 面投影 1、2、3、4,并在半球面上作过点 Ⅰ、Ⅱ、Ⅲ、Ⅳ 的正平圆辅助线,由 1、2、3、4 作投影线得 1′、2′、3′、4′,根据投影规律作出点 1″、2″、3″、4″。

(3) 用光滑的曲线连接各点的同面投影。将点 a′、1′、b′、3′、c′ 光滑地连接起来,即为所求相贯线的 V 面投影;将点 a″、1″、b″、2″、c″、3″、d″、4″ 光滑地连接起来,即为所求相贯线的 W 面投影。

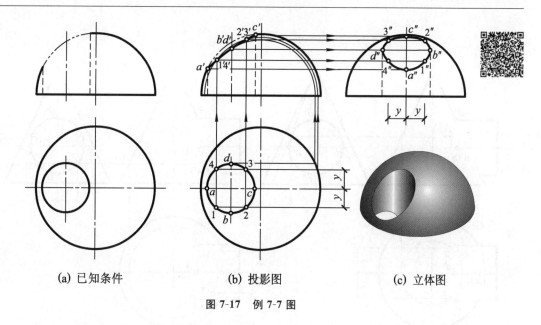

(a) 已知条件　　　　(b) 投影图　　　　(c) 立体图

图 7-17　例 7-7 图

7.4.2　辅助平面法

辅助平面法的实质是采用三面共点的方法作图。

为获得相贯体的表面共有点,假想用一个平面截切相贯体,则所得两组截交线的交点(三面共点),即为相贯线上的点。这个假想的截平面称为辅助平面。用辅助平面先求共有点后画相贯线的方法称为辅助平面法。按相交两立体的几何性质,选适当数量的辅助平面,就可得到一些共有点。通常选取投影面平行面作为辅助平面,且使所得的截交线投影是简单易画的圆或直线。

例 7-8　如图 7-18 所示,求圆柱与圆锥的相贯线。

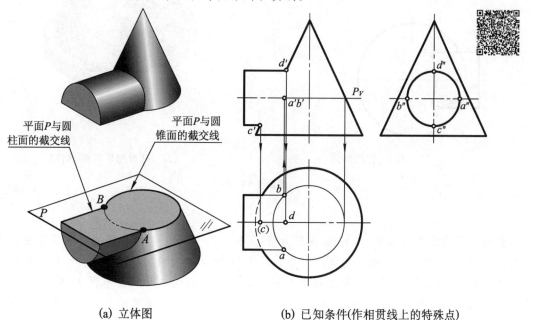

平面P与圆柱面的截交线
平面P与圆锥面的截交线

(a) 立体图　　　　(b) 已知条件(作相贯线上的特殊点)

图 7-18　例 7-8 图

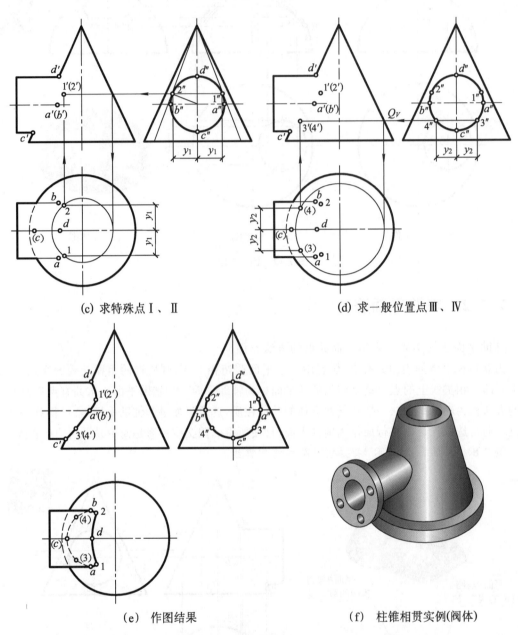

(c) 求特殊点Ⅰ、Ⅱ　　　　　　　　(d) 求一般位置点Ⅲ、Ⅳ

（e）作图结果　　　　　　　　　（f）柱锥相贯实例(阀体)

续图 7-18

　　分析　圆柱面为侧垂面,其 W 面投影为圆,相贯线的 W 面投影在此圆上。为了作出相贯线的另两面投影,选取水平面作为辅助平面。从图 7-18(a)可看出,水平辅助平面 P 与圆柱面交于两条直素线,与圆锥面交于和圆锥底面平行的圆。直素线与圆同在平面 P 内,它们的交点 A、B 为圆柱面、圆锥面和平面 P 的共有点(三面共点),所以是相贯线上的点。作若干水平辅助平面,可得到一系列的共有点,连点成光滑曲线即为所求的相贯线。

作图 (1) 求特殊点。如图 7-18(b)所示,从 W 面投影可直接确定相贯线上的特殊点 A、B、C、D 的 W 面投影 a''、b''、c''、d''。由 c'、d' 作投影线与圆柱面的 H 面投影轴线相交得 c、d;过圆柱轴线作水平辅助平面 P,平面 P 与圆柱面的交线(两条直素线)、与圆锥面的交线(水平圆)的 H 面投影的交点即为 A、B 两点的 H 面投影 a、b,作投影线与圆柱面的 V 面投影轴线相交得 a'、b'。

(2) 求极限点。点 Ⅰ、Ⅱ 是相贯线上的最右极限点,这两点的三面投影可采取表面定点的方法得到,作图过程如图 7-18(c)所示。

(3) 求一般位置点。采用水平辅助平面 Q,求得点 Ⅲ、Ⅳ 的三面投影,作图过程如图 7-18(c)所示。

(4) 用光滑的曲线连接各点的同面投影。因为该相贯体形状前后对称,所以相贯线的 V 面投影前后重影,将点 d'、$1'$、a'、$3'$、c'、$3'$ 光滑地连接起来,即为所求相贯线的 V 面投影。点 a 和点 b 是相贯线 H 面投影可见与不可见的分界点,因为从上往下看,只有圆柱面的上半部分与圆锥面的交线才是可见的,将点 a、1、d、2、b 光滑地连接成实线,将点 b、(4)、(c)、(3)、a 光滑地连接成虚线,即为所求相贯线的 H 面投影。

思考 如果在圆锥体上穿圆柱通孔,相贯线怎样作图?

例 7-9 如图 7-19 所示,求两斜交圆柱的相贯线。

分析 两圆柱的轴线相交且平行于 H 面,小圆柱的全部素线均与大圆柱相交,相贯线为一封闭的空间曲线。大圆柱面为侧垂面,其 W 面投影为圆,相贯线的 W 面投影在此圆上。为了作出相贯线的另两面投影,选取水平辅助平面作为辅助平面。

作图 (1) 求特殊点。如图 7-19(a)所示,首先求出最高、最低点 B、D。它们是斜向小圆柱的最高、最低两素线与大圆柱的交点,可利用大圆柱的 W 面投影的积聚性求得三面投影。由于两圆柱的轴线同处于一个水平面上,H 面投影中两轮廓素线的交点 a、c 即为相贯线的最左、最右点 A、C 的 H 面投影,作投影线求得 a'、c'。

(2) 求一般位置点。如图 7-19(b)所示,采用水平面 P_1 作为辅助平面。P_1 平面截圆柱面的截交线为四条直素线,它们的 H 面投影交点 1、3 即为相贯线上点 Ⅰ、Ⅲ 的 H 面投影。作投影线求得点 $1'$、$3'$。

同理,采用与平面 P_1 对称的辅助平面 P_2,可求得点 Ⅱ、Ⅳ。

(3) 用光滑的曲线连接各点的同面投影。因为该相贯体形状上下对称,所以相贯线的 H 面投影上下重影,将点 a、3、b、1、c 光滑地连接起来,即为所求相贯线的 H 面投影。点 b' 和点 d' 是相贯线 V 面投影可见与不可见的分界点,因为从前往后看,只有斜向小圆柱面的前半部分与大圆柱面的交线才是可见的,将点 b'、$1'$、c'、$2'$、d' 光滑地连接成实线,将点 b'、$(3')$、(a')、$(4')$、d' 光滑地连接成虚线,即为所求相贯线的 V 面投影。

注意 在求作一般位置点时,采用了换面法。因小圆柱端面的 W 面投影为椭圆,不能用于准确作图。为此,在 H 面投影中的小圆柱的端面附近,用换面法作出小圆柱在 V_1 面上的新投影,便于作图。

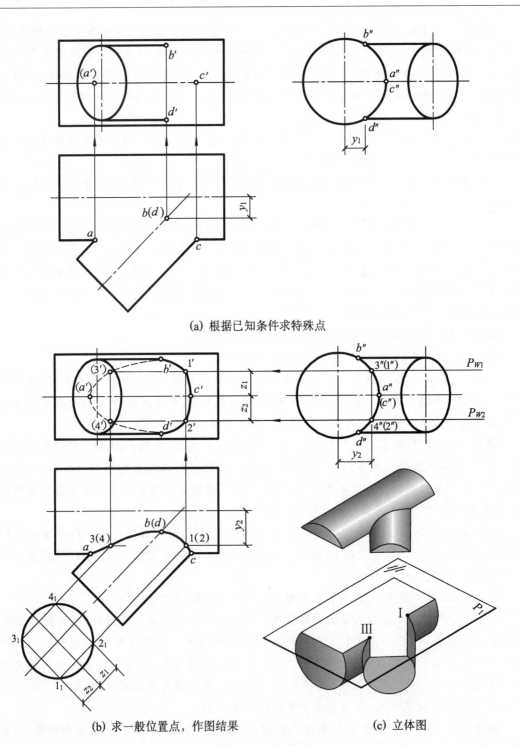

(a) 根据已知条件求特殊点

(b) 求一般位置点，作图结果　　　　　(c) 立体图

图 7-19　例 7-9 图

7.4.3　两曲面立体相贯的特殊情况

两曲面立体的相贯线一般是封闭的空间曲线,特殊情况下,相贯线是平面曲线或直线。

（1）两个回转曲面共有同一轴线时，它们的相贯线为垂直于轴线的圆。在图 7-20 中，由于轴线为铅垂线，每一段相贯线的 V 面投影积聚为一条直线。

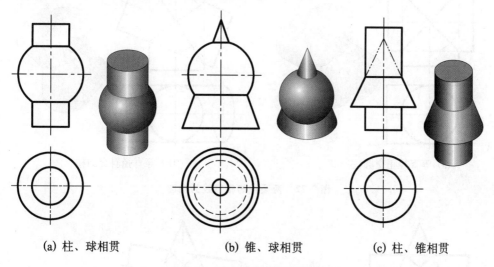

(a) 柱、球相贯　　　　　　(b) 锥、球相贯　　　　　　(c) 柱、锥相贯

图 7-20　同轴回转体的相贯线

思考　运用想象法和发散思维法想一想，如果在球体上穿圆柱孔或圆锥孔，相贯线的形状是怎样的？投影图与图 7-20(a)、(b) 有什么不同？

（2）两柱面轴线平行或两锥面共锥顶时，相贯线为两条直线，如图 7-21 所示。

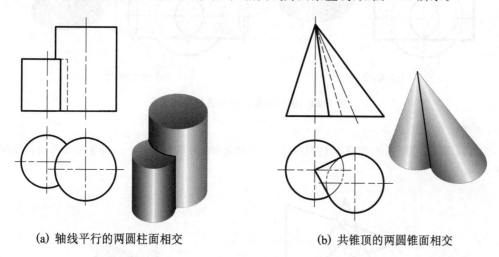

(a) 轴线平行的两圆柱面相交　　　　　　(b) 共锥顶的两圆锥面相交

图 7-21　相贯线为直线

（3）两个回转曲面相贯，只要它们同时外切于一圆球面，它们的相贯线为两相交的平曲线。

图 7-22 为等直径、轴线相交的圆柱相贯，它们外切于同一个球面，相贯线为两个椭圆。当轴线正交时，相贯线为两个大小相等的椭圆（见图 7-22(a)）；当轴线斜交时，相贯线为两个长轴不等，但短轴相等的椭圆（见图 7-22(b)）。

思考　运用想象法和发散思维法想一想，如果是内表面的等直径圆柱孔正交、斜交，相贯线的形状是怎样的？投影图与图 7-22(a)、(b) 有什么不同？

图 7-23 所示为圆柱与圆锥相贯的特殊情形。当圆柱与圆锥同时外切于一球面时，相贯线

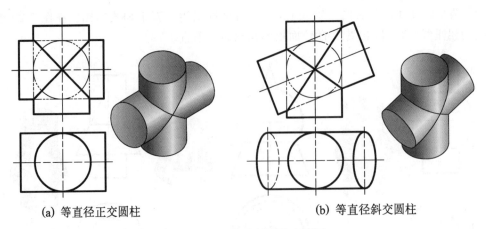

(a) 等直径正交圆柱　　　　　　　　　　　(b) 等直径斜交圆柱

图 7-22　两圆柱的相贯线为椭圆

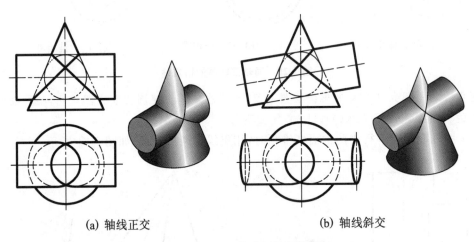

(a) 轴线正交　　　　　　　　　　　　　　(b) 轴线斜交

图 7-23　圆柱与圆锥的相贯线为椭圆

为两个椭圆。

　　图 7-24 所示为两圆锥相贯的特殊情形。当两圆锥面同时外切于一球面时,相贯线为两个椭圆。

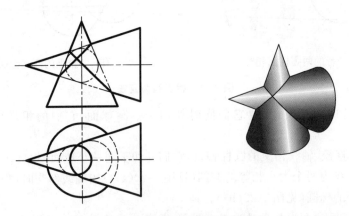

图 7-24　两圆锥面的相贯线为椭圆

　　这种有公共内切球的两圆柱、圆柱与圆锥、两圆锥等的相贯体,还常用于管道的连接,图

7-25所示的就是曲面立体相贯的特殊情形的工程实例。对于这类形体,通常只画出它在轴线所平行的一个投影面上的投影即可。

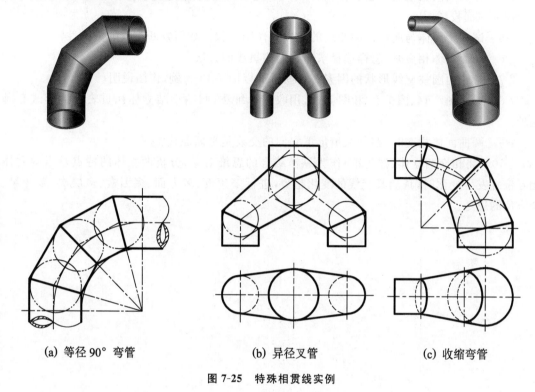

(a) 等径90°弯管　　　　　　　(b) 异径叉管　　　　　　　(c) 收缩弯管

图 7-25　特殊相贯线实例

学 习 引 导

7-1　分析相贯体的构成方式、形状及空间位置,了解相贯体的投影特性,掌握其作图方法和步骤。

7-2　平面立体相贯,可用线面相交求交点、面面相交求交线的方法求作其相贯线。

7-3　求作同坡屋面交线时,应注意按作图顺序来完成作图。

7-4　平面立体与曲面立体相贯,可按求作截交线的方法来完成作图。

7-5　曲面立体相贯,可用表面定点或辅助平面求作相贯线,应注意选择辅助平面的要求。

7-6　注意立体相贯的三种形式,建立空体相贯与实体相贯的对应关系。理解特殊相贯线及其投影的作图方法。

7-7　两形体相贯,若其中一个有积聚性投影,应充分利用积聚性投影求作相贯线完成作图。

思 考 题

7-1　什么样的立体叫相贯体? 相贯体表面的交线叫什么线? 怎样区分立体全贯、互贯?

7-2　用什么方法求作平面立体的相贯线? 怎样判断相贯线各段的可见性?

7-3　对照图 7-2,用迁移思维法、降维法、想象法、立体交合思维法等多种思维方法想一想:把横放的三棱柱换成三棱锥后,其相贯线形状怎样? 又怎样作图?

7-4　什么叫同坡屋面? 它有什么特点? 根据屋檐的水平投影及屋面的坡度怎样作出同坡屋面的三面投影图?

7-5　试述平面体与曲面体的交线的性质和作图步骤。如何判断交线的可见性?

7-6　曲面立体相交时,怎样选择求作它们相贯线的方法?

7-7　影响两圆柱交线形状的因素有哪些? 试以图 7-13 为例,作图说明。

7-8　对照图 7-14、图 7-15 和图 7-16,用收敛思维法,归纳小结立体相贯表现的形式有哪几种?

7-9　两曲面体相交时,在什么情形下它们的交线是平面曲线?

7-10　将相交两立体(柱与锥)作为纵横结合的思维对象,分析两立体的特点及当两立体相互位置发生变化时,预测其交线的变化趋势,进行多角度、多方面、多因素、多层次、多变量、全方位的思考。

第 8 章　轴 测 投 影

本 章 要 点

- **图学知识**
  研究绘制直观性较好、富有立体感的平行投影。

- **思维能力**
  (1) 由平行投影的特性,将形体的投影图转化为富有立体感的投影,帮助实现平面到空间的思维过程。
  (2) 逐步形成投影图与立体图之间转化的良好的思维方式。

- **教学提示**
  注意利用投影特性作图的引导。

8.1　轴测投影的基本知识

图 8-1(a)是形体的三面正投影,它既能完整地反映形体的真实形状,又便于标注尺寸,所以,在工程上被广泛采用。但这种图缺乏立体感,必须具有一定的投影知识才能看懂。轴测图能在一个投影面上同时反映出形体的长、宽、高三个尺度,立体感较强,如图 8-1(b)所示。但对有些形体的形状表达不完全,度量性较差,也不便于标注尺寸,手工绘制较麻烦。因此轴测图在工程图中仅用作辅助图样。

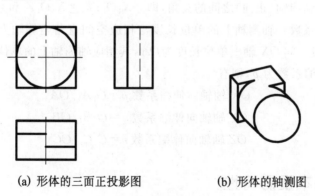

(a) 形体的三面正投影图　　　　(b) 形体的轴测图

图 8-1　轴测投影的作用

8.1.1　轴测投影的形成

在物体上固结直角坐标体系,将物体连同其直角坐标体系,沿不平行任一坐标面的方向,用平行投影法投射在单一投影面上即得到轴测图。

（1）改变物体相对投影面的位置，如图 8-2（a）所示，将正方体放置成对投影面成倾斜位置，但投射线仍保持垂直于投影面的方向，这时所得到的正投影就能反映出正方体三个方向的表面，反映出立体的空间形象。

（2）改变投射线对投影面的方向，如图 8-2（b）所示，仍使正方体的正面平行于投影面，而使投影线与投影面斜交，则这时所得到的斜投影除了反映立体的正面实形外，还能反映出另外两个方向的表面，具有立体感。

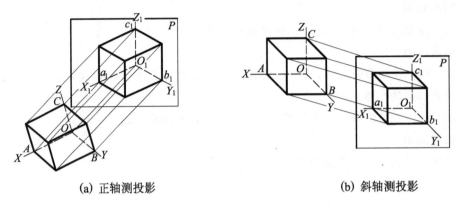

（a）正轴测投影　　　　　　　　　　　（b）斜轴测投影

图 8-2　轴测投影的形成

8.1.2　术语

（1）轴测投影面　得到轴测投影的平面，用字母 P 表示。

（2）轴测投影轴　直角坐标系的坐标轴 OX、OY、OZ 在轴测投影面 P 上的投影，简称轴测轴，用 O_1X_1、O_1Y_1 和 O_1Z_1 表示。

（3）轴间角　轴测轴（正向）之间的夹角，即 $\angle X_1O_1Y_1$、$\angle X_1O_1Z_1$ 和 $\angle Y_1O_1Z_1$。

（4）轴向伸缩系数　轴测轴上的单位长度与相应空间直角坐标轴上的单位长度的比值。显然，在图 8-2 中设空间 OX 轴上单位长度为 OA，其相应轴测轴上的单位长度则为 O_1a_1，如设 OX 轴向的轴向伸缩系数为 p，则有

$$OX \text{ 轴轴向伸缩系数 } p = O_1A_1/OA$$

同理
$$OY \text{ 轴轴向伸缩系数 } q = O_1B_1/OB$$

$$OZ \text{ 轴轴向伸缩系数 } r = O_1C_1/OC$$

8.1.3　基本投影特性

由于轴测投影是用平行投影法形成的，所以具有平行投影的全部特性。

（1）平行性　相互平行的两条直线的轴测投影仍相互平行。

在图 8-3 中，设两直线 $AB /\!/ CD$，因投射线 $AA_1 /\!/ BB_1 /\!/ CC_1 /\!/ DD_1$，即投射平面 $ABB_1A_1 /\!/ CDD_1C_1$，于是两投射平面与投影面的交线，即它们的投影为 $A_1B_1 /\!/ C_1D_1$。

（2）同比性　相互平行的两条直线的轴测投影的伸缩系数相等。

在图 8-3 中，$AB /\!/ CD$，则 $A_1B_1/C_1D_1 = AB/CD$，$A_1B_1/AB = C_1D_1/CD$，即平行两直线，其

中一直线的投影长度与实长之比等于另一直线投影长度
与实长之比,其比值为伸缩系数。

　　由以上特性可知,在轴测投影中,与坐标轴平行的直
线的轴测投影必平行于轴测轴,其轴测投影长度等于该直
线实长与相应轴向伸缩系数的乘积;若轴向伸缩系数已
知,就可以计算出该直线的轴测投影长度,并根据此长度
直接量测,作出其轴测投影。"沿轴测轴方向可直接量测
作图"就是"轴测图"的含义。

　　注意　与坐标轴不平行的直线具有与之不同的伸缩
系数,不能直接量测与绘制,只能按"轴测"原则,根据端点
坐标作出两端点后连线绘出。

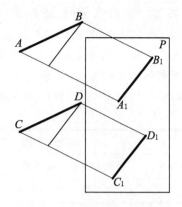

图 8-3　平行两直线的平行投影

8.2　轴测投影的分类

8.2.1　轴测投影的分类

根据投射线与投影面是否垂直,轴测投影可分为:

(1) 正轴测投影　投射线垂直于投影面;

(2) 斜轴测投影　投射线倾斜于投影面。

根据轴向伸缩系数间关系的不同,两类轴测投影又可分为:

(1) 当 $p=q=r$ 时,称为正等测或斜等测;

(2) 当 $p=q\neq r$ 或 $p=r\neq q$ 或 $r=q\neq p$ 时,称为正二测或斜二测;

(3) 当 $p\neq q\neq r$ 时,称为正三测或斜三测。

8.2.2　常用的几种轴测投影

表 8-1 列出了工程上常用的几种轴测投影名称及其轴测轴方向和伸缩系数。其中每种轴
测投影中的轴测轴方向和伸缩系数,均可由证明得出,本书从略。现将表中内容说明如下。

1. 轴测轴方向

各轴测轴方向,除 O_1Z_1 在图纸上一般呈竖直方向外,其余两轴由轴间角确定。为便于作
图,还表示了一些轴与水平方向间夹角。如正二测中,O_1X_1、O_1Y_1 与水平方向的夹角分别为
$7°10'$ 及 $41°25'$,可取比值 $1:8$ 及 $7:8$ 来确定。又如正面斜二测中,除了 O_1X_1 应垂直于 O_1Z_1
外,O_1Y_1 的方向将随投射线方向的变化而变化,可为任意方向,通常可使 O_1Y_1 与水平方向呈
$30°$、$45°$或 $60°$,以便用三角板作图。同样,水平斜等测中,除了 O_1X_1 应垂直于 O_1Y_1 外,至于
O_1X_1 或 O_1Y_1 与水平方向间夹角,可为 $30°$、$45°$、$60°$。

2. 伸缩系数

伸缩系数均注于有关的轴测轴上。正轴测投影中括号内数字,称为简化伸缩系数,简称简

化系数。它们实际上是各伸缩系数之间的比值。如正等测投影中，$p : q : r = 0.82 : 0.82 : 0.82 = 1 : 1 : 1$；正二测投影中，$p : q : r = 0.94 : 0.47 : 0.94 = 1 : 0.5 : 1$。这是由于画正轴测投影时用伸缩系数计算尺寸较为麻烦，使用简化系数就方便多了。使用简化系数所画出的图形，只是比用伸缩系数所画出的图形大。如正等测投影的轴向放大倍数为 $1/0.82 = 1.22$ 倍，正二测投影的轴向放大倍数为 $1/0.94 = 0.5/0.47 = 1.06$ 倍。

表 8-1　常用的几种轴测投影

	正 轴 测 图		斜 轴 测 图	
性质	投影方向垂直投影面，$p^2 + q^2 + r^2 = 2$		投影方向倾斜于投影面	
类型	正等测	正二测	正面斜二测	水平斜等测
轴间角和轴向伸缩系数	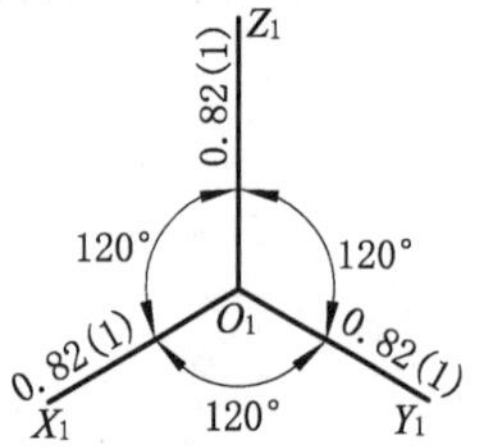	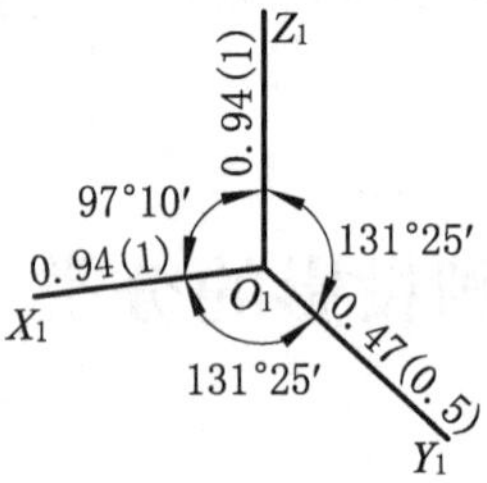	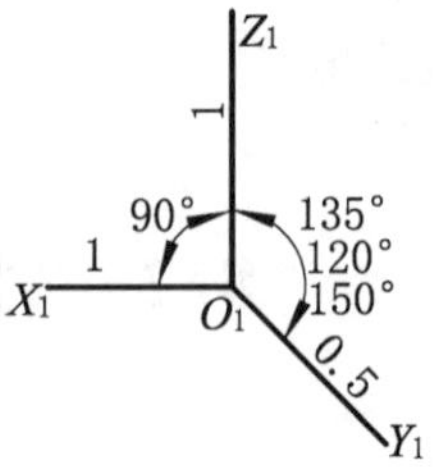	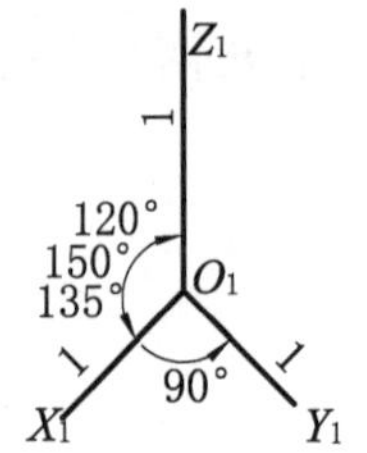
轴测轴的定法	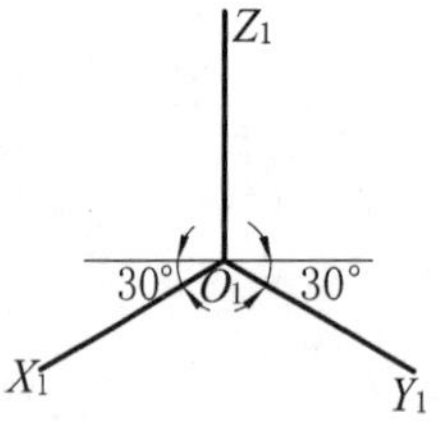	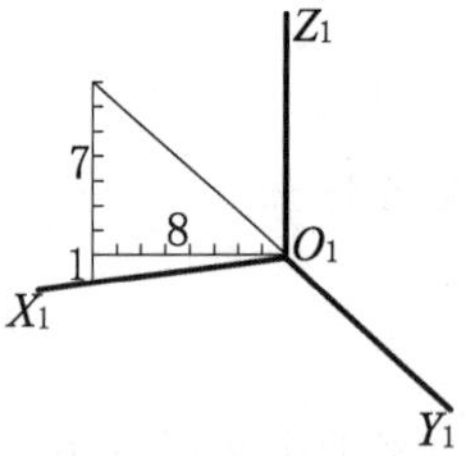	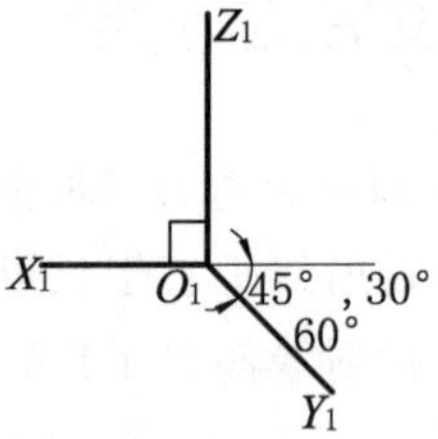	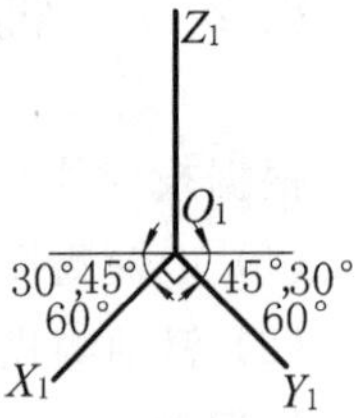
例：正方体	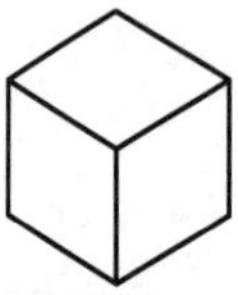	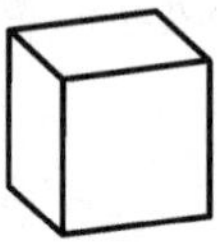	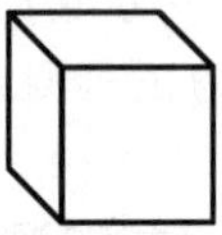	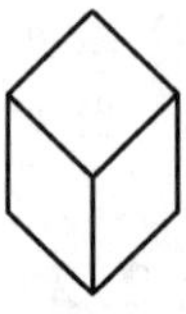
备注	用简化系数绘图图形放大 $1/0.82 = 1.22$ 倍	用简化系数绘图图形放大 $1/0.94 = 1.06$ 倍		

注意　O_1Z_1 轴约定为竖直方向。

8.3　轴测图的画法

在作形体的轴测投影之前，首先要弄清形体的形状并分析其特点，然后根据需要选择最佳观看角度，运用前面所学过的基本知识，画出形体的轴测投影。注意：在轴测投影中一般不画出虚线。

8.3.1 绘制轴测投影的基本方法

1. 坐标法

对形体引入坐标系,这样就确定了形体上各点相对于坐标系的坐标值,由此可以画出各点的轴测投影,从而得到整个形体的图形。

例 8-1 作六棱柱的正等测图(见图 8-4)。

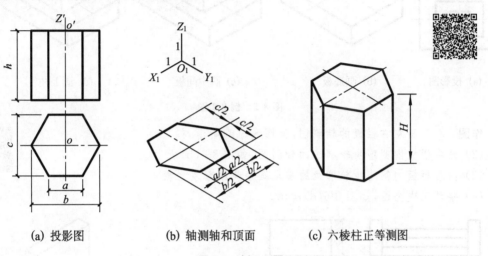

(a) 投影图   (b) 轴测轴和顶面   (c) 六棱柱正等测图

图 8-4 例 8-1 图

分析 为了少画看不见的线或多余的线,作图时应尽量先从可见的面开始作图。

作图 (1) 先在正投影图上定出原点和坐标轴的位置(见图 8-4(a))。

(2) 画出坐标轴的轴测投影 X_1、Y_1、Z_1。

(3) 取顶面上各点的坐标并作出它们的轴测图(见图 8-4(b))。

(4) 过顶面上的顶点作平行于 Z_1 的六条棱线,量取柱高 h,得底面上的六个顶点。

(5) 连接下端点,擦去不可见的棱线,完成立体的轴测图。

2. 叠加法

画组合体的轴测投影时,可将其分为几个部分,然后分别画出各个部分的轴测投影,从而得到整个物体的轴测投影。画图时应特别注意各部分相对位置的确定。

例 8-2 作组合体的正等测图(见图 8-5)。

分析 用形体分析法分解形体为三部分。

作图 (1) 先画底部底板的轴测图,如图 8-5(b)所示。

(2) 在底板上方的正中画中间板,如图 8-5(c)所示。

(3) 在中间板上方的正中画上柱,如图 8-5(d)所示。

(4) 加粗可见轮廓线,完成全图。

3. 端面法

首先画出某一端面的轴测图,再沿某方向将此端面平移一段距离,从而得到形体的轴测图。

例 8-3 作台阶的正等测图(见图 8-6)。

分析 台阶由左右栏板和三个踏步组成。

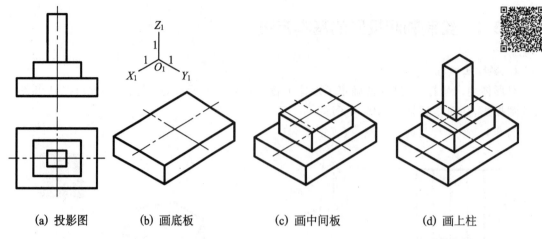

(a) 投影图　　　(b) 画底板　　　(c) 画中间板　　　(d) 画上柱

图 8-5　例 8-2 图

作图　（1）画左右栏板的轴测图，如图 8-6(a)所示。

（2）画右栏板内侧踏步轮廓线的轴测图，如图 8-6(b)所示。

（3）由右栏板内侧踏步轮廓线的端点画踏步线至左栏板。

（4）整理完成全图，如图 8-6(d)所示。

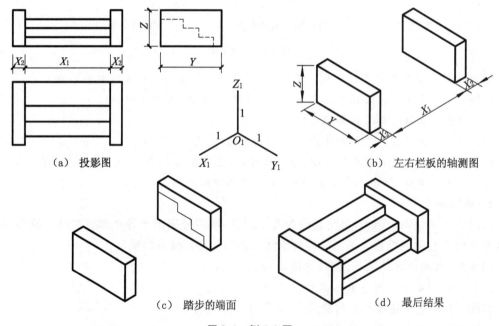

（a）投影图　　　　　　　　　　　　（b）左右栏板的轴测图

（c）踏步的端面　　　　　　（d）最后结果

图 8-6　例 8-3 图

4. 切割法

对于能从基本体切割得到的物体，可以先画出基本体的轴测投影，然后在轴测投影中把应去掉的部分切去，从而得到所需的轴测投影。

例 8-4　完成组合体的正等测图，如图 8-7 所示。

分析　组合体由一个长方体被切割和开槽后形成。

作图　（1）先画出完整的长方体的轴测图。

（2）根据截平面的位置,分别切割长方体的轴测图,并画出截交线,如图 8-7(c)、(d)、(e)所示。

（3）整理可见的轮廓线和截交线,并完成全图,如图 8-7(f)所示。

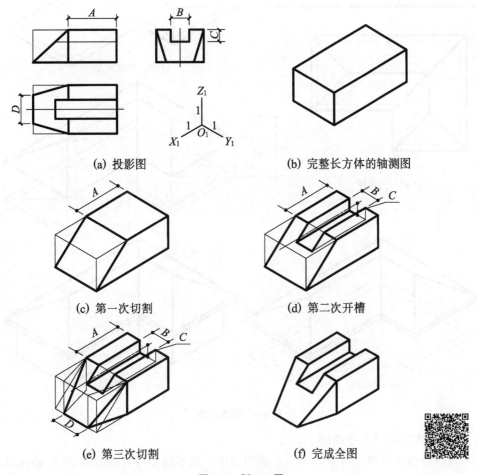

(a) 投影图   (b) 完整长方体的轴测图

(c) 第一次切割   (d) 第二次开槽

(e) 第三次切割   (f) 完成全图

图 8-7 例 8-4 图

5. 次投影法

先画出水平投影的轴测图,然后根据各个角点的高度画出其轴测投影点,最后连接可见轮廓线即成。

例 8-5 作房屋的正等测图。如图 8-8 所示。

作图 （1）作房屋水平投影的轴测图,如图 8-8(b)所示。

（2）将屋面的水平投影升高 B、C,作出屋面,如图 8-8(c)所示。

（3）将屋面降低至 A,作出屋檐,如图 8-8(d)所示。

（4）过各墙角点竖高度,作出墙体,完成全图,如图 8-8(e)所示。

6. 综合法

对于较复杂的组合体,可先分析其组合特征,然后综合运用上述方法画出其轴测投影。当然也可不拘泥于上述几种方法,只要能准确和迅速得画出物体的轴测投影,就达到了目的,从而可归纳和总结出自己的作图方法。

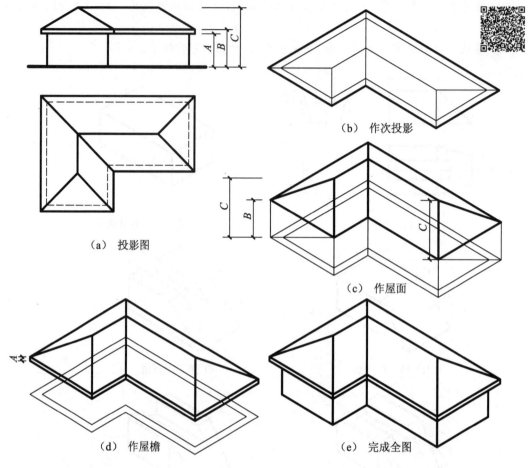

（a）投影图

（b）作次投影

（c）作屋面

（d）作屋檐

（e）完成全图

图 8-8　例 8-5 图

7. 作图中应注意的几个问题

（1）灵活恰当地设置坐标系。因为在轴测图中一般不画不可见的线段,所以若能灵活、恰当设置坐标原点和利用各轴测的正、负各段,就可以免画许多不必要(后来需要擦掉)的线段。

一般将原点设在形状比较复杂且可见的投影面平行面的角点上。对于有对称面的形体,一般将坐标原点设在该面上。

（2）应当充分利用**"平行线段的轴测投影仍然平行"**这一性质来简化作图和提高效率。

（3）对于不平行于坐标轴的斜线,必须先根据坐标作出该线段的端点,然后连线,也就是**"测正连斜"**。

（4）作图后的检查是很重要的和必不可少的,对于平面立体的轴测图,主要检查以下两点。

① 过一点至少要有三条线(包括未画的虚线和积聚在一起的线)。如果在某一点只有两条实线,则要想一想是否有未画的虚线或是否产生了线的积聚;如果没有,则缺少应画的实线。

② 每一个面的投影为一个封闭的线框,共面的表面形成的线框间不应有线间隔。

8.3.2 正等测投影作图举例

例 8-6 作梁板柱接头的仰视正等测图,如图 8-9 所示。

分析 必须选择从下向上的投射的方向,才能把梁板柱节点表达清楚,不被遮挡。

作图 (1)选取从左、前、下方向右、后、上方投射的方向,画出楼板的正等测图。

(2)在楼板底面上画出柱、主梁和次梁的次投影位置。

(3)作柱的正等测图。

(4)根据主梁的位置及高度作出主梁的轴测图。

(5)同法作出次梁的轴测图。擦去不可见线条,完成全图。

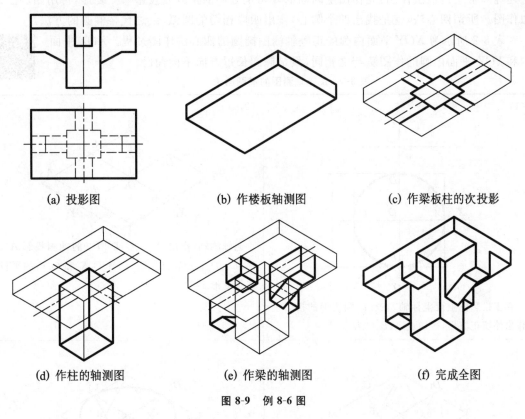

(a) 投影图	(b) 作楼板轴测图	(c) 作梁板柱的次投影
(d) 作柱的轴测图	(e) 作梁的轴测图	(f) 完成全图

图 8-9 例 8-6 图

8.3.3 圆和曲面立体的轴测投影

1. 圆的轴测投影

轴测投影为平行投影,因此,当圆所在的平面平行于轴测投影面时,它的轴测图为等大的圆;当圆所在的平面平行于投射方向时,其投影为一直线段;当圆所在的平面倾斜于轴测投影面时,它的轴测图为椭圆。

位于或平行于坐标面的圆的正等测投影为椭圆。椭圆长轴垂直于相应的轴测轴,短轴平行于相应的轴测轴,如图 8-10(a)所示。椭圆长轴长度等于空间圆的直径 d,短轴长度约为 $0.58d$。当采用简化系数作图时,长轴为 $1.22d$,短轴约为 $0.7d$(见图 8-10(b)中的 $\overset{\frown}{AB}$ 和 $\overset{\frown}{CD}$)。

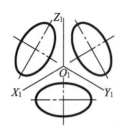

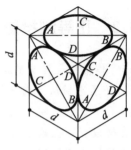

(a) 椭圆长轴垂直于相应的轴测轴，短轴平行相应的轴测轴　　**(b)** 长轴为 $1.22d$，短轴约为 $0.7d$

图 8-10　圆的正等测投影

上述椭圆常用近似法作图：先作出空间圆的外切正方形的正等测投影——菱形，再用四心法近似作图。所谓**四心法**，就是找出四个圆心，作出四段相切的圆弧，以之代替椭圆的方法。

表 8-2 所示为 XOY 平面内圆的正等轴测图椭圆的四心法作图过程。XOZ 平面内和 YOZ 平面内圆的作图法与之相同，只是椭圆长短方向不同而已。

表 8-2　正等轴测图的椭圆画法

(1)	(2)
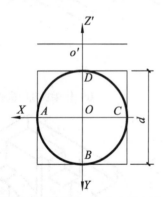	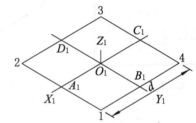
在正投影图上设坐标轴，在反映圆实形的投影上作出外切正方形，得切点 A、B、C、D	画轴测轴，作出 A、B、C、D 四点的轴测投影 A_1、B_1、C_1、D_1，过 A_1、B_1、C_1、D_1 作 O_1X_1 和 O_1Y_1 的平行线得菱形 1234
(3)	(4)
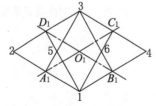	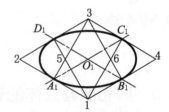
连接 1、C_1 和 3、B_1 得交点 5，连接 1、D_1 和 3、A_1 得交点 6	以点 1 为圆心，$1C_1$ 为半径作圆弧 C_1D_1； 以点 3 为圆心，$3A_1$ 为半径作圆弧 A_1B_1； 以点 5 为圆心，$5A_1$ 为半径作圆弧 A_1D_1； 以点 6 为圆心，$6B_1$ 为半径作圆弧 C_1B_1

注意　（1）椭圆长轴在菱形的长对角线上，短轴在菱形的短对角线上；

　　　　（2）明确四段圆弧各自的圆心所在和半径的长度；

　　　　（3）相邻两圆弧在连接点 A_1、B_1、C_1、D_1 处应光滑过渡，并与菱形边线相切。

不平行于坐标面的圆的轴测投影成椭圆时,可用坐标法找出若干点光滑连线而成。对于任何位置平面上的圆的任何种轴测投影椭圆,都可以用下边的八点法作图:若作出圆的实形,并作出圆外切正方形及其对角线(见图 8-11(a))得点 $1,2,\cdots,8$ 等八点。不难证明 $O8:OA=1:\sqrt{2}$。若作出对应的圆外切正方形的轴测投影菱形,利用等腰直角 $\triangle A_1 7_1 E_1$ 及相应圆弧,即能得到 2_1、4_1、6_1、8_1 等四点,并保证有 $O_1 A_1:O_1 8_1=1:\sqrt{2}$。根据轴测投影的基本特性,可保证 8_1 为点 8 的轴测投影。其余 2 与 2_1、4 与 4_1、6 与 6_1 亦同,再加上 1_1、3_1、5_1、7_1 等四点,即八点。光滑连接这八点,即得对应圆的轴测投影椭圆。

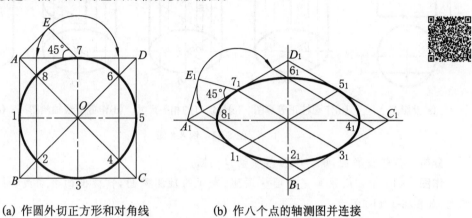

(a) 作圆外切正方形和对角线　　　　　　(b) 作八个点的轴测图并连接

图 8-11　八点法画圆的轴测投影椭圆

对于不平行于坐标面的圆的轴测投影椭圆即可用此八点法作图。

2. 曲面立体的轴测投影

圆柱、圆锥和旋转面的轴测投影,用曲面的外形轮廓线和上、下底面的投影表示,它们的作图在轴测椭圆的基础上进行。

例 8-7　作圆柱体的正等轴测图,如图 8-12 所示。

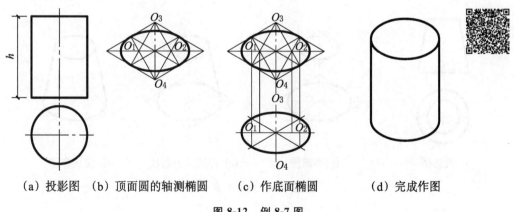

(a) 投影图　(b) 顶面圆的轴测椭圆　　(c) 作底面椭圆　　　(d) 完成作图

图 8-12　例 8-7 图

分析　用四心法作顶面和底面的椭圆,然后作两椭圆的公切线,即为柱面轴测投影的外形轮廓线。注意,该外形轮廓线不同于圆柱正面投影中外形轮廓线的轴测图。

作图　(1) 用四心法作顶面圆的轴测椭圆,如图 8-12(b)所示。

(2) 将顶面椭圆中心及四个圆心向下平移(移心法)柱高 h,以此作底面椭圆,如图 8-12(c)所示。

(3) 作两椭圆的公切线。

(4) 擦去多余线及不可见曲线,完成作图,如图 8-12(d)所示。

例 8-8　完成带切口圆柱的正等测图,如图 8-13 所示。

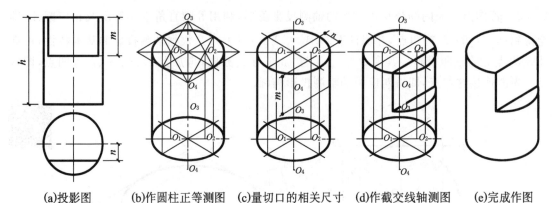

(a)投影图　　(b)作圆柱正等测图　(c)量切口的相关尺寸　(d)作截交线轴测图　(e)完成作图

图 8-13　例 8-8 图

分析　读懂投影图,用移心法绘制切口椭圆。

作图　(1) 用四心法画完整圆柱顶面、底面的轴测椭圆,作椭圆的公切线,得圆柱的正等测图,如图 8-13(b)所示。

(2) 作出切平面的轴测图,如图 8-13(c)所示。

(3) 用移心法作截交线的轴测图,如图 8-13(d)所示。

(4) 完成作图,如图 8-13(e)所示。

例 8-9　作出圆台的正等测图,如图 8-14 所示。

作图　(1) 分别用四心法画出顶面、底面的椭圆,如图 8-14(b)所示。

(2) 作出上、下椭圆的公切线,如图 8-14(c)所示。

(3) 完成作图,如图 8-14(d)所示。

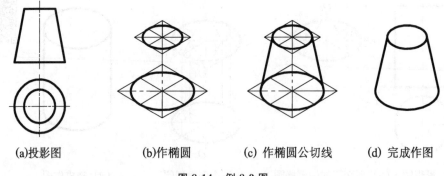

(a)投影图　　　　(b)作椭圆　　　　(c) 作椭圆公切线　　　(d) 完成作图

图 8-14　例 8-9 图

8.3.4　斜轴测投影

1. 正面斜二等测投影

当物体只有一个坐标面上有圆时,宜采用斜二等轴测图。因为这时可使该面平行于轴测投影面,从而其轴测投影仍为圆,作图十分简便。

例 8-10 作出形体的正面斜二等测图,如图 8-15 所示。

分析 形体由三部分组成,作轴测图时必须注意各部分在 Y 方向的相对位置。

作图 (1) 作出底板的轴测图,在 Y 方向上量取 $A/2$,如图 8-15(b)所示。

(2) 定出 U 形板的位置线,按实形画出其前端面,在 Y 方向上量取 $B/2$,画出其后端面的实形。注意后端面的圆心位置及其可见部分,如图 8-15(c)、(d)所示。

(3) 画出前台的轴测图,擦去多余线条,完成作图,如图 8-15(e)所示。

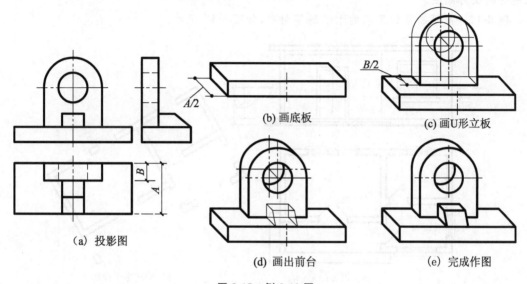

(a) 投影图　　(b) 画底板　　(c) 画U形立板

(d) 画出前台　　(e) 完成作图

图 8-15　例 8-10 图

例 8-11 作出形体的正面斜二等测图,如图 8-16 所示。

分析 看懂视图,形体在 Y 方向上形状复杂,用分层定心法画形体的斜二等测图。

作图 (1) 根据 Y 方向各端面的圆的圆心定位尺寸,确定其在轴测图上的位置,注意定位尺寸均缩短一半,并作出前端面的实形,如图 8-16(b)、(c)所示。

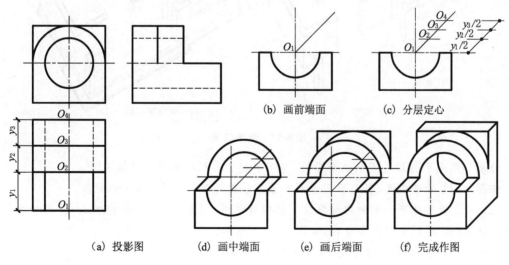

(a) 投影图　　(b) 画前端面　　(c) 分层定心

(d) 画中端面　　(e) 画后端面　　(f) 完成作图

图 8-16　例 8-11 图

（2）由各层圆心画出各个端面的轴测图。注意后端面的圆可看到一部分，如图 8-16(d)、(e)所示。

（3）整理，完成作图，如图 8-16(f)所示。

2. 水平斜等轴测图

水平斜等轴测图适宜用来绘画一幢房屋的水平剖面或一个区域的总平面，它可以反映出房屋的内部布置，或一个区域中各建筑物、道路、设施等的平面位置及相互关系，以及建筑物和设施等的实际高度。

例 8-12　画带断面的房屋的水平斜等测图，如图 8-17 所示。

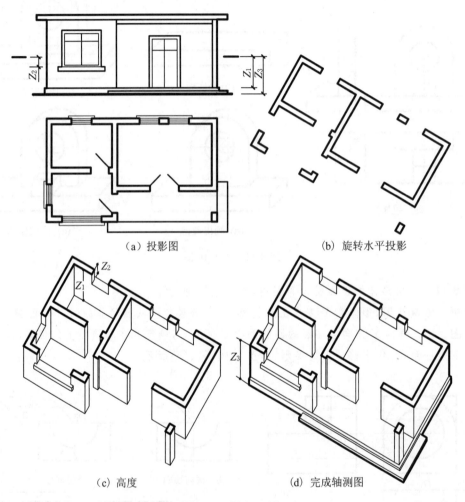

（a）投影图　　　　　　　　　　　　（b）旋转水平投影

（c）高度　　　　　　　　　　　　　（d）完成轴测图

图 8-17　例 8-12 图

分析　用水平剖切平面剖切房屋后，将下半截房屋画成水平斜等轴测图。

作图　（1）看懂视图，将平面图中的断面部分旋转30°，如图 8-17(b)所示。

（2）从旋转后的断面图的内墙角向下画内墙角线、门洞和柱子，长度为 Z_1，并画出房间内外地面线；根据 Z_2 画出窗洞和窗台，如图 8-17(c)所示。

（3）根据 Z_3 画出室外地面线、勒脚线和台阶，如图 8-17(d)所示。

（4）用不同粗细的图线加深轮廓线，完成全图，如图 8-17(d)所示。

例 8-13　画出建筑群的水平斜等测图,如图 8-18 所示。

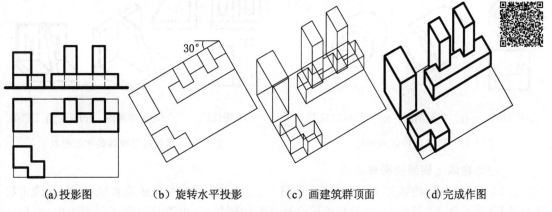

(a) 投影图　　　　(b) 旋转水平投影　　　　(c) 画建筑群顶面　　　　(d) 完成作图

图 8-18　例 8-13 图

分析　在水平斜等测图中,水平投影的轴测图显示实形。可先作水平投影的轴测图,然后升高水平投影求顶面。

作图　(1) 将平面图旋转 30°。

(2) 测量各建筑物的高度,画出各建筑物的屋顶,注意画交线。

(3) 整理,完成作图。

8.4　轴测投影的选择

绘制物体轴测投影的主要目的是使所画图形能反映出物体的主要形状,富有立体感,并大致符合日常观看物体时所得的形象。轴测投影的选择是指在绘制物体轴测图时,根据物体结构形状特点选择所用轴测图的种类、物体摆放状态及投射方向。选择的原则是:①物体结构形状表达清晰、明了;②立体感强、表现效果好;③作图简便。

8.4.1　轴测种类的选择

由于轴测投影中一般不画虚线,所以图形中物体各部分的可见性对于表达物体形状来说具有特别重要的意义。当所要表达的物体部分不可见或有的表面成为一条线的时候,就不能把它表达清楚。

1. 避免遮挡,使物体各部分尽量可见

在选择轴测投影种类时要注意避免物体各部分之间的相互遮挡,尽可能使各部分结构可见,特别是一些孔、洞和槽的底部。

图 8-19(b) 是图 8-19(a) 中物体的正等轴测投影,它不能反映出物体上的孔是不是通孔,但若画成图 8-19(c) 所示的正面斜二等轴测投影,就表示清楚了。又如图 8-20(b) 是图 8-20(a) 所示物体的正等测投影,未能反映出后壁上左边的矩形孔,而画成图 8-20(c) 的正面斜二等轴测投影,就要好得多。

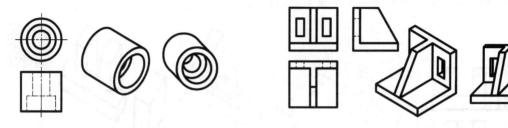

| (a)投影图 | (b) 正等测图 | (c)正面斜二测图 | (a) 投影图 | (b)正等测图 | (c)正面斜二测图 |

图 8-19　要反映物体的特征　　　　　　　图 8-20　要反映出物体的主要形状

2. 避免物体上表面投影成直线

在图 8-21(a)中,物体的正等测投影(见图 8-21(b))有两个平面成为直线,不能反映出物体的特征,而在图 8-21(c)中,由于画成正面斜二等轴测投影,也就是改变了投射方向,也可以得到较为满意的结果。

3. 避免失真

图 8-22(a)中直立圆柱画成斜二等轴测投影,有弯扭失真之感,不如画成图 8-22(b)中的正等轴测投影。

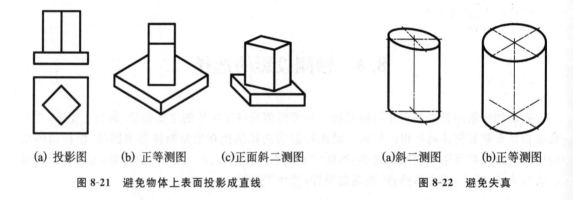

| (a) 投影图 | (b) 正等测图 | (c)正面斜二测图 | (a)斜二测图 | (b)正等测图 |

图 8-21　避免物体上表面投影成直线　　　　　图 8-22　避免失真

8.4.2　物体摆放状态与投射方向的选择

在形成轴测投影的过程中,当投射方向一定时,物体摆放状态不同,所得轴测投影不同,物体上各部分的可见性和被表现情况也不同。另一方面,当物体摆放状态一定时,若投射方向不同,轴测投影效果也不同。由于坐标系是固结在物体之上的,物体摆放状态不同或投射方向不同将使同一原点的同一坐标系形成不同方向和轴间角的轴测轴。反之,在绘制轴测图时,灵活地设置轴测轴正方向和轴间角,即可得到不同效果的轴测图,给人以不同方向观察之感。

观察方向对于表达物体形状,显示物体特征也具有十分重要的作用,例如图 8-23(a)中的正面斜二等轴测投影是从左、前、上方投射物体所得的,比图 8-23(b)中的从右、前、上方投射物体所得的正面斜二等轴测投影要明显。图 8-24(a)中的柱头是从下向上投射得到的图形,要比图 8-24(b)中的从下向上投射得到的图形更能说明问题。

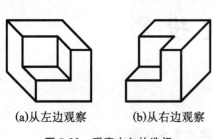

(a)从左边观察　　　(b)从右边观察

图 8-23　观察方向的选择

(a)仰视　　　　　　　(b)俯视

图 8-24　观察方向的选择

学 习 引 导

8-1　轴测投影是平行投影,根据平行投影的平行性和同比性,得出"轴测"的含义,在沿着轴测轴的方向可以量测作图。

8-2　求作形体的轴测图,主要为了表达其直观效果,可采用简化系数作图来提高作图效率。

8-3　为符合观察者看形体的习惯,作形体的轴测图时,规定 Z 轴竖直。

8-4　各种求作轴测图的方法,主要从形体的形成特点考虑,为了提高作图效率而选择。

8-5　一般情况下,采用正等轴测图,表达效果不佳时,选择斜二测轴测图。

思 考 题

8-1　什么是轴测投影? 它如何分类? 什么是轴间角、轴向伸缩系数?

8-2　为什么在轴测投影中两平行直线的投影仍平行,线段的定比性仍适用于轴测投影?

8-3　什么是简化伸缩系数? 正等测投影的轴间角和轴向伸缩系数及简化伸缩系数的具体数值是多少?

8-4　什么是斜轴测投影? 斜轴测投影有什么优点?

8-5　为什么说在轴测投影中只能沿轴测轴的方向进行量度?

8-6　绘制各种轴测投影的基本方法是什么?

8-7　平行于坐标面的圆的正等轴测投影是椭圆,它们的长轴和短轴的方向怎样确定?

8-8　平行于坐标面的圆的正等轴测投影椭圆的长、短轴的长度等于多少? 采用简化伸缩系数后又是多少?

8-9　如果物体上的圆不平行于各坐标面,应怎样作出它的轴测投影?

第9章 透视投影

本章要点

- **图学知识**

  研究富有立体感和真实感、与视觉印象完全一致的中心投影。
- **思维能力**

  在由平行投影向中心投影的反复转换过程中,充分体会从一种思维方式向另一种思维方式的思维迁移过程,在不同的思维环境中频繁变换思维方式使思维速度更快、更灵活。
- **教学提示**

  注意引导学生在不同思维方式反复转换过程中,不断提高思维能力和空间想象力。

9.1 概　　述

9.1.1 透视图的形成及特点

当人们观察周围的景物的时候,对所看到的景物就会有近大远小的感觉。图 9-1 所示为建筑形体的透视图,在图中一些原来互相平行的线条,随着距离观察者愈远而逐渐靠近,最后交于一点。这正是人们在观察周围景物时,所产生的视觉印象的一个重要特征。

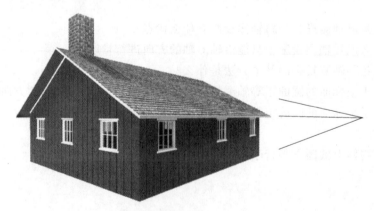

图 9-1　建筑形体的透视图

为了绘制出与视觉印象完全一致的图样,假想在人与景物之间设置一个透明的投影面(称为画面),人的眼睛透过透明的投影面观察物体,即由人的眼睛向物体引视线,视线与画面相交所形成的图形称为透视图,如图 9-2 所示。从图 9-2 可以看出,透视图实际上是以人眼为投影

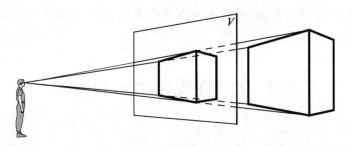

图 9-2 透视图的形成

中心,绘制出的与视觉印象完全一致的中心投影图。

透视图是工程上的一种很重要的辅助图样,在建筑设计过程中,特别是在初步设计阶段,通常要画出其透视图,以逼真地表现所设计建筑物的形状和特征,供有关人员进行研究、分析、评价,从而达到最好的效果。

9.1.2 常用的基本术语与符号

本章将介绍如何根据物体的正投影图画出其透视图的作图方法。要学习绘制透视图的作图方法,首先应该了解形成透视图的投影体系及有关的术语与符号,如图 9-3 所示。

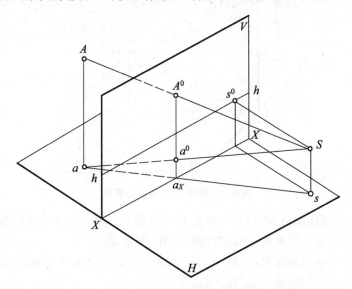

图 9-3 常用的基本术语与符号

(1) 基面(H) 放置建筑物的水平面,即室外地面。

(2) 画面(V) 透视图所在的平面,即透视投影面。

(3) 基线(x—x) 画面与基面的交线。

(4) 视点(S) 人眼所在的位置,即透视投影的中心。

(5) 站点(s) 视点(S)在基面上的正投影,即人的站立点。

(6) 心点(s^0) 视点(S)在画面上的正投影。

(7) 视平线(h—h) 过心点 s^0 所作的与基线 x—x 平行的直线。

点 A 为空间一点,点 a 为点 A 在基面 H 上的正投影。由视点 S 向点 A 作视线 SA 与画

面的交点 A^0 即为点 A 的透视,由视点 S 向点 a 作视线 Sa 与画面的交点 a^0 即为点 A 的基透视。

9.2 点、直线和平面的透视

9.2.1 点的透视

点的透视即过该点的视线与画面的交点。

图 9-4 所示为求点 A 透视的空间情况。从图中可以看出,点 A 在基面 H 和画面 V 上的正投影分别为 a 和 a',视点 S 在基面 H 上的正投影为站点 s,在画面 V 上的正投影为心点 s^0,点 a 在画面 V 上的正投影为 a_V。视线 SA 和 Sa 在画面 V 上的正投影分别为 s^0a' 和 s^0a_V。视线 SA 和 Sa 在基面上的正投影为 sa,从图中可以看出,sa 与基线 $x\!-\!x$ 的交点为 a_X,由 a_X 作基线 $x\!-\!x$ 的垂线,与 s^0a' 和 s^0a_V 的交点即为点 A 的透视 A^0 和基透视 a^0。

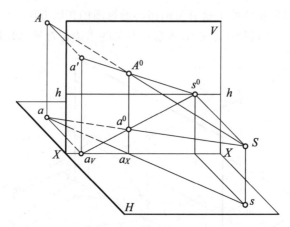

图 9-4　求点 A 透视空间情况

在作图时,为了使作图过程清楚,将画面 V 和基面 H 分开放置,即将画面 V 放置在上方,基面 H 放置在下方,并去掉画面和基面边框,如图 9-5 所示。

根据图 9-5(a)中所示的条件,在图 9-5(b)上求点 A 的透视和基透视的作图过程如下:

(1) 在画面 V 上分别连接 s^0、a' 和 s^0、a_V;

(2) 在基面上连接 s、a 与基线 $x\!-\!x$ 交于 a_X;

(3) 由 a_X 作基线 $x\!-\!x$ 的垂线,与 s^0a' 的交点即为点 A 的透视 A^0,与 s^0a_V 的交点即为点 A 的基透视 a^0。

9.2.2 直线的透视

9.2.2.1 直线的透视特点

直线的透视一般仍为直线。当直线位于画面上时,其透视为该直线本身。当直线通过视

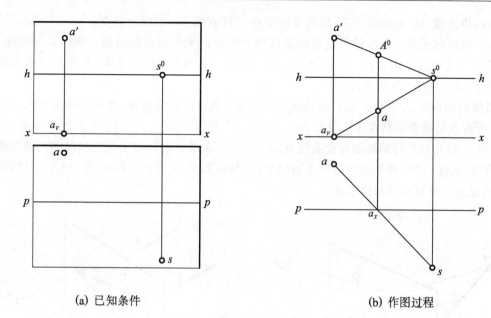

(a) 已知条件   (b) 作图过程

图 9-5　求 A 点透视的作图过程

点时, 其透视为一点。

　　直线的透视是过该直线的视线平面与画面的交线。如图 9-6 所示, 直线 AB 的透视是由视线 SA 和视线 SB 所构成的视线平面 SAB 与画面的交线 A^0B^0。

　　作直线的透视可以用前面介绍的求点的透视的方法, 作出直线上的两端点的透视。但在作与画面相交的直线的透视时, 如果利用直线的灭点(后面将要介绍), 作图将比较简单。

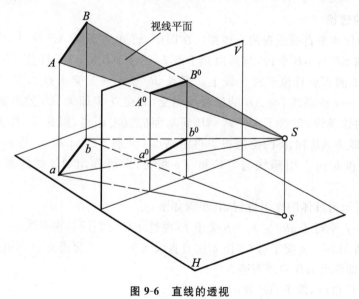

图 9-6　直线的透视

9.2.2.2　与画面相交的直线的透视

1. 直线的画面迹点和灭点

(1) 直线的画面迹点。直线(或者沿长)与画面相交的交点就是直线的画面迹点。如图

9-7所示，将直线 AB 向画面延长，与画面的交点 T 即直线 AB 的画面迹点。

（2）直线的灭点。直线的灭点也就是直线上离画面无穷远点的透视。根据几何原理，平行两直线在无穷远处相交，因此，在图 9-7 中，过视点 S 作视线 SF 与直线 AB 平行，SF 与画面的交点 F 即为直线 AB 的灭点。

直线的画面迹点 T 和灭点 F 的连线 TF 即为直线 AB 的全透视（或称为透视方向），直线 AB 上所有点的透视必然在 TF 线上。

（3）一组互相平行的画面相交直线有同一灭点。在图 9-8 中，AB、CD、MN 为三条互相平行的直线，过视点 SF 作视线与这三条直线平行，与画面 V 相交于点 F，从图 9-8 中可以看出，点 F 就是这三条直线的共同灭点。

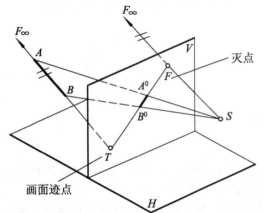

图 9-7　直线的画面迹点 T 和灭点 F

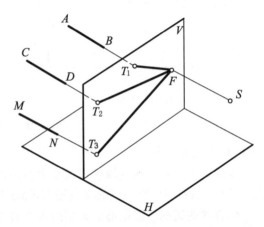

图 9-8　一组互相平行的画面相交直线有同一灭点

2. 水平线的透视

图 9-9(a)为作水平直线透视的立体图。在图中，已知水平线 AB 及 AB 的基面投影 ab，过视点 S 作视线 SF 与 AB 平行，与画面交于点 F，由于 AB 与 ab 平行且 AB 为水平线，因此点 F 为 AB 和 ab 的灭点且位于视平线上。延长 ab 与 $x-x$ 交于点 t，点 t 即 ab 的画面迹点。过点 t 作 $x-x$ 的垂线，与 AB 的延长线相交，其交点 T 即为 AB 的画面迹点。图中 Tt 是位于画面上的铅垂线，反映了水平线 AB 到基面的真实距离，因此 Tt 称为真高线。分别连线 TF 和 tf，即为 AB 和 ab 的全透视。再由站点 s 分别连线 sa 和 sb，与 $x-x$ 交于点 a_x 和 b_x，再分别由 a_x 和 b_x 向上引垂线与 TF 和 Tf 相交，即可作出 AB 的透视 A^0B^0 和基透视 a^0b^0。

图 9-9(b)所示为具体的作图过程，其步骤如下：

（1）过 s 作 sf 平行于 ab，与 $p-p$ 交于 f，再过 f 作竖直线与视平线 $h-h$ 交得灭点 F；

（2）延长 ab 与 $p-p$ 交于点 t_x，由 t_x 作竖直线与 $x-x$ 相交得点 t，再由点 t 作出高度为 L 的真高线 Tt，即作出 AB 的画面迹点 T；

（3）连线 TF 和 tf，即为 AB 和 ab 的全透视；

（4）由站点 s 连线 sa 和 sb，与 $p-p$ 交于点 a_x 和 b_x；

（5）由 a_x 向上引垂线与 TF 和 Tf 相交于点 A^0 和 a^0，再由 b_x 向上引垂线与 TF 和 Tf 相交于点 B^0 和 b^0；

（6）A^0B^0 即为 AB 的透视，a^0b^0 即为 AB 的基透视。

在透视图上，位于画面后方的同样高度的直线随着距离画面远近的不同，其透视高度也不

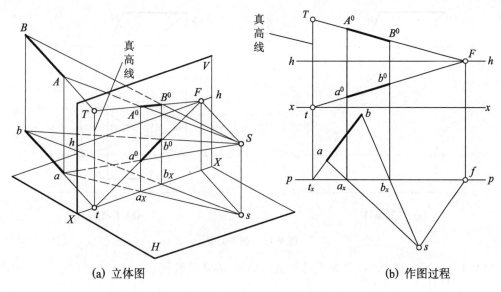

(a) 立体图　　　　　　　　　　　　　　　(b) 作图过程

图 9-9　作水平线直线的透视

同。距离画面愈远，其透视愈短，距离画面愈近，其透视愈长。位于画面上的直线长度不变，因此，当画面与基面垂直时，在画面上由基线向上作的铅垂线被称为真高线（如图 9-9 中的 Tt）。不在画面上的铅垂线，可以通过真高线来确定其透视高度。

3. 画面平行线的透视

如图 9-10 所示，直线 CD 是画面平行线，由于直线 CD 与画面平行，直线 CD 没有灭点和画面迹点。从图中还可以看出，直线 CD 的透视 C^0D^0 与 CD 平行，直线 CD 的基面投影 cd 与 $x—x$ 平行，因而，其基透视 c^0d^0 也必与 $x—x$ 平行。因此，作画面平行线的透视，可先作出画面平行线上一个端点的透视，再根据画面平行线的透视特点作出其透视。

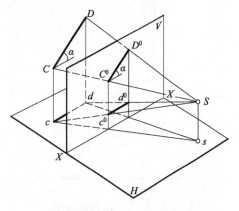

图 9-10　画面平行线透视的特征

例 9-1　如图 9-11(a) 所示，已知画面平行线 CD 的基面投影 cd，且 CD 与基面的倾角为 30°，点 C 位于直线的左下方，离基面的高度为 L，作出 CD 的透视和基透视。

作图　（1）按照前面介绍的求点的透视的方法，作出点 C 的透视 C^0 和基透视 c^0。

（2）由于 C^0D^0 与 CD 平行，c^0d^0 与 $x—x$ 平行，因此过 C^0 向右上作 30° 直线，过 c^0 作 $x—x$ 的平行线即为 CD 的透视和基透视方向。

（3）由站点 s 连线 sd，与 $p—p$ 交于 d_x，再由 d_x 向上引垂线与过 C^0 向右上作的 30° 直线和过 c^0 作 $x—x$ 的平行线分别相交于点 D^0 和 d^0，即可作出 CD 的透视 C^0D^0 和基透视 c^0d^0。

9.2.2.3　平面的透视

平面图形的透视一般来说仍然是平面图形。对于平面多边形来说，作其透视图也就是作出构成平面多边形的各条边的透视，或作出平面多边形上各个顶点的透视。

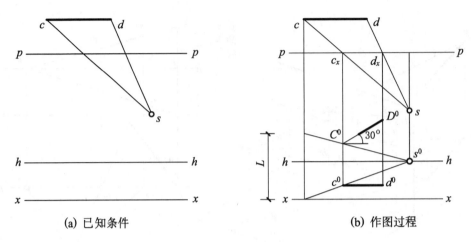

(a) 已知条件   (b) 作图过程

图 9-11 例 9-1 图

例 9-2 如图 9-12 所示，作位于基面上的矩形 $abcd$ 的透视。

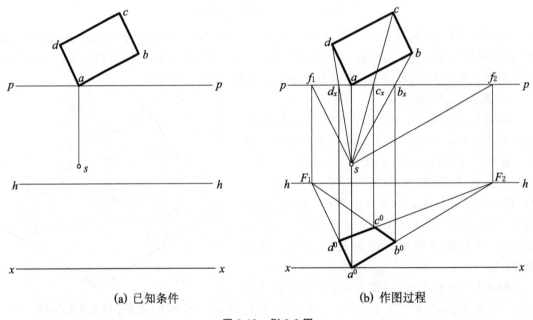

(a) 已知条件   (b) 作图过程

图 9-12 例 9-2 图

作图 （1）求灭点。从图上可以看出，平面多边形上有两组互相平行的直线。过站点 s 分别作 ad 和 ab 的平行线，与 p—p 分别交于点 f_1 和点 f_2，由点 f_1 和点 f_2 向下作竖直线，与视平线 h—h 相交，其交点 F_1 和点 F_2 即为这两组互相平行直线的灭点。

（2）由站点 s 分别向 b、c、d 等点引视线，与 p—p 交于 b_x、c_x、d_x 等点。

（3）由点 a 作竖直线与 x—x 交于点 a^0，连接 a^0、F_1 和 a^0、F_2，分别与过 b_x 和 d_x 的垂线交得点 b^0 和 d^0，再连接 d^0、F_2 和 b^0、F_1，与过 c_x 的铅垂线交得点 c^0，即可作出矩形 $abcd$ 的透视。

9.3 立体的透视

9.3.1 平面立体的透视

求平面立体的透视实际上就是作平面立体上的轮廓线的透视。

在作平面立体的透视时,随着平面立体与画面的相对位置的不同,所作出的透视图的特点也不同。当画面为铅垂面,平面立体的正立面和侧立面与画面都有夹角时,所作出的透视图称为两点透视,如图 9-13 和图 9-14 所示。当平面立体的正立面与画面平行时,所作出的透视图称为一点透视,如图 9-15 所示。

1. 两点透视作图举例

例 9-3 如图 9-13 所示,作建筑形体的两点透视图,视点、画面在图中已给定。

作图 (1) 按照与例 9-2 相同的方法,作出两个主向的灭点 F_1、F_2;

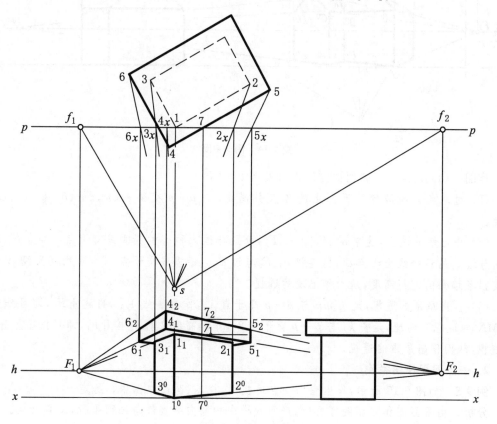

图 9-13 例 9-3 图

(2) 由站点 s 分别向 6、3、4、2、5 等点引视线,与 p—p 交于 6_x、3_x、4_x、2_x、5_x 等点。

(3) 点 1 位于画面上,点 1^0 与点 1 重合。连接 1^0、F_1 和 1^0、F_2,分别与过 3_x 和 2_x 的垂线交于点 3^0 和点 2^0。由点 1^0 作真高线 $1^0 1_1$,再连接 1_1、F_1 和 1_1、F_2,分别与过点 3^0 和点 2^0 的垂线交于点 3_1 和 2_1,即作出了各墙角的透视。

(4) 在平面图上,屋檐 45 与画面交于点 7。在过点 7^0 的铅垂线上作出该屋檐的画面迹点 7_1 和 7_2。连接 7_1、F_2 和 7_2、F_2,与过 4_x 和 5_x 的铅垂线交得点 4_1、4_2 和点 5_1、5_2。再连接 4_1、F_2 和 4_2、F_2 与过 6_x 的铅垂线交得点 6_1 和 6_2,即可作出屋顶的透视。

例 9-4　　如图 9-14 所示,作出坡屋顶房屋的两点透视图,视点、画面在图中已给定。

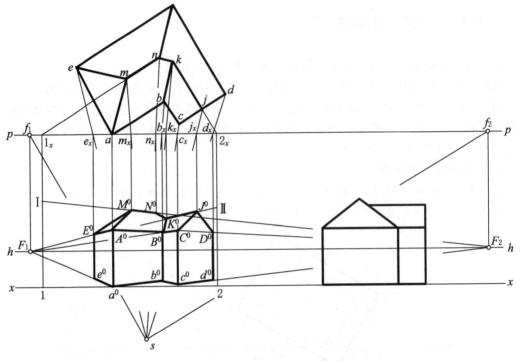

图 9-14　例 9-4 图

作图　　(1) 按与上例相同的方法作出灭点 F_1 和 F_2;

(2) 过站点 s,向房屋平面图上的各点引视线,与 $p-p$ 交得 e_x、m_x、n_x、b_x、k_x、c_x、j_x、d_x 等点。

(3) 作出墙的透视,连接 a^0、F_1 和 a^0、F_2,分别与过 e_x 和 b_x 的铅垂线交于点 e^0 和点 b^0,连线 $b^0 F_1$ 与过 c_x 的铅垂线交于点 c^0,再连接 c^0、F_2 与过 d_x 的铅垂线交于点 d^0。再由真高线 $A^0 a^0$ 即可定出各墙角的透视高度,从而作出墙的透视。

(4) 作出屋顶的透视,延长 mn 与 $p-p$ 交于点 1_x,作真高线 $1\mathrm{I}$,再连 $\mathrm{I} F_2$,即可作出屋脊 MN 的透视。同理,延长 kj 与 $p-p$ 交于点 2_x,作真高线 $2\mathrm{II}$,连接 $\mathrm{II} F_1$,即可作出屋脊 KJ 的透视,从而作出屋顶的透视。

2. 一点透视作图举例

例 9-5　　如图 9-15 所示,作出室内一点透视图,视点、画面在图中已给定。

分析　　由平面图和立面图可看出,房间的横向和竖向的直线与画面平行,没有灭点。只有纵向直线与画面垂直,有灭点,所以作出的透视图为一点透视。

作图　　(1) 作出纵向直线的灭点 S^0。

(2) 作房间的透视。房间的左侧墙与画面的交线 $A^0 B^0$ 和右侧墙与画面的交线 $D^0 C^0$ 是画面上的铅垂线,反映房间的真高。连接 S^0、A^0 和 S^0、B^0,过站点 s 向点 2(1)引视线,即可求得墙角 12 的透视 $1^0 2^0$。再由点 1^0 和 2^0 作水平线,分别与 $S^0 D^0$ 和 $S^0 C^0$ 相交,即为墙角 43 的透视

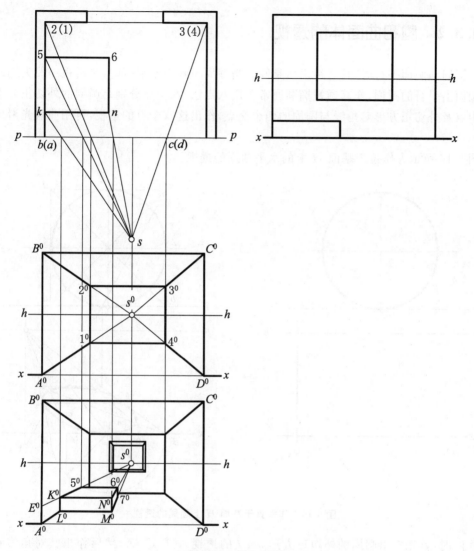

图 9-15　例 9-5 图

$4^0 3^0$。

（3）作床的透视。床与左侧墙相交，在真高线 $A^0 B^0$ 上截取床的高度 $A^0 E^0$，连接 S^0、E^0，由站点 s 分别向点 k、5 引视线，作出点 K^0、L^0 和 5^0，再分别由点 K^0、L^0 和 5^0 向右作水平线，并由站点 s 向点 n、6 引视线，从而作出 $N^0 M^0$ 和 $6^0 7^0$，即可作出床的透视。

（4）用同样的方法作出窗的透视。

从上面的例题中可以看出，绘制透视图的过程也是运用假想构成法思考问题的过程。因此，在学习过程中，应注意不断提高思维能力，举一反三，灵活地掌握绘制透视图的方法。

【假想构成法思维原理与提示】

人们从某种需要出发，经过设想（或幻想）而构成的一种对尚不存在的事物（或观点）的思维方法。运用假想构成法，人们可以进行无限丰富的想象。

9.3.2　圆和曲面体的透视

当圆周与画面平行时,其透视仍然是圆。当圆周与画面不平行时,其透视一般为椭圆。对于与画面不平行的圆周,作其透视椭圆通常采用八点法,八个点分别是圆周的外切正方形四个边的中点及外切正方形对角线与圆周的四个交点,作出这八个点的透视,再用曲线光滑地连成椭圆。

图 9-16 所示为作位于基面 H 上的水平圆周的透视。

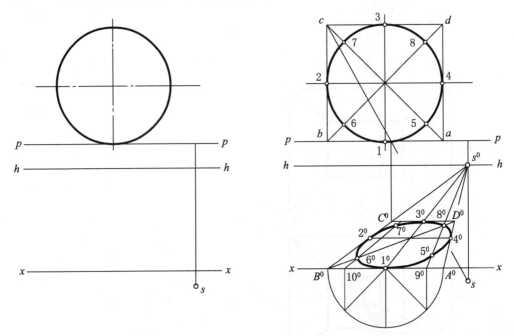

图 9-16　作垂直于基面 H 上圆周的透视

作图时,首先作出圆周的外切正方形 $abcd$ 的透视 $A^0B^0C^0D^0$,然后作出其对角线和中心线的透视,中心线的透视与 $A^0B^0C^0D^0$ 的交点 1^0、2^0、3^0、4^0 即为外切正方形四边中点的透视。

对角线与圆周的四个交点为 5、6、7、8,从图中可以看出,5、8 两点和 6、7 两点的连线分别与画面垂直,它们的画面迹点分别为 9^0 和 10^0,连接 s^0、9^0 和 s^0、10^0,与对角线的透视相交于点 5^0、6^0、7^0、8^0。用曲线光滑地将求出的八个点连接起来,即为圆周的透视。

图 9-17 所示为作垂直于基面 H 的圆周的透视。其作图方法与作位于基面水平圆周的透视的方法基本相同。

例 9-6　如图 9-18 所示,作拱形体的透视。

作图　在本例中的拱形体由下部的长方体和上部的半圆柱组成。作图时,可按前面介绍的两点透视的作图方法首先作出下部长方体的透视。

对于上部半圆柱的左边半圆,可按作图 9-17 所示的作垂直于基面 H 的圆周的透视的方法,先作出半个正方形的透视,从而得到半圆弧与半个正方形的三个切点的透视,再作出对角线与半圆交点的透视,依次光滑地连接这五个点,即为左边半圆弧的透视。右边半圆弧的透视可用同样的方法作出。最后,再作左、右两个透视半圆弧的公切线,即可作出半圆柱的透视。

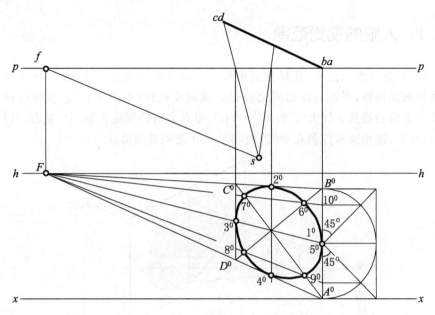

图 9-17　作垂直于基面 H 上圆周的透视

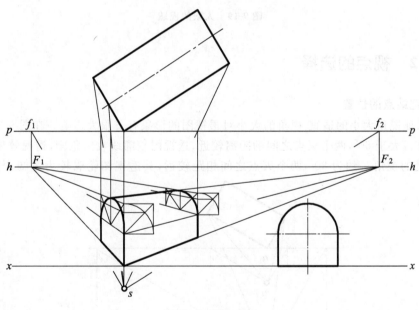

图 9-18　例 9-6 图

9.4　画面、视点和建筑物间相对位置的确定

　　当人们用照相机拍摄建筑物时，为了得到理想的拍摄效果，通常要选择最佳的拍摄点。同样，为了使透视图能够形象、逼真地反映出建筑物的形状特征，更好地反映设计者的意图，在绘制透视图前，必须合理地确定好画面、视点和建筑物三者间的相对位置，要确定好画面、视点和建筑物三者间的相对位置，应考虑到以下几个问题。

9.4.1　人眼的视觉范围

当人以一只眼睛直视前方,其视觉范围是一个以人眼为顶点以主视线(与画面垂直的视线)为轴线的椭圆视锥,视锥与画面的交线称为视域或视野(见图 9-19)。视锥的顶角称为视角,人眼水平方向的视角 α 最大可达 $120° \sim 148°$,垂直方向的视角 β 为 $110°$左右。但为了避免透视图失真变形,视角通常控制在 $60°$以内,$30° \sim 40°$之间效果最佳。

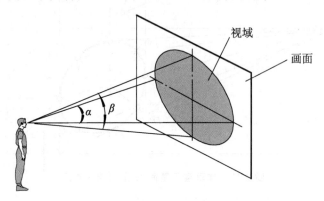

图 9-19　人眼的视域

9.4.2　视点的选择

1. 确定站点的位置

(1) 保证视角大小的适宜　视角的大小对透视图的形象有着很大影响。在图 9-20 中,站点 s_1 处的视角 α_1 大于 $60°$,两个灭点之间的距离较近,透视图轮廓线收敛急剧,透视效果较差。而在站点 s_2 处的视角 α_2 约为 $30°$,两个灭点之间相距较远,其透视图轮廓较为宽阔,与视觉印象

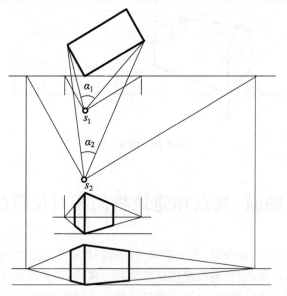

图 9-20　视角的大小对透视效果的影响

基本一致,透视效果较好。

（2）站点应选在能反映建筑物形状特征的地方 图 9-21 所示为在站点分别位于 s_1 和 s_2 处时一形体的透视效果图,从图中可以看出,当站点位于 s_1 处时,其透视图只能表达出形体的左边部分(见图 9-21(a)),而当站点位于 s_2 处时,其透视图反映出了形体的整体形状,透视图效果较好(见图 9-21(b))。

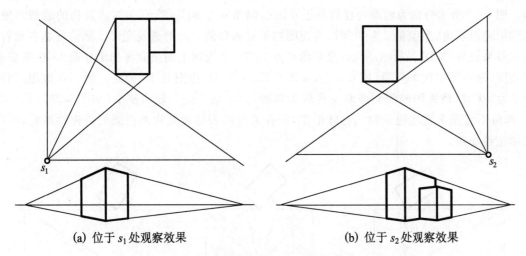

(a) 位于 s_1 处观察效果   (b) 位于 s_2 处观察效果

图 9-21 站点应选在能反映建筑物形状特征的地方

2. 视高的确定

视高即视平线的高度。视高一般取人眼的高度(1.5～1.7 m),但在某些情况下,为了取得不同的透视效果,可以适当地调整视高。如要表现建筑物具有高大、雄伟的视觉效果,可以适当地降低视高,类似从山坡下看坡上建筑物,如图 9-22(a)所示。如要给人以舒展、开阔的感觉,可以适当地提高视高,可想象成从某一高处观察建筑对象,如图 9-22(c)所示,提高视高所画出的透视图也称为鸟瞰图。

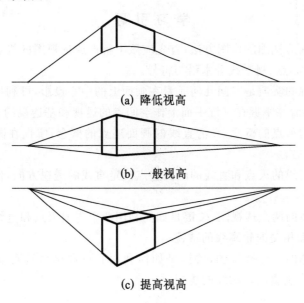

(a) 降低视高

(b) 一般视高

(c) 提高视高

图 9-22 视高的变化对透视效果的影响

9.4.3　画面与建筑物正立面偏角大小的确定

画面与建筑物正立面偏角的大小对透视图的形象有直接的影响。画面与建筑物正立面的偏角越小,透视图上正立面越宽阔。画面与建筑物正立面的偏角越大,透视图上的正立面越狭窄。图 9-23 所示分别为画面与建筑物正立面的偏角 θ 为 30°、45°、60°时,建筑物的透视形象。从图中可以看出,当偏角 θ 为 30°时,透视图的正立面和侧立面的透视变形实际情况基本相符,透视效果较好,如图 9-23(a)所示;当偏角 θ 为 45°时,透视图上的正立面和侧立面 45°的宽度基本相同,透视图主次不分明,效果较差,如图 9-23(b)所示,作图时 45°偏角一般不宜选用;当偏角 θ 为 60°时,透视图的侧立面时变得较为宽阔,而正立面变得较为狭窄,如图 9-23(c)所示;60°偏角不宜用来表达建筑物的整体形象,但在要突出表达建筑物侧立面的透视效果时,可以选用这种偏角。

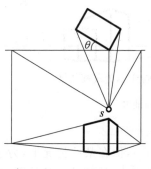 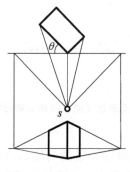 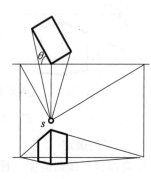

(a) 与画面的偏角 θ 为 30°　　　(b) 与画面的偏角 θ 为 45°　　　(c) 与画面的偏角 θ 为 60°

图 9-23　画面与建筑物正立面偏角大小对透视效果的影响

学 习 引 导

9-1　要学习绘制透视图的作图方法,首先应该了解形成透视图的投影体系,弄清基面、画面、基线、视点、站点、心点、视平线等术语与符号。

9-2　应清楚透视的实质是空间几何元素在画面上的中心投影,可利用几何元素的正投影来完成中心投影。弄清并掌握在二维平面上作空间点的透视和基透视的方法。

9-3　弄清直线的灭点的概念,弄清直线的画面迹点的概念,掌握在图上求作直线的灭点和直线的画面迹点的方法。

9-4　掌握根据直线的灭点和直线的画面迹点确定直线的透视方向,作画面相交的直线的透视和基透视方法。

9-5　作平面立体的两点透视图,关键是如何利用两个主向灭点和直线的画面迹点及真高线,作出立体上与画面相交的轮廓线的透视。

9-6　作平面立体的一点透视图,关键是如何利用心点和画面垂直线的画面迹点及真高线,作出立体上与画面垂直的轮廓线的透视。

思　考　题

9-1　什么是透视投影？它与多面正投影和轴测投影主要有哪些区别？

9-2　什么是直线的迹点和灭点？如何确定与画面相交的直线的透视方向？

9-3　为什么互相平行的直线的透视相交于它们的灭点？水平线的灭点在什么地方？

9-4　什么叫真高线？如何确定立体的透视高度？

9-5　假想构成法是一种可以摆脱习惯性思考的思维方法。在中心投影和平行投影不同思维方式之间转换的思维过程中，运用假想构成法想象建筑物的透视图的形成过程及绘图过程。

9-6　圆的透视的特点是什么？怎样作圆的透视？

9-7　如何根据立体的正投影图作出与视觉印象一致的透视图？处理好画面、视点和建筑物间的相对位置关系要考虑到哪些因素？

第 10 章 标 高 投 影

本 章 要 点

- **图学知识**

  了解标高投影的基本知识,掌握点、直线、平面、曲面(如圆锥面、同坡曲面)在标高投影中的表示法。掌握直线与地面的交点以及平面与平面、平面与曲面的交线的作图方法。

- **思维能力**

  培养学生通过阅读一组标注了高程的水平投影想象出物体的空间形状,并能根据题目要求构思出解题方案,再在平面上表示出来的能力,注意降维法和升维法等不同思维方法的运用和转换。

- **教学提示**

  注意引导学生在不同思维方法间转换。

10.1 点和直线的标高投影

10.1.1 概述

在土木、水利工程中,对于形状不规则的地面、弯曲的道路等复杂曲面,用多面正投影的表达方法就不太恰当。如图 10-1 所示,起伏不平的地面就很难用三面正投影表达清楚。而且,地面的高度与地面的长、宽相比显得很小。为此,常用一组平行、等距的水平面去截交地面,所得的每条截交线都为水平的曲线,线上的每一点距水平基准面 H 的高度相等,这些水平曲线称为等高线。这种标注了高程的地形等高线的水平投影,叫地形图。它能清楚表达地面起伏变化的形状。这种表达方法称为标高投影法。标高投影是在物体的水平投影上标注某些特征面、线以及控制点的高程数值的单面正投影图,但有时也要用铅垂面上的投影来帮助解决某些问题。

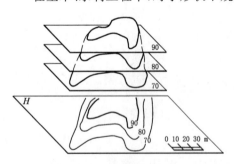

图 10-1 标高投影图概述

标高投影除了用来表示地形图以外,在土木、水利工程中,工程建筑物表面的一些相交问题以及与地面的相交问题,如工程建筑物的坡面交线,以及坡面与地面相交的坡边线等,也都常常用标高投影的方法解决。

10.1.2 点的标高投影

在点的水平投影旁,标上它的投影名称(小写字母),在字母右下角加注该点距离水平基准面 H 的高程数字,就是它的标高投影图。

如图 10-2 所示,设空间有三个点 A、B、C,作出它们在水平基准面 H 上的正投影 a、b、c,并在字母右下角加注它们距离水平基准面 H 的高程数字 5、0、-3,这些高程数字称为点 A、B、C 的标高。设水平基准面 H 的高程为 0,基准面 H 以上的高程为正,基准面 H 以下的高程为负,点 A 的高程为 $+5$,记为 a_5;点 B 的高程为 0,记为 b_0;点 C 的高程为 -3,记为 c_{-3}。于是就得到了这三个点的标高投影。在点的标高投影图中还应画出带有刻度的、水平方向的一粗一细的平行双线所表示的绘图比例尺,单位为米(m)。

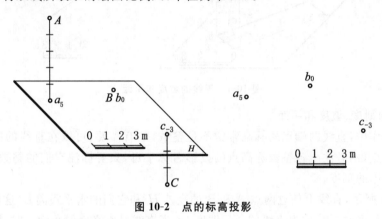

图 10-2 点的标高投影

10.1.3 直线标高投影的一般表示法

1. 直线标高投影的一般表示法

(1)直线的标高投影一般由两个端点的标高投影的连线来表示。如图 10-3 所示,一般位置直线 AB、铅垂线 CD、水平线 EF 的标高投影为 a_6b_2、c_7d_2、e_4f_4。

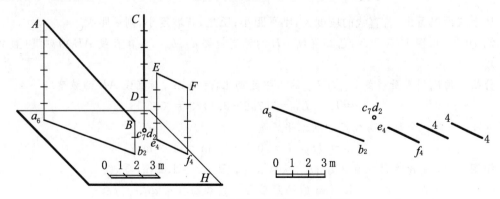

图 10-3 直线的标高投影的一般表示法

(2)等高线由它的水平投影加注一个标高数字来表示,加注的标高数字(即直线的高程数字)可以标注在它的水平投影的任一端,如图 10-3 中右侧的高程为 4 m 的等高线;标高数字也可以注在等高线的上方,或者两端都注相同的标高数字。

(3) 一般位置直线也可用直线上的一个点的标高投影并加注直线的坡度和下降方向来表示,直线的坡度和下降方向用注明坡度数值的带箭头的细实线表示。

如图 10-4 中的标高投影所示,直线过高程为 6 m 的点 A,箭头表示直线上点的高程降低的方向,$i=1:1.5$ 表示直线的坡度;坡度也可用分数表示,例如也可写成 $i=2/3$。

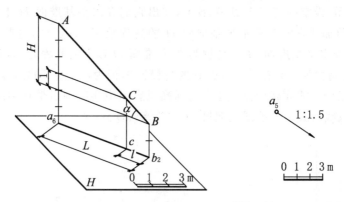

图 10-4　直线的坡度和平距

2. 直线的刻度、坡度和平距

在实际工作中,直线两端点的标高常常不是整数,如有需要,可以在直线的标高投影上定出各整数标高点,不必注出各整数标高点的投影名称字母,只要标注它们的整数标高,这就是直线的标高投影的刻度。

如图 10-4 所示,直线上任意两点 A 和 B 的高差 H 和它们的水平距离 L(这两点间的线段的水平投影的长度)之比,称为直线的 AB 坡度 i。当直线对水平面倾角为 α 时,则直线的坡度 i 为

$$i = H/L = \tan\alpha$$

直线上任意两点的高差为一个单位(也就是 1 m)时的水平距离,称为该直线的平距,记为 l,与坡度互为倒数。

这时,直线的坡度 i 可表示为

$$i = 1/l$$

从上式可以看出,若直线的坡度大,则平距小;反之,若坡度小,则平距大。

例 10-1　如图 10-5 所示,已知直线 AB 的标高投影 $a_{7.6}b_{3.1}$,求作直线 AB 的刻度(整数高程点)。

分析　用比例尺量得的 $a_{7.6}$ 与 $b_{3.1}$ 的水平距离 $L_{AB}=9$ m,则直线 AB 的坡度

$$i = H_{AB}/L_{AB} = (7.6-3.1)/9 = 0.5$$

点 $a_{7.6}$ 到第一个整数高程点 c_7 的水平距离

$$L_{AC} = H_{AC}/I = 0.6/0.5 \text{ m} = 1.2 \text{ m}$$

作图　(1) 用比例尺在直线 $a_{7.6}b_{3.1}$ 从点 $a_{7.6}$ 量取 $L_{AC}=1.2$ m,得 c_7。

(2) 从 c_7 往 $b_{3.1}$ 方向依次按 2 m 的平距量得各整数高程点 d_6、e_5、f_4。

例 10-2　如图 10-6 所示,已知直线 AB 的标高投影 a_8b_5 和直线上的点 C 到点 A 的水平距离 $L_{AC}=4$ m,求作直线 AB 的坡度 i、平距 l,以及直线 AB 上的点 C 的高程。

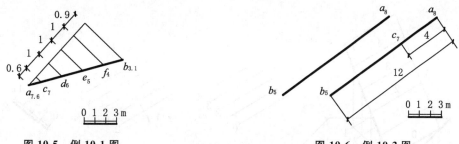

图 10-5　例 10-1 图　　　　　　　　　　　　　　**图 10-6　例 10-2 图**

解　用比例尺量得的 a_8 与 b_5 的水平距离 L 为 12 m，则直线 AB 的坡度

$$i = H/L = (8-5)/12 = 1/4$$

直线 AB 的平距　　　　　　　　　$l = 1/i = 4$

点 C 与点 A 的高差　　　　　$H_{AC} = iL_{AC} = 1/4 \times 4 \ \text{m} = 1 \ \text{m}$

点 C 的高程　　　　　$H_C = H_A - H_{AC} = (8-1) \ \text{m} = 7 \ \text{m}（记为 c_7）

10.2　平面上的标高投影

10.2.1　平面上的等高线、坡度线和坡度比例尺

1. 平面上的等高线

如图 10-7(a)、(b)所示，平面上的等高线就是这个平面与一组平行、等距与各个水平面的交线。因此，平面上的各等高线是一组互相平行、间距相等的直线，且各等高线间的高差与水平距离的比例相同，当相邻等高线的高差相等时，其水平距离也相等。通常在实际应用中采用平面上整数标高的水平线为等高线。平面与水平基准面 H 的交线，是高程为零的等高线。

2. 平面上的坡度线

如图 10-7(a)、(c)所示，平面上的坡度线就是平面上对水平基准面 H 的最大倾斜线。

平面的坡度线通常是用带有箭头表示下降方向的细实线来表示的，并标注出坡度，还画出过坡度方向线的上端点的平面上的一条等高线的水平投影。

3. 投影平面的坡度比例尺

如图 10-7(c)、(d)所示，在平面上的坡度线的水平投影上标上刻度，画成一粗一细的双线，以与其他带有刻度的直线相区别，并标注带有下标 i 的平面名称的小写字母，如图中的 p_i，称为平面的坡度比例尺。平面的坡度比例尺的平距，就是平面上的坡度线的平距。

10.2.2　平面的标高投影表示法

在标高投影中常用如图 10-8 所示的五种形式来表示平面，分述如下。

（1）用确定平面的几何元素表示。

（2）用平面上的一组等高线表示。平面可以用平面上的两条或两条以上的等高线表示。当用两条以上的等高线表示平面时，不仅它们都互相平行，而且各等高线间的高差和间距的水

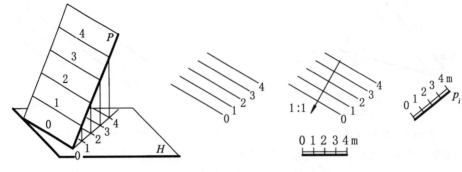

(a) 等高线，坡度线　　　(b) 等高线　　(c) 等高线与坡度线　　(d)坡度比例尺

图 10-7　平面上的等高线、坡度线和坡度比例尺

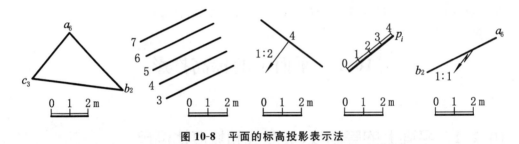

图 10-8　平面的标高投影表示法

平投影的比例也应相同。

（3）用平面上的一条等高线和一条坡度线表示。

（4）用平面的坡度比例尺表示。

（5）用平面上的一条与水平面倾斜的直线、平面的坡度和在直线一侧的大致下降方向表示。

例 10-3　如图 10-9 所示，求作 $\triangle ABC$ 平面上的高程为 6 m、7 m、8 m、9 m 的等高线与坡度比例尺 p_i。

作图　（1）过 $b_{9.5}$ 作一直线，从 $b_{9.5}$ 依次量取半个单位长度和四个一个单位长度，得点 1、2、3、4、5，连接 $5c_5$，过点 1、2、3、4 作 $5c_5$ 的平行线，与 $b_{9.5}c_5$ 相交，得刻度点 9、8、7、6，连接 6、a_6 为三角形平面上的高程为 6 m 的等高线，过 7、8、9 分别作 $6a_6$ 的平行线，即为平面上的高程为 7 m、8 m、9 m 的等高线。

（2）在适当位置作垂直于等高线的一粗一细的双线，与各等高线相交得刻度点 6、7、8、9，即为 $\triangle ABC$ 平面的坡度比例尺 p_i。

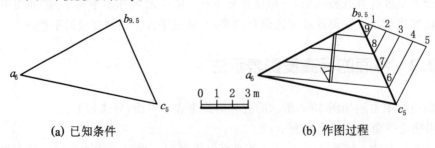

(a) 已知条件　　　　　　　　　(b) 作图过程

图 10-9　例 10-3 图

10.2.3 两平面平行的标高投影

如图 10-10 所示,在标高投影中,常见的两平面平行的投影特性:

(1) 两平面上的等高线互相平行,两平面上的坡度线也互相平行,下降方向相同,坡度相等;

(2) 两平面的坡度比例尺互相平行,刻度间的平距相等,且下降方向相同。

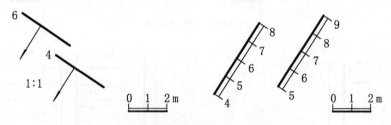

图 10-10 两平行平面的表示方法

10.2.4 两平面相交的标高投影

如图 10-11 所示,在标高投影中,两平面的交线就是两平面上的两对相等高程等高线相交后所得交点的连线。

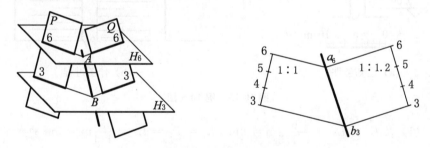

图 10-11 平面交线的标高投影

例 10-4 如图 10-12 所示,已知两个平面的标高投影,一个是由高程为 6 m 的等高线、平面的坡度为 1:1.5 及其下降方向表示的平面,另一个是用坡度比例尺 p_i 表示的平面,求两平面的交线。

作图 (1) 过 p_i 上的点 7 与 3 作 p_i 的垂线,得该平面上的高程为 7 m 与 3 m 的等高线。

(2) 在另一平面上高程为 7 m 的等高线已知,高程为 3 m 的等高线与其平行,两线间的水平距离 $L = \dfrac{1}{i} \times H = 1.5 \times (7-3)\text{m} = 6\text{m}$。

(3) 两平面上高程为 7 和 3 的两对等高线分别相交得点 a_7 与 b_3,连接 a_7、b_3 即为所求。

例 10-5 已知土堤的高程、各边坡的坡度、地面的高程,如图 10-13 所示,试作出两堤之间、堤面与地面之间的交线,并从堤顶 a_6 在坡面上作一条坡度 $i=1:3$ 的倾斜直线。

分析 两土堤的堤顶边线为等高线 5 和 6,各土堤坡面是以一条等高线和地面的坡度来表示的。

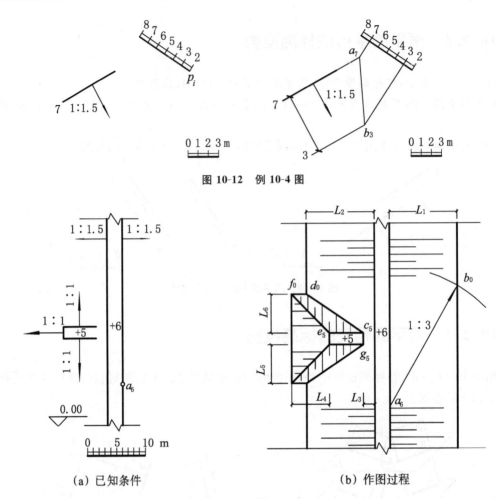

图 10-12　例 10-4 图

（a）已知条件　　　　　　　　（b）作图过程

图 10-13　例 10-5 图

作图　(1) 以 $L_1 = L_2 = \dfrac{6}{1/1.5}\,\text{m} = 9\text{m}$, $L_4 = L_5 = L_6 = \dfrac{5}{1/1}\,\text{m} = 5\text{m}$ 的水平距离作各坡面与地面的交线。

(2) 以 $L_3 = \dfrac{1}{1/1.5}\,\text{m} = 1.5\,\text{m}$ 的水平距离作堤顶平面高程为 6 m 的左坡面与高程为 5 m 的堤顶平面的交线。

(3) 将相邻两坡面上两对相同高程的等高线的交点连成直线，如 $c_5 d_0$、$e_5 f_0$、$c_5 g_5$ 即为两坡面的交线。

(4) 以 a_6 为圆心，$L_{AB} = \dfrac{6}{1/3}\,\text{m} = 18\,\text{m}$ 为半径画圆，与坡面上高程为 0 的等高线交于 b_0，$a_6 b_0$ 即为所求倾斜直线。

(5) 在坡面上加画示坡线，示坡线应垂直于坡面上等高线，用长短相间且等距的细实线绘制，并且从高程大的等高线画向高程小的等高线。

10.3 曲线、曲面的标高投影

10.3.1 曲线的标高投影

曲线的标高投影一般可以由它的水平投影和曲线上一系列点的标高投影来表示,可以不标明曲线上各点的投影名称字母,而只表示出各点的水平投影位置并标注标高。

10.3.2 曲面的标高投影

这里只以圆锥面、斜圆锥面和同坡曲面为例说明曲面的标高投影的一般表示法及其应用。若曲面各处的坡度都相等,则称为同坡曲面;圆锥面是同坡曲面,而斜圆锥面则不是同坡曲面。

1. 圆锥面和斜圆锥面的标高投影

曲面的标高投影一般可以由曲面上的一组等高线来表示,通常用一组间隔相等的整数标高的水平面截切曲面所得的等高线来表示。在标高投影图中,圆锥面的底圆为水平面。用一组间隔相等的水平面与圆锥相交,截交线都为圆。用这组标有高度值的圆的水平投影来表示圆锥。如图 10-14 所示,直圆锥面标高投影是一组同心圆,斜圆锥面的标高投影是一组偏心圆。

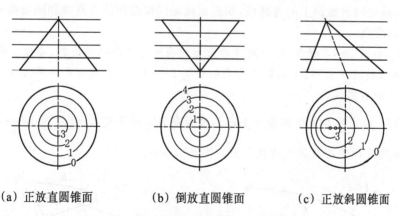

（a）正放直圆锥面 　　（b）倒放直圆锥面 　　（c）正放斜圆锥面

图 10-14 圆锥面和斜圆锥面的标高投影

显然,当圆锥正放时,等高线的高程值愈大,则圆的直径愈小;当圆锥倒放时,等高线的高程值愈大,则圆的直径愈大。

圆锥面在各处的坡度线。它们与各等高线的交点就是坡度线上的刻度点,由于等高线都是间距相等的同心圆,所以各处坡度线的相邻刻度点之间的平距都相等,圆锥面的坡度处处相等,属于同坡曲面。在土木、水利工程中,常在两坡面的转角处采用坡度相同的锥面过渡。斜圆锥面上的素线的水平投影,即斜圆锥面在各处的坡度线。虽然每条坡度线与等高线交得的相邻刻度点之间的平距都各自相等,但各坡度线的平距除了对称面上的两条线外,都彼此不相等,因而斜圆锥面不是同坡曲面。

在斜圆锥面等高线密集的地方,坡度线的平距小,坡度大,该处的素线陡峭,在斜圆锥面等高线稀疏的地方,坡度线的平距大,坡度小,该处的素线较平缓。

2. 同坡曲面的标高投影

各处的坡度都相等的曲面,称为同坡曲面。同坡曲面在土木、水利工程中被广泛应用。只要稍加注意就会发现在道路的弯道处,其边坡总是做成同坡曲面。同坡曲面还可以看做将圆锥的轴线始终保持铅垂、锥顶沿着空间曲线(称为顶边曲线)运动的正圆锥面的包络面,也就是与这些圆锥面都相切的曲面,如图 10-15 所示。从图中可以看出:同坡曲面是直纹面,同坡曲面与圆锥面相切于圆锥面上的每一条直素线是同坡曲面在该处的坡度线,它的坡度等于圆锥锥顶半角的余切。在同坡曲面上需画出示坡线,各处的示坡线的方向应与该处的坡度线方向相同或相接近。

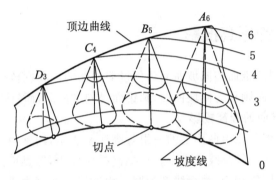

图 10-15　同坡曲面

用水平面与各圆锥面相交,交线为一组水平的纬圆,在同一水平面上各纬圆的包络线,即公切的曲线,就是同坡曲面上的等高线,切点也就是同坡曲面的等高线和同坡曲面与圆锥面相切的坡度线的交点。

例 10-6　如图 10-16 所示,已知同坡曲面上的顶边曲线的标高投影,曲线上的点 A 的标高投影为 a_6,曲线的坡度 $i_0 = 1:5$,同坡曲面的坡度 $i = 1:2.5$ 和坡面的下降方向。试作同坡曲面上整数高程的等高线。

作图　(1) 因顶边曲线上高差为 1 m 的整数高程点的平距 $l_0 = \dfrac{1}{i_0} = \dfrac{1}{1/5}$ m $= 5$ m,从 a_6 往左,以 5 m 的平距依次在顶边曲线上量得点 b_5、c_4、d_3。

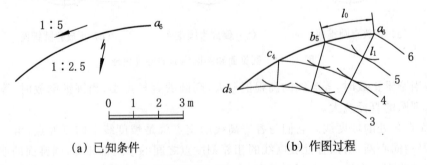

(a) 已知条件　　　　　　　　　(b) 作图过程

图 10-16　例 10-6 图

(2) 同坡曲面上高差为 1 m 的整数高程的等高线的平距 $l = \dfrac{1}{i} = \dfrac{1}{2/5}$ m $= 2.5$ m,以 c_4、b_5、a_6 为圆心,分别以 2.5 m、5 m、7.5 m 为半径画圆和同心圆,即为相应各圆锥面的等高线。

(3) 作各圆锥面相同高程的等高线纬圆的包络线,得同坡曲面上高程为 3、4、5、6 的等高线。

例 10-7　已知地面的高程为 15 m,有一条弯曲的斜引道与高程为 19 m 的平台相连,所有的填筑坡面的坡度,如图 10-17 所示。试作各坡边线和坡面间的交线。

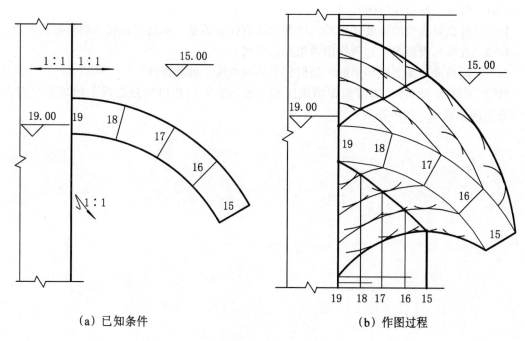

（a）已知条件　　　　　　　　　　　（b）作图过程

图 10-17　例 10-7 图

作图　（1）弯道路面两侧坡面上等高线的高差为 1 m,相应的平距 $l = \dfrac{1}{1/1}$ m = 1 m。以弯道两侧边线上的高程点 16 m、17 m、18 m 为圆心,分别以 1 m、2 m、3 m、4 m 为半径画圆和同心圆,即为各圆锥面的等高线。

（2）作各圆锥面相同高程的等高线纬圆的包络线,得弯道两侧同坡曲面上相应高程等高线 15 m、16 m、17 m、18 m。

（3）以 $L = (19-15) \times 1$ m = 4 m 作出高程为 19 m 的平台右侧坡面与地面的交线。在填筑坡面高程为 19 m 与 15 m 的等高线之间,以平距 1 m 插入高程为 19 m 与 15 m 的 16 m、17 m、18 m 的等高线。两组相同高程的等高线相交,用光滑曲线连接各点,即为同坡曲面与平台坡面的交线。

同坡曲面、平台坡面与地面的交线,就是各坡坡面上高程为 15 m 的等高线。

（4）同坡曲面上画出全部或部分示坡线。它是相应切点的连线,与坡面上的等高线正交。

学 习 引 导

10-1　标高投影是在物体的水平投影上标注某些特征面、线及控制点的高程数值的单面正投影图。所以,画出图形标注高度时,需要给出比例尺。

10-2　应注意在标高投影中,直线与平面的表示形式与正投影的不同,要理解与掌握。

10-3　要清楚等高线是立体,是地面标高投影的特征线,应学会根据地形图上的等高线,判断地面高低起伏的状况。

思　考　题

10-1　什么是标高投影图?

10-2　什么是直线的坡度和平距? 两者之间有什么关系? 如何作直线上的整数高程点?

10-3　在标高投影图上如何作出两平面的交线?

10-4　同坡曲面是怎样形成的? 如何作出同坡曲面上的等高线?

10-5　当路面倾斜时,如何确定填筑区和开挖区? 如何作出斜路边线上的填挖分界点? 如何作出两侧坡面上的等高线?

第 11 章　制图的基本知识

本章要点

- **图学知识**

  介绍工程制图的一些基本常识,包括绘图工具的使用方法;房屋建筑制图国家标准中的基本规定、常用的几何作图方法,以及绘图的方法和步骤,并适时与机械制图标准进行对比介绍。

- **实践技能**

  (1) 通过完成一定量的基础练习,逐步理解并熟悉常用国家标准的若干规定,建立严格遵守国标规定的概念,养成自觉遵守国家标准的习惯。

  (2) 通过绘图实践,正确熟练使用绘图工具和仪器,掌握快捷、高质量绘制图样的基本方法和技能,培养规范作图的良好习惯。

- **教学提示**

  建议自学。

11.1　制图工具和使用方法

正式的投影图及各种工程图都是具有一定精度要求的图样,必须使用绘图工具及仪器绘制。要学习如何识图,首先要学会制图。要能绘制出高质量的图样,必须掌握制图工具的正确使用方法,这样才能保证制图的质量,提高工作效率。

以下主要介绍手工制图不可缺少的几种绘图工具和仪器,并简要说明使用方法。

11.1.1　绘图板

绘图板简称图板,如图 11-1 所示。图板是用来固定图纸的。

图板用木料制成,板面应平整无裂缝,软硬适宜。图板两短边必须平直,一般镶嵌不易收缩的硬木,其左边为工作边,必须平、直、硬。图板大小宜与所使用的图纸幅面相适应,图纸应小于图板。

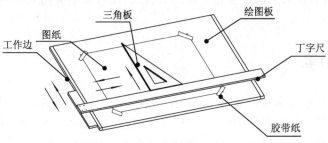

图 11-1　绘图板、丁字尺、三角板

11.1.2 丁字尺

丁字尺由尺身和尺头组成。丁字尺用来配合图板画图。

丁字尺的尺头与尺身垂直,且连接牢固。尺身的上边沿为工作边,常带有刻度,要求平直光滑无刻痕。丁字尺的长度要与图板长度相适应,一般以两者等长为好。

使用绘图板和丁字尺时应注意以下几点:

(1) 制图时,左手握住尺头紧靠图板工作边上下移动,沿尺身工作边可画出互相平行的水平线;

(2) 不能用尺身的下边沿画线,也不能调头靠在图板的其他边沿上使用;

(3) 不可利用丁字尺及图板切割纸边;

(4) 不画图时,可将图板竖直放置,以免板面被划伤;

(5) 丁字尺不用时,应挂在背光干燥的地方,以免变形损坏。

11.1.3 三角板

绘图用的三角板为两块直角三角形板(见图 11-2),合称一副,其中一块具有一个 30°角、一个 60°角,另一块具有两个 45°角。有的边上带有刻度,可用于度量尺寸。绘图用的三角板的规格尺寸以不小于 250 mm 为宜。三角板的规格尺寸指 45°三角板的斜边长度,30°、60°三角板的长直角边长度。

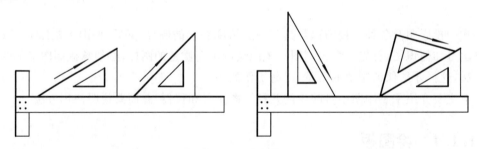

图 11-2 画斜线

一副三角板与丁字尺配合,可画出与水平线成 30°、60°、45°、90°及其他与水平线成 15°倍数的斜线,如图 11-2 所示。两三角板互相配合还可画出互相平行或垂直的斜线。

使用三角板时应注意:三角板配合丁字尺画图时,将三角板的一直角边靠紧丁字尺的工作边并滑动三角板,可自左向右画出互相平行的竖直线,此时画笔应贴靠三角板的左边,自下而上地画出图线。

11.1.4 铅笔

制图用的铅笔有普通木制铅笔与活动铅笔两种。绘图铅笔铅芯有不同的硬度,一般在笔杆的端部标有表示铅芯软硬程度的代号,"H"表示硬,H 数值愈大则愈硬,最硬的铅笔为 6H;"B"表示软(黑),B 数值愈大则愈软(黑),最软的铅笔为 6B;"HB"表示适中。一般画底图时选用较硬的铅笔,如 2H、3H 等,加深图线时可用 HB、B、2B 等中等硬度的铅笔。

使用木制铅笔时应注意以下几点：

（1）不宜用卷笔刀，而应用小刀削笔。

（2）削笔时勿将有标志的一端削去。

（3）铅笔宜削成锥形，笔尖不宜过长或过短，如图 11-3（a）所示。

（4）画图线时，笔的姿态应如图 11-3（b）所示，即正面看时与纸面约成 60°倾斜角，侧面看时笔尖抵住尺的下边沿，笔身向外倾斜。画较长的图线时，为使线条保持粗细一致，铅笔要在行笔过程中顺笔的行走方向缓慢旋转，使铅笔尖均匀磨损，以保持尖锐，一旦变钝应立即磨尖。

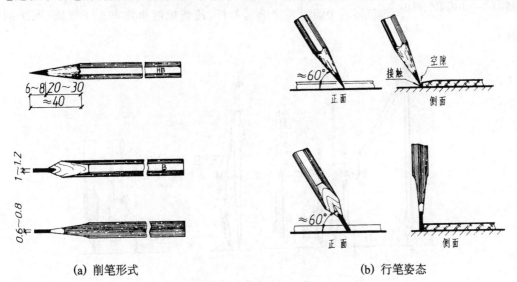

(a) 削笔形式	(b) 行笔姿态

图 11-3　铅笔的削法和用法

11.1.5　分规与圆规

分规与圆规形状相似，如图 11-4 所示。

(a)分规　　(b)用分规等分线段　　(c)圆规　　(d)用圆规画圆

图 11-4　分规和圆规

分规是用来量取线段和等分线段的工具。圆规是用来画圆或圆弧的工具。

小圆规（点圆规）是用来画直径小于 5 mm 圆的工具，如图 11-5 所示。

圆规的脚是可换的，有针尖脚、铅芯脚和墨线脚（见图 11-6），绘图时根据不同用途换成针尖脚便是分规，换成铅芯脚或墨线脚则成为圆规。

使用圆规时应注意以下几点。

（1）作分规用时两脚都要用无肩端，且两尖要平齐；

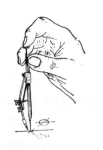

图 11-5　小圆规的用法

（2）用圆规画图时，针尖脚要用有肩端的，且略长于铅芯脚或墨线脚，画线时要扎透纸面，使尖肩抵住纸面（见图 11-6），这样做，即使画多个同心圆，也不致使针孔越来越大；

（3）随时调整两脚，使其垂直于纸面（见图 11-6）；

（4）圆规上使用的铅芯，建议在画细实线时用 HB 的铅芯，画粗实线时用 2B 的铅芯；

（5）画图转动时的力度和速度要均匀，并使圆规向转动方向稍微倾斜，画大圆时要接上延伸杆，使圆规两角均垂直于纸面（两手同时操作）。

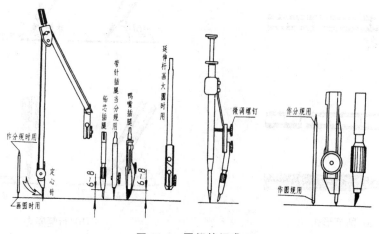

图 11-6　圆规的组成

11.1.6　曲线板

曲线板也称云形板（见图 11-7），形状有多种，图 11-8(a)所示的是较简单的一种。有的在三角板中镂空形成。曲线板是画非圆曲线用的。画曲线的过程如下（见图 11-8(b)）：

图 11-7　曲线板

（1）已知曲线上的若干点（控制点）；

（2）用较硬的铅笔徒手将各点轻轻地连成曲线；

（3）在曲线板上选择曲率大致与曲线的部分（至少连续通过四个点）曲率相同的一段，靠在曲线上，并稍微偏转移动曲线板，使与曲线吻合后将曲线描深或上墨；

（4）用同样方法分若干段将曲线画完。

使用曲线板时应注意：连线时，先只将吻合线的中间一段画出，留出一小段作为下一次连接相邻部分之用，这样才能使所画曲线光滑。

11.1.7　比例尺

比例尺的形式有多种，图 11-9 所示为三棱比例尺，在其三个棱面上刻有 1：100、1：200、1：300、1：400、1：500、1：600 六种比例。尺子上的长度单位一般都是米(m)。

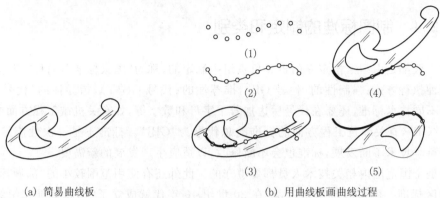

(a) 简易曲线板　　　　　　　　　　　　(b) 用曲线板画曲线过程

图 11-8　用曲线板描非圆曲线

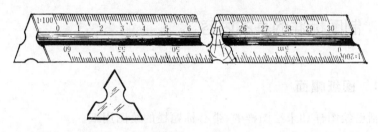

图 11-9　比例尺

　　画在图纸上的图形与实物的大小常不相同,它们之间有一定比例关系。例如,欲使图形比原形(在长度上)缩小 100 倍,不必计算,选用 1:100 的比例尺直接量度即可。

　　使用比例尺时注意:画图时,比例尺只用来量尺寸,不可用来画线。量取尺寸时可把比例尺放在图纸上需要量尺寸的地方直接量取尺寸,并用铅笔作出记号,或用分规从比例尺上量取。

11.1.8　其他

　　除以上所列外,擦图用的橡皮、固定图纸用的胶带纸、书写墨字用的钢笔及绘图墨水、磨铅芯用的细砂纸、扫除橡皮屑用的软毛刷及擦图片(见图11-10)等,也是需要准备的常用物品。

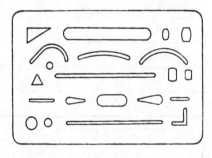

图 11-10　擦图片

11.2　绘制工程图的有关规定

　　工程图样是工程施工、生产、管理等环节最重要的技术文件。它不仅包括按投影原理绘制的、表明工程形状的图形,还包括工程的材料、做法、尺寸、有关文字说明等,所有这一切都必须有统一规定,才能使不同岗位的技术人员对工程图样有完全一致的理解,从而使工程图真正起到技术语言的作用。

11.2.1　制图标准的制定和类别

标准一般都是由国家指定专门机关负责组织制定的,称为"国家标准",简称"国标"。国标有以下三种执行方式:强制性的(代号 GB),推荐性的(代号 GB/T),指导性的(代号 GB/Z)。为了区别不同技术标准,还要在代号后边加若干字母和数字等,如有关机械工程方面的标准的总代号为"GB",有关建筑工程方面的标准的总代号为"GBJ"。标准不是一次性制定,永远如此。随着科学技术不断发展,标准也会不断修改,以适应生产发展的新需要。

国标是全国范围内相关技术人员都要遵守的。此外还有使用范围较小的"部颁标准"及地区性的地区标准。就世界范围来讲,早在 20 世纪 40 年代就成立了"国际标准化组织"(代号 ISO),它制定的若干标准,皆冠以"ISO"。

11.2.2　制图标准的基本内容

11.2.2.1　图纸幅面

图纸是包括已绘图样和未绘图样的、带有标题栏的绘图用纸。

图纸幅面是图纸的大小规格,也是指矩形图纸的长度和宽度组成的图面。

图框是图纸上限定绘图区域的线框,其边线(周边)称为图框线(用粗实线画出)。

我国规定的图纸幅面和图框的尺寸及代号如表 11-1 所示。

表 11-1　图纸幅面和图框尺寸　　　　　　　单位:mm

幅面代号	A0	A1	A2	A3	A4
$B \times L$	841×1 189	594×841	420×594	297×420	210×297
e	20			10	
c	10			5	
a			25		

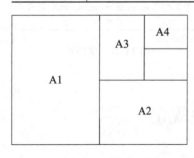

图 11-11　基本幅面

一般 A0～A3 图纸宜横式使用,必要时也可立式使用,当图纸幅面的长边需要加长时,可查阅国家标准。

基本幅面(第一选择)各号图纸的尺寸关系如图 11-11 所示。

无论图纸是否要装订,均应用粗实线画出图框,其格式有不留装订边和留有装订边两种,但同一产品的图样只能采用一种格式。

11.2.2.2　标题栏

在每张正式的工程图纸上都应有工程名称、图名、图纸编号、设计单位、设计人、绘图人、校核人、审定人的签字等栏目,把它们集中列成表格形式就是图纸的标题栏,简称图标(用粗实线画出外框,用细实线画分隔线)。其位置如图 11-12 所示。

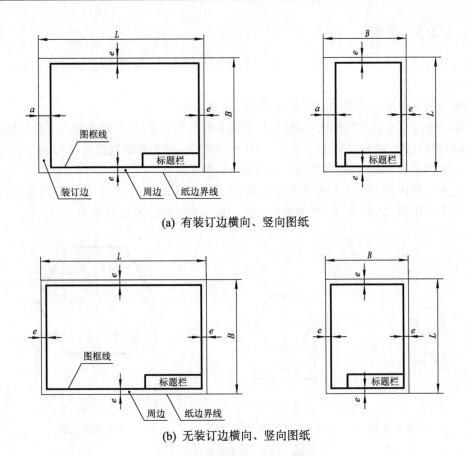

(a) 有装订边横向、竖向图纸

(b) 无装订边横向、竖向图纸

图 11-12　图纸幅面、图框、标题栏

　　本课程的作业和练习都不是生产用图纸,所以除图幅外,标题栏的栏目和尺寸都可简化或自行设计。学习阶段建议采用图 11-13 所示的标题栏。其中图名用 10 号字,校名用 10 号或 7 号字,其余汉字除签名外都用 5 号字书写,数字则用 3.5 号字书写。

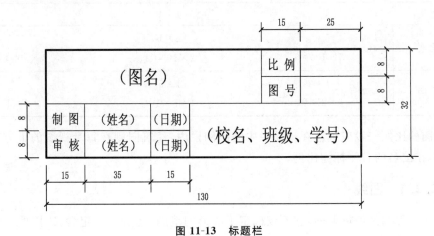

图 11-13　标题栏

11.2.2.3　比例

能用直线直接表达的尺寸,称为线性尺寸,如直线的长度、圆的直径、圆弧半径等。角度为非线性尺寸。

比例为图中图形与其实物相应要素的线性尺寸之比。

图形一般应尽可能按实际大小画出,以便读者有直观印象,但是建筑物的形体比图纸要大得多,而精密仪器的零件(如机械手表零件)往往又很小,为了方便制图及读图,可根据物体对象的大小选择适当放大或缩小的比例,在图纸上绘制图样。

比值为1的比例,即1:1,称为原值比例;比值大于1的比例,如2:1等,称为放大比例;比值小于1的比例,如1:2等,称为缩小比例。各比例的标注形式如图11-14所示。

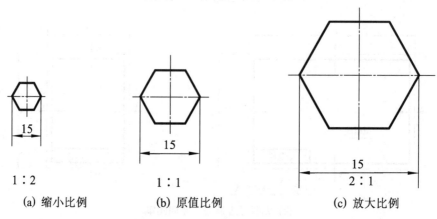

$$1:2 \qquad\qquad 1:1 \qquad\qquad 2:1$$

(a) 缩小比例　　　　　(b) 原值比例　　　　　(c) 放大比例

图 11-14　比例的标注形式

机械图样常见原值比例,而建筑物体形大,其图样常用缩小比例。

需要按比例绘制图样时,应由表11-2规定的系列中选取适当的比例。

表 11-2　比例

种　类	比　例		
原值比例	1:1		
放大比例	5:1	2:1	
	$5 \times 10^{n}:1$	$2 \times 10^{n}:1$	$1 \times 10^{n}:1$
缩小比例	1:2	1:5	
	$1:2 \times 10^{n}$	$1:5 \times 10^{n}$	$1:1 \times 10^{n}$

机械图的比例一般应标注在标题栏中的比例栏内,建筑图则在每个视图的下方写出该视图的名称,在图名的右侧标注比例。

11.2.2.4　图线

图线对工程图是很重要的,它不仅确定了图形的范围,还表示一定含义,因此需要有统一规定。

1. 图线宽度

国标规定建筑类图线宽度有粗线、中粗线和细线之分,粗、中粗、细线的宽度比为4:2:1。

机械类图线宽度有粗线、细线之分,粗、细线的宽度比为 3∶1。

所有线型的宽度应根据图样大小和复杂程度在下列数系中选择(图形小而图线多则应选择较细的线宽)0.35 mm、0.5 mm、0.7 mm、1 mm、1.4 mm、2 mm。

选用线宽时应注意:

(1)线宽指图中粗实线的线宽 d,图中其他图线则根据不同类型图样的比确定各自的线宽;

(2)根据图样的复杂程度和比例大小来选用不同的线宽;

(3)一般情况下,同一张图纸内相同比例的各图样应选用相同线宽组合;

(4)同一图样中同类图线的宽度也应一致。

线宽允许有偏差。使用固定线宽 d 的绘图仪器绘图的线宽偏差不得大于 $\pm 0.1d$。

2. 基本线型

表 11-3 中对各种图线的线型、线宽作了明确的规定。

表 11-3　图线

名　称		线　型	线宽	一般用途
实线	粗		d	主要可见轮廓线
	中		$0.5d$	可见轮廓线
	细		$0.25d$	可见轮廓线、图例线等
虚线	粗		d	见有关专业制图标准
	中		$0.5d$	不可见轮廓线
	细		$0.25d$	不可见轮廓线、图例线等
单点长画线	粗		d	见有关专业制图标准
	中		$0.5d$	见有关专业制图标准
	细		$0.25d$	中心线、对称线等
双点长画线	粗		d	见有关专业制图标准
	中		$0.5d$	见有关专业制图标准
	细		$0.25d$	假想轮廓线、成型前原始轮廓线
折断线			$0.25d$	断开界面
波浪线			$0.25d$	断开界面

3. 图线画法

铅笔线作图要求做到**清晰整齐、均匀一致、粗细分明、交接正确**。

(1)实线(粗、中、细)。

画法要求　同类线宽度均匀一致。

(2)虚线。

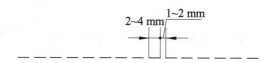

画法要求　各段线长度、间隔均匀一致。

（3）点画线。

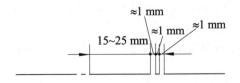

画法要求　各段线长度、间隔、中间点均匀一致；线段长度可根据图样的大小确定；中间点随意画点，不必刻意打点。

基本线型应恰当地相交于"画"处（线段相交）或准确地相交于"点"上，如图 11-15 所示。

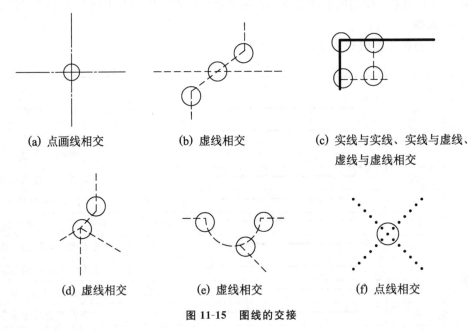

（a）点画线相交　　　　　（b）虚线相交　　　　　（c）实线与实线、实线与虚线、
　　　　　　　　　　　　　　　　　　　　　　　　　　　　虚线与虚线相交

（d）虚线相交　　　　　（e）虚线相交　　　　　（f）点线相交

图 11-15　图线的交接

除非另有规定，两条平行线之间的最小间隙不得小于 0.7 mm。手工使用非固定线宽的笔绘图时，允许目测控制线宽和线素长度。

11.2.2.5　字体

汉字和数字是工程图的重要组成部分，如果书写潦草，不仅会影响图面清晰、美观，而且还会因看不清楚而造成误解，给生产带来损失。

工程图中的文字包括汉字、字母、数字和书写符号等。

国标规定工程图中的文字字体应做到**字体工整、笔画清楚、间隔均匀、排列整齐**。

1. 汉字

国家标准规定，工程图中的汉字应采用长仿宋体（大标题、图册封面、地形图等的汉字允许书写成其他字体，但应易于辨认），所以把长仿宋体字也称为"工程字"，如图 11-16 所示。

长仿宋体字是宋体字的变形。按规定长仿宋体字的字高与字宽的比约为 1:0.7，笔画的宽度约为字高的 1/20。

写在工程图中的字母和数字（见图 11-17）都是黑体字。在同一图样上，只允许选用一种形式的字体。

14号字

图样是工程界的技术语言

10号字

字体工整　笔画清楚　间隔均匀　排列整齐

7号字

写仿宋字的要领：横平竖直　注意起落　结构均匀　填满方格

5号字

房屋建筑桥梁隧道水利枢纽结构设计施工建造生产工艺企业管理

图 11-16　汉字长仿宋字示例

2. 字母和数字

字母和数字可写成斜体和直体。斜体字字头向右倾斜，与水平基准线成 75°角，如图11-17 所示。

ABCDEFGHIJKLMNO

PQRSTUVWXYZ

abcdefghijklmnopq

rstuvwxyz

0123456789IVX

ABCabcd1234IV

75°

图 11-17　一般字体的字母和数字

在工程图中实际书写的字母和数字，并不需要像图 11-17 那样画出许多小格，只要作出上、下两条界线（对于小写字母再加画上延和下伸的两条线），但字体结构和各部分比例仍应如图 11-17 所示。图 11-18表示了这种字格式样。

12345

图 11-18　数字的写法

3. 字号及使用

字体高度（h）代表字体的号数，简称字号。如字高 5 mm 的字即为 5 号字。一般情况下，字宽为小一号字的字高，国家标准规定常用字号的系列是：2.5、3.5、5、7、10、14、20 号。

在图中书写的汉字不应小于 3.5 号，书写的数字和字母不应小于 2.5 号。

写长仿宋字应注意以下几点:

(1) 要在有字格(用很浅的硬铅芯细线画出)或有衬格中写汉字;

(2) 初练字时,行笔要慢,且各种笔画都是一笔写完,不要重描。

11.2.2.6　尺寸注法

图样上的尺寸用以确定物体大小和位置。工程图上必须标注尺寸。

标注尺寸总的要求是:

(1) 正确合理　标注方式符合国标规定;

(2) 完整划一　尺寸必须齐全,不在同一张图纸上但相同部位的尺寸要一致;

(3) 清晰整齐　注写的部位要恰当、明显、排列有序。

尺寸注写,对不同专业图样有不同要求,本书仅介绍应遵守的一般规则。

1. 尺寸内容

一个完整尺寸的组成应包括**尺寸界线、尺寸线、尺寸起止符号和尺寸数值**四项,如图 11-19 所示。

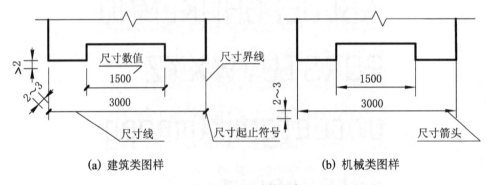

(a) 建筑类图样　　　　　　　　(b) 机械类图样

图 11-19　尺寸的组成

(1) 尺寸界线　被标注长度的界限线。

尺寸界线用细实线画。必要时图样轮廓线可以作为尺寸界线。

国标对建筑图与机械图尺寸界限线的画法要求有所不同,在建筑图中,尺寸界线近图样轮廓的一端应离开图样轮廓线不小于 2 mm,另一端宜超出尺寸线 2~3 mm;而在机械图中,尺寸界线近图样轮廓的一端应从轮廓线直接引出,另一端同建筑图要求。一般情况下,尺寸界线应与被标注长度垂直。

(2) 尺寸线　被标注长度的度量线。

尺寸线用细实线画,不能用图样中的其他任何线代替。

尺寸线应与所标对象平行,其两端不宜超出尺寸界线。

画在图样外围的尺寸线,与图样最外轮廓线的距离不宜小于 10 mm。

平行排列的尺寸线间距为 7~10 mm,且应保持一致。

互相平行的尺寸线,应从被注轮廓线按小尺寸近、大尺寸远的顺序整齐排列。

(3) 尺寸起止符号　尺寸线起止处所画的符号。

尺寸起止符号有两种:箭头和斜短线,如图 11-20 所示。

箭头的画法:箭头的式样如图 11-20(a)所示,可用模板或直尺画成。

斜短线的画法:用中粗斜短线画,其倾斜方向应与尺寸界线成顺时针 45°角,长度宜为 2~

3 mm,如图 11-20(b)所示。

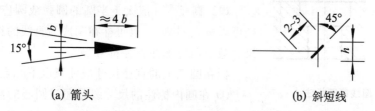

(a) 箭头　　　　　　　　　　　　　(b) 斜短线

图 11-20　起止符号

斜短线只能在尺寸线与尺寸界线垂直的条件下使用,而箭头可用于各种场合,同一张图纸的尺寸线起止符号应尽量一致。

根据建筑图和机械图所表达的对象特点的不同,建筑图的尺寸线起止符号习惯上用斜短线表示,机械图的尺寸线起止符号习惯上用箭头表示。

对于以圆弧为尺寸界线的起止符号,宜用箭头表示。

(4) 尺寸数值　被标注长度的实际尺寸。注写尺寸时应注意以下几点:

① 所注写的尺寸数值是与绘图所用比例无关的设计尺寸;

② 工程图样上的尺寸,应以尺寸数值为准,不得从图样上直接量取;

③ 尺寸数值的长度单位,通常除建筑图的高程及总平面图上以米(m)为单位外,其他都以毫米(mm)为单位,所以图上标注的尺寸一律不写单位。

尺寸数值的读数方向是根据尺寸线的方向确定的。当尺寸线在垂直方向时,尺寸数值在尺寸线的左方,字头朝左,当尺寸线在水平方向时,尺寸数值在尺寸线的上方,字头朝上。尺寸线在其他方向上时,尺寸数值应按图 11-21 所示的规定注写,并尽量避免在图示涂色的 30°范围内注写,否则应按图 11-22所示的方式注写。

任何图线都不得穿过尺寸数值,不可避免时,应将尺寸数值处的图线断开(见图 11-23)。

尺寸数值不得贴靠在尺寸线或其他图线上,一般应离开约 0.5 mm。

当尺寸界线较密,以致注写尺寸数值的空隙不够时,最外边的尺寸数值可写在尺寸界线外侧,中间相邻的可错开或用引出线引出注写(见图 11-25)。

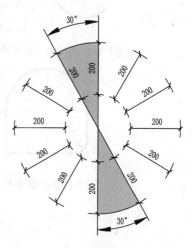

图 11-21　尺寸数值的注写

　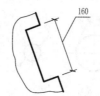　

(a)尺寸线中断处标注　　(b)指引线上标注　　(c)尺寸线延长线上标注

图 11-22　30°涂色区内尺寸数值的注写

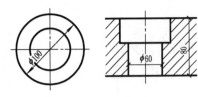

图 11-23　图线断开标注

2. 半径、直径、球径的标注

（1）**直径**　一般大于半圆的圆弧或圆应标注直径。直径可以标在圆弧上，也可标在圆成为直线的投影上，直径的尺寸数值前应加注直径符号"ϕ"。

标在圆弧上的直径尺寸应注意以下几点：

① 在圆内标注的尺寸线是通过圆心的倾斜直径，两端画成箭头指至圆弧（见图 11-24(a)）；

② 较小圆的直径尺寸，可标注在圆外。两端画成箭头由外指向圆弧圆心的形式标注或引出线标注，如图 11-25 所示；

③ 直径尺寸还可标注在平行于任一直径的尺寸线上，此时需画出垂直于该直径的两条尺寸界线，且起止符号可用箭头或 45°斜短线。

（2）**半径**　一般情况下，对于半圆或小于半圆的圆弧应标注其半径。

半径的尺寸线一端从圆心开始，另一端画箭头指向圆弧；半径数字前应加注半径符号"R"，如图 11-24(e)、(f)、(g)所示。较大圆弧的半径，可按图 11-24(f)、(g)所示的形式标注。

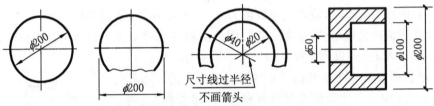

(a)直径标在圆周内　(b)直径标在圆周外　(c)大于半圆标注直径　(d)剖视图中直径的标法

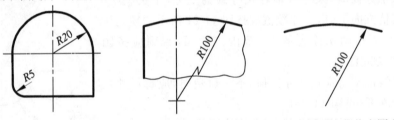

(e)半径标在图形内　　(f)较大圆弧半径通过圆心　(g)较大圆弧半径指向圆心

图 11-24　直径、半径的标注方法

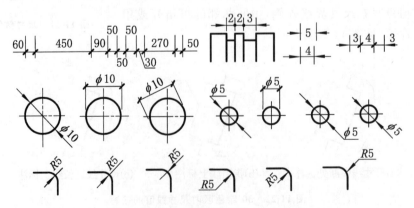

图 11-25　图形较小时的尺寸标注方法

小尺寸及较小圆和圆弧的直径、半径,可按图 11-25 所示的形式标注。

3. 球径

标注球的半径或直径时,需在半(直)径符号前加注球形代号"S",如 $S\phi 200$ 表示球直径为 200 mm(见图 11-26(a)),$SR500$ 表示球半径为 500 mm(见图 11-26(b))。其他注写规则与圆半(直)径的相同。

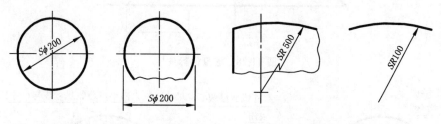

　　　　(a) 球径尺寸标注方法　　　　　　　　　　(b) 球半径尺寸标注方法

图 11-26　球径的标注方法

4. 角度、弧长、弦长的标注

(1) 角度　角度的尺寸线应画成细线圆弧,该圆弧的圆心应是该角的顶点。角的两边线可作为尺寸界线,也可用细线延长作为尺寸界线。起止符号应画成箭头,如没有足够位置,可用黑圆点代替。角度数字应字头朝上、水平方向注写,并在数字的右上角加注度、分、秒符号,如图 11-27(a)、(b)所示。

(2) 弧长和弦长　标注弧长时,尺寸线应是与该圆弧同心的细线圆弧。尺寸界线应垂直于该圆弧的弦。起止符号应画成箭头。弧长数字上方应加注圆弧符号"⌒",如图 11-27(c)所示。

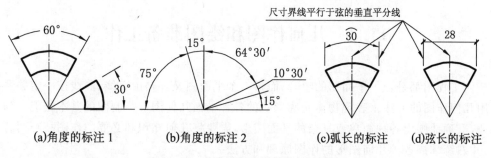

　(a)角度的标注 1　　　　(b)角度的标注 2　　　　(c)弧长的标注　　　(d)弦长的标注

图 11-27　角度、弧长、弦长的标注方式

标注弦长时,尺寸线应为平行于该圆弧的弦的细直线。尺寸界线应垂直于该弦,如图 11-27(d)所示。

5. 坡度的标注

斜面的倾斜度称为坡度(斜度),其注法有两种:用百分比表示和用比例表示,如图 11-28 所示。

图 11-29 所示为尺寸标注的错误示例和正确示例。

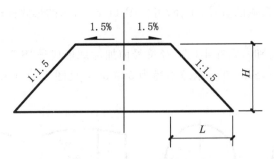

图 11-28　坡度的标注

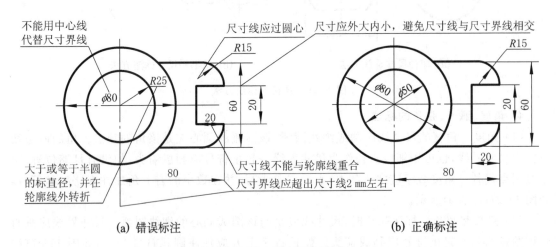

(a) 错误标注　　　　　　　　　　　　　　(b) 正确标注

图 11-29　尺寸标注示例

11.3　几何作图和绘图准备工作

　　任何工程图都是若干平面图的组合,而每一个平面图又都是由直线、曲线按一定关系组成的。用几何作图的方法来表现物体轮廓形状的各种平面几何图形是制图的基本技能。为了能够迅速、准确地画出各种简单或复杂的平面图形,需要将几何知识和必要的作图技巧两者结合起来,并熟练掌握各种几何图形的作图原理和方法。

　　几何作图是根据已知条件按几何原理用仪器和工具进行作图。以下介绍常用的几种几何作图的方法和步骤。

11.3.1　几何作图

11.3.1.1　作圆的内接正多边形(等分圆周)

　　正多边形的作图,根据已知条件的不同有多种方法,这里仅介绍已知多边形外接圆时画该正多边形的方法。

　　1. 正五边形的画法

　　如图 11-30(a)、(b)、(c)所示,取外接圆→以 *OA* 的中点 *E* 为圆心,以点 *E* 到点 1

的距离 R 为半径画圆弧交 OA 的延长线于点 B（1B 的长度即为五边形边长）→以五边形的边长 1B 等分圆周→连接各等分点得正五边形 12345。

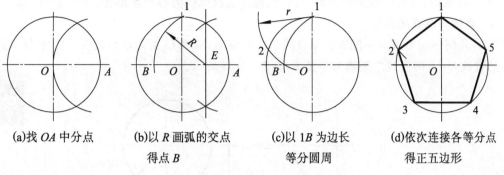

(a)找 OA 中分点　　(b)以 R 画弧的交点　　(c)以 1B 为边长　　(d)依次连接各等分点
　　　　　　　　　　得点 B　　　　　　等分圆周　　　　　　得正五边形

图 11-30　正五边形的画法

2. 正六边形的画法

（1）用外接圆半径作图，作图方法如图 11-31 所示。

（2）利用 60°三角板与丁字尺配合作图，作图方法如图 11-32 所示。

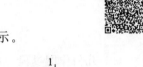

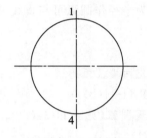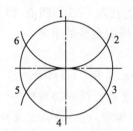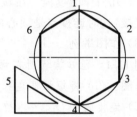

(a)以点 1、4 为圆心　　(b)以外接圆半径为半径作弧　　(c)依次连接各点得正六边形
　　　　　　　　　　　　交于点 2、3、5、6

图 11-31　正六边形的画法（一）

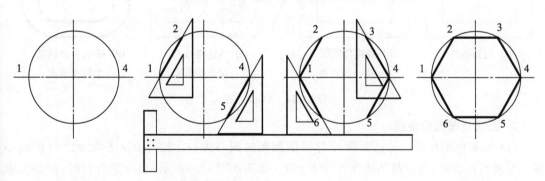

(a)选择直径的端点 1、4　(b)用 60°三角板过点 1、4　(c)用相同方法过点 1、4　　(d)依次连接各点
　　　　　　　　　　　作 60°斜线得点 2、5　　作 60°斜线得点 3、6　　　得正六边形

图 11-32　正六边形的画法（二）

11.3.1.2　圆弧连接

绘制平面图时，经常会遇到从一线段光滑地过渡到另一线段的情况，这种光滑过渡实际上

就是两线段相切。在制图中称为**连接**，其**连接点**即切点。当一圆弧连接两已知线段时，该圆弧称为**连接弧**，连接圆弧的半径称为**连接半径**。

画连接弧时，应首先解决以下两个问题：**确定连接弧的圆心**和**连接点**。

1. 直线与圆弧的连接

（1）几何作图原理　一圆在已知直线 AB 上滚动，圆心 O_1 的运动轨迹为一条平行于直线 AB 的直线 O_1O，两直线之距离为半径 R，如图 11-33 所示。

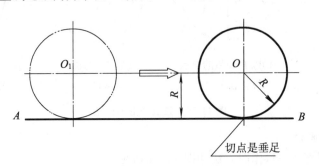

图 11-33　圆与直线相切

（2）几何作图过程　在轨迹线 O_1O 上任取一点为**圆心**、以 R 为半径作圆弧可与直线 AB 光滑连接，这时**连接点**是圆心向直线 AB 所引垂线的垂足。

（3）作图举例。

例 11-1　已知操场所在场地的矩形框，如图 11-34(a)所示，画出两端圆弧跑道。

作图　（1）将矩形框边线二等分，找连接圆弧中心的轨迹（见图 11-34(b)）；

（2）连接圆心 O_1、O_2 作被连接直线的垂线，找连接点及画连接圆圆弧（见图 11-34(c)）；

（3）将圆弧弯道加粗并擦去多余线条，完成作图（见图 11-34(d)）。

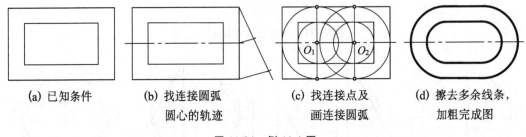

| (a) 已知条件 | (b) 找连接圆弧 | (c) 找连接点及 | (d) 擦去多余线条， |
| | 圆心的轨迹 | 画连接圆弧 | 加粗完成图 |

图 11-34　例 11-1 图

2. 圆弧与圆弧的连接

（1）几何作图原理　与已知圆 O 连接的圆弧的圆心为 O_1，其运动轨迹为定圆 O 的同心圆。当两圆外切时，同心圆半径为 $R_2 = R + R_1$，如图 11-35(a)所示；当两圆内切时，同心圆半径为 $R_2 = |R - R_1|$，如图 11-35(b)所示。

（2）几何作图过程如例 11-2 所示。

例 11-2　按已知图形的尺寸，用几何作图法抄绘该图形，如图 11-36(a)所示。

作图过程如图 11-36(b)、(c)、(d)、(e)、(f)所示。

（3）圆弧连接实例如图 11-37 所示。

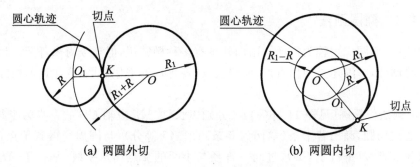

(a) 两圆外切　　　　　　　　　(b) 两圆内切

图 11-35　圆弧与已知圆弧相切

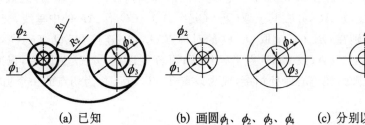

(a) 已知　　　　　　　(b) 画圆 ϕ_1、ϕ_2、ϕ_3、ϕ_4　　　　(c) 分别以 O_1、 O_2 为圆心，以 O_2 为圆心画四段弧：$R_1+\phi_1/2$、$R_2-\phi_1/2$、$R_1+\phi_4/2$、$R_2-\phi_4/2$

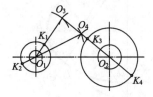 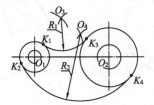 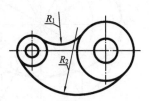

(d) 将四个圆心分别相连，找四个连接点 K_1、K_2、K_3、K_4　　(e) 分别以 O_3、O_4 为圆心，以 R_1、R_2 为半径在四切点间画弧　　(f) 加粗轮廓线

图 11-36　例 11-2 图

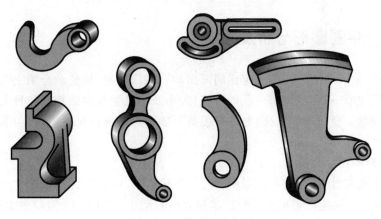

图 11-37　圆弧连接实例

11.3.1.3　椭圆画法

非圆曲线中,椭圆应用较为广泛。国内外虽有多种椭圆规,但至今尚未普及。目前工程中除用计算机绘制外,一般还是使用直尺、曲线板、圆规等仪器来作椭圆,或作近似椭圆。以下介绍两种画法。

(1) 同心圆法作椭圆(见图 11-38(a))　分别以长轴 AB、短轴 CD 的一半为半径,以 O 为圆心作两同心辅助圆,画出若干条(本例为 6 条)直径(6 等分),与圆周交得若干点,过直径与大圆的交点作竖直线(平行于 CD),过同一直径与小圆的交点作水平线(平行于 AB),两线相交即得椭圆上的点 1,2,…用曲线板顺序光滑连接,即成椭圆。

(2) 四圆心法作近似椭圆(见图 11-38(b))　它是用四段圆弧连成的一个扁圆,近似地代替椭圆。连接长短轴的端点,如 AC,并在其上取 $\overline{CF}=\overline{CE}=\overline{AO}-\overline{CO}$,作 AF 的中垂线,交 OA 于点 O_1,交 OD 于点 O_2,分别在 OB、OC 上取 O_1、O_2 的对称点 O_3、O_4,连接 O_1、O_4、O_2、O_3、O_4、O_3,分别以点 O_1、O_3 为圆心,以 O_1A(或 O_3B)为半径作弧;再分别以点 O_2、O_4 为圆心,以 O_2C(或 O_4D)为半径作弧,四段圆弧在连心线处相接,成为以点 T_1、T_2、T_3、T_4 为切点的一个扁圆。

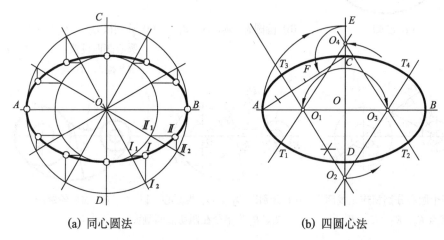

(a) 同心圆法　　　　　　　　　(b) 四圆心法

图 11-38　椭圆画法

11.3.2　平面图形分析及画法

平面图形是根据所给尺寸,按一定比例画出的。在画图前,应先结合图上的尺寸,对构成图形的各类线段进行分析,明确每一段的形状、大小及与其他线段的相互位置关系等,以便采取正确有效的画法。反过来,对已画好的平面图形要合理地标注尺寸,这不但有利于画图,也有利于识图。

1. 平面图形的尺寸分析

平面图形上的尺寸,根据它在图形中所起的作用不同,可分为以下两类。

(1) 定形尺寸　确定图形中各部分形状和大小的尺寸。如图 11-39(a)中矩形的大小是由 a、b 两个尺寸确定的,a、b 即为定形尺寸;再如图 11-39(b)所示,圆的大小是由其直径 c 确定的,c 为圆的定形尺寸。

(2) 定位尺寸　确定图形各部分之间相对位置的尺寸。平面图形往往不是单一的几何图

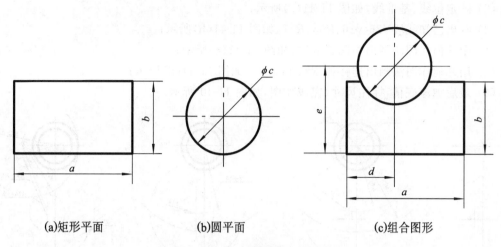

(a)矩形平面　　　　(b)圆平面　　　　(c)组合图形

图 11-39　平面图形的尺寸分析

形,而是由若干个几何图形组合在一起的。这样,除了每一几何图形必须有自己的定形尺寸外,还要有确定相对位置的尺寸。如图 11-39(c)中的图形由两个基本图形组成:下方为一矩形,由尺寸 a、b 定形;位于上偏左的为圆形,由直径尺寸 c 定形。但其位置是由左右向的尺寸 d 及上下向的尺寸 e 确定的,所以尺寸 d、e 是定位尺寸。

平面图形需要两个方向(左右向和上下向)的定形尺寸,也需要这两个方向的定位尺寸。

定位尺寸的起点称为**尺寸基准**,平面图形上应有两个方向的基准,通常以图形的主轴线、对称线、中心线及较长的直轮廓边线作为定位尺寸的基准,图 11-39(c)是把底边线和左边线作为基准,同一尺寸可能既是定形尺寸,又是定位尺寸。

2. 平面图形上线段性质的分析

平面图形上的线段,根据其性质的不同,可分为三类。

(1)**已知线段**　定形尺寸和定位尺寸齐全的线段。如图 11-40 中的 $\phi36$、$\phi26$、$R66$、$R37$ 均为已知弧,这些弧都可直接画出。其中 $\phi36$ 的中心线为两个方向的定位基准,$R50$ 和 5 为定位尺寸。

(2)**中间线段**　有定形尺寸和一个方向的定位尺寸的线段,或只有定位尺寸,无定形尺寸。如图 11-40 中的 $R14$ 只有一个距中心线左右方向为 5 的定位尺寸,要画出该线段,其圆心上下方向的定位需依赖与其一端相切的已知线段 $R66$ 才能画出。

(3)**连接线段**　只有定形尺寸而没有定位尺寸的线段。如图 11-40 中的 $R8$、$R42$、$R5$ 均为连接弧,作图时要根据它们与相邻线段的连接关系通过几何作图方法求出它们的圆心。

对于有圆弧连接的图形,必须先分析其已知弧、中间弧和连接弧,然后才能进行绘制和标注尺寸。作图顺序是先画已知弧,再画中间弧,最后画连接弧。

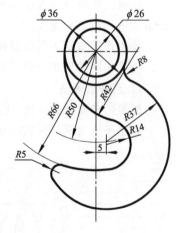

图 11-40　吊钩

3. 平面图形的画法

以下以图 11-40 中的吊钩为例说明平面图形的画法:

(1)选定合适的比例,布置图面;

（2）画定位线、基准线，如图 11-41(a)所示；

（3）画出已知线段 $\phi36$、$\phi26$、$R66$、$R37$，如图 11-41(b)所示；

（4）用几何作图法画出中间弧 $R14$，如图 11-41(c)所示；

（5）用几何作图法画出连接弧 $R8$、$R41$、$R5$，如图 11-41(d)所示；

（6）最后加深底稿，标注尺寸，完成作图，如图 11-40 所示。

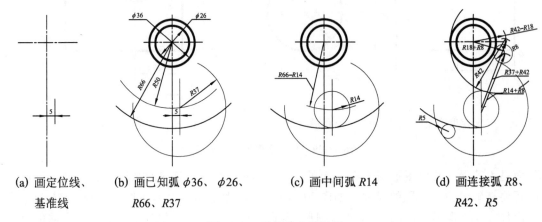

| (a) 画定位线、
基准线 | (b) 画已知弧 $\phi36$、$\phi26$、
$R66$、$R37$ | (c) 画中间弧 $R14$ | (d) 画连接弧 $R8$、
$R42$、$R5$ |

图 11-41　吊钩的作图过程

11.3.3　徒手作图

徒手画草图简便、快速，适用于现场测绘、即兴构思或研讨设计方案等场合。草图并不是潦草图，而是不用仪器、量尺，只凭目测比例，徒手画线。要求画出的草图做到图线清晰、粗细分明、各部位比例大致适当、投影正确、尺寸无误。

从事工程技术的人员应具备一定的徒手作图技能，以便能迅速表达构思，绘制草图，参观记录及进行技术交流等。

徒手作图包括不用仪器画出的各种图线、图形和尺寸。

徒手作图最好用较软的铅笔，如 B 或 2B 的铅笔，笔杆要长，笔尖要圆，不要太尖锐。

1. 直线的画法

握笔的位置要高一些，手指要放松，以便笔杆在手中有较大的活动范围。

画水平线时笔杆要放平些(见图 11-42)，画竖直线时笔杆要立直些(见图 11-43)。

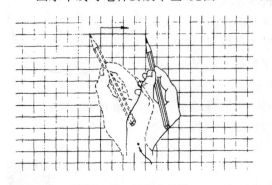

图 11-42　画短水平线

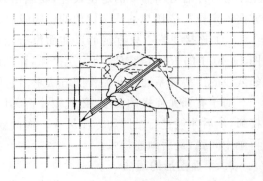

图 11-43　画竖直线

画斜线时应从上左端开始,如图 11-44 所示,也可将纸转动,按水平线画出。

画较长直线时,眼睛不要看笔尖,而要盯住终点,用较快的速度画出;加深或加粗底稿时,眼睛则要盯着笔尖,用较慢的速度画,如图 11-45 所示。

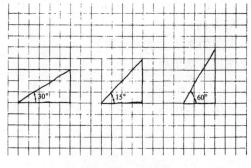

图 11-44 画斜线

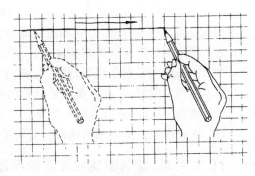

图 11-45 画长水平线

2. 画圆和椭圆

画小圆时,一般只画出垂直相交的中心线,并在其上按半径定出四个点,然后勾画成圆(见图 11-46(a))。画较大圆时,可加画两条 45°斜线,并按半径在其上再定四个点,连接成圆(见图 11-46(b))。

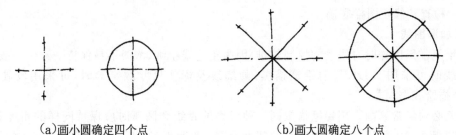

(a)画小圆确定四个点　　　　　(b)画大圆确定八个点

图 11-46 画圆

椭圆的徒手作图的方法步骤与画圆基本相同,主要区别是椭圆的徒手作图应估画出椭圆上的长短轴或共轭直径的端点(见图 11-47)。

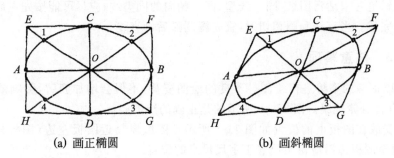

(a) 画正椭圆　　　　　(b) 画斜椭圆

图 11-47 画椭圆

11.3.4　绘制平面图形的方法和步骤

要使图样绘制得正确无误、迅速和美观,除了必须熟练地掌握各种作图方法,正确地使用质量较好的制图用具和良好的工作环境以外,还需按照一定的工作程序进行工作。

11.3.4.1　制图前的准备工作

(1) 绘图桌的位置应布置在光线自左前方来光的位置,不要把绘图桌对着窗子来安置,以免因图纸面反光而影响视力,晚间绘图时应注意灯光的方向;

(2) 将绘图时所用的资料备齐放好(放在制图桌旁边的桌子上或书桌内);

(3) 把绘图板及制图用具,如三角板、丁字尺、比例尺等都用软布擦干净;

(4) 将铅笔削好,并备好磨削铅笔用的细砂纸;

(5) 准备一张清洁的图纸,并固定在图板的中间偏左下的位置;

(6) 在画图以前或在削铅笔以后要将手洗干净。

11.3.4.2　绘制图稿应注意的问题

1. 画底稿的步骤

(1) 贴好图纸后,先画出图框及标题栏;

(2) 确定图形在图纸上的位置:在适当的位置画出所作图形的对称轴线、中心线或基线;

(3) 根据图形的特点,按照从已知线段到连接线段的顺序画出所有图线,完成全图;

(4) 画出尺寸线及尺寸界线;

(5) 检查和修正图样底稿。

2. 加深图线

用铅笔描黑图样时对线型的控制较难,因为铅笔线粗细、浓淡不易保持一致。一般在画较粗的图线时可采用 B 或 2B 的铅笔描黑;画细线及标注尺寸数字等时,可采用较硬的铅笔(HB)来描绘或书写。

铅笔必须经常修削。用铅笔描黑同一种线型的直线和圆弧时应保持同样的粗度和浓度,但如果圆规插脚中的铅芯硬度与铅笔的硬度为同一型号时,圆规画出的线要淡些,这时可换用较画直线的铅芯软一些的铅芯来画。画圆或圆弧时可重复几次,但不要用力过猛以免圆心针孔扩大。在画图线时应避免画错或画线过长,因为用铅笔描黑的图样如用橡皮修整,往往会留有污迹而影响图面的整洁。

为了避免铅笔芯末玷污图纸,同一线型、同一朝向的同类线,应尽可能按先左后右、先上后下的次序一次完成。当直线和圆相切时,宜先画圆弧后画直线。

11.3.4.3　注意事项

(1) 应当以正确的姿势进行绘图。不良的绘图姿势,不但会增加疲劳,影响效率,有时还会损害视力,有害身体健康。图 11-48 所示的是正确的绘图姿势。

(2) 图纸安放在图板上的位置如图 11-1 所示。图纸要靠近图板左边(图板只留出 2～3 cm),图纸下边至图板边沿应留出放置丁字尺尺身的位置。

(3) 应采用 2H 或 3H 的铅笔画底稿,铅芯应削成圆锥形,笔尖要保持尖锐。

(4) 画线时用力应轻,不可重复描绘,所作图线只要能辨认即可。

(5) 初学者在画底稿图线时,最好分清线型,以免在描绘或加深时发生错误。

(6) 应尽量防止画出错误的和过长的线条。当有错误的或过长的线条时,不必立即擦除,可标以记号,待整个图样绘制完成后,再用橡皮擦掉。

(7) 对于当天不能完成的图样,应在图纸上盖上纸或布,以保持图面的整洁。

图 11-48　正确的绘图姿势

　　绘图中要避免出现任何差错,以保证图样的正确和完整。在开始学制图时,每画完一张图样,都要认真检查校对,以免出现差错。

学 习 引 导

　　11-1　绘制工程图样必须遵守国家标准,了解和熟悉相关国家标准,为本课程的学习以及后续课程的学习打下好的基础。

　　11-2　了解几何作图原理,掌握几何作图的方法,学会平面图形的尺寸分析,学习绘制平面图形。

　　11-3　学会正确使用绘图工具,掌握徒手绘图的技巧,以便快速、准确完成作图。

思 考 题

　　11-1　丁字尺配合图板使用时,为什么要以图板的左边为工作边?

　　11-2　为什么手工绘图使用的铅笔不宜用卷笔器削?

　　11-3　要使铅笔线的粗细均匀一致,应该怎样运笔?

　　11-4　试述图幅规定及它们大小之间的相互关系。

　　11-5　比例为 1∶100 表示什么意思? 在 1∶100 的图中,15 mm 长的线段相当于实物上的多少?

　　11-6　一个完整的尺寸标注包括哪几个要素?

　　11-7　斜短线尺寸起止符号在什么条件下使用?

　　11-8　试述圆弧连接的给题条件与作图步骤。

　　11-9　圆弧与圆弧外切连接或内切连接的作图方法有什么异同?

　　11-10　平面图形的尺寸基准一般选哪些要素?

　　11-11　徒手作图有什么特点? 怎样进行徒手作图?

　　11-12　试述平面图形的作图方法和步骤。

第12章 组 合 体

本 章 要 点

- **图学知识**

  应用正投影原理、形体分析法、线面分析法讨论组合体视图与空间形体形状的对应关系,介绍画图、读图、尺寸标注和构形设计的基本方法。

- **思维能力**

  (1)画图与读图是两个逆向思维的过程,注意在视图与三维形体的图物转换过程中的空间想象及思维迁移。

  (2)除能运用形体分析法进行形象思维的训练外,还要多作形体构思的训练,以提高思维的发散水平,较大限度地发展思维能力。

  (3)注意观察周围物体的构型,以多方位、变通的方式思考形体的构思及其表达方法来开拓思维,丰富空间想象能力。

- **教学提示**

  用启发式、讨论式的教学方法激励学生积极思维、培养学生创新意识、开发学生创造潜能。

12.1 组合体的构形分析

12.1.1 组合体的组成方式

任何工程形体都可以看成由若干个基本的几何体(如棱柱、棱锥、圆柱、圆锥等)按一定方式组合而成,如图 12-1 所示。由基本几何体按一定的相对位置经过叠加或切割等方式组合而成的立体,称为组合体。图 12-1(a)所示的建筑形体可以看成由四部分叠加而成,图 12-1(b)所示的底架可以看成由四棱柱体切去了三个部分(圆柱、两四棱柱)形成。叠加和切割的混合形体则更为常见。

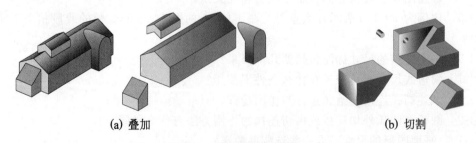

(a) 叠加　　　　　　　　　　　　　　　　(b) 切割

图 12-1　建筑形体的构成分析

在组合体的构形中,要运用原型联想思维法、想象法来思考、分析形体的构成,学会运用此方法可以使人思维灵活、思路畅通。

【**原型联想思维法思维原理**】

通过原型的启发而有所发现、有所创造的一种思维方法。原型之所以有启发作用,主要是由于它和发明创造的新事物有某些类似之处或共同点。再通过进一步的联想思考,可找出创造新事物、解决新问题的新方法。

12.1.2 形体分析方法

把组合体分解为若干个基本的几何体,并分析各基本体之间的组成形式、相邻表面间的相互位置及连接关系的方法称为形体分析法。

形体分析法是组合体画图、读图和尺寸标注的基本方法。运用形体分析法将一个复杂的形体分解为若干个基本的几何体是一种化繁为简的分析手段。

对于常见的有些简单组合体,如带孔的立板、底板等(见图 12-2),通常可视为一个形体,称为简单形体,一般不必再进行更细的研究。有时,同一组合体会出现几种不同的形体分析结果,这时就应该选择其中最便于画图、读图和尺寸标注的形体分析方法。

(a) 带孔的直板 　　　　 (b) 带孔的底板

图 12-2　简单形体

注意　形体分析仅仅是认识对象的一种思维方法,实际物体仍是一个整体。其目的是把握住物体的形状,便于画图、读图和配置尺寸。

12.1.3 线面分析法

运用线、面的投影规律分析形体上线、面的空间形状和相互位置的方法称为线面分析法。在组合体中,相邻两个基本形体(包括孔和切口)表面之间的关系,有相错、平齐、相交、相切四种情况,作投影图时,必须正确表示各基本体之间的表面连接关系。

(1) 相错　当相邻两形体的表面不共面时,两表面交界处应有线分开,如图 12-3 所示。

(2) 平齐　当相邻两形体的表面平齐时,二者共面,平齐处不应画线,如图 12-4 所示。

(3) 相切　当相邻两形体的表面相切时,由于光滑过渡,两表面相切处不应画线,如图 12-5 所示。

(4) 相交　当相邻两形体的表面相交时,两表面交界处应画出交线,如图 12-6 所示。

相邻两形体表面之间的线面分析的综合运用如图 12-7 所示。

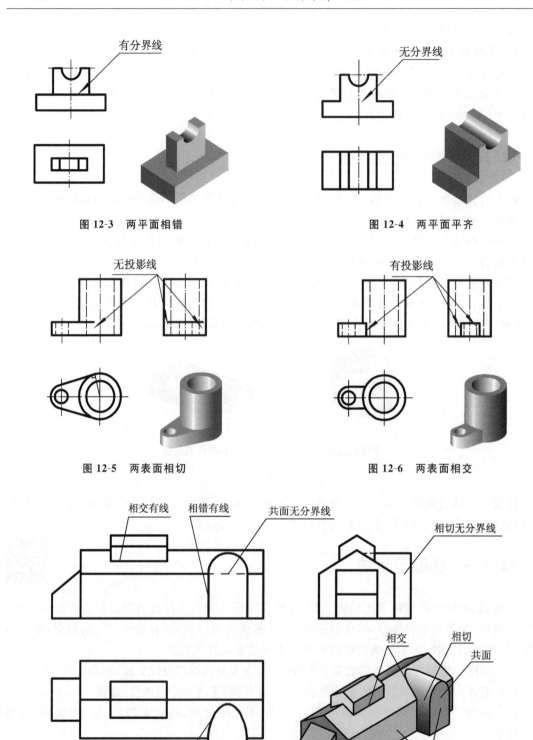

图 12-3　两平面相错

图 12-4　两平面平齐

图 12-5　两表面相切

图 12-6　两表面相交

图 12-7　相邻两形体表面之间线面分析的综合运用

12.2 组合体视图的画法

画图是运用正投影法把空间物体表达在平面图形上——由物到图降维的过程。在降维过程中,将运用图形思维方法。

【图形思维法思维原理与提示】

用画图的方式来表达事物之间的关系和属性,借以帮助人们分析问题,是解决问题的一种思维方法。使用图形思维法的关键是由问题绘画出图形。图形能以鲜明醒目的形式向人们展示对象的整体情况及各部分间的相互关系,以利于人们分析思考问题。

画组合体视图的基本方法是形体分析法,即通过形体分析,深刻理解"物"与"图"之间的对应关系;同时,分析该组合体由哪些简单形体组成、各简单形体的相对位置及相邻表面之间的连接关系。必要时,再用线面分析法分析组合体上某些线或面的投影,以明确它们在组合体中的位置及其形状,从而有步骤地进行画图。下面以图 12-8 所示组合体为例说明画图的方法、步骤。

12.2.1 形体分析

首先对组合体进行形体分解——分块,其次弄清各部分的形状及相对位置关系。

从图 12-8(a)可以看出,组合体左右对称,由底板,直板,左、右各一个三棱柱及前面一个四棱柱组成,如图 12-8(b)所示。

形体分析法的过程是:**先分解后综合,从局部到整体**。它是本课程中培养空间想象力的重要环节。

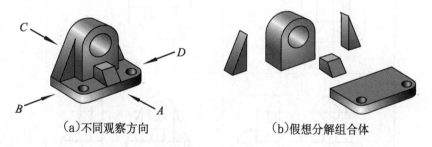

（a)不同观察方向　　　　　（b)假想分解组合体

图 12-8 形体分析

12.2.2 选定主视图的投射方向

主视图的选择对组合体形状特征的表达效果和图样的清晰程度会有明显的影响。由于主视图是三视图中的主要投影,因此,首先应选择主视图,其原则如下:

(1) 组合体应安放平稳并符合自然位置、工作位置,使它的对称面、主要轴线或大的端面与投影面平行或垂直;

(2) 将最能反映组合体形体特征的投射方向作为主视图投射方向,如图 12-8(a)所示的A 向;

（3）可见性好，尽量使各视图中的虚线最少；

（4）为了合理利用图纸，物体较大的一面应平行于正立投影面。

12.2.3　布置图面

根据组合体的实际大小和复杂程度，先选定适当的绘图比例和图幅，再根据形体的总长、总宽、总高匀称布置图面。在图纸合适处画出每个视图的水平方向和竖直方向的作图基准线，对称的图形应以对称中心线作为作图基准线，如图 12-9（a）所示。此外，还要注意留有标注尺寸的位置，并使两视图之间的距离和视图与图框的距离适当。

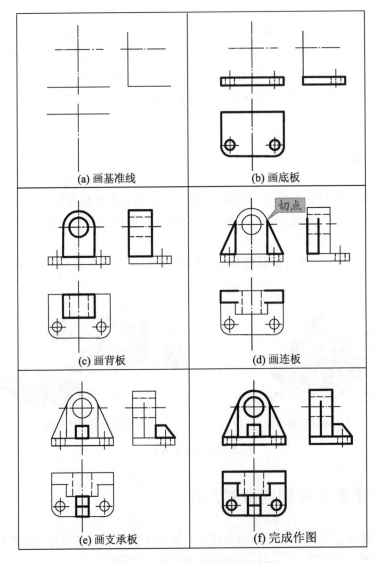

图 12-9　组合体视图的画图步骤

12. 2. 4　画底稿

根据形体分析的结果,逐个画出各简单形体的三视图,如图 12-9(b)、(c)、(d)、(e)所示。先画反映其形体特征的或主要部分的轮廓线投影,再画次要形体及局部细节;先画大的部分,后画小的部分;三视图按"长对正、高平齐、宽相等"的投影规律同时作图。

12. 2. 5　校核、加深图线

检查底稿,注意相邻两形体表面间连接的画法,补漏、改错,确认无误后,按规定线型加深、加粗,完成投影作图,如图 12-9(f)所示。

画组合体三视图时,应注意以下两点:

(1) 画图过程中要始终保持三视图之间"长对正、高平齐、宽相等"的投影关系,并将各基本体的三个视图联系起来,同时作图;

(2) 注意各部位之间的相对位置关系以及准确表达表面的连接关系。

12. 3　组合体的尺寸标注

组合体视图只能表达立体的形状,而立体的真实大小及各部分之间相互的位置,要由视图上标注的尺寸来确定。因此,正确地标注尺寸极为重要。

尺寸标注的基本要求如下:

(1) 正确　尺寸标注符合国家制图标准中的有关规定;

(2) 完整　尺寸标注要齐全,能完全确定出物体的形状和大小,不遗漏,不重复;

(3) 清晰　尺寸的布局清晰恰当,便于看图和查找尺寸;

组合体由基本体组成,研究组合体的尺寸标注的基础是基本体的尺寸标注方法。

12. 3. 1　基本体的尺寸标注

常见基本几何体的尺寸标注如图 12-10 所示。

常见带切口形体的尺寸标注如图 12-11 所示(图中打"×"的尺寸是不应标注的尺寸)。

12. 3. 2　组合体的尺寸标注

1. 尺寸的类型

组合体的尺寸,应在进行形体分析的基础上标注以下三类尺寸:

(1) 定形尺寸　确定组合体中各基本体大小的尺寸;

(2) 定位尺寸　确定组合体中各基本体之间相对位置的尺寸;

(3) 总体尺寸　确定组合体的总长、总宽和总高的尺寸。

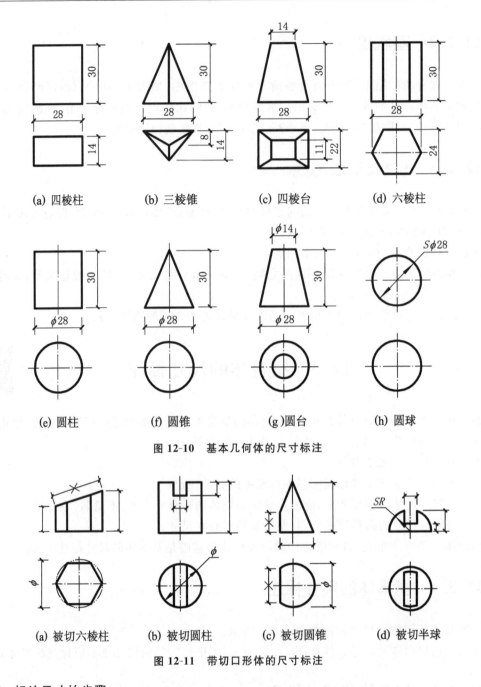

(a) 四棱柱　　(b) 三棱锥　　(c) 四棱台　　(d) 六棱柱

(e) 圆柱　　　(f) 圆锥　　　(g)圆台　　　(h) 圆球

图 12-10　基本几何体的尺寸标注

(a) 被切六棱柱　　(b) 被切圆柱　　(c) 被切圆锥　　(d) 被切半球

图 12-11　带切口形体的尺寸标注

2. 标注尺寸的步骤

以下以图 12-12 所示的组合体为例,说明标注尺寸的方法步骤。

(1) 形体分析。将图 12-12(a)所示的组合体分解成底板、立板及支承梯形板三部分,在底板和立板上又钻有六个相同直径的小孔。

(2) 确定尺寸基准,即标注定位尺寸的起点。组合体一般在长、宽、高三个方向上至少各有一个基准。通常以组合体较重要的端面、底面、对称平面和回转体的轴线作为基准。该组合体的定位基准选择如图 12-12(b)所示。

(3) 标注每个基本体的定形尺寸,图 12-12(c)所注尺寸是各基本体的定形尺寸。

（4）标注各基本体相互间的定位尺寸，如图 12-12(d)所注的尺寸是立板、底板中的小圆孔的定位尺寸。

（5）标注组合体的总体尺寸，如图 12-12(e)所注的尺寸。

（6）按尺寸标注的要求检查、校核、完成尺寸标注，如图 12-12(f)所示。由于总长 330、总宽 120 在标注定形尺寸时已经标注，不必重复；有的尺寸需作调整，如立板高度尺寸 170 可由总高 200 及底板厚 30 得出，应省略不注。

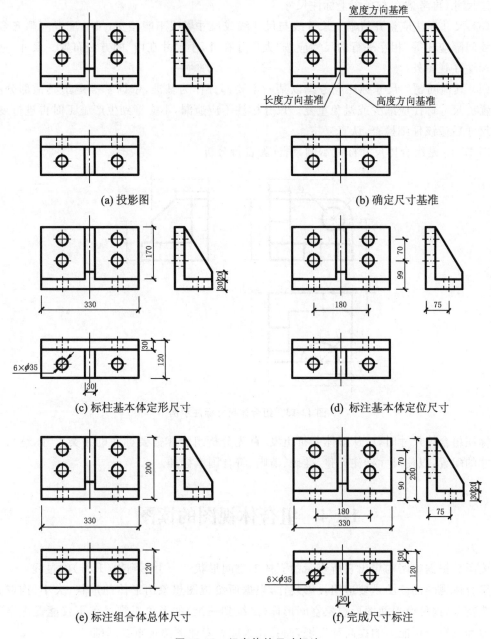

图 12-12　组合体的尺寸标注

12.3.3　尺寸配置应注意的问题

（1）尺寸标注要明显　尺寸应标注在能反映形体形状特征的视图上,就近标注。与两个视图有关的尺寸最好是标注在两图之间,以便对照。尽量不在虚线位置标注尺寸。

（2）尺寸标注要集中　同一基本形体的尺寸尽量集中标注,首先考虑在俯视图和主视图上标注尺寸,再考虑在左视图上标注尺寸。

（3）尺寸标注应整齐清晰　尺寸线与尺寸线或尺寸界线不能相交,尺寸配置应整齐合理。尺寸线间隔应相等,相互平行的尺寸应按"大尺寸在外,小尺寸在内"的方法布置。尺寸一般情况下标注在视图外。

（4）其他问题　尺寸标注应考虑以某一主要部分作为基准,依据基准定出其他部分的相对位置。尺寸标注应减少或避免重复。尺寸标注不应遗漏,不应等到生产施工时再进行度量。标注尺寸后应该仔细检查,认真复核。

图 12-13 是组合体尺寸标注示例,请读者自行分析。

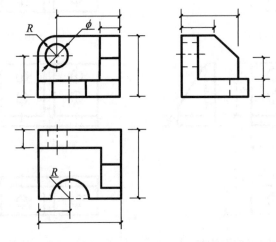

图 12-13　组合体尺寸标注示例

标注组合体尺寸时,应从形体分析出发,首先分析组合体需要标注的各类尺寸,然后再考虑尺寸的配置,以使尺寸标注完整、准确、清晰、符合国家标准。

12.4　组合体视图的读图

读图是根据视图构想出它所表示的立体的空间形状——由图到物(升维)的过程。

组合体视图的读图是要运用投影规律,根据所给视图想象出形体的形状、大小、构成方式和构造特点,这种由平面图形想象空间形体(二维到三维)的形象思维过程不仅能促进空间想象能力和投影分析能力的提高和发展,而且还为阅读专业图奠定重要基础。

读图时常用基本方法有形体分析法和线面分析法,在运用线面分析法读图时,应先弄清楚各视图中的图线及线框的意义,如图 12-14、图 12-15 所示。

下面以框图形式表达组合体的读图基础及读图要点。

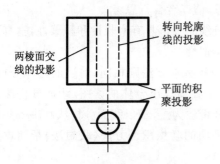

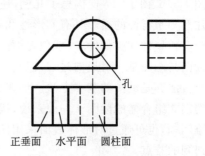

图 12-14　视图中图线的意义　　　　　　　图 12-15　视图中线框的意义

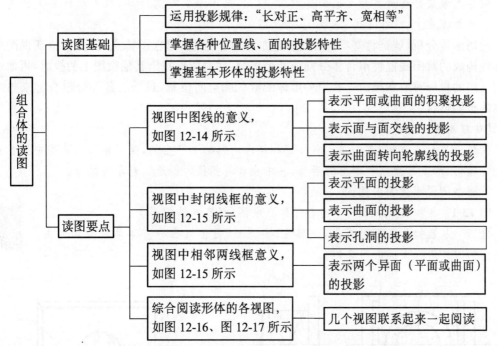

　　组合体的形状必须通过一组视图才能表达完整清楚，每个视图只反映形体一个方向的形体特征，因此在读图时必须将形体的几个视图联系起来综合阅读。在很多情况下，仅根据主视图（见图 12-16）或仅根据主俯视图（见图 12-17），均可构思不同形状的形体，因此一个或两个视图有时不能唯一确定立体的形状。只有将各视图联系起来看，才能够看懂形体。

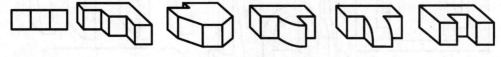

图 12-16　根据一个视图可构思成不同形状的形体

图 12-17　根据两个视图不能唯一确定形体的形状

图 12-16、图 12-17 仅构思了几例,还可继续构思,请读者自行思考。

注意　平行面的投影具有实形性和积聚性,垂直线的投影具有实长性和积聚性,垂直面的投影具有积聚性和类似性,一般位置面的投影具有类似性。

读图与画图是一对逆向过程,但它们的投影原理和基本方法则相同,前述的形体分析法、线面分析法亦是读图的基本方法。形体分析法适用于叠加式组合体的读图,线面分析法则适用于切割式组合体的读图。一般来说,读图以形体分析法为主,辅以线面分析法解决一些局部的疑难问题,也可通过对形体表面采用凹凸、正斜、平曲的联想思维方法(联想法)帮助攻克读图时遇到的难点。

【**联想思维法思维原理**】

联想思维法是通过事物之间的关联、比较,扩展人脑的思想活动,从而获得更多创造设想的一种思维方法。

所谓形体分析,就是将基本体作为读图的基本单元,根据视图特点,首先在特征视图上按轮廓线构成的封闭线框将组合体分割成几个部分,并对应地找出其他视图上的投影,再通过各视图之间的投影对应联想出这些简单形体的形状和空间位置,最后将各部分组合起来想象出形体的整体形状。

【**联想思维法思维提示**】

联想不是想入非非,而是在已有知识和经验的基础上产生的,是对输入到头脑中的各种信息进行编码、加工与换取和输出的活动,其中包含着积极的创造性想象的成分。

下面举例说明读图步骤。

例 12-1　根据图 12-18 所示组合体的三视图,想象其结构形状。

分析　从已知的三视图看出,形体左、右对称,是由五部分基本体以叠加为主,结合切割方式组合而成的组合体。

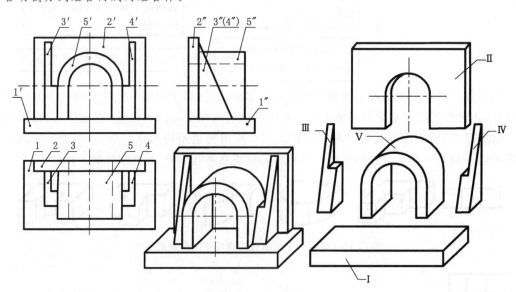

图 12-18　例 12-1 图

读图　(1)概括了解。首先了解各视图的投影特征,初步认识物体各组成部分的投影关系及其大致的轮廓形状。由左视图及主视图全是实线得知:组合体前低后高,主视图反映了圆拱面的实形。

（2）具体分析。

① 分线框、对投影。从三视图中选择一个最能反映该组合体由简单形体构成状况的视图，并将这个视图划分成若干个线框。结合三视图，可以将主视图的线框把形体分解成五个部分。

② 按投影、定形体。利用"三等"关系找每一线框对应的投影，逐个联想出各个简单线框所表示的简单几何形体，想象其形状。由线框 1、1′、1″可想象出形体Ⅰ是一块长方块，由线框 2、2′、2″可知形体Ⅱ是一块长方块挖了一个槽，由线框 3、3′、3″可知形体Ⅲ是三角块上切割了一小三角块，形体Ⅳ与Ⅲ对称，Ⅴ是一圆拱形体。

（3）综合、归纳想出整体。在看懂各部分形体的基础上，以特征视图为基础，综合各形体的相对位置，想象出组合体的整体形状。

根据五部分基本形体在视图中的相对位置关系，可以看出：形体Ⅰ、Ⅱ后面平齐，形体Ⅴ左右居中，并紧靠形体Ⅰ、Ⅱ，形体Ⅲ与Ⅳ分别在左、右紧靠形体Ⅴ、Ⅰ、Ⅱ。

线面分析法是将组合体的几何元素（主要是平面）作为读图的基本单元的一种方法。当形体带有斜面，或某些细部结构比较复杂、不易用形体分析法看懂时，可采用线面分析法、联想思维法帮助想象。先分析组合体视图上的图线及线框，找出它们的对应投影，然后分析出形体上相应线、面的形状和位置。

例 12-2 根据形体的主视图和左视图，如图 12-19(a)所示，补画俯视图。

分析 根据两个视图可以看出：此形体是由长方体被多个平面截切而形成的。由于截面

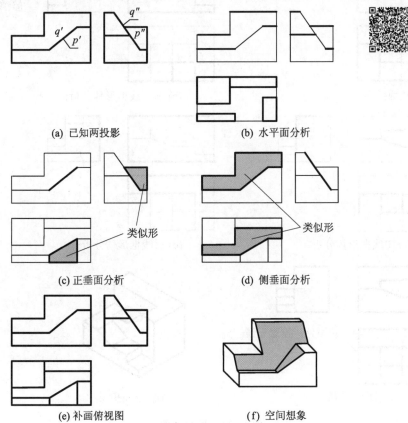

(a) 已知两投影　　(b) 水平面分析

(c) 正垂面分析　　(d) 侧垂面分析

(e) 补画俯视图　　(f) 空间想象

图 12-19　例 12-2 图

较多,具体读图时主要运用线面分析法进行分析。由图可知,该形体是平面体。因此图中线的意义是平面与平面的交线或是平面的积聚投影。由图中相互对应的水平线可知,它们是水平面。由左视图的梯形线框 p'' 在主视图上找不到类似形,根据不类似必积聚,分析得出:平面 P 是正垂面,p 与 p'' 是类似形。同理可知 Q 是侧垂面,q' 与 q 是类似形。

　　作图　(1) 根据"长对正、高平齐、宽相等"的投影规律,作出四个水平截平面截得的交线的水平投影,如图 12-19 (b)所示。

　　(2) 作出正垂截平面截得的交线的水平投影,注意与对应的侧面投影是类似形,如图 12-19(c)所示。

　　(3) 作出侧垂截平面截得的交线的水平投影,注意与对应的正面投影是类似的八边形,如图 12-19(d)所示。

　　(4) 检查、校核、加粗图线,如图 12-19(e)所示。

　　例 12-3　根据形体的主视图和俯视图,补画左视图,如图 12-20(a)所示。

　　分析　由俯视图得知,形体沿宽度方向明显地被分成了前、中、后三部分,由于主视图全是实线,所以形体是前低后高,主视图的三个线框依次是下面的在前、上面的在后。由于俯视图无斜线,所以该形体上无一般位置平面,全是特殊位置平面。

　　作图　根据投影"三等"规律作图,作图过程如图 12-20(b)、(c)、(d)、(e)所示。

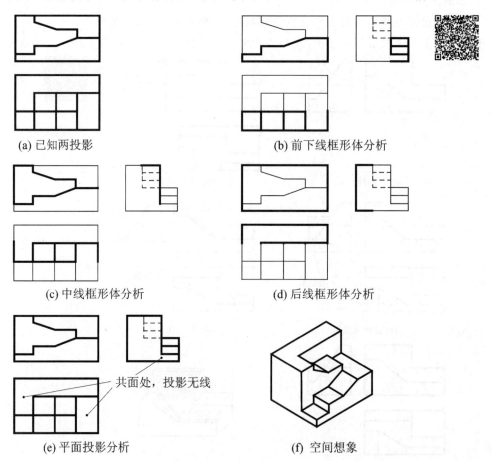

(a) 已知两投影　　　　　　　　　　(b) 前下线框形体分析

(c) 中线框形体分析　　　　　　　　(d) 后线框形体分析

共面处,投影无线

(e) 平面投影分析　　　　　　　　　(f) 空间想象

图 12-20　例 12-3 图

读图步骤可归纳为：①分析视图抓特征；②形体分析对投影；③综合归纳想整体；④线面分析攻难点。

12.5 组合体的构形设计

根据已知条件构思组合体的形状、大小、结构并表达成图形的过程称为组合体的构形设计。组合体构形设计是在已有投影知识的基础上，利用想象思维法、发散思维法、假想构成法、求异思维法追求新颖、独特和非重复性的结果。构形设计能把空间想象、形体构思及其视图表达结合在一起。它不仅能促进画图与读图能力的提高，还能启迪思维，扩展思路，丰富空间想象能力，培养空间形体的创新能力和表达能力。

【想象思维法思维提示】

想象具有生动形象的特点，这是众所周知的事实。想象的生动形象性不仅使想象具有隐喻功能、类比功能、启发和暗示功能，而且还使想象具有快捷、经济、有效的特点，使人们能够方便、迅速地把握事态的总体特征，理解复杂的关系。这些特点使得想象尤为适合土木工程设计、艺术创作和技术发明以及科学理论探索。在土木工程中，如果计划中的桥梁或建筑要以某种方式改变，就需要在头脑中首先想象它们将改变后的样子，然后再进行各种设计。

【假想构成法思维原理】（见 9.3.1 节）

【发散思维法思维原理】（见 5.1.4 节）

【求异思维法思维原理】（见 4.2.5 节）

组合体的构形方式有：由数个基本形体组合构形，由一个（或两个）视图构形。本节主要讨论根据组合体的一个视图构思形体，并正确表达。

12.5.1 构形原则

1. 均衡与稳定

使组合体的重心落在支承面之内，给人以稳定和平衡感，尤其是对于非对称形体，首先应考虑符合均衡的要求，以获得力学和视觉上的稳定和平衡感，保证造型的稳定。

2. 符合工程实际、便于成形

（1）两个形体组合时，不能出现点接触或线接触，如图 12-21 所示。

注意 构形设计的本质是创新，但不是离奇；是贴近实用，而不是脱离实际。

（2）封闭的内腔不便于成形，一般不要采用，如图 12-22 所示。

3. 多样、变异、新奇

以几何体构形为主，组合方式和相对位置应尽可能多样和变化。

12.5.2 构形的基本方法

根据组合体的一个视图构思组合体，其结果不是唯一的。由不充分的条件构想出多种组合体是思维发散的结果。它不仅要结合投影原理进行分析判断，还要灵活运用联想思维法、发散思维法、求异思维法等多方位、多角度、多结果地分析和思考问题，从而产生出创造性的构

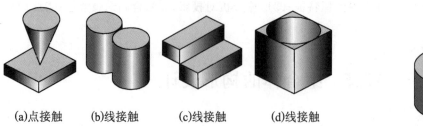

(a)点接触   (b)线接触   (c)线接触   (d)线接触

图 12-21   形体组合中的错误连接

图 12-22   形体组合的连接中不允许出现封闭内腔

思,设计出新颖、独特的形体。

1. 通过表面凹凸、正斜、平曲的联想构思组合体

构形时,应根据视图中的线、线框与相邻线框的空间含义,对形体进行广泛的构思和联想。根据相邻线框表示不同位置的表面,通过凸出、凹入、斜交、平曲等各种形式来形成不同形体。

图 12-23   形体的俯视图

由图 12-23 所示形体的俯视图,可构思不同的组合体。可以看出:形体分前、后两部分,前面是一个面,它可以是平面,也可以是曲面或斜面;后面有三个线框,分别可以用凹凸、平曲、正斜变通的联想,创造出一个个新奇的形体(见图 12-24)。当然,满足该俯视图的组合体远不止图 12-24 所示的 9 种,还可构思很多其他形状的形体,请读者继续构想。

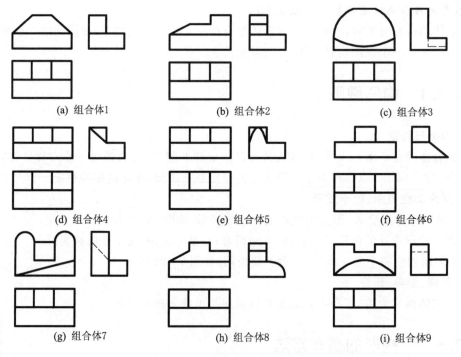

(a) 组合体1   (b) 组合体2   (c) 组合体3

(d) 组合体4   (e) 组合体5   (f) 组合体6

(g) 组合体7   (h) 组合体8   (i) 组合体9

图 12-24   组合体的不同构形

注意   构思形体时,力戒简单的叠加,避免造型单调,应灵活运用联想思维法、类比法充分表示其形体的差异。如能在以直线为主的构形中,增加一部分曲线,产生曲直的对比与变化,可显示出活泼多样的效果,它比单纯用直线体的好。若能充分了解不同构形带给人们的不同心理感受,则会使构造的形体更具有感染力,更简洁且更有个性。

2. 通过基本体和它们之间组合方式的联想构思组合体

组合体的组合方式有叠加、切割和综合,可根据这些组合方式对已知投影进行分析、联想,构思出不同形状的组合。

为了丰富创造意念,增强思维的联想能力,可综合运用多种思维方法,将前述简单形体的多种组合或切割产生的各种形态的交线灵活运用到各种构形设计中。

【多维思维法思维原理】

多维思维法是指对事物进行多角度、多方面、多因素、多层次、多变量的系统考察的一种开放性思维方法。多维思维属全面性思维。

例 12-4 根据形体的俯视图(见图 12-25),进行形体构思,并画出其主视图和左视图。

分析 俯视图是实线圆加一外切正方形,其圆可联想成回转体或回转体的切割体,方形可联想成方块、方柱、卧放的圆柱、棱柱等,因此,形体可构想成由它们进行叠加、切割等组合的。

图 12-25 例 12-4 图 1
(形体的俯视图)

作图 (1)基本体的简单叠加或挖切构形。如图 12-26 所示,图(a)所示的是方块与半球叠加,图(b)所示的是方块与圆柱叠加后再挖切一倒圆锥,图(c)所示的是方块、半圆柱与圆锥的组合体。

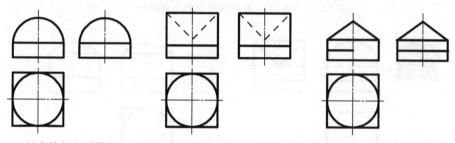

(a)方块与半球叠加　　(b)方块与圆柱叠加再切去倒圆锥　　(c)方块、半圆柱与圆锥的组合

图 12-26 例 12-4 图 2(基本体的组合构形)

(2)基本体与基本体的相交构形。如图 12-27 所示,图(a)是圆柱与三棱柱相交,图(b)所示的是圆柱与等径半圆柱、四棱柱三者相交,图(c)所示的是圆柱与圆柱等径相交,图(d)所示的是圆柱与等径半圆柱相交。

(3)叠加与切割的综合。形体的切割,主要指对几何形体的切割,切割方式有平面切割、曲面切割等。如图 12-28 所示,图(a)所示的是方块叠加圆柱后,用一个正垂的半圆柱面切割;图(b)所示的是方块叠加半球后,用一个铅垂的圆柱面切割;图(c)所示的是方块叠加半球后,用五个投影面的平行面切割;图(d)所示的是方块叠加圆台后,用四个投影面的平行面切割。

根据形体的俯视图构思形体不仅仅只这几种,请读者继续构想。

要丰富空间想象能力、提高空间形体的创新能力和表达能力,组合体的构形设计有着极其重要的作用。请读者多观察、多分析、多想象、多练习,逐步提高。

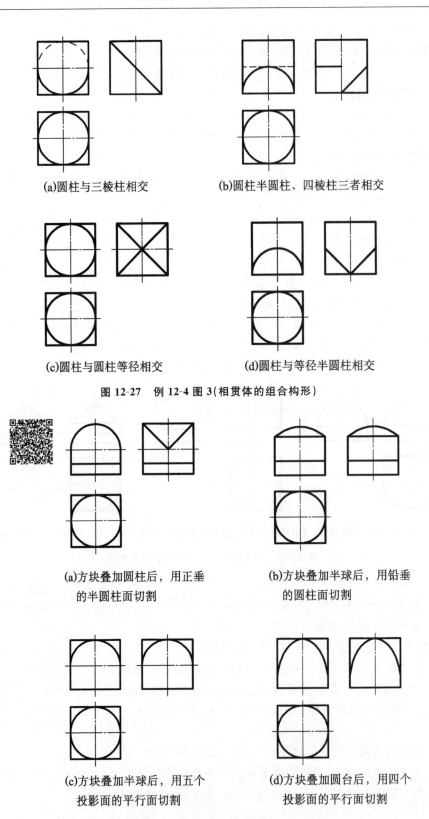

(a)圆柱与三棱柱相交　　　　　　(b)圆柱半圆柱、四棱柱三者相交

(c)圆柱与圆柱等径相交　　　　　　(d)圆柱与等径半圆柱相交

图 12-27　例 12-4 图 3(相贯体的组合构形)

(a)方块叠加圆柱后，用正垂　　　　　(b)方块叠加半球后，用铅垂
　　的半圆柱面切割　　　　　　　　　　的圆柱面切割

(c)方块叠加半球后，用五个　　　　　(d)方块叠加圆台后，用四个
　　投影面的平行面切割　　　　　　　　投影面的平行面切割

图 12-28　例 12-4 图 4(切割或叠加的综合构形)

12.6 图 样 画 法

12.6.1 基本视图

简单的工程形体一般采用三视图就可以表达清楚。但建筑形体形状多样、结构复杂,对房屋而言,其各向立面外形各不相同,仅用三视图难以表达清楚。如图 12-29 所示的建筑房屋采用了多面视图表达。

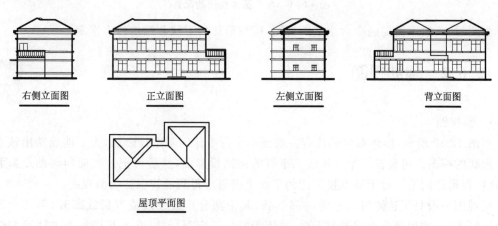

图 12-29 房屋的多面视图

在已有三投影面 V、H、W 的基础上再增设三个与之对应平行的投影面 H_1、V_1、W_1 构成六面投影体系,将形体置于六面投影体系中并分别向六个投影面作正投射,然后再按图 12-30 所示的方法把六个投影面展开到 V 平面上,展开后的视图的配置如图 12-31(a)所示。这六个投影面和六个视图分别称为基本投影面和基本视图,六面投影之间仍符合"长对正、高平齐、宽相等"的投影关系。若考虑合理使用图纸,也可按图 12-31(b)所示配置,此种配置需在每个图样的下方标注出相应的图名,且在图名的下方画一粗横线。

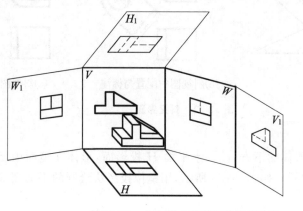

图 12-30 六个基本投影面的展开方法

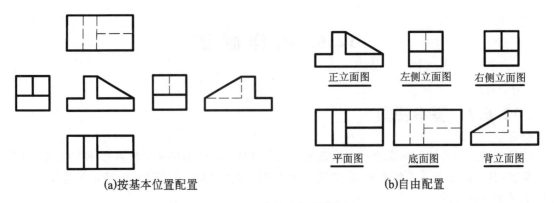

(a)按基本位置配置　　　　　　　　　　(b)自由配置

图 12-31　六个基本视图的配置

画图时,一般不需要画全六个基本视图,应视形体的形状和结构特点选定。

12.6.2　辅助视图

1. 斜视图

如图 12-32 所示,形体右侧部位有一表面不平行于任何基本投影面,为了能反映出该表面真实形状的视图。可设置一个与该表面平行的辅助投影面,然后再把该表面向辅助投影面投射,这种将形体向不平行于基本投影面的平面上投射所得到的视图称为斜视图。

斜视图一般只表达倾斜部分的局部形状,其余部分用波浪线或双折线断开,不必全部画出。斜视图中,须用箭头指明投射方向,并用大写拉丁字母标注,在斜视图的上方注写相应的字母。斜视图最好画在箭头所指方向上,以明确投影对应关系,如图 12-32(b)所示;也允许平移或转正布置在其他适当的位置上。转正布置时,斜视图的上方应加一旋转符号,旋转符号的箭头指示旋转的方向,如图 12-32(c)所示。原来的俯视图应画成局部视图。

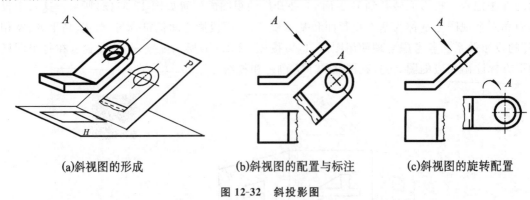

(a)斜视图的形成　　　　　　(b)斜视图的配置与标注　　　　　　(c)斜视图的旋转配置

图 12-32　斜投影图

2. 镜像投影法

假想将一镜面放置在形体的下方,代替水平的 H 投影面,形体在镜面中反射得到的正投影图,称之为"平面图(镜像)"。如图 12-33 所示,用镜像投影法绘制的平面图应在图名后注写"镜像"二字。

镜像投影图可用于绘制房屋的室内装饰工程图,如吊顶平面图等。

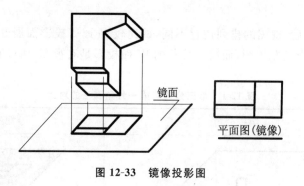

图 12-33　镜像投影图

12.6.3　第三角投影简介

互相垂直的三个投影面 V、H、W 可将空间分成八个分角,如图 12-34 所示。

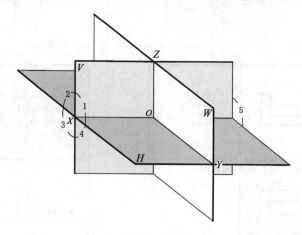

图 12-34　八个分角的划分

我国规定在绘制工程图时采用第一分角投影,本书前述的图都是采用第一分角投影法绘制的,但是西方有些国家将形体置于第三分角内进行正投影表达。因此有必要了解形体在第三分角的投影法,以便进行国际间的技术交流。

我们已熟悉了第一分角投影法,只要了解了第三分角投影与第一分角投影的异同点,便能掌握第三分角画法。

1. 第三分角画法与第一分角画法的相同点

(1) 按正投影法绘制。

(2) 遵循"长对正、高平齐、宽相等"的投影对应关系。

(3) 展开投影面时,都是 V 面不动,H 面、W 面分别绕着它们与 V 面的交线展成与 V 同一平面。

2. 第三分角画法与第一分角画法的不同点(见表 12-1)

(1) 投影面与形体的相对位置有区别,第一分角画法是将形体置于 V 面之前,H 面之上,而第三分角画法是将形体置于 V 面之后,H 面之下。

(2) 观察者、形体、投影面的相对位置不同。第一分角画法的投射顺序是:观察者——形体——投影面;而第三分角画法的投射顺序则是:观察者——投影面——形体,这种投影法假设投影面是透明的。

（3）投影面展开后，视图的排列位置不同，试比较表 12-1 投影面展开图。值得注意的是：第一分角的 W 面投影是左视图；而第三分角的 W 面投影是右视图，所以它靠近 V 面的一侧为形体的前面。

表 12-1　第三分角与第一分角画法的对比

	第一分角	第三分角
直观图	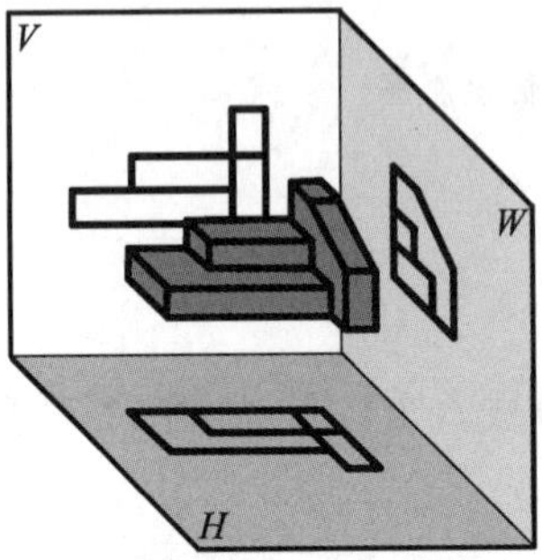	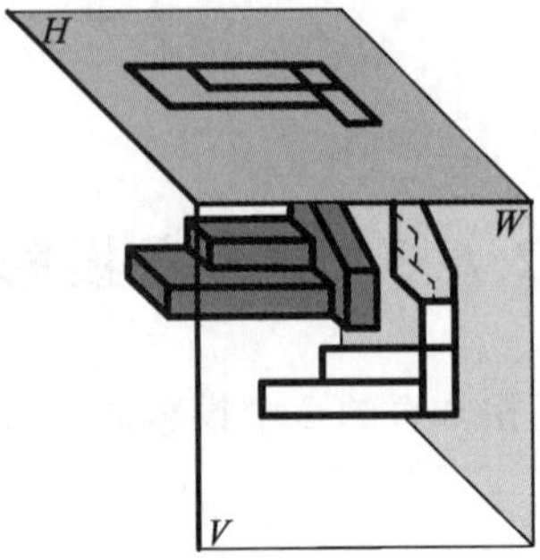
投影面展开图	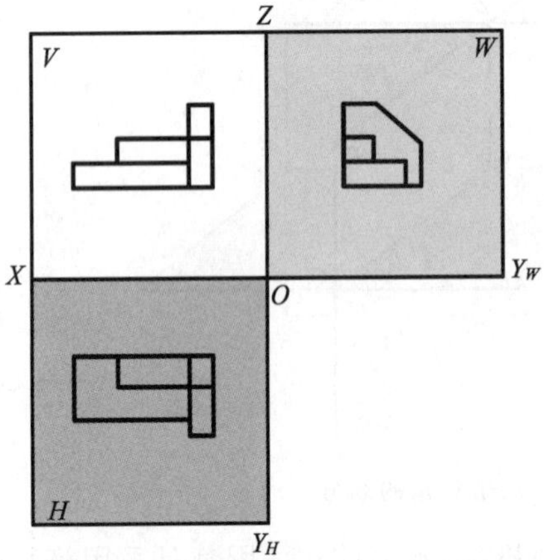	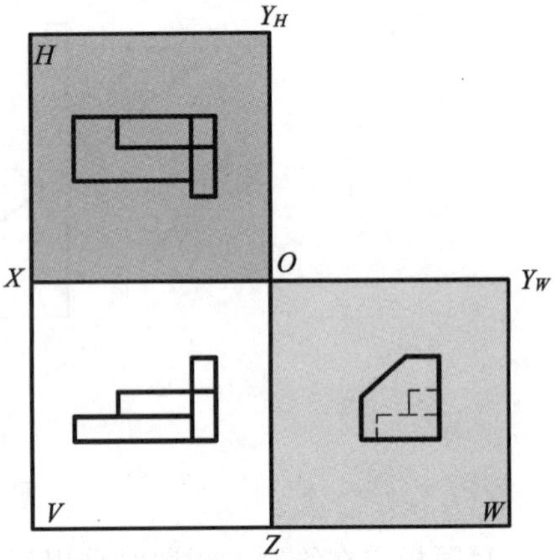
视图	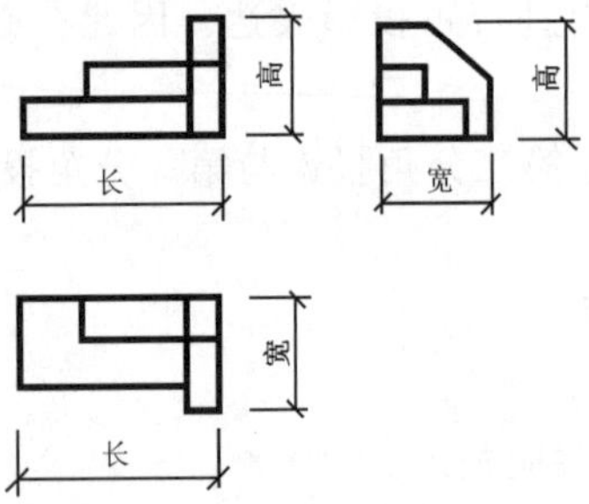	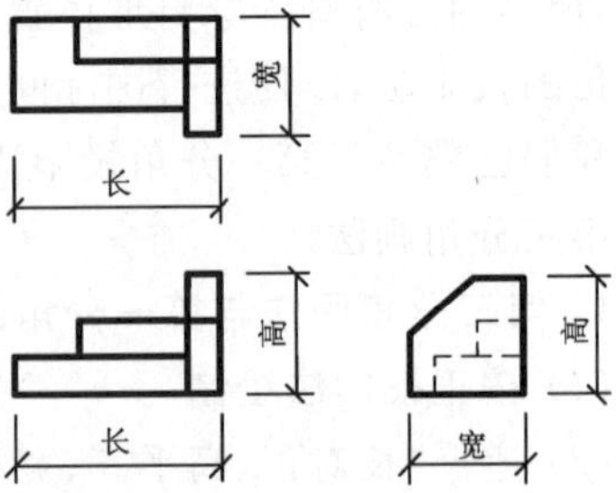

学习引导

12-1　应清楚组合体的组合方式（叠加式、切割式和综合式），组合方式是相对的、不是绝对的，以容易理解与读图为好。

12-2　相邻两形体表面平齐或相切，表面间没有分界线；相邻两形体表面不平齐或相交，形体间有分界线。

12-3 形体分析法和线面分析法是画图与读图的重要方法,必须理解与掌握。

12-4 画图和读图都应始终保持三视图间"长对正,高平齐,宽相等"的投影关系。

12-5 尺寸标注是施工的主要依据,标注组合体尺寸时,应从形体分析出发,首先分析组合体需要标注的各类尺寸,然后再考虑尺寸的配置,使尺寸标注完整、准确、清晰,符合制图国家标准。

12-6 组合体的画图、读图能力需要通过一定数量的画图、读图练习才能提高,因此,必须重视作图实践环节,反复由物画图,由图想物,多看、多想、多画,逐步提高空间想象能力和形体表达能力。

12-7 一般的形体选择正立面图、平面图、左侧立面图三个基本视图表达,复杂的形体或特殊的形体可考虑选择其他的基本视图或辅助视图表达。

思 考 题

12-1 通过对组成组合体原型的联想、观察,思考组合体的形成特点,原型与组合体之间的联系与区别。

12-2 形象的整体显示对于科学思维具有独特的作用,而不同的问题将绘制不同类型的图形,回答下列问题:

(1)若要表达组合体形状及大小,则画( )。

    A. 多面正投影图   B. 轴测图   C. 透视图   D. 树形图

(2)当投射方向确定,投影图中各线段所表示的意义可能有几种情况?

(3)试述形体分析法在组合体视图画图、读图和标注尺寸中的运用。

12-3 组合体中,相邻两个基本体表面之间的关系有哪几种情况?它们的投影各有何特点?

12-4 为什么要选择主视图?选择主视图的原则是什么?

12-5 组合体尺寸分几类?标注尺寸时应遵守哪些原则?

12-6 什么是尺寸基准?尺寸基准如何确定?

12-7 试述画组合体三视图的方法和步骤。

12-8 联想能把分散的、彼此不连贯的思想片断连接在一个思维链条上,从而发现某些事物的相同因素或某种联系,揭示出事物的本质,以图 12-28 为例,运用各种读图方法进行构形设计。

12-9 什么是基本视图?什么是辅助视图?

12-10 试述第三分角画法与第一分角画法的异同点。

第 13 章　剖视图与断面图

本 章 要 点

- **图学知识**
  （1）运用各种剖视图、断面图的表达方法来合理地表达复杂形体内部及外部构造的基本概念和表达方法。
  （2）各种剖视图、断面图的规定画法和适用场合。
- **思维能力**
  （1）在绘制和阅读复杂形体视图的过程中，使思维能力在反复迁移变化中得到强化和提高。
  （2）在复杂的形体用简单、恰当的方式表达出来的过程中体会"化繁为简"、"由表及里"的思维过程和以不变应万变的处事能力。
- **教学提示**
  可根据教学对象的实际水平选择适当深度的例题，并在学习专业图样时，结合应用实例加以对比点评，以体现本课程与众不同的智力价值。

13.1　剖视图的基本概念

13.1.1　剖视图的形成

剖视图主要用来表达物体的内部结构形状。

在绘制物体的投影图时，规定可见的轮廓线画成实线，不可见的画成虚线。但当物体的内部结构比较复杂时，投影图上就会出现很多虚线，造成图上虚线和实线互相重叠在一起，这样既影响图形的清晰，又增加了读图的困难，也给尺寸标注带来不便。在工程上为了解决这一问题，假想用剖切面（一般为平面）将形体剖开，并将剖切面与观察者之间的部分移走，使原来看不见的部分变为看得见的部分。如图 13-1 所示为杯形基础的投影图，为了将杯形基础的内部形状表达清楚，假想用剖切平面 Q 将杯形基础切开，并将剖切平面之前的部分移走，再向 V 面投射，所得到的图形称为剖视图[①]，如图 13-2 所示。

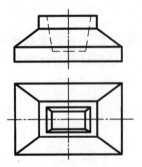

图 13-1　杯形基础的投影图

---

① "剖视图"图名取自《技术制图　图样画法　剖面区域的表示法》(GB/T 17453)。除房屋建筑图外的各专业图均采用"剖视图"，在房屋建筑图中则习惯称之为"剖面图"。本书在第 14～18 章将使用"剖面图"。

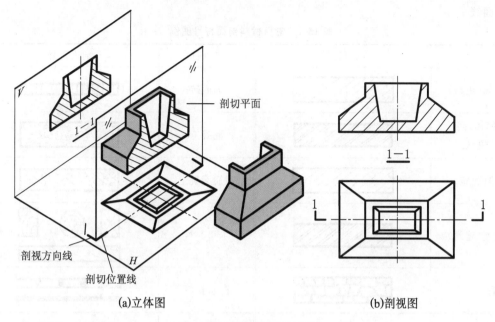

(a)立体图　　　　　　　　　　　　　　　(b)剖视图

图 13-2　杯形基础的剖视图

13. 1. 2　画剖视图应注意的事项

（1）剖视图只是用假想剖切平面对形体进行剖切，当形体
的某一个视图画成剖视图后，其他视图仍然应完整地将形体画出，如在图 13-2 中，杯形基础的
主视图画成了剖视图，但俯视图仍应完整地画出，不能只画出后面一半（如图 13-6(a)所示的错
误画法）。

（2）在剖视图中，形体上被假想剖切平面剖到的区域——断面，应按国标的规定画上相应
的剖面符号，以区分形体上的实体与空腔部分，剖面符号常分为"通用剖面线"和"特定材料的
剖面符号"（见表 13-1）。

通用剖面线的画法：用与水平方向或主要轮廓、对称线成 45°、间隔均匀的细实线画出，剖
面线向左或向右倾斜均可，如图 13-3(a)所示。当图形的主要轮廓与水平方向成 45°时，剖面线
可与水平方向成 30°或 60°，如图 13-3(b)所示。

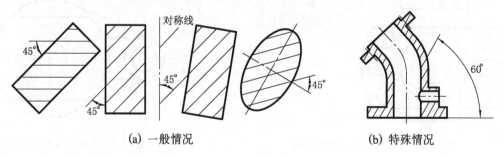

(a) 一般情况　　　　　　　　　　　　　　　(b) 特殊情况

图 13-3　剖面符号的画法

剖面线间的距离视剖面区域的大小而异，通常可取 2～4 mm。但同一形体的各剖视图的
断面区域，其剖面线的倾斜方向、倾角、间隔均应相同。图 13-4 所示为正面投影和侧面投影上

的剖面线。

表 13-1　常用材料剖面符号图例

名　称	剖面符号	名　称	剖面符号
金属(机械)		饰面砖	
固体、砖 (机械)		混凝土	
砖(建筑)		钢筋混凝土	
金属(建筑)		木　材	
毛　石		防水材料	
夯实土壤		多孔材料	
自然土壤		砂、灰土	

（3）在某一剖视图中已表达清楚的物体内部结构形状,在其他视图上可不再画出表示其内部结构的虚线,如图 13-4 所示。但当画少量的虚线可以减少某个视图,而又不影响剖视图的清晰时,可在剖视图中画出虚线。如图 13-5 所示,正面投影中的虚线确定了这个物体左边阶梯板的高度,因此不必画出侧面投影。

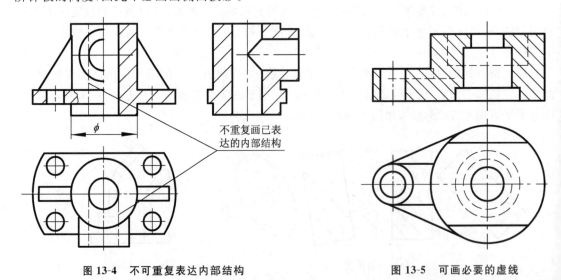

不重复画已表
达的内部结构

图 13-4　不可重复表达内部结构　　　　　　　　图 13-5　可画必要的虚线

（4）位于剖切平面后方的可见结构应全部画出,避免漏线,剖切平面前面的可见外形被切后已不存在,不必再画,避免多线,如图 13-6 所示。

（5）剖切平面的位置可根据需要来选择,为了便于画图和读图,选择剖切平面时应考虑以

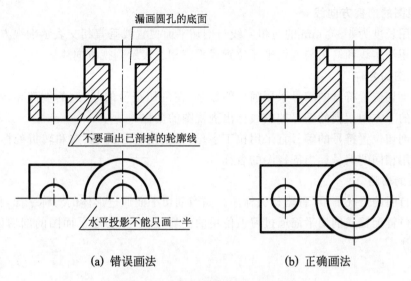

(a) 错误画法　　　　　　　　　(b) 正确画法

图 13-6　画剖视图容易出现的错误

下问题。

① 剖切平面应与基本投影面平行,使剖切断面的投影反映实形。如图 13-2 选择正平面作为剖切平面。

② 为了能清晰地表达形体的内部形状,剖切平面应通过形体内部的孔、洞、槽等不可见部分的中心线。当形体有对称平面时,剖切平面应通过形体的对称平面。

13.1.3　剖视图的标注

在绘制剖视图时,为了便于读图,一般要在相应的视图上用剖切符号进行标注,表示出剖切平面位置、剖视图的投射方向和剖视图的名称,如图 13-7 所示。

1. 剖切平面位置线

剖切平面位置线是假想的剖切平面的积聚投影,用两段粗实线表示剖切平面的起、迄和转折位置,长度宜为 6～10 mm。在标注时,剖切位置线应尽量不要与图形上的图线相交。

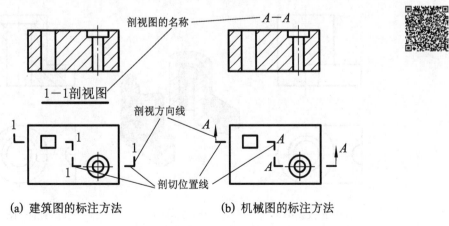

(a) 建筑图的标注方法　　　　　　　(b) 机械图的标注方法

图 13-7　剖切符号及编号

2. 剖视图的剖视方向线

建筑图用长度为 4～6 mm 的短粗实线与剖切平面位置线垂直相交表示剖视方向线。

机械图用细实线和箭头与剖切平面位置线垂直相交表示剖视方向线。

3. 剖视图的名称

建筑图剖切位置符号的编号采用阿拉伯数字,在剖切符号的起、迄的端部和转折处标出,并在剖视图的下方用相同的编号加横线标出剖视图的名称。

机械图剖切位置符号的编号宜采用拉丁字母,在剖切符号的起、迄和转折处标出,并在剖视图的上方用相同的编号标出剖视图的名称。

4. 标注的省略

在不注自明的情况下,可省略相关标注。如当剖切平面通过形体的对称平面,且剖视图按视图规定的位置配置或剖切平面通过习惯使用的剖切位置(如房屋平面图的剖切位置)时,图上可省略标注。

13.2　剖视图的种类

由于工程形体内部和外部的形状各不相同,在画剖视图时,应根据形体的特点和表达要求,选用不同种类的剖视图。

13.2.1　全剖视图

当形体的外部形状比较简单,内部形状比较复杂或者不对称时,假想用剖切平面将形体全部剖开,这样画出的剖视图称为**全剖视图**。

图 13-8(a)所示为形体的正投影图,为了表达其内部形状,采用了全剖视图的表达方法,即假想用与正面平行的剖切面从中心轴线处将形体剖开,移走形体的前半部分后,再画出其后半部的正面投影,这样就表达了形体的内部构造(见图 13-8(b)、(c))。在图 13-8 中,省略了剖视图的标注。

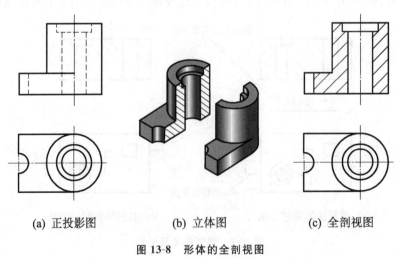

(a) 正投影图　　　　　　(b) 立体图　　　　　　(c) 全剖视图

图 13-8　形体的全剖视图

图 13-9 为房屋的全剖视图,在图 13-9 中,为了表达房屋的内部形状,假想用一个水平剖切平面从房屋的门、窗洞口处将房屋剖开,移走水平剖切平面以上部分后,画出水平投影。这样的全剖视图在建筑施工图中称为平面图。再假想用一个侧平剖切平面从房屋的门、窗洞口处将房屋剖开,移走侧平剖切平面左边的部分后,画出侧面投影。这样的全剖视图在建筑施工图中称为剖面图。图 13-9 中的平面图省略了剖切位置线和剖视方向线的标注。

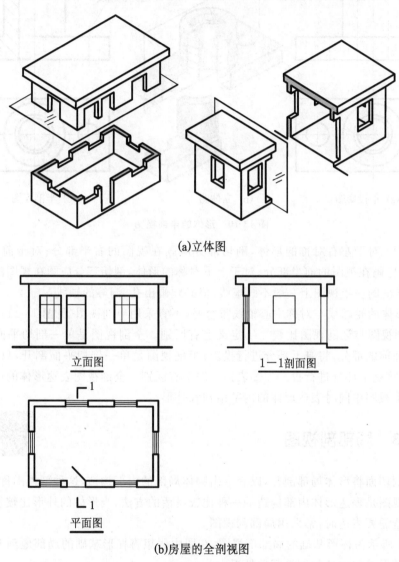

(a)立体图

立面图

1—1剖面图

平面图

(b)房屋的全剖视图

图 13-9　房屋全剖视图的形成

13.2.2　半剖视图

当形体具有对称面,而外部形状比较复杂,要求视图既要表达外部形状,又要表达内部构造时,以对称中心线(一般为点画线)为分界线,一半画成视图,另一半画成剖视图的组合图形称为**半剖视图**。

如图 13-10(a)所示形体的正投影图,在将其改画为剖视图以表达其内部形状时,由于形体左右对称,采用了半剖视图的表达方法,即假想用剖切面沿形体前后对称面剖切后,移走前右的一半再向后进行投射,从而使形体的主视图以对称中心线(点画线)为分界线,左边表达形体的外部形状,右边表达形体的内部构造(见图 13-10(b)、(c))。

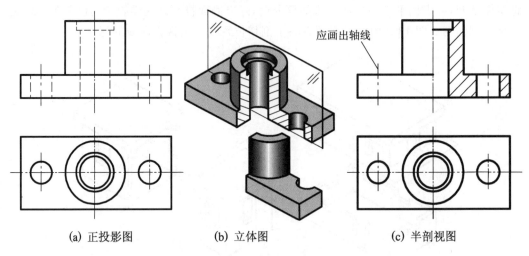

(a) 正投影图　　　　(b) 立体图　　　　(c) 半剖视图

图 13-10　形体的半剖视图

注意　(1) 对于左右对称的形体,剖切部分应画在视图的右半部分;对于前后对称的形体,剖切部分应画在视图的前半部分;对于上下对称的形体,剖切部分应画在视图的下半部分。

(2) 在未剖的一半视图上一般不画虚线,但必须画出孔、洞等的轴线。

(3) 当形体的轮廓线与对称中心轴线重合时,不宜采用半剖视图(见图 13-11)。

(4) 半剖视图与全剖视图比较　①定义上有区别。全剖视图是单一剖切平面剖开,完全移走剖切平面前的部分,将剩下部分进行投影;半剖视图是单一剖切平面剖开,只移走剖切平面前的一半,将剩下部分进行投影。②表达方法上有区别。全剖视图表达形体的内部结构,半剖视图在一个视图中同时表达形体的内部结构和外形。

13.2.3　局部剖视图

假想用剖切面将形体局部剖开,以表示出物体局部的内部构造,这种剖视图称为**局部剖视图**。局部剖视图是表达形体内部构造的一种比较灵活的方法,当形体的外形比较复杂,而内部只有局部构造需要表达时,常采用局部剖视图。

图 13-11 所示为杯形基础的局部剖视图,在图中假想将杯形基础的局部地剖开,从而清楚地表达出了杯形基础内部的钢筋配置情况。

图 13-12 所示为用剖视图表达前方带有凸台、中间带有阶梯孔的圆柱体。图 13-12(a)采用半剖视图来表达其内部形状,但由于该形体方孔的轮廓线与对称中心轴线重合,故不宜采用这种表达方式。该形体采用局部剖视较为合理。图 13-12(b)所示为该形体的局部剖视图。

注意　(1)在画局部剖视图时,形体被假想剖开的部分与未剖的部分以波浪线作为分界线,表明剖切范围。波浪线相当于剖切部分断裂面的积聚投影,因此波浪线应画在形体的实体部分,不得画在通孔、通槽或缺口的投影范围内,也不要超出视图之外,如图 13-13 所示。

(2)当被剖切的局部结构为回转体时,允许将结构的轴线作为局部剖视图与视图的分界

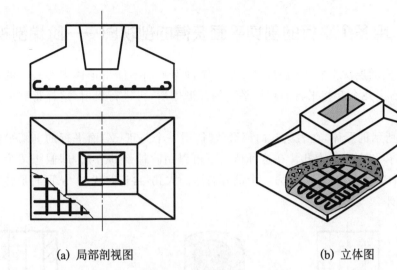

(a) 局部剖视图　　　　　　　　　　　　(b) 立体图

图 13-11　杯形基础的局部剖视图

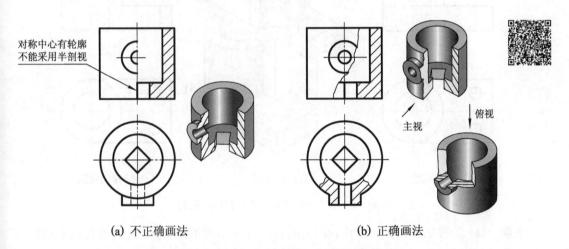

对称中心有轮廓
不能采用半剖视

主视　　俯视

(a) 不正确画法　　　　　　　　　　(b) 正确画法

图 13-12　内方孔的圆柱体剖视图的画法对比

线,如图 13-14(b)所示。

　　(3)在局部剖视图上,如果剖切位置明显,可不作剖视图的标注。

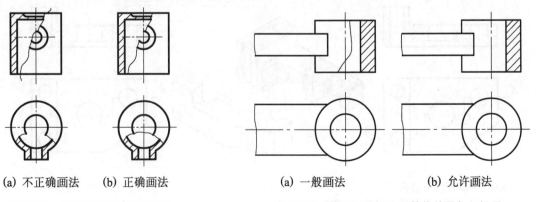

(a) 不正确画法　　(b) 正确画法　　　　　(a) 一般画法　　　(b) 允许画法

图 13-13　局部剖视图的画法对比　　　　　图 13-14　被剖切结构为回转体的局部剖视图

13.2.4　用多个平行的剖切平面获得的剖视图——阶梯剖视图

当形体在不同的层次上有不同的构造,用一个剖切平面不能把形体需要表达的内部构造完全表达清楚时,用几个互相平行的剖切平面剖开形体后,再进行投射,这样得到的剖视图称为**阶梯剖视图**。

如图 13-15 所示的形体,在表达其内部形状时,用一个与正(V)面平行的剖切平面不能同时剖开左边的小孔和右边的大孔。在这种情况下可以用阶梯剖的方法,即假想两个互相平行的剖切平面,一个剖开左边的小孔,另一个剖开右边的大孔,再进行投射,从而将形体的内部构造清楚地表达出来。

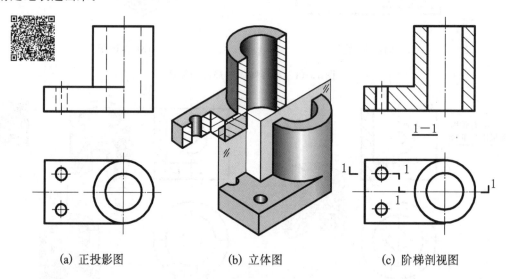

(a) 正投影图　　　　　(b) 立体图　　　　　(c) 阶梯剖视图

图 13-15　形体的阶梯剖视图(建筑图画法)

注意　(1)阶梯剖视图必须标注,在标注时,应在剖切面的起、迄和转折处用粗短线标出剖切位置,在起、迄线的外端标明剖视方向,并注写上相同的编号(见图 13-15(c))。

(2)在阶梯剖视图上,两个剖切平面的转折处不画分界线(见图 13-16)。

(3)画阶梯剖视图时,两个剖切平面的转折处不能与图形中的轮廓线重合(见图 13-16)。

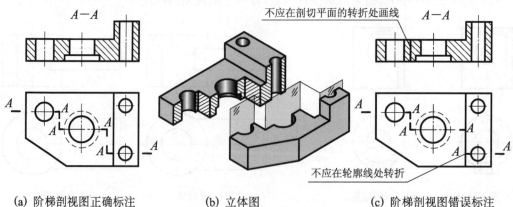

(a) 阶梯剖视图正确标注　　　　(b) 立体图　　　　(c) 阶梯剖视图错误标注

图 13-16　形体的阶梯剖视图(机械图画法)

13.2.5　用多个相交的剖切平面获得的剖视图——旋转剖视图

当形体在不同的角度都要表达其内部构造时,假想用两个相交的剖切平面(其中一个剖切平面与基本投影面平行)剖切形体,将由与基本投影图倾斜的剖切平面剖开的部分旋转到与基本投影面平行的位置再进行投射所得到的剖视图,称为旋转剖视图。

如图 13-17 所示的形体,由于用一个剖切平面不能同时剖开形体上的三个孔,为了表达出形体上三个孔的内部构造,假想用两个相交的剖切平面(左边一个与正(V)面平行)剖切形体后,将右边与正(V)面倾斜的剖面绕形体的中心轴线旋转到与正(V)面平行的位置,再向正(V)面进行投射即得到该形体的旋转剖视图。

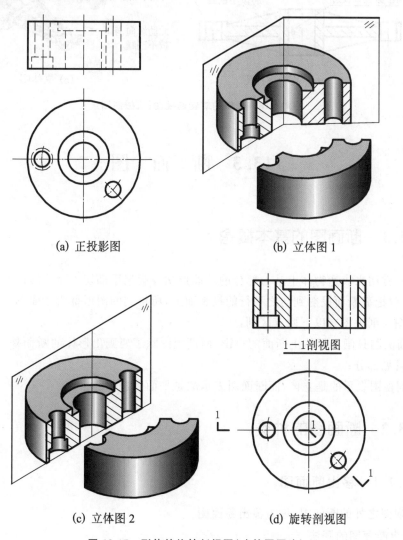

(a) 正投影图　　　　　　　　(b) 立体图 1

1—1剖视图

(c) 立体图 2　　　　　　　　(d) 旋转剖视图

图 13-17　形体的旋转剖视图(建筑图画法)

注意　(1) 旋转剖视图必须全标注,在标注时,应在剖切平面的起、迄和转折处用粗短线标出剖切位置,在起、迄线的外端标明剖视方向,并注写上相同的编号(见图 13-18(a))。

(2) 旋转剖视图运用于表达具有回转轴的形体,因此,画图时两剖切平面的交线应与形体上的回转轴线重合，但在旋转剖视图上，不画两个剖切平面的交线。

（3）位于剖切平面后的其他结构要素，一般仍按原位置投射，如图 13-18（a）所示小孔在俯视图上的投影。

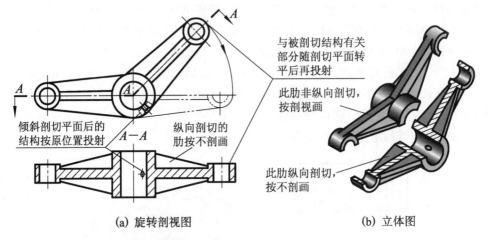

（a）旋转剖视图　　　　　　　　　　　（b）立体图

图 13-18　形体的旋转剖视图（机械图画法）

13.3　断　面　图

13.3.1　断面图的基本概念

断面图常用来表达物体上某一部分的断面形状。假想用剖切平面将形体上需要表达的位置切断后，仅把截断面投射到与之平行的投影面上，所得到的图形称为断面图。

断面图与剖视图有以下两点区别：

（1）断面图只画出形体上断面的投影，而剖视图除了要画出形体的断面外，还要画出形体断面后的可见部分；

（2）剖视图表示的是立体，而断面图表示的是平面（截断面）。

13.3.2　断面图的种类

13.3.2.1　移出断面图

画在视图之外的断面图，称为**移出断面图**。

1. 移出断面图的画法

（1）移出断面图的轮廓线用粗实线画出。如图 13-19 所示为钢筋混凝土柱的移出断面图，图中用钢筋混凝土柱的正面投影和右边的 1—1 和 2—2 两个断面图表达出了钢筋混凝土柱的形状和内部情况。

注意　建筑图移出断面轮廓线用粗实线画（重点表达对象），可见轮廓线用细实线画（非重

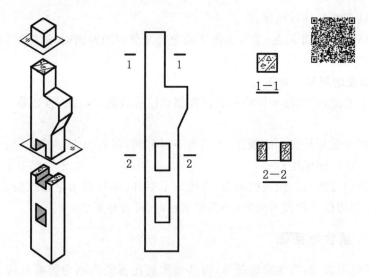

图 13-19　钢筋混凝土柱的移出断面图

点表达对象)。机械图的移出断面和可见轮廓线均用粗实线画。

(2) 当剖切平面通过回转面形成的孔或凹坑的轴线时,这些结构的断面处应按剖视绘制。

图 13-20 所示为轴的断面图。图中用轴的正面投影和 $A—A$、$B—B$ 两个断面图清楚地表达了轴的形状。对于 $B—B$ 断面图,由于剖切平面通过轴上的圆锥孔和圆柱孔的轴线,在 $B—B$断面图上圆锥孔和圆柱孔应按剖视绘制。图 13-20(b)为错误的画法,图 13-20(c)为正确

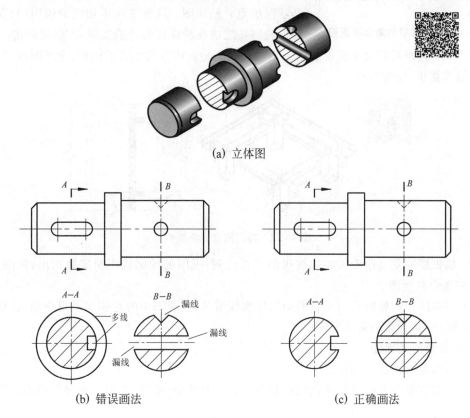

(a) 立体图

(b) 错误画法　　　　　　　　(c) 正确画法

图 13-20　轴的移出断面图

的画法,请读者认真地进行对照比较。

(3) 当剖切平面通过非圆孔,会导致出现两个完全分离的断面时,这些结构的断面处也应按剖视绘制。如图13-19中的2—2断面所示。

2. 移出断面图的配置与标注

(1)为了便于看图,移出断面图应尽量画在剖切位置线的延长线上,必要时,也可配置在其他适当位置。

(2)画在剖切位置延长线上的断面,当图形不对称时,需画出剖切符号,允许省略字母;当图形对称时,可不加任何标注。

(3)未画在剖切位置延长线上的断面,当图形不对称(相对剖切位置线而言)时,要用字母和剖切符号标明剖切位置和投射方向;当图形对称时,可省略箭头。

13.3.2.2　重合断面图

当视图中图线不多,断面图形较简单,将断面图画在视图内不会影响其清晰程度时,可采用重合断面图。**重合断面图**是将形体剖切后,再把断面按形成左视图或俯视图的投射方向,绕剖切平面迹线旋转90°,重合在视图轮廓线之内的断面图。

1. 重合断面的画法

(1) **建筑图**的重合断面图的轮廓线用粗实线画出,视图的轮廓线用细实线画出,如图13-21为表示装饰墙面凹凸状况的重合断面图。这种图可不加任何说明,只在断面图的轮廓线之内在轮廓线的边沿加画45°斜线即可。

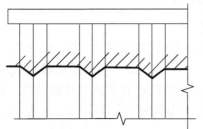

图 13-21　装饰墙的重合断面图

图 13-22 为钢筋混凝土楼板和梁。用重合断面的表达方式画出了楼板、梁的断面图,并将断面涂黑表达板、梁的材料。

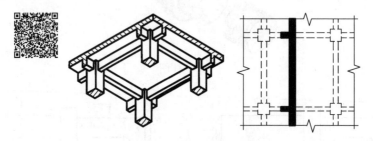

图 13-22　楼面的重合断面图

(2) **机械图**的重合断面的轮廓线用细实线绘制,视图的轮廓线用粗实线画出,如图13-23为吊钩的重合断面图。

(3) 当视图中的轮廓线与重合断面的轮廓线重叠时,视图中的轮廓线不得中断,仍应连续画出,如图13-24为角钢重合断面图。

2. 重合断面的标注

(1) 对称重合断面不用标注。

(2) 不对称重合断面可标出剖切位置和剖视方向符号(见图13-24),也可省略不标注。

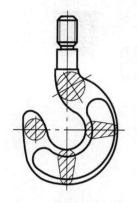

图 13-23 吊钩的重合断面图

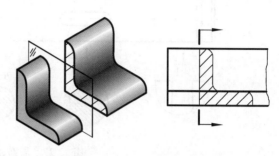

图 13-24 角钢的重合断面图

13.3.2.3 中断断面图

对于较长的杆件只有单一的断面和变化均匀、断面对称的形体,可将断面图画在形体的中断处,称这种图为**中断断面图**。中断断面图的画法与移出断面图相同。

图 13-25 所示为工字钢的中断断面图。图 13-26 所示为支架的中断断面图。

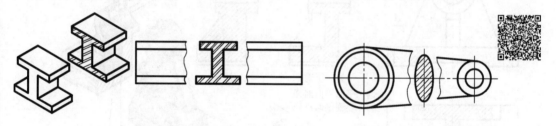

图 13-25 工字钢的中断断面图

图 13-26 支架的中断断面图

13.4 其他表达方法

1. 局部放大图

当形体上某些细小结构在视图中表示不够清晰或不便标注尺寸时,可将这些部分的结构,用大于原图所用的比例画出,这种图形在机械图中称之为局部放大图(详图),如图 13-27 所示,Ⅰ 和 Ⅱ 处均为局部放大图。在建筑图中称之为详图(详见第 14 章)。

局部放大图可以画成视图、剖视图或断面图,它与被放大部分的表达方式无关。

画局部放大图的步骤如下:

(1) 用细实线圆在视图上标明被放大部位;

(2) 在放大图上方注明放大图的比例;

(3) 当图上有多处部位放大时,用罗马数字依次注明放大部位,并在局部放大图上方标出相应的罗马数字和所用比例,如图 13-27 所示。

局部放大图应尽量配置在被放大部位的附近。在局部放大图表达完整的前提下,允许在原视图中简化被放大部分的图形。

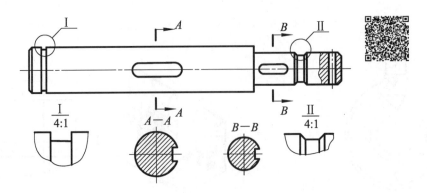

图 13-27　局部放大图

2. 肋在剖视图中的画法

对于形体的肋、轮辐和薄壁等，如按纵向剖切（即剖切平面通过它们的对称轴线），这些结构的断面内不画剖面符号（剖面线），而用粗实线将它与其邻接部分分开，如图 13-28 所示。

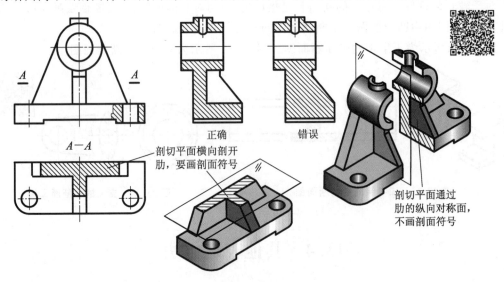

图 13-28　肋的画法

当剖切平面垂直于轮辐和肋的对称平面或轴线（即横向剖切）反映肋板厚度时，轮辐和肋仍要画上剖面符号。如图 13-28 所示的俯视图中，肋仍应画上剖面线。

3. 肋与轮辐等均匀分布的结构要素在剖视图中的画法

当肋、轮辐、孔等结构均匀分布在回转体的端面上而又不处于剖切平面上时，可将这些结构旋转到剖切平面上画出，如图 13-29、图 13-30 所示，图中"EQS"表示"孔在圆周上均匀分布"。

符合上述条件的肋、轮辐、孔等结构，无论它们的数量为奇数或偶数，在与回转轴平行的投影面上的投影中，一律按对称形式画出。其分布情况在垂直于回转轴的视图上表示。

4. 相同结构要素的简化画法

当形体上有若干个按一定规律分布的相同结构（齿、槽等）时，只需画出几个完整的结构，其余用细实线连接，并注明该结构的总数，如图 13-31 所示。

对于若干直径相同且成规律分布的孔（圆孔、螺孔、沉孔等），可以仅画出一个或几个，其余只需用细点画线或"⊕"表示其中心位置，并注明孔的总数，如图 13-32 所示。

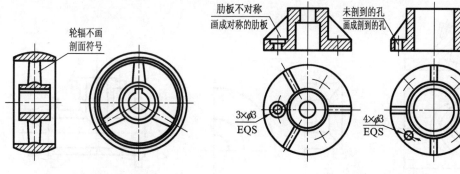

图 13-29　轮辐的画法　　　　　　　　图 13-30　肋的画法

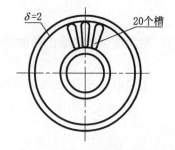

图 13-31　相同结构槽的简化画法

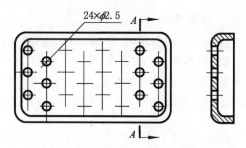

图 13-32　相同结构孔的简化画法

5. 一些投影的简化画法

（1）当回转体上的平面在图形中不能充分表达时，可用平面符号（相交两细实线）表示，如图 13-33 所示。

（2）在不会引起误解时，形体上的某些截交线、相贯线或过渡线可以简化，如用直线或圆弧代替（见图 13-34、图 13-35）。

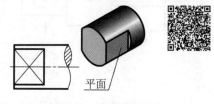

图 13-33　平面的简化画法

（3）与投影面倾斜的角度不大于 30°的圆或圆弧，可用圆或圆弧来代替其在投影面上的投影——椭圆、椭圆弧，如图 13-35 所示。

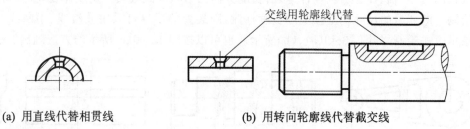

（a）用直线代替相贯线　　　　　　（b）用转向轮廓线代替截交线

图 13-34　交线的简化画法

6. 对称形体视图的简化画法

当形体图形对称时，在不致引起误解的前提下，可只画视图的 1/2 或 1/4，并在对称中心线的两端画出两条与其垂直的平行细实线，如图 13-36 所示。

对于形体端面上均匀分布的孔（圆柱形法兰盘或与其类似的结构），可按图 13-37 所示的方法绘制出。

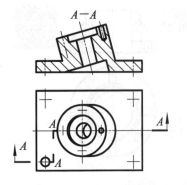

图 13-35　椭圆的简化画法

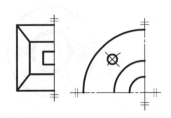

图 13-36　对称图形的简化画法

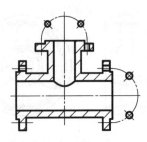

图 13-37　法兰盘上均布的孔

7. 剖面符号

在不致引起误解时,形体的移出断面允许省略剖面符号,但剖切位置和断面图的标注必须符合规定,如图 13-38 所示。

较大面积的断面符号也可以简化,只需在断面轮廓线的边沿画一定范围的等宽断面线。如图 13-39 所示。

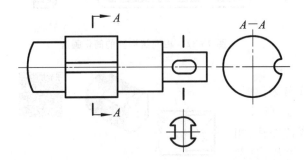

图 13-38　省略剖面符号

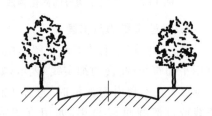

图 13-39　较大面积的剖面符号表示法

8. 折断画法

较长的形体(轴、杆、型材、连杆等)沿长度方向的形状一致或按一定规律变化时,可断开后缩短绘制。断开后的尺寸仍应按实际长度标注,断裂处的边界可采用波浪线、中断线、双折线或形象示意法绘制,如图 13-40(a)、(b)所示。也可以按图 13-40(c)所示的方法画出。

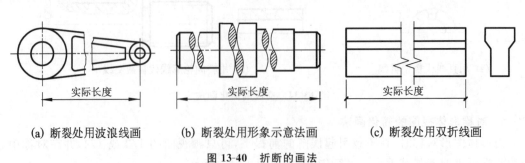

(a) 断裂处用波浪线画　　　　(b) 断裂处用形象示意法画　　　　(c) 断裂处用双折线画

图 13-40　折断的画法

13.5　剖视图的绘制与阅读

学习用剖视图表达形体的内部构造和外部形状,实际上是在前面学习组合体的绘制和阅读方法的基础上,对培养空间思维,丰富空间想象力的进一步发展。因此,在学习绘制和阅读剖视图的方法的过程中,一定要注意思维方式上的发展和创新。

前面介绍了不同类型的剖视图的特点及画法,但在工程上,由于形体的形状多种多样、形态各异。因此在绘制剖视图时,必须根据形体的形状特点,采用正确的表达方案,将形体的内部构造和外部形状完整清晰地表达出来。

例 13-1　根据图 13-41 所示组合体的三视图,想象其结构形状,选择适当的表达方案。

分析　从已知的三视图看出,形体前、后对称,是由平面立体叠加和柱面切割而成的组合体。

读图　(1) 弄清立体的形状(由平面图形想象出空间形状)。

① 看懂外形。根据组合体的形体分析法和线面分析法,对形体的各视图上的实线线框进行分析可以知道,形体外形的主要结构是由两个四棱柱叠加组成的,如图 13-42(a)所示。

② 弄清内部结构,想象出整体形状。由形体的俯视图中间的线框,结合形体的主视图、左视图上的虚线可以想象出,形体上有两个水池,两个水池侧壁和底面上有若干个个孔。再结合形体的外形,即可想象出形体的整体形状,如图 13-42(b)所示。

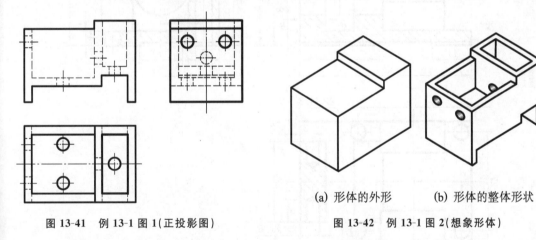

　　　　　　　　　　　　　　　　　　　　　　　(a) 形体的外形　　　　　(b) 形体的整体形状

图 13-41　例 13-1 图 1(正投影图)　　　　　　　图 13-42　例 13-1 图 2(想象形体)

(2) 根据水池的形状特点选择适当的剖视图(构思表达方案)。在将主视图改为剖视图时,由于左、右两个水池上的孔不在同一正平面上,为了同时将两个水池上的孔表达出来,可以采用阶梯剖视图,如图 13-43(a)所示;对于左视图,由于水池前后对称,因此可以采用半剖视图,如图 13-43(b)所示。

作图　根据上面的分析,作出水池的剖视图,如图 13-44 所示。

例 13-2　阅读图 13-45 所示剖视图。

读图　(1) 明确每个视图的剖切方式和位置。首先应看各剖视图名称,找出剖视图的剖切位置,确认采用的是何种剖视,明确投影方向,弄清与视图间的投影关系;然后分析各个剖视图和剖面图所表达的重点是什么。

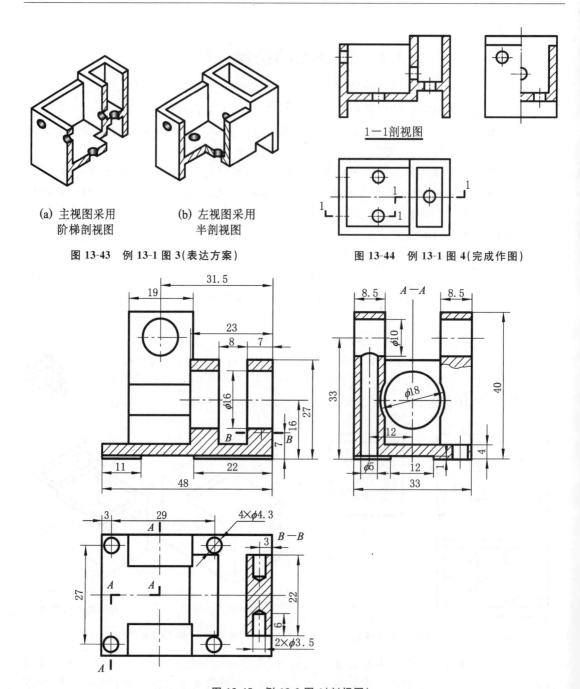

(a) 主视图采用
阶梯剖视图

(b) 左视图采用
半剖视图

图 13-43　例 13-1 图 3(表达方案)

1—1剖视图

图 13-44　例 13-1 图 4(完成作图)

图 13-45　例 13-2 图 1(剖视图)

　　如图 13-45 所示,该物体用主、俯、左三个剖视图表示,主视图未加任何标注,表示是沿前后对称(近似对称)平面剖开作的全剖视;俯视图用了 B—B 剖视图名称的标注,由名称标注对应主视图的剖切位置可知,俯视图在该部位作了局部剖视。左视图用了 A—A 剖视图名称的标注,由 A—A 标注对应俯视图的剖切位置可知,左视图沿剖切位置的指示进行了阶梯剖视;左视图还有一个未标注的局部剖视图,沿该部位左右对称平面或过轴线的侧平面剖开作了局部剖视。

　　(2) 初步阅读该物体的整体形状。分析线框,由投影可知,该物体在整体上是一个叠加式组合体,其各部分基本体的原型分别由 5 个四棱柱叠加而成(可由俯视图应用局部拉伸法进行构思想象),如图 13-46 所示。

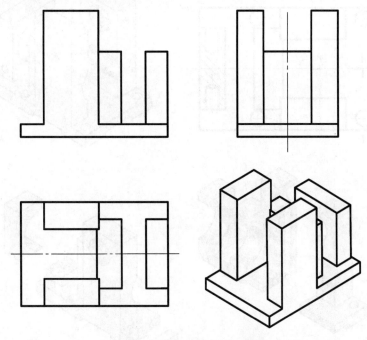

图 13-46 例 13-2 图 2(原型联想)

(3) 结合尺寸标注、各剖视图投影之间的联系,看懂各基本体内部结构及相互位置。全剖的主视图表示右边两个四棱柱上部分别有一个 $\phi18$ 的圆柱孔;局部剖的俯视图上表示最右边一个四棱柱下部分的前后各有一个 $\phi3.5$ 的圆柱与圆锥的盲孔(不通的孔);阶梯剖的左视图上表示底板上有 4 个相同的 $\phi4.3$ 圆柱孔,左后四棱柱上部有一个 $\phi10$ 的前后通孔,在 $\phi10$ 通孔的中部有一个 $\phi5$ 的上下通孔,两孔相交出现相贯线。与左后四棱柱外形对称的左前四棱柱,从其上部的局部全剖可知,其上部只有一个 $\phi10$ 的前后通孔而没有上下通孔,对照主、左视图可知,底板底部四角分别有 4 个凸垫板。

(4) 分析细部,构想整体形状。在分析了由整体到细部的结构及各部分相对位置后,可综合构思想象出内外形状,如图 13-47 所示。

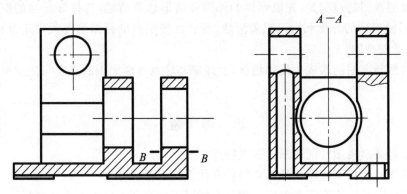

图 13-47 例 13-2 图 3(空间形状)

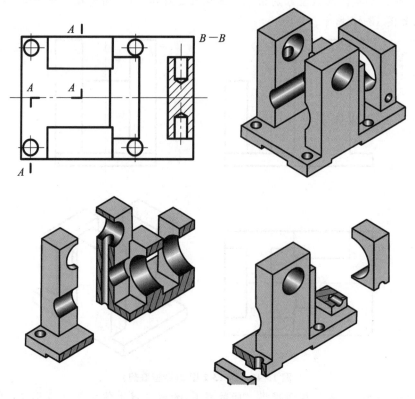

续图 13-47

学 习 引 导

13-1　应清楚剖视图的形成,剖视图表达特点,画剖视图应注意的规定及事项。

13-2　一定要注意剖视图的标注。标注包括:剖切位置线、剖视方向线和剖视图的名称。并要弄清在什么情况下剖视图上可以不用标注。

13-3　应清楚五种剖视图各自特点,画剖视图时应遵守相关规定与注意事项。

13-4　画剖视图的过程是:先把形体的外形和内形想象清楚,选择好适当的剖切方式,再将假想剖切后的形体的外形和内形想象清楚,然后再按照画剖视图的有关规定及应注意的事项,画出形体的剖视图。

13-5　清楚断面图的形成与使用场合,要理解和注意画断面图的规定与注意事项。

思 考 题

13-1　什么是剖视图? 剖视图有哪些特点?

13-2　常用的剖视图有哪几种? 它们各有什么特点?

13-3　剖视图的标注有哪些内容? 在什么情况下剖视图上可以不作任何标注?

13-4　试述全剖视图与半剖视图的异同。

13-5　试述阶梯剖视图与旋转剖视图的异同。

13-6　什么是断面图？断面图与剖视图的区别是什么？

13-7　断面图有哪几种？它们各有什么特点？

13-8　试归纳建筑图与机械图的异同。

第14章 建筑施工图

本 章 要 点

- **图学知识**

  介绍建筑施工图中国标有关规定、基本图示方法、图示内容及常用的图例、尺寸注法的基本知识以及阅读和绘制建筑施工图的方法。

- **思维能力与实践技能**

  (1) 通过绘图训练达到深入理解他人的设计思想和内容的目的,提高读图能力;

  (2) 通过绘图训练,正确地将头脑中的"设计意图"用图形表现出来;(3) 通过绘图,掌握绘制施工图的方法和技巧,提高绘图能力。

- **教学提示**

  结合阅读和绘制建施图,注意培养学生基本工程素质。

14.1 概　　述

任何从简单到复杂的建筑都起源于建筑设计工作者的头脑。设计者通过各种技能、技法,将其思维中那些瞬间而零乱的片段剪辑组合成不仅能体现出设计者主观意图,而且还能完整、真实、详尽地表现出整个建筑的设计图样后,建筑施工人员才能按图施工,最终建造成既具有美好的外观形象,又能满足客观使用和环境条件要求的建筑来。可见,用来表现建筑的图样在建筑的形成过程中无疑起到了一种中介的作用,它是工程技术界同行进行技术交流的通用"语言"之一。绘制与阅读工程图是一名工程技术人员必须具备的基本技能。

14.1.1 房屋的组成及作用

房屋建筑是人们生产、生活的重要场所。按照建筑物的使用性质,可将其分为工业建筑(如厂房、仓库等)、农业建筑(如谷仓、饲养场、拖拉机站等)和民用建筑等。民用建筑还可细分为居住建筑(如住宅、宿舍、公寓等)和公共建筑(如学校、商场、办公楼等)。

各类房屋尽管在规模、使用要求、外形、结构形式等方面各不相同,但就建筑的组成来说它们是基本相同的,具体包括基础、墙和柱、楼面、楼梯、屋顶、门窗和其他构件(如台阶、雨篷、阳台)等(见图14-1)。这些构件处于房屋的不同部位,各自发挥着不同的作用。

(1) **基础**　建筑物最下部的承重构件(隐蔽工程),其作用是承受建筑物的全部荷载,并将其传给地基。

(2) **墙**　建筑物的承重构件和围护构件。作为承重构件,它承受由屋顶及各楼层传来的荷载(并传给基础);作为围护构件,外墙隔断了自然界对室内的影响,内墙可分隔房间。

(3) **柱**　在框架结构的建筑物中起承重作用,墙仅起围护作用。

(4) **楼面**　水平方向的承重构件,用来分隔楼层空间。

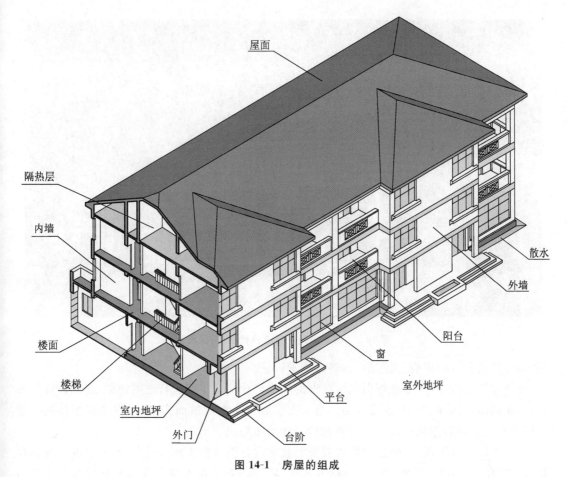

图 14-1　房屋的组成

（5）楼梯　楼房建筑物的垂直交通设施，为承重构件。

（6）屋面　位于房屋的最上部，是建筑物顶部的围护构件和承重构件。南方因多雨，多做成坡屋面；北方则因少雨，多做成平屋面。

（7）门窗　属非承重构件，具有内外联系，采光、通风，分隔围护作用。

14.1.2　房屋建筑施工图的产生过程及各阶段对图样的要求

建造房屋是一个较为复杂的物质生产过程，一般分设计和施工两步进行。

建筑设计全过程所完成的最终成果，就是将一幢拟建房屋的内外形状和大小以及各部分的结构、构造、装修、设备等内容，按照国家标准的规定，用正投影的方法，详细准确地绘制成图样——房屋建筑图。在施工阶段，则根据整套施工图编制的施工组织计划与工程进度计划等进行施工。

建筑设计工作需要不同专业的设计人员共同合作来完成。设计过程大致分为初步设计、技术设计和施工图设计三个阶段（具体内容在建筑学等课程中介绍）。

在设计阶段，首先根据房屋的使用要求和地形、气象等条件，提出初步设计方案。初步设计方案的基本图样为：平面图（可用单线条表示墙）、立面图（有时需作阴影加以渲染）、剖面图（与平面图相同）及总平面示意图。要求较高时还要加绘效果图——透视图，如图 14-2 所示。

图 14-2　某高校新建住宅设计图(透视图)

这些图样经有关部门审查、批准后,再进行技术设计。

在技术设计阶段,各专业根据报批获准的初步设计图对工程进行技术协调,分别设计绘制各自专业的基本图样——技术设计图。对于大多数中小型建筑而言,此过程及其图样均可省略,相应的工作内容简化并由建筑师在初步设计阶段完成。

在施工图设计阶段,主要依据报批获准的技术设计图或扩大初步设计图,要求各专业各自用尽可能详尽的图形、尺寸、文字、表格等方式,将工程对象在本专业方面的有关情况表达清楚,从而绘制出全部施工图。

房屋建筑图是指导建筑施工过程的重要依据。本章将以某高校一新建住宅为例介绍房屋建筑图重要的组成部分——建筑施工图。

14.1.3　房屋建筑施工图的内容

虽然每个专业都有各自的设计范围和技术要求,但对设计图样的图面要求是一致的。除应遵守《房屋建筑制图统一标准》(GB/T 5001—2010)中的基本规定外,还应遵守《建筑制图标准》GB/T 50104—2010,"要做到图面清晰、简明,符合设计、施工、存档等方面的要求"等。

一套完整的房屋建筑工程图样,一般包括图样目录、施工总说明、建筑施工图、结构施工图、设备施工图(含给水排水、暖通空调、电气)、装修施工图等。其中所涉及的专业有建筑、结构、水、暖、电等。

1. 建筑施工图

建筑施工图(简称建施图)主要表示房屋的建筑设计内容,如房屋内部布置情况,外部形状、大小、装修、构造及施工要求等,是房屋施工放线、砌筑、安装门窗、室内外装修和编制施工概算及施工组织计划的主要依据。一套建施图一般包括施工总说明、总平面图、平面图、立面图、剖面图、详图和门窗表等。本章主要研究这些图样的读法和画法。图 14-3 所示为一住宅

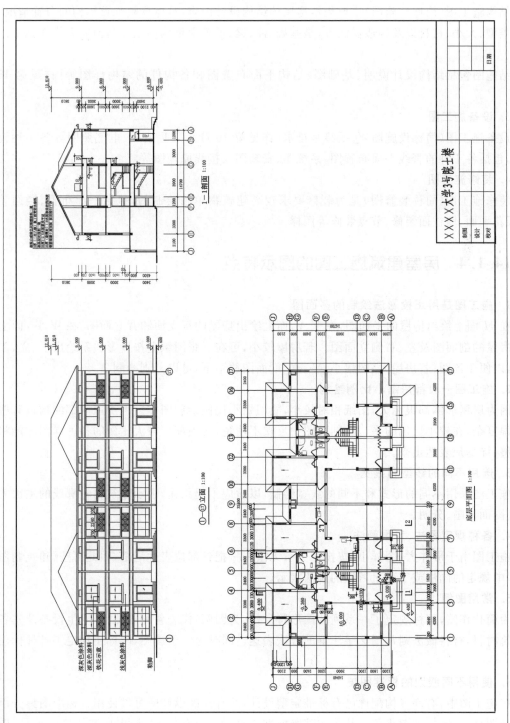

图 14-3　建筑平、立、剖面图

楼的平、立、剖面图。

2. 结构施工图

结构施工图(简称结施图)主要表示房屋的结构设计内容,具体反映承重结构的布置情况、构件类型、大小、材料以及构造做法等,是基础、柱、梁、板等承重构件以及其他受力构件施工的依据。

结施图包括结构设计说明、基础图、结构平面布置图和各构件的结构详图等(详见第 15 章)。

3. 设备施工图

设备施工图(简称设施图)包括给水排水(详见第 16 章)、采暖通风、电气照明等各工种施工图,包括各工种的管线平面布置图、系统图、安装图及接线原理图等。

4. 装修施工图

装修施工图(简称装修图)是为装修要求较高建筑物单独绘制的,包括平面布置、楼面装修、天花平面、墙柱面装修、节点装修等图样。

14.1.4　房屋建筑施工图的图示特点

1. 施工图是用正投影法绘制的多面图

在 H 面上绘出房屋的平面图,在 V、V_1 面上绘出房屋的正立面和背立面图,在 W、W_1 面上绘出房屋的剖面图及左、右侧立面图。若房屋较小,可在一张图纸上按投影关系绘出平、立、剖面图,以便于读图;若房屋大,图幅小,平、立、剖面图放不下,可以分别绘制。

2. 施工图一般都用缩小比例绘制

因为房屋形体都很庞大,图纸相对较小,故用缩小比例绘制图样。但房屋内部的构造有些部位很复杂,在较小比例的平、立、剖面图中反映不清楚,必须配以较大比例的各种详图才能将其完整、详尽地表达出来。

3. 选用不同的线型和线宽

施工图采用不同的形式和不同的线宽绘制,以适应不同用途,表示建筑物轮廓线的主次关系,使图面清晰、分明。

4. 各种规定画法、习惯画法

施工图由于形体大,图样小,按投影关系无法一一把各部位表达清楚,因此可按《建筑制图标准》中规定的画法或工程上习惯的画法表示。

5. 常用图例

为简化作图,国标规定了一系列的图形符号(称为图例)代表各种构配件、卫生设备及其各种建筑材料,材料做法则常用文字注解的方法表达。同时为便于读图,国标还规定了各种标注符号。

6. 使用不同级别的标准图集

在施工图中,有许多构配件已有标准定型设计,并有标准设计图可供使用。标准图集分部颁标准图集、地区标准图集等。凡采用部级标准定型设计之处,只要标出标准图集的编号、图号即可。

14.1.5　阅读建筑施工图须知

施工图的绘制是对投影理论、图示方法及有关专业知识的综合应用,因此,要读懂施工图样的内容,应具备以下相关知识。

(1) 掌握投影理论和形体的表示方法。

(2) 熟识施工图中常用的图例、符号、线型、尺寸和比例的意义。

(3) 施工图涉及一些专业上的问题,在学习过程中应善于观察、记录,了解房屋的组成和构造上的知识;对于更详细的专业知识,还需在有关的专业课程中学习。

(4) 准备图样上所选用的各种"标准图"等。

在阅读施工图时,首先根据图样目录把全部图样简略通读一遍,对工程项目的建设地点、周围环境,建筑物的大小及形状、结构形式和建筑关键部位的构造等情况先有一个了解。然后,根据不同的要求,重点深入阅读。

阅读时,应按先整体后局部、先文字说明后图样、先图形后尺寸等顺序依次仔细阅读,还应特别注意各图样之间的联系,以全面正确地掌握有关信息。

14.2　总 平 面 图

房屋总平面图是新建房屋在基地范围内的总体布置图,是在建筑地域上空向地面投影、用水平投影法和相应的图例,在国有土地局提供的地形图(画有等高线或加上坐标方格网)上,画出新建、拟建、原有和要拆除的建筑物、构筑物的图样。

总平面图的内容涉及众多方面,除了房屋本身的平面形状和总体尺寸外,还包括拟建房屋的坐落位置、与原有建筑物及道路的关系、相邻有关建筑,或拆除建筑物的位置以及计划再建工程的位置,此外,还应包括绿化、管网布置、远景规划等。若新建区地形复杂,则应绘制出新建区附近的地形、地物,如等高线、河流、池塘、土坡等。地势较平坦的工程或小范围的总平面图中可以不画等高线和坐标网格。图示的繁简因工程的规模和性质而异。

根据总平面图可以进行房屋定位、施工放线、土方施工和施工总平面布置。

14.2.1　总平面图的图示方法与有关规定

1. 比例

由于表示的建筑场地范围较大,总平面图通常采用较小的比例画出,如 1∶500、1∶1 000、1∶2 000 等。

2. 图线

新建房屋的轮廓用粗实线,其余如原有房屋轮廓、道路等均用细实线(有些图例上有粗实线除外)。预留场地上计划扩建房屋用中虚线等。具体规定如表 14-1 所示。

表 14-1　部分总平面图图例

名　称	图　例	说　明
新建的建筑物		(1) 粗实线绘制; (2) 出入口; (3) 右下角数字或点数为层数
原有的建筑物	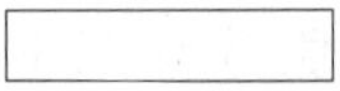	用细实线绘制
扩建预留地或建筑物		用中虚线绘制
拆除的建筑物	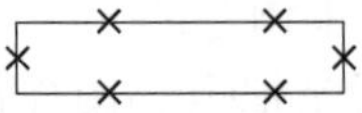	用细实线绘制
草坪	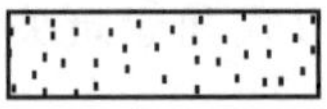	
花卉、树木		
围墙、大门	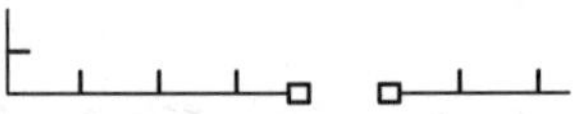	
道路	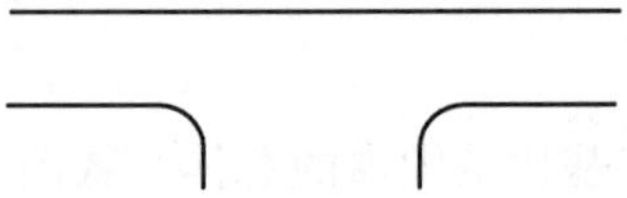	

3. 风向频率玫瑰图和指北针

在总平面图中,一般用风向频率玫瑰图表示常年的主导风向频率和风速及新建建筑物的朝向,有时也用指北针表明房屋的朝向。

风向频率玫瑰图(简称风玫瑰图)是根据当地的风向资料将全年中各不同风向的天数用同一比例绘制在东、南、西、北、东南、东北、西北、西南等十六个方位线上,然后用粗实线连接成多边形。在风玫瑰图中,粗实线围成的折线表示全年的风向频率,离中心点最远的风向表示常年中该风向的刮风天数最多,称为当地的常年主导风向。用细虚线绘制成的封闭折线表示当地夏季六、七、八月的风向频率,如图 14-4 所示。各地有各地的风玫瑰图。

指北针用细实线绘制,外圆直径为 24 mm,指针尾部宽 3 mm。需用较大直径绘制时,指针尾部宽度宜为直径的 1/8。指针尖端部位处写上"北"字(国内工程注"北"字,涉外工程注"N"字),如图 14-5 所示。

4. 图例

总平面图上用各种图例。国标中所规定的几种常用图例如表 14-1 所示,必须熟悉了解其意义。在复杂的总平面图中,若用到国标中没有规定的图例,须在图中另加说明。

5. 尺寸

总平面图中用标高符号加数字表示新建建筑物室内一层地面、室外地坪、道路及等高线的高程。由这些标高可以说明该地的地势高低、土方填方(挖方)的工程量及地面坡度和雨水排除方向。同时还要注出新建建筑物的总长、总宽和平面位置的定位尺寸。在较简单的总平面图中,一般根据原有房屋或道路中心线来定位。对于地形复杂或远郊区工厂、较大的公共建筑

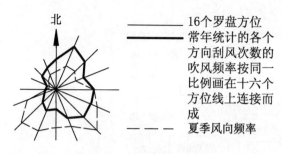

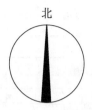

图 14-4　风向频率玫瑰图　　　　　　　　　　图 14-5　指北针

物等,要做到放线准确。总平面图中常用坐标来表示建筑物、道路、管线的位置。坐标有测量坐标和施工坐标两种。总平面图中的尺寸标注宜以米为单位。

新建房屋的室内外应注绝对标高。

(1) 绝对标高　我国把青岛附近黄海海平面的平均高度定为**绝对标高**的零点,其他各地标高都是以它为基准测量而得的。总平面图中所标注标高为绝对标高。标高用标高符号加数字表示。标高符号用细实线绘制,形式如图 14-6 所示。标高符号的尖端应指至被注的高度,尖端朝下,也可向上。标高数字以米为单位。

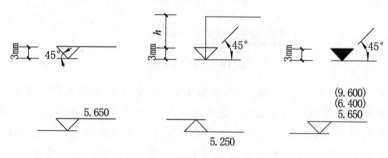

图 14-6　标高符号及标注方法

总平面图中的绝对标高用涂黑的三角形表示,并注写到小数点后两位。正数标高不注"+",负数标高则应注出"-"。

(2) 相对标高　在建筑物的施工图上要注明许多标高,如果全用绝对标高,不仅数字烦琐,而且不容易得出各部分的高差。因此,除总平面图外,一般都采用**相对标高**,即将房屋底层室内地坪高度定为相对标高的零点,写作"±0.000",位数不足用零补齐。

在图样的同一位置需表示几个不同标高时,标高数字可重叠放置。

14.2.2　总平面图的阅读

阅读总平面图所要了解的信息主要有工程的性质、用地范围、地形地貌和周围环境等。

例 14-1　阅读某高校拟新建住宅楼总平面示意图,如图 14-7 所示。

(1) 了解工程概貌。由图名及设计总说明了解有关建设依据和工程情况,包括工程规模、用地范围及有关环境条件的资料等。

(2) 了解建筑物地域和工程项目的位置。由不同线型分出新旧建筑物和构筑物的平面位置(进行地域定位),由指北针及风向频率玫瑰图所指示方向了解该地域的方位(进行方位定位)。图中粗实线表示的轮廓为拟新建 3 号院士楼,东面 9 m 处为 1 号院士楼,西面 7.7 m 处

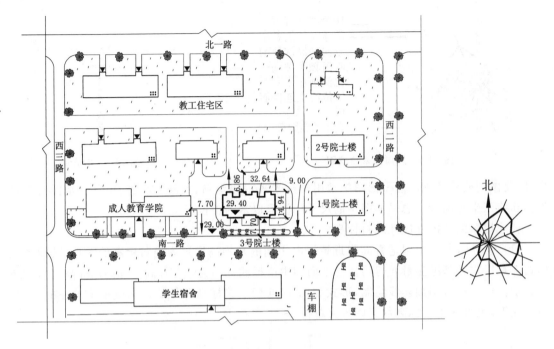

总平面布置示意图　1:500

图 14-7　例 14-1 图

为成人教育学院，南面 7.7 m 处为南一路，北面 12.7 m 处为教工住宅区。图的右下方风玫瑰图表示该地区常年的主导风向为东北风，夏季的主导风向为东南风和西南风。夏季主导风向和建筑物的通风散热有关，该区域的房屋均垂直于夏季主导风向布置——坐北朝南。

（3）了解建筑物的平面组合和层数。拟建左右对称、东西向的三层楼房。

（4）了解建筑物周边环境。如道路、环境绿化等，必要时应绘有新建围墙、墙垛、大门等工程的建设位置、道路的宽度，设计路中心的标高及工程做法等，以及工程管线和环境绿化的设计。在图中，新建住宅四周都有道路、草坪和阔叶灌木等绿化带。

14.3　建筑平面图

14.3.1　平面图的作用

建筑平面图（简称平面图）主要表达建筑物的平面形状、大小及房间水平方向各部分的布置情况和组合关系。

在施工过程中，平面图是房屋的定位放线、砌墙、安装门窗、预留孔洞、设备的安装、室内装修以及编制概预算、施工备料等工作的重要依据。平面图是施工图中最基本、重要的图样。

14.3.2　平面图的形成

假想用一个水平的剖切平面沿着窗台以上,在门窗洞口处将房屋剖切,移走剖切平面以上部分,对剖切面以下部分作直接正投影而获得的水平剖面图即为平面图,如图 14-8 所示。

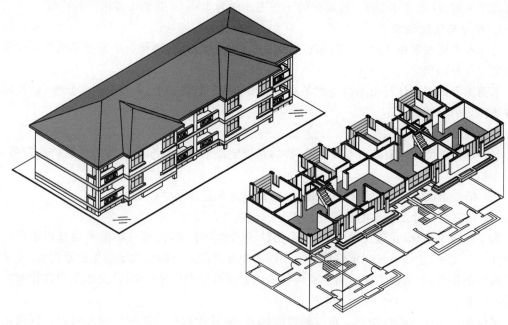

图 14-8　平面图的形成

一般来说,多层房屋每一层原则上都应该有平面图,但习惯上将房间布置、形状、大小等没有变化的上、下层用一个平面图来表示,这种平面图称为标准层平面图。

屋顶平面图可适当用较小比例绘制,以表示屋顶情况。比较简单的屋顶可以不绘出平面图。

当房屋的平面布置左右对称时,可将两层平面画在一起,左边画出一层的一半,右边画出另一层的一半,中间用一对称符号作分界线。对称符号如图 14-9 所示。

图 14-9　对称符号

14.3.3　平面图的图示内容、方法与相关规定

1. 图名、比例和朝向

在平面图的下方居中的位置注明图名。

平面图的比例常用 1∶50、1∶100、1∶200,必要时也可以用 1∶150。比例宜注写在图名的右侧,比例的字高应比图名的字高小一号或两号。图名下用粗实线绘制底线,底线应与字左右取平,如图 14-10 所示。在底层平面图上应画出指北针,所指方向与总平面图中的风玫瑰图一致。

平面图　1:100

图 14-10　图名和比例

2. 图线及所图示对象

在1：100比例的平面图中一般用两种宽度图线：被剖切到的主要承重建筑物件(包括构配件,如墙、柱等)的轮廓线用粗实线(线宽 d),其余的图形线、尺寸线、尺寸界线、图例线等及未被剖切到而可见的建筑构造轮廓线均用细实线(线宽 $0.25d$)。若是比例为 1：50 的平面图,除上述两种图线外,被剖切的次要建筑构造(如门等)轮廓线和未被剖切到的建筑构配件的轮廓线用中粗线(线宽 $0.5d$)。较简单的平面图比例为 1：100 时也可以用三种图线。

3. 尺寸与定位轴线

尺寸有平面图形相关尺寸与地面相对高度尺寸(相对标高)两类。平面图形相关尺寸又分内部尺寸与外部尺寸。

平面图形内部要注写出不同类型各房间的净长、净宽,内墙上门、窗洞口的定形、定位尺寸及细部详尽的尺寸。

外部尺寸常注以下三道尺寸：

(1) 第一道尺寸是距离图形较近的尺寸,是以定位轴线为基准标注的门窗洞口的定形、定位尺寸；

(2) 第二道尺寸是定位轴线之间的尺寸,即开间和进深尺寸；

(3) 第三道尺寸是房屋的总长、总宽尺寸,也叫外包尺寸。

为了建筑工业化,在建筑平面图中,采用轴线网划分平面,使建筑物的平面布置以及构件和配件趋于统一,这些轴线叫定位轴线。在施工中通常用定位轴线确定房屋的承重墙、柱子等承重构件的位置,它是确定建筑物主要构件的位置及其标志尺寸的基线,是施工中定位和放线的重要依据。

定位轴线用细点画线绘制。定位轴线应编号,编号注写在轴线端部的圆圈内。圆圈用细实线绘制,直径一般为 8 mm,比例较大的图可增为 10 mm。圆圈的圆心应在定位轴线的延长线上或延长线的折线上。

平面图上定位轴线的编号宜注在图样的下方或左侧。横向轴线(横墙)编号自左向右顺次用阿拉伯数字编写,竖向上的纵向轴线(纵墙)编号从下往上顺次用大写拉丁字母编写,如图 14-11 所示。横墙间轴线尺寸称为开间尺寸,纵墙间轴线尺寸称为进深尺寸。

拉丁字母中的 I、O、Z 不得用做轴线编号,以免与数字 1、0、2 混淆。

可增用双字母或单字母加数字注脚,如 AA、BB 或 A₁、B₁ 等。定位轴线也可采用分区编号,编号的注写形式为分区号——该区轴线号。

对于一些次要构件的定位轴线,一般作为附加轴线,编号可用分数表示。分母表示前一轴线的编号,分子表示附加轴线的编号,且用阿拉伯数字顺序编写,如图 14-12 所示。

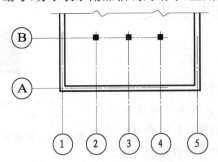

图 14-11　定位轴线的编号顺序

表示 2 号轴线以后附加的第一根轴线

表示 C 号轴线以后附加的第三根轴线

图 14-12　附加轴线

注意　（1）平面图中的尺寸是指各结构构件不包括粉刷层时的表面间尺寸（毛面尺寸）。

（2）如平面对称，则仅需在图的左方及下方标注尺寸；若不对称，则四方（或局部）均应标注尺寸。

4．图例

建筑平面图中用到很多图例和符号，主要有以下几种。

（1）材料图例及抹灰线　国标规定，比例大于 1∶50 的平面图应给出抹灰层，并宜给出材料图例。比例为 1∶50 的平面图，抹灰层与材料图例根据需要而定。当比例小于 1∶50 时，不绘出抹灰层，材料图例可简化绘出。当比例为 1∶100、1∶200 时，砖墙涂红，钢筋混凝土构件涂黑。部分材料图例如表 13-1 所示。

（2）门窗图例及编号　平面图中门窗均用图例表示，并注上相应的代号及编号。国标规定，门、窗的代号分别为 M、C。同一类型的门或窗，其构造和尺寸均一样，编号也应相同，部分门窗图例如表 14-2 所示。

表 14-2　部分门窗图例

名　称	图　例	名　称	图　例
空门洞	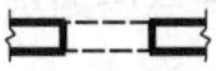	对开折门	
单扇门	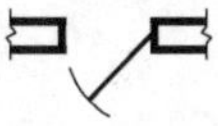	窗	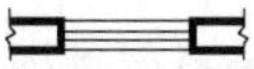
单扇双面弹簧门	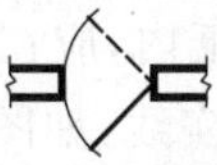	推拉窗	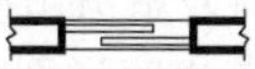
双扇门		双扇推拉门	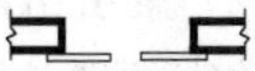

（3）其他图例　门窗已有标准的定型设计，并有标准设计图集可供选用，不必另绘制出门窗详图。若非标准的门窗，须绘出其详图。部分建筑图例如表 14-3 所示。

表 14-3　部分建筑图例

名　称	图　例	名　称	图　例
立式洗脸盆	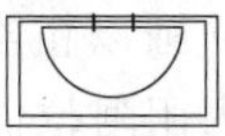	厕所间	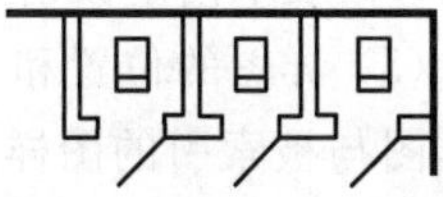
洗脸盆	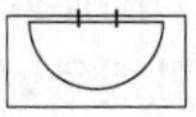	浴盆	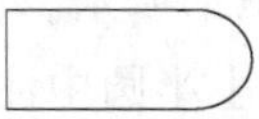
坐式大便器	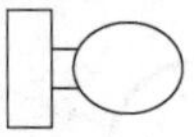	污水池	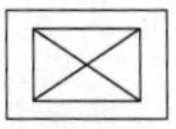
平行双跑底层楼梯	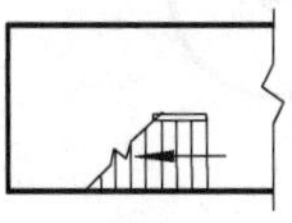	三跑底层楼梯	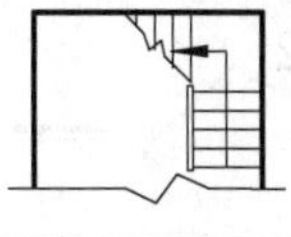
平行双跑中间层楼梯	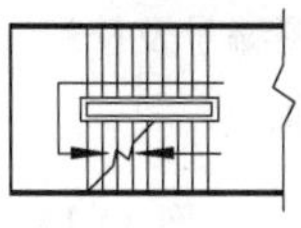	三跑中间层楼梯	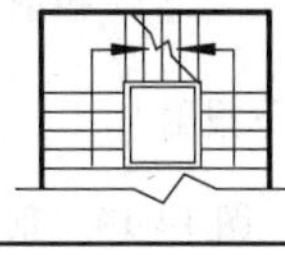

续表

名　称	图　例	名　称	图　例
平行双跑 顶层楼梯	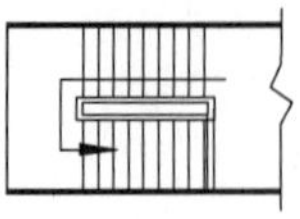	三跑 顶层楼梯	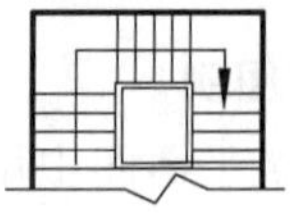

5. 索引符号与详图符号

在图样中的某些局部或构件未表达清楚,而需要另绘制出比例较大的详图时,为方便施工时查阅图样,应以索引符号索引注明详图所在的位置。国标规定,索引符号的圆及直径均以细实线绘制,圆的直径为 8~10 mm,如图 14-13(a)所示。

(a) 索引符号的画法　(b)详图与被索引图样　(c) 详图与被索引图样　(d)详图采用标准图集
　　　　　　　　　　在同一张图纸内　　　　不在同一张图纸内

图 14-13　索引符号

索引符号应按下列规定编写:

(1) 索引出的详图,如与被索引的图样同在一张图纸内,应在索引符号的上半圆中用阿拉伯数字注明详图的编号,并在下半圆中间画一段水平细实线,如图 14-13(b)所示。

(2) 索引出的详图,如与被索引的图样不在同一张图纸内,应在索引符号的下半圆中用阿拉伯数字注明该详图所在图样的图样号,如图 14-13(c)所示。

(3) 索引出的详图,如采用标准图集,应在索引符号水平直径的延长线上加注该标准图集的编号,如图 14-13(d)所示。

(4) 在用索引剖视详图时,应在被剖切的部位绘制剖切位置线,并用引出线引出索引符号,引出线所在的一侧应为投射方向,如图 14-14 所示,图中的粗实线为剖切位置线。其中,图 14-14(a)表示向下投射,图 14-14(b)表示向左投射。

(5) 详图的位置和编号应以详图符号表示,详图符号的圆以粗实线绘制,直径为 14 mm;当详图与被索引的图样同在一张图纸内时,应在详图符号内用阿拉伯数字注明详图的编号,如图 14-15(a)所示。详图与被索引的图样不在一张图纸上时,用细实线在详图符号内画一水平直径,在上半圆中注明详图编号,在下半圆注明被索引图的图纸号,如图 14-15(b)所示。

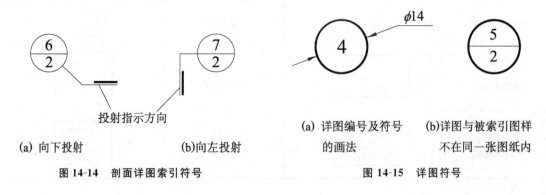

(a) 向下投射　　　　(b)向左投射

图 14-14　剖面详图索引符号

(a) 详图编号及符号　(b)详图与被索引图样
　　的画法　　　　　不在同一张图纸内

图 14-15　详图符号

14.3.4　平面图的阅读

平面图的阅读顺序：先底层，后上层；先墙外，后墙内；由粗到细。

阅读时注意以下几点。

（1）各层平面图是相应"段"的水平投影，因此，只有"段"上具有的形体，投影中才会表达，凡本段没有的形体，则应该略去。如底层平面图中应画有室外台阶、花池、散水等；二层以上则应省去这些东西，但又增加了底层平面图剖切平面以上的部分，如雨篷、窗楣等构件的投影。依此类推。

（2）要核对建筑物的总尺寸与分尺寸之和是否一致。

例 14-2　阅读某高校新建住宅底层平面图，如图 14-16 所示。

读图　（1）看图名、比例、朝向。该平面图是某高校新建住宅底层平面图，比例为 1：100。由图中指北针可看出，该新建住宅朝向为坐北朝南。

（2）分析平面形状及布局。由不同线型看房屋平面外形和内部墙的分割情况，了解房屋平面形状和房间分布、用途、数量及相互联系。

从图中平面组合看出，该住宅为一层四户，每户三层，一户一梯。外墙四周有散水，为美化环境，台阶的一侧有花池。通过三级台阶由正门进入底层——第一层地面。底层有两厅一房一卫及一储藏间。楼梯间直接对着门厅，这样上下交通方便。底层北面有一车库。

（3）看定位轴线及轴线之间尺寸，从中了解各承重墙或构造柱的位置及开间进深尺寸，以便施工时定位放线和查阅图样。

该住宅为砖混结构，涂黑部分为构造柱（抗震作用），构造柱分布在四周。定位轴线水平方向的横墙轴线由①轴线到⑰轴线，各房间的开间分别有 2.4 m、3.3 m、3.9 m 和 4.2 m 四种，竖直方向由Ⓐ轴线到Ⓙ轴线，房间的进深也分别有几种。

（4）了解楼梯的特有表示法。该住宅的楼梯形式为三跑式，由图中可看出楼梯间上下楼梯的走向。但具体的布置、楼梯段的踏步数和形状大小将在 14.6.3 节详述。

（5）了解室内外门、窗洞门的位置、代号及门的开启方向，及门窗的规格尺寸、数量等。从图中可看出该住宅一层平面图中，门的编号从 M1 到 M7，窗的编号 C1、C2，读者可根据图例及代号找出各门窗的位置，各门窗的形式、规格大小等要对照门窗表阅读。

（6）尺寸标注。

地面的高程：在平面图中注出了室内地面±0.000，室外地面的相对标高为−0.400，正门外地面为−0.030，卫生间地面为−0.030，北边车库地面为−0.350。

平面图形的尺寸：第一道尺寸，表明南北墙上门窗的洞口宽及与轴线间具体尺寸。中间一道为轴间距，即开间和进深尺寸。最外第三道尺寸为总体尺寸，该住宅总长为 32.640 m，总宽为 14.700 m。内墙上门和高窗的定形、定位尺寸及细部尺寸也已表明。因为比例小，有些细部尺寸需要到详图查阅。

（7）该平面图上有 1—1、2—2 剖切符号表示剖面图的剖切位置，以便于剖面图对照阅读。

（8）车库顶有平台（平台面上注有排水方向），楼梯间与卫生间之间有管道井，检修门在楼梯间一侧（房屋使用时封闭）。

其余的细部需认真、细致地阅读。

读者自行对照图 14-17、图 14-18，阅读二、三层平面图。

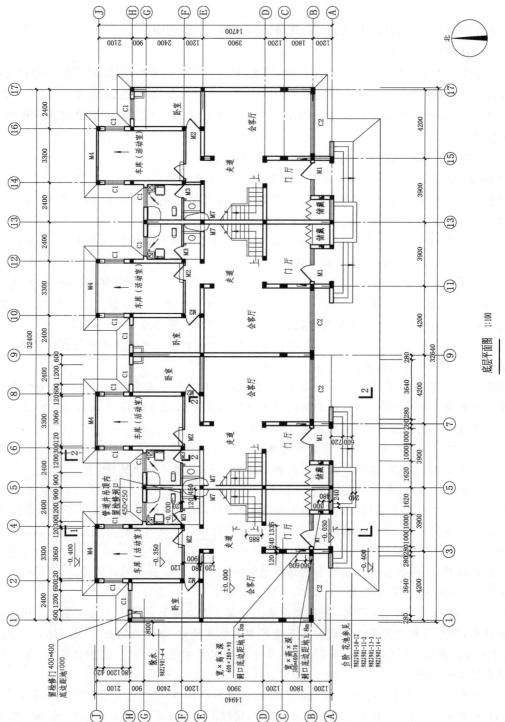

底层平面图　1:100

图 14-16　例 14-2 图

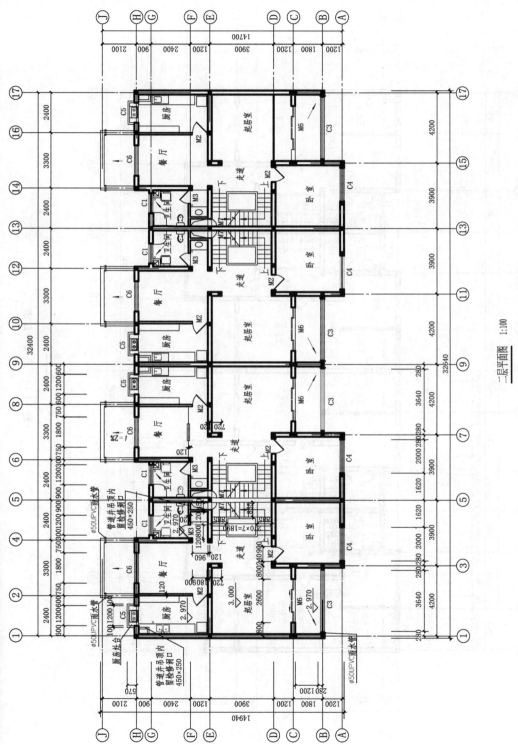

二层平面图　1:100

二层平面图

图 14-17

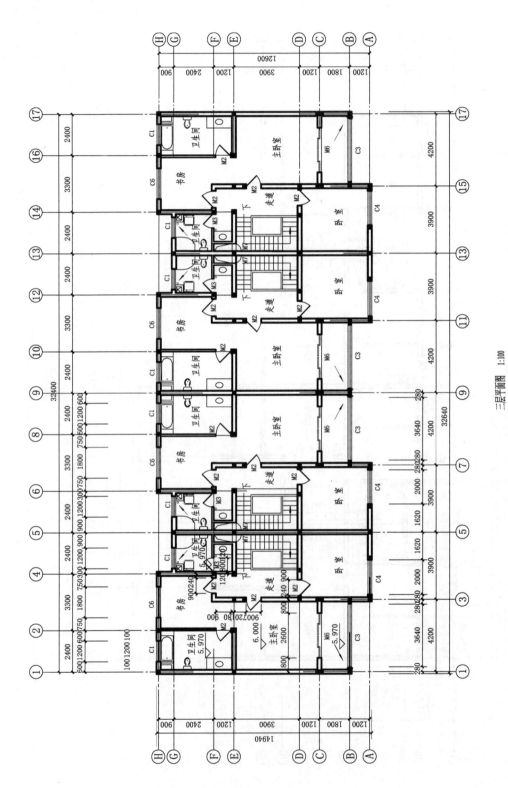

三层平面图 1:100

图 14-18　三层平面图

14.3.5 平面图的绘制

阅读建筑施工图,仅从图面上读图很难深入进去。把房屋的构造、结构形式、材料做法等都能理解掌握,只有经过绘制施工图才能把各部位的结构关系搞清楚。因此要学习如何阅读施工图,必须先会绘制施工图。

1. 绘制施工图的要求

(1)绘制施工图是一个复杂、细致的工作,所以绘制施工图一定要有严谨细致、认真负责的作风,使绘制出的施工图达到投影正确、技术合理、各部位关系清楚、尺寸齐全、字体工整、图画整洁等要求。

(2)在一张图纸上无论绘制一个图样还是多个图样,必须合理利用图面,图位布置恰当,选择合适的比例。

(3)若建筑平、立、剖面图有必要绘制在一张图纸上时,一般先绘出平画图,然后按平面图与立面图长对正的投影关系绘制出立面图,最后按立面图与剖画图"高平齐"、平面图与剖面图"宽相等"的投影对应原理绘制出剖面图。

2. 绘制建筑平面图的步骤

从大到小,从整体到局部,逐步由粗到细地深入,最后加深、标注尺寸、符号等。

以绘制底层平面图为例,如图 14-19 所示。

(1)定好位置以后按 1∶100 比例绘出纵横方向墙体的定位轴线网格,如图 14-19(a)所示。

(2)在定位轴线网格基础上画出墙厚,如图 14-19(b)所示。

(3)画出门窗洞口、构造柱、楼梯、台阶、花池、散水等,如图 14-19(c)所示。

(4)检查无误后,按平画图的图线要求加粗。

(5)标注尺寸、文字说明、剖切位置线、轴线编号等,擦去作图线,使图面整洁,如图 14-15 所示。

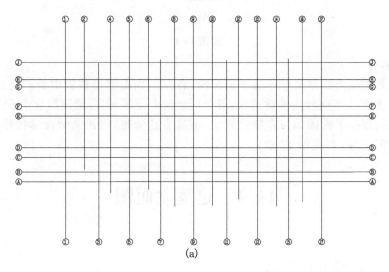

(a)

图 14-19 平面图的绘制

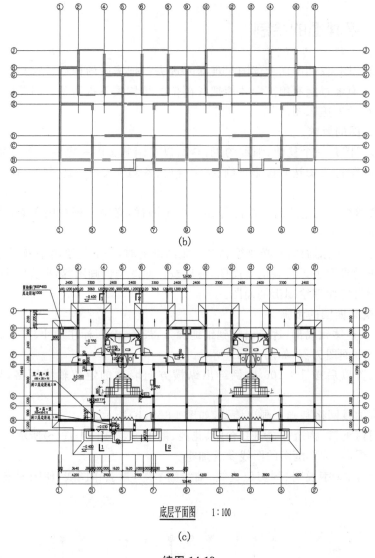

(b)

底层平面图　　1:100

(c)

续图 14-19

3. 注意事项

（1）在一张图纸上绘制多于一层平面图时，各层平面图宜按层数由低向高的顺序从左至右或从下至上布置。平面较大的建筑物，可分区绘制平面图，但应绘制组合示意图。

（2）房屋的顶棚平面图如用直接投影法，不易表达清楚，可用镜像投影法绘制，但应在图名后加注"镜像"二字（参见第 12 章）。

14.4　建筑立面图

14.4.1　立面图的作用

一座建筑物是否好看，在于其主要立面上的艺术、造型处理与装修美观与否。因此**建筑立**

面图(简称**立面图**)主要反映建筑物的体型和外貌,外墙面艺术处理的做法等。

立面图作为建筑施工图的基本图样之一,同其他图形一样,既是施工的依据,也是后继各工种设计时的参考资料和编制概预算的基本依据。同时,它还是评价建筑或向有关管理部门完成申报手续的重要图样资料。正因为立面图在这一意义上的作用,立面图所呈现出的图面效果是十分重要的。

14.4.2　立面图的形成

用正投影法将房屋的各个立面投影到与之平行的投影面上得到的投影图即为立面图,如图 14-20 所示。

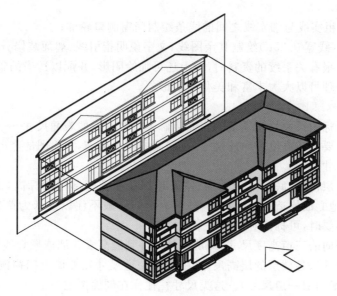

图 14-20　立面图的形成

立面图应当包括自投影方向上可见的一切形体及构造,如建筑外部轮廓、外部造型、门窗位置及形式;阳台、雨篷、室外台阶、花池、坡道等的位置及形式;外部装修做法和必要的尺寸与标高等。

立面图的数量视房屋各立面复杂程度而定。

平面形状曲折的房屋,可绘制展开立面图,即把曲折的部分先展开,使之与投影面平行,再进行投影绘出立面图;圆形或多边形平面的房屋,可分段展开绘制立面图,但均应在图名后加注"展开"二字。

14.4.3　立面图的图示内容、方法与相关规定

1. 图名和比例

立面图图名的命名有以下三种:

(1)对有定位轴线的房屋,习惯上立面图中只标注出两端的定位轴线号表示立面图名称,如①—⑰立面图、⑰—①立面图;

(2)按平面图各面的朝向确定名称,如南立面图、北立面图、东立面图和西立面图;

(3) 将反映出房屋外貌特征或有主要出入口的一面称为正立面图,与之对应的为背立面图、侧立面图等。

图名的注写要求同平面图一样,比例应与平面图一致。

2. 图线

用不同的线型表现不同的对象以区分主次和丰富图面层次,使其富于立体感。故立面图上一般用以下几种图线:

(1) 用粗实线(线宽 d)绘制立面的最外轮廓线(俗称天际线、外包轮廓线);

(2) 用特粗实线(线宽 $1.4\sim2d$)绘制房屋下面的室外地坪线;

(3) 用中粗实线(线宽 $0.5d$)绘制立面外轮廓线范围内的主要轮廓和具有明显凹凸起伏形状的所有形体与构造,如建筑的转折、立面上的阳台、雨篷、室外台阶、花池、窗台、窗楣、凸出于墙面的柱子等;

(4) 用介于中粗实线与细实线之间的线条绘制门窗洞口轮廓;

(5) 用细实线(线宽 $0.25d$)绘制其余图线、文字说明指引线、墙面装修分隔线等。

立面图作为申报有关手续的资料时,图上还可加绘阴影,并配以适当的景物如树木、车辆、人物等。这样的处理可以大大丰富和美化建筑形象。

3. 尺寸

在立面图上所标的尺寸均指建筑的表面装修工作结束后的表面尺寸——完成面尺寸。

在立面图上主要标注高度方向的尺寸,按国家的统一标准,立面图的竖向尺寸分为相对尺寸(标高)与绝对尺寸两种。

标高主要是各层楼面、底层室内地面、室外地坪及屋顶等部位的标高,檐口下沿、台阶顶面、雨篷下沿及其他立面构造的位置标高等;门窗洞口一般不注以毫米为单位的大小尺寸,也不注轴线尺寸。必要时,可标注竖向或水平尺寸。

绝对尺寸指竖向的三道高度尺寸,即从室外地坪到最高女儿墙或屋脊线的建筑总高度(最外层的一道高度尺寸)、各楼层的层高尺寸(中间的一道尺寸)、外墙上门窗洞口与墙段及其他构造的细部尺寸(最内层一道尺寸)。这类尺寸往往标在剖面图上。

习惯上只标出外墙上各主要部位的相对标高。立面图内部一般不注尺寸。

4. 图例、建筑材料与作法

尽管立面图规定了可用较多的线型来表现对象,但由于其所用比例仍较小,无法用其真实的投影去表现一切细节。因此,立面图中的标准件及其他定型构配件在立面图中的投影,如门、窗扇、阳台等均可用图例表示。

图形上表明了材料图例后,还可用文字进行较详细的说明,反映建筑的外貌以及立面装修的做法。

5. 对称符号

对于较简单且对称的建筑构造和构配件,在不影响构造处理和施工的情况下,立面图可采用组合立面图,即一立面图为两个方向立面的拼图(各绘制一半),在对称线上、轮廓线的外边画上对称符号,对称符号为一对长 $6\sim10$ mm,间距 $2\sim3$ mm 的平行细实线,如图14-9所示。

6. 索引符号

当在立面图中需要索引出详图或剖面详图时,应加索引符号。

14.4.4 立面图的阅读

阅读立面图应按照**先整体、后细部**的规律进行,一般顺序如下:

（1）看清立面图的名称，明确立面图的投影方向及所投影的建筑立面。应特别注意两个方向立面图各画一半的组合立面图。

（2）分析图形外轮廓线，看懂凸凹变化部分，明确建筑物的立面造型。

（3）与平面图及门窗表对照，明确建筑物外墙面上门窗的位置、种类、形式和数量。

（4）阅读立面图上的文字、符号及各种装饰线条，以了解建筑物的外装修材料和工程作法。对于以索引符号标注的建筑部位，应配合相应的详图对照阅读。

阅读时要注意核对立面图与另外几个图形之间的尺寸关系。

例 14-3　阅读某高校新建住宅立面图（见图 14-21、图 14-22、图 14-23）。

（1）对照平面图阅读上述各图的图名、比例，可知它们分别是新建住宅三个方向的立面，比例为 1∶100。

（2）分析图形外轮廓线，明确建筑物的立面造型。图 14-21 所示的立面为朝南方向的正面，它反映建筑的外貌特征及装饰风格。该建筑主体有三层，左右对称，底层有四个门，所在墙面凸出的；门前都有三级台阶，两户共一个花池，该立面墙面用大玻璃推拉门窗装饰，这不仅采光效果好，也是临街建筑常用的手法。每户二、三层均有封闭式阳台，阳台栏板采用铁艺装饰。屋顶为坡屋顶形式，屋檐下方有若干通风孔。正立面墙面有三处雨水管，除正中一个外，另两个均在花池处。

图 14-22 所示的是住宅的背立面图，表示了该新建住宅的北面底层每户有一凸出的车库，车库面为卷闸门。车库间的墙面为凹进去的厨房或卫生间。图 14-23 则表示住宅的西立面图。

（3）立面图中只标出了一些重要部位的相对标高，由这些标高可知本幢房屋相对于底层地面的高度为 12.81 m，室外地坪的标高为 −0.400 m。

（4）了解各部位的装修做法：在图中用文字说明了外墙面、阳台栏板铁花装饰、勒脚、窗台、引条线的装修做法。

14.4.5　立面图的绘制

现以正立面图为例介绍立面图的画法。

绘制立面图的基本方法及步骤与绘制平面图一样。

根据立面图的特点，绘制立面图一般按下述步骤进行。

（1）画图形两端的轴线与轮廓线。确定画立面图的位置→画地面线及根据屋脊的高度定屋脊线的位置→在地面线上定出图形两端墙身轴线的位置→向外量出外墙外边线，画出图形轮廓（外包线），如图 14-24(a)所示。

注意　当与平面图画在一张图纸上时，可以平面图为基准长对正，将图形最外端的轴线及外墙外边线向上引至立面图的位置即可。

（2）画门窗洞口。由窗（门）洞标高，定出窗洞上口线和下口线的位置——量出窗洞宽及窗间墙宽，画出窗（门）洞口，如图 14-24(b)所示。

注意　有平面图时，以平面图上相对对应的外墙为基准，将外墙上门窗洞口的位置引到立面图上，画出门窗洞口。

（3）按照门窗图例的规定及门窗的实际形状画门窗轮廓。

注意　手工绘图时，对相同部分的细部，可分别在局部重点绘出一两个完整图形作为代

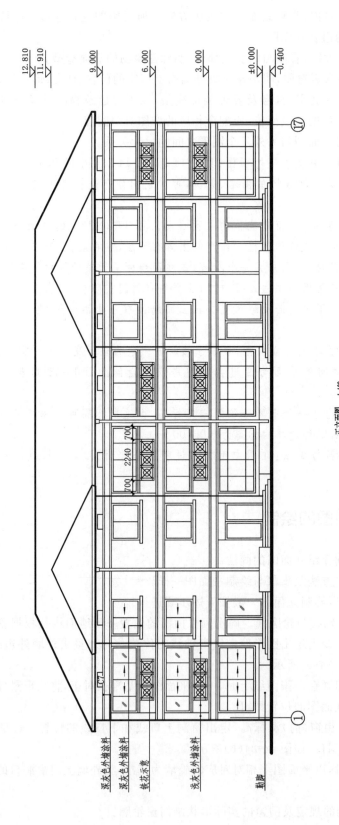

正立面图 1:100

图 14-21 例 14-3 图 1(正立面图)

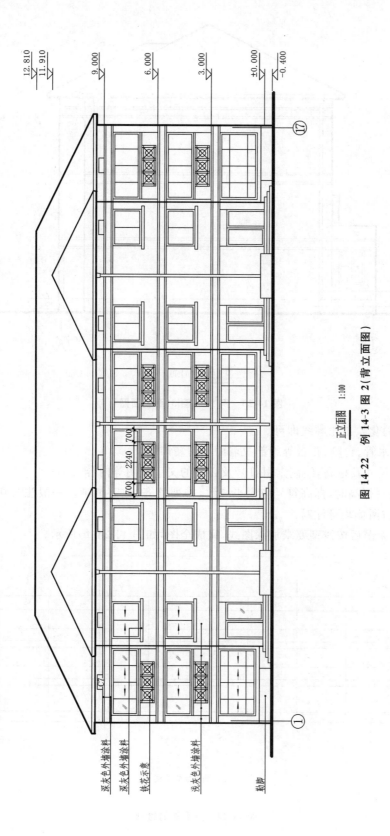

正立面图　1:100

图 14-22　例 14-3　图 2（背立面图）

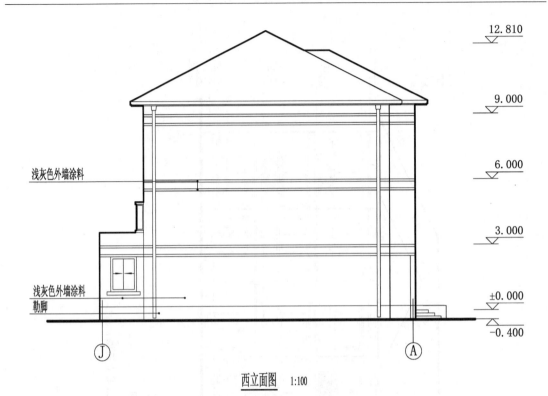

<u>西立面图</u> 1:100

图 14-23 例 14-3 图 3(西立面图)

表,其他可以简化绘出轮廓线即可。

（4）画雨水管、台阶、花台等细部及墙面上的装饰线。

（5）标注尺寸及标高,绘制索引符号及必要的文字说明等内容。

注意 注写标高时,标高符号应大小一致,排列整齐,数字清晰。一般注写在立面图的左侧,必要时左右两侧均可注写。

（6）检查无误后按线型要求加深图线,完成全图,如图 14-24(c)所示。

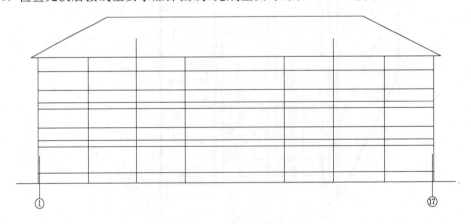

(a) 画外墙轮廓线

图 14-24 立面图的绘制

(b) 画门、窗洞位置线

(c) 完成全图

正立面图　1:100

续图 14-24

14.5　建筑剖面图

14.5.1　剖面图的作用与形成

建筑剖面图(简称**剖面图**)是表示建筑物在竖向的组合及构造关系的工程图样。在建筑施工中,剖面图是进行分层、砌筑内墙、铺设楼板、屋面板和楼梯、内部装修的依据,是与建筑平面图、立面图相互配合表示房屋全局的三大图样之一。

用假想与轴线正交的铅垂剖切平面,将建筑自屋顶到地面竖向切开,移走剖切平面与观察者之间的部分,将余下部分向与剖切平面平行的投影面作直接正投影而获得的投影图即为剖面图,如图 14-25 所示。

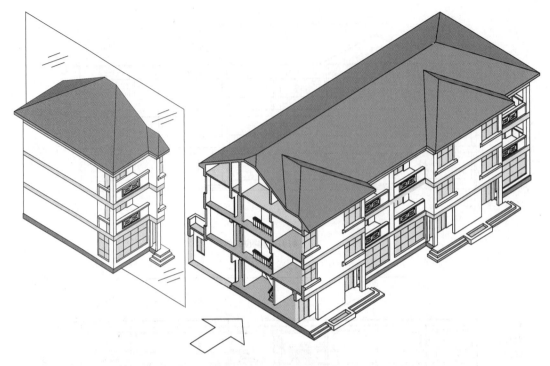

图 14-25　剖面图的形成

14.5.2　剖面图的图示内容、方法与相关规定

1．图名、比例及剖切到的外墙定位轴线和编号

在剖面图的下方标注该剖面图的名称及所用的比例(具体注法及要求同平面图)。图名、剖切到的外墙定位轴线和编号与底层平面图表明的剖切位置标号、轴线编号一一对应。如1—1剖面图、2—2剖面图等。

剖面图的比例取决于房屋的复杂程度,通常与平面图相同或较大一些。

2．剖切位置、剖切投影方向和剖切数量的选择

剖切位置通常选在能显露房屋内部构造或比较复杂和典型的部位,例如通过门、窗洞口及主要入口、楼梯间处,对梯段踏步剖切,或高度有变化的部位等。对于比较复杂的建筑,还应根据建筑的特点,在有代表性的地方或特殊部位作必要的剖切。

按国家统一标准,投影方向宜选择向右或向后(从平面图上看)。但实际执行时还须考虑到其他情况,例如建筑物有走道时,应向有走道的一侧投影;当剖切到楼梯间(如双跑楼梯)时,一般应剖切上行的第一个梯段,此时,为了表明梯段之间的关系,必须向另一梯段所在的一侧投影。

剖面图的数量视具体情况而定。

3．剖面图内容

除了有地下室外,剖面图习惯上不画基础,只画地面以上建筑构件的构造,而不包括基础的内容,在基础墙部位画折断线。

剖面图应表示的内容有如下几点。

（1）被剖切到的构配件及构造，如剖切到的室内外地面、楼面层、屋顶，剖切到的内外墙及其墙身内的构造（包括门窗、墙内的过梁、圈梁和防潮层等），剖切到的各种梁、楼梯梯段及楼梯平台、阳台、雨篷、孔道、水箱、防潮层等的位置和形状。

（2）未剖切到的可见部分构配件，剖切到的如墙面、梁、柱、阳台、雨篷、门、窗，未剖切到的楼梯段（包括栏杆与扶手）和各种装饰线、装饰物等的位置和形状。

注意　室内外地坪以上被剖切构件要使用规定的图例表示其使用的建筑材料，当比例小于 1∶50 时不绘出抹灰层，材料图例可简化绘出。当比例为 1∶100、1∶200 时，砖墙涂红，钢筋混凝土构件涂黑。

4. 图线要求

凡被剖切面所剖切到的主要构件，如墙体、楼地面、屋面等结构部分，与平面图及立平面图一样，均用粗实线表示；次要构件或构造及未被剖切到的主要构造的轮廓线等用线宽 0.5d 的中实线绘制；其余可见部分的轮廓线，一律用线宽 0.25d 的细实线绘制，室内外地坪画加粗线（线宽 1.4～2d）。用线宽 0.25d 的细实线画较细小的建筑构配件与装修面层线。

1∶100～1∶200 比例的剖面图不画抹灰层，但宜画楼地面的面层线，以便准确地表示完成面的尺寸及标高。

5. 材料图例

简化砖墙涂红、实心钢筋混凝土涂黑等。

6. 尺寸注法

剖面图的尺寸标注亦分为绝对尺寸与相对尺寸两种。多数情况下，它们也是完成面尺寸。绝对尺寸在建筑内部则主要应注明一切未经确定，由其他图样无法标注的构配件位置、高度尺寸，如内墙上门窗洞口高度、室内固定设备的高度尺寸等。绝对尺寸指外墙在水平方向的轴线间尺寸及竖向的三道尺寸。按由外向内的顺序依次是：总高度尺寸、层高尺寸、外墙竖向墙段与洞口尺寸。这三道尺寸的位置、标注要求均等同立面图。

相对尺寸指建筑物的标高尺寸，它们是以建筑物首层室内地面为基准点（±0.000）而确定的相对高度尺寸。标高尺寸的标注要求基本上与立面图相同。但建筑内部应表明梁底等结构件构的下底标高。楼梯各平台、阳台面、卫生间等与楼层具有不同高度的标高尺寸亦应在剖面图中一一注明。

7. 详图索引符号与某些用料、做法的文字注释

由于剖面图的图样比例限制了房屋构造与配件的详细表达，是用详图索引符号索引，还是用文字进行注释，应根据设计深度和图样用途确定。例如楼地面、屋面等是用多种材料构筑成的，其构造层次和做法一般可以用索引符号索引，另用详图详细标明，或者由施工说明统一表达，或者直接用多层构造说明表示室内、外地面、各层楼面、顶棚、屋顶、外檐墙、门、窗、阳台、雨篷、防潮层、散水、排水沟等处的标高及构造形式。在剖面图中还要清楚地表示楼梯的梯段尺寸及踏面尺寸，位于内部墙体之中的门、窗洞口的高度位置及梁、板、柱的图面示意等。

14.5.3　剖面图的阅读

剖面图的阅读顺序是：先墙外，后墙内；先底层，后上层；先粗后细。

阅读时注意以下两点：

（1）要核对剖面图所示内容与底层平面图中剖切位置线所标注的剖切部位；

（2）在了解竖向高度尺寸时,要结合立面图阅读;在了解水平方向尺寸时,要结合平面图阅读。

例 14-4　阅读某高校新建住宅剖面图(见图 14-26、图 14-27)。

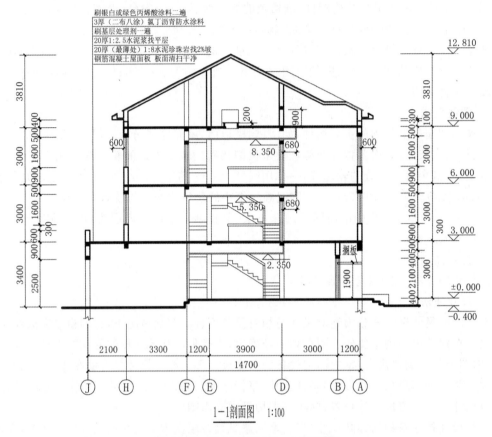

图 14-26　例 14-4 图 1(1—1 剖面图)

读图　（1）根据图名及轴线编号,对照底层平面图可知,图 14-26 所示的 1—1 剖面图是通过正门、门厅、车库的门窗剖切后,自左向右投影得到的全剖面图。图 14-27 所示的 2—2 剖面图是通过客厅窗、走道一侧内墙、走道中间转折,从厨房的门窗剖切后自左向右投影得到的阶梯剖面图。剖面图比例均为 1∶100。

（2）由不同宽度的图线可知,该剖面图表示剖切位置范围被剖切到的和看到的内容(参见图 14-21)。剖切到的有室内外地面、楼面层、屋顶、天沟,内外墙及其墙身内的构造(包括门窗、墙内的过梁、圈梁和防潮层等),各种梁、阳台、孔道、防潮层等的位置和形状。在门、窗洞顶,楼屋面板下的涂黑矩形断面为该住宅的钢筋混凝土门、窗、过梁和圈梁。过梁承受门、窗洞口上方的荷载,并把它传递到洞口两侧的墙上;圈梁的作用是增强房屋整体性的一种构造措施,它贯通房屋的内外墙,并与构造柱一起形成骨架,提高房屋的抗震能力;如当圈梁的梁底标高与门、窗过梁底标高一致时,则合设一道梁。

可看到的有墙面、梁、柱、阳台、门、窗、检修孔、供暖通风管道及未剖切到的楼梯间。

（3）尺寸分析。两个剖面图均用绝对尺寸和相对标高表示了该新建住宅各楼层的完成面的高度——层高为 3 m。

（4）了解车库顶面的屋面防水构造。

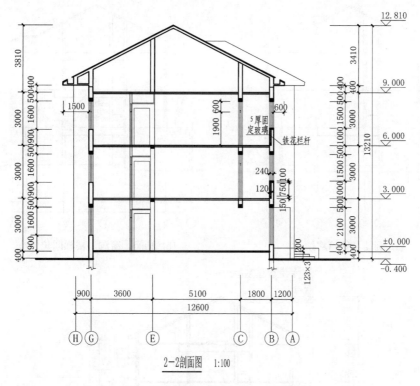

2—2剖面图　1:100

图 14-27　例 14-4 图 2(2—2 剖面图)

14.5.4　剖面图的绘制

根据剖面图的特点,绘制剖面图一般按下述步骤进行。

(1) 画图形两端墙体的轴线与轮廓线。确定画剖面图的位置,接着画室内外地面线、楼面线、屋面线,然后在地面线上定出图形两端墙身轴线的位置,再向外量出外墙外边线,最后画出墙身轮廓线、屋顶轮廓线,如图 14-28(a)所示。

注意　当与平面图、立面图画在一张图纸上时,可以平面图为基准按"宽相等"原则、以立面图为基准按"高平齐"原则将图形最外端的轴线及外墙外边线、房屋的高度画出。

(2) 画门(窗)洞口、楼板、屋面板厚度及楼梯平台板厚度、楼梯轮廓线。由窗(门)洞标高,定出窗洞上口线和下口线的位置,然后量出窗洞宽及窗间墙宽,画出窗(门)洞口,如图 14-28(b)所示。

(3) 按照门窗图例的规定及门窗的实际形状画门窗。

(4) 标注尺寸及标高,绘制索引符号技些必要的文字说明等内容。

注意　标高符号应大小一致,排列整齐,数字清晰。索引符号的指引线应画成特殊方向线,如 0°、30°、45°、60°、90°等。

(5) 检查无误后按线型要求加深图线,如图 14-28(c)所示。

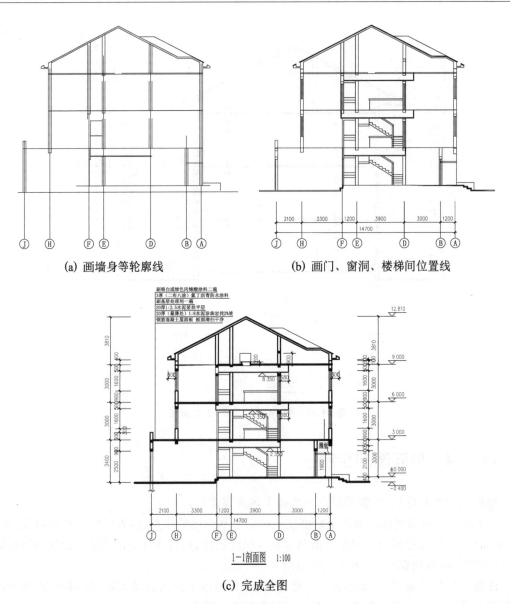

(a) 画墙身等轮廓线　　　　　　(b) 画门、窗洞、楼梯间位置线

1—1剖面图　1:100

(c) 完成全图

图 14-28　剖面图的绘制

14.6　建　筑　详　图

14.6.1　建筑详图简介

　　用较大的比例,按照直接正投影的方法,并辅以文字说明等必要的手段,将建筑的构配件或建筑的构造关系与做法,包括平、立、剖面图中局部或节点的形状、大小、材料、构造层次、做法要求等详细地加以表达的图样,称为**建筑详图**,简称**详图**或**大样图**。

　　详图是建筑细部的施工图。它是根据施工需要对前面建筑平、立、剖面图中的某些建筑构配件或建筑细部（也称**节点**）用较大比例来清楚地表达出其详细构造（如形状、尺寸、材料和做法等）。因此，建筑详图是建筑平、立、剖面图的补充。

详图的特点是比例较大、图示清楚、尺寸完整、说明详尽。显然，要做到这些，详图必须采用较前述基本图样大得多的比例。国标规定，详图选用的比例主要有 1∶1、1∶2、1∶5、1∶10、1∶20、1∶50。

详图的图示方法常用的有局部平面图、局部立面图、局部剖面图或节点大样图。具体各部位的详图视各部位的复杂程度不同，其图示方法也各不相同。如墙身详图用一个剖面即可，楼梯详图则需要平面图、剖面图和节点大样图。有的详图还需要平面图、立面图、剖面图及节点大样图等。

详图的表示的种类很多，通常有墙身剖面节点详图、建筑构配件详图（如雨篷详图、阳台详图、门窗详图等）和房间详图（如厨房详图、卫生间详图、楼梯详图）等。

14.6.2　索引符号与详图符号的关系

在建筑平、立、剖面图中，有些局部结构有待放大时，必须用索引符号和详图符号标明需放大部位及被放大部位所画的图样的位置。索引符号表明需放大部位，因此在平面图、立面图、剖面图上需放大部位旁绘制索引符号，而详图符号画在被放大的局部结构图的旁边。具体对应标注如图 14-29 所示。

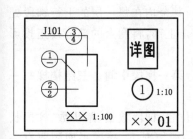
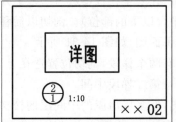
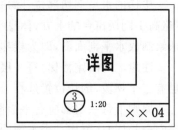

图 14-29　索引符号与详图符号的关系

在图 14-29 中：

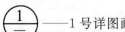——1 号详图画在本图内；

——2 号详图画在编目为第 2 号的图样上；

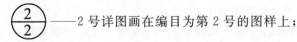——3 号详图画在编目为第 4 号的图样上，并采用了《建筑配件通用图集》J101 中的图样。

14.6.3　楼梯详图

楼梯是上下交通设施，要求坚固耐久。当前建筑中多采用钢筋混凝土楼梯。楼梯由楼梯段（简称梯段，包括踏步和斜梁）、平台和栏板（或栏杆）等组成，如图 14-30 所示。

楼梯详图是表示楼梯的类型、结构形式及各部位尺寸，以及踏步和栏杆的装修作法等的图样,是楼梯施工、放大样的主要依据。

楼梯详图有建筑详图与结构详图之分,一般分别绘制后编入"建施图"和"结施图"中。

对于构造和装修简单的现浇钢筋混凝土楼梯,可将其详图的全部或部分与结构详图合并绘制,列入"建施图"或"结施图"中。

楼梯间建筑详图主要表示楼梯的类型、结构形式、构造和装修等。一般包括平面详图、剖面详图、踏步详图、栏板(或栏杆)详图和一些节点详图。这些详图应尽可能安排在同一张图纸内,其平、剖面详图比例宜一致。由于楼梯的构造比较复杂,踏步、栏板(或栏杆)以及节点的详图应采用较大比例,如选用1:50,对那些还未表达清楚的节点,另有更大比例的详图说明。现以住宅三跑楼梯间为例,说明楼梯详图的内容和表达形式。

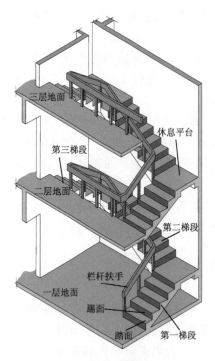

图 14-30　三跑楼梯示意图

14.6.3.1　楼梯平面图

1. 楼梯平面图的形成、比例及图线

楼梯平面图的形成与建筑平面图基本相同。

楼梯的水平剖切部位,除顶层在安全栏板(或栏杆)之上外,其余均在每一层的上行梯段处(略高于同层窗台的上方、休息平台以下的部位)。剖切以后移走上部,将剩余的部分按正投影法绘制成水平剖面图,即为楼梯平面图,如图 14-31 所示。

注意　对两跑楼梯,每一层有两个梯段,剖切位置选在上行第一梯段中间。三跑楼梯每一层有三个梯段,剖切位置选在上行第二梯段中间。

原则上每一层都应有平面图,但多层房屋的中间层的楼梯位置、梯段数量、踏步数、梯段长等完全相同时,可用一个平面图表示,但要标注出各层标高。一般情况下,楼梯平面图要有一层、标准层、顶层平面图,若中间有变化,须加变化层的平面图。

楼梯平面图上要标注轴线编号,表明楼梯在房屋中的所在位置,并注上轴线间的尺寸。为画图和读图方便起见,各层平面图中的横向或竖向轴线最好相互对齐。

因需把楼梯的构配件和尺寸详细表达清楚,所以用较建筑平面图大的比例画出。楼梯平面图比例为1:50,可选用1:40 或1:60,本例选用1:50。

当比例为1:50 时,用三种图线:剖到的结构轮廓用粗实线(线宽 d),未剖到可见的轮廓用中实线(线宽 $0.5d$),其余用细实线(线宽 $0.25d$)。当比例大于1:50 时断面应画材料符号。由不同宽度的图线可知各层楼梯平面图表示的剖切位置范围被剖切到的和看到的内容。

2. 有关规定和习惯画法

国标规定,在上行梯段被剖切的位置用45°折断线表示,并用细的长箭头配合文字"上"或"下"表示楼梯的上行或下行方向,同时注明梯段的步级数,如上18,说明上18 步由一层到二层。

注意　①习惯上一层楼梯平面图中的45°折断线,从休息平台板内侧与梯段的分界处为起点画出,使剖面以下梯段的长度能完整反映出来,二层则画在梯段的中间;②楼梯的上、下行是以各层楼面(地面)为基准,去到上层楼面的梯段为上行,去到下层楼面的梯段为下行。

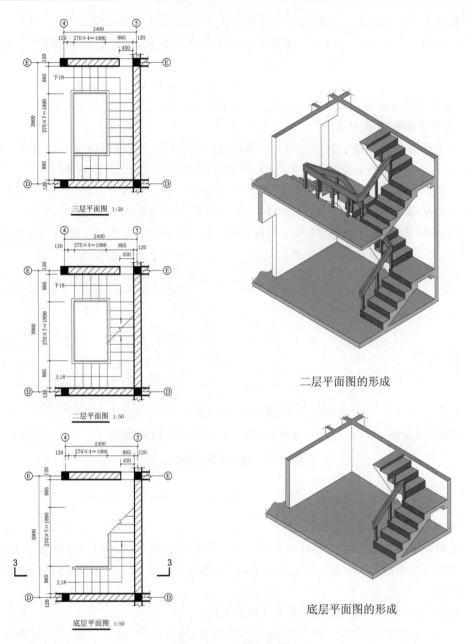

二层平面图的形成

底层平面图的形成

图 14-31　楼梯平面图

3. 楼梯平面图的内容

（1）楼梯的平面图形，除表示楼梯段的长度和宽度、各级踏面的宽度、休息平台板的宽度和位置、栏杆（栏板）、扶手、梯井以外，楼梯间所在的房屋的定位轴线、墙厚、门窗洞口等均要表达清楚，由于每一梯段最高一级的踏面与平台或楼面共面，因此每一梯段的踏面数总比步级数少一。

（2）楼梯的标高及尺寸，除要标注楼梯间的开间与进深尺寸外，还要注写出地面、楼面、休息平台面等标高；楼梯段的长标注为"踏面宽 $b×$（踏步数 $n-1$）"；标注休息平台板宽、梯段宽、梯井宽及墙厚尺寸，门、窗洞口的定形尺寸和定位尺寸等细部尺寸。

由图 14-31 可知，楼梯间的开间尺寸（单位：mm）为 2 400，进深尺寸为 3 900，梯段宽均为

885，踏步数为 18，踏面宽 270，故梯段长分别为 270×4、270×7、270×4。

在底层楼梯平面图中还要标注出楼梯剖面图的剖切位置、编号以及索引符号、文字说明等。本例底层平面图上标注出了 3—3 剖面图的剖切位置。

阅读楼梯平面图时注意：与建筑平面图中的楼梯间对照阅读，了解楼梯间在建筑物中位置；在了解水平方向尺寸和竖直方向尺寸时，要结合建筑平面图、建筑剖面图阅读。

4. 楼梯平面图的画法

各层楼梯间平面图应尽量画在同一张图纸内，上下对正。这样既便于阅读又可省略标注一些重复的尺寸。在底层楼梯间平面图中，还应标明楼梯间剖面图的剖切部位。

以二层平面图为例，其作图顺序为：先绘出楼梯间的定位轴线及墙厚（见图 14-32(a)），然后定出平台宽、梯段宽和长（见图 14-32(b)），再等分梯段的踏面数，踏面数为 $n-1$（见图 14-32(c)），最后画出扶手（见图 14-32(d)），加深图线，注写标高、尺寸、图名、比例等完成图（见图 14-31）。

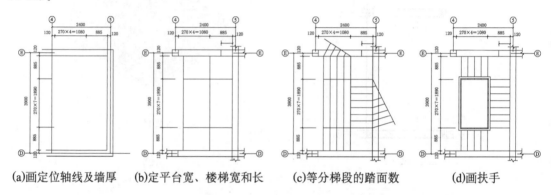

(a)画定位轴线及墙厚　(b)定平台宽、楼梯宽和长　(c)等分梯段的踏面数　(d)画扶手

图 14-32　楼梯平面图的画法

14.6.3.2　楼梯剖面图

1. 形成、比例及图线

假想用一个铅垂面（如图 14-31 中所示 3—3 平面位置）沿着第一跑梯段的长度方向，并通过门窗洞口将楼梯间剖切开后，向未剖到的梯段或与梯段配套的走道正投影，得到楼梯剖面图（见图 14-33）。

楼梯剖面图的比例及图线与楼梯平面图的相同。

从图 14-33 剖面图可以看出，该住宅为三层楼房，共六个梯段，每一层是三跑楼梯。每层梯段数分别为 5、8、5。踏步高 165 mm，梯段高为 $2×(167×5)+167×8=3\ 006$ mm。休息平台处的门为检修门 M7。

注意　根据轴线编号查对楼梯详图和建筑平、剖面图的尺寸与投影关系。

2. 有关规定和习惯画法

在多层房屋中，若楼梯间的中间层完全相同时，楼梯剖面图可以画出一层、中间层、顶层的剖面图。在中间层处用折断符号分开，并在中间层的楼面和休息平台面上注出多层标高。

楼梯段上的倾斜栏杆（栏板）的斜度应与梯段斜度一致。

注意　习惯上，楼梯间的屋面若无特殊之处，一般可不画出，因其已在房屋的基本剖面图中表达过。

当楼梯间的屋面做法与房屋的屋面做法相同时，也可省略不画。

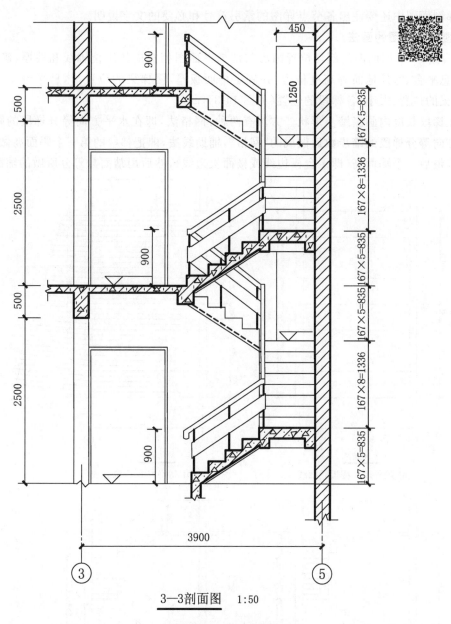

3—3剖面图　1:50

图 14-33　楼梯剖面图

3. 楼梯剖面图的内容

楼梯被剖的视图表示楼梯段的结构形式,踏面的宽和踢面高、步级数,完整、清晰地表示出楼梯间内各层楼地面、梯段、平台、栏杆扶手等的构造、结构形式以及它们之间的关系,栏杆、扶手等的做法,此外还要表示楼梯间墙身及墙体上的门、窗洞等。

楼梯剖面图中要标注出:①各层楼面,休息平台面,外墙上门、窗的各部位标高;②每一梯段的高度——踢面高 $A\times$ 踏步数 $n =$ 梯段高 H;③扶手高及其他高度方向详尽的尺寸。倾斜栏杆的高度应从踏面的中部起垂直量到扶手顶面,水平栏杆是从地面量起。扶手高度一般为 900 mm(安全高度)。

注意　楼梯上下步数和踏步数(级数)的区别和在平面图、剖面图中的表示方法。

楼梯剖面图中还要注出各节点详图的索引符号和必要的文字说明。

4. 楼梯剖面图的画法

① 根据 3—3 剖面图的剖切位置画出与楼梯平面图相对应的定位轴线和墙厚,确定各层楼面、休息平台、室外地面等高度位置,并确定楼面板厚,楼梯梁的位置,休息平台宽,平台板厚,平台梁的位置、大小,各梯段的位置(见图 14-34(a))。

②在梯段长度内画出踏步形状。方法有两种:网格法,即在水平方向等分梯段的踏面数,在竖直方向等分梯段的踏步数后做成的"网格",辅助线法,即把梯段的第一个踢面高做出后用细线连接最后一个踢面高(即平台板边线或楼面板边线),然后用踏面数等分所做的辅助线,过

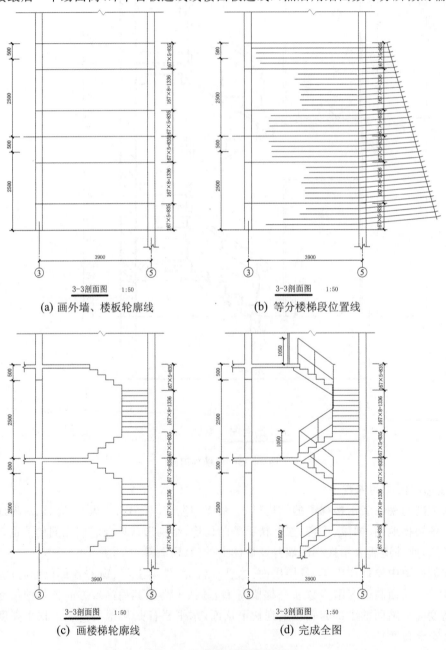

(a) 画外墙、楼板轮廓线　　　　　(b) 等分楼梯段位置线

(c) 画楼梯轮廓线　　　　　(d) 完成全图

图 14-34　楼梯剖面图的画法

辅助线上的等分点向下作垂线,再向右(左)作水平线得到踢面、踏面的投影。

在此例中,将六个梯段(总高 6 m)的空间分成 18 等份(见图 14-34(b)),由于剖切平面平行梯段长 270×4＝1 080 mm,将该方向梯段 4 等分(见图 14-34(c)),画出楼梯剖面图的大致轮廓。

③画出梯段的厚度,完成其他各部分的投影,标注出定位轴线、标高、尺寸、图名、比例等,最后完成全图(见图 14-33)。

14.6.3.3　楼梯节点详图

对照楼梯平面图和楼梯剖面图阅读节点详图(图略)。节点详图表示梯段的厚度、踏面宽、踢面高,表示楼梯梁、平台梁与梯段、楼面、平台的相对位置、材料做法和标高、尺寸等,表示栏杆或栏板、扶手、防滑条等的做法。比例较大,常用 1：20,1：10,1：15,1：4,甚至 1：1 等,也可用 1：25。因为比例较大,故用三种图线:剖到的构件轮廓用粗线(线宽 d),可见的轮廓用中实线(线宽 $0.5d$),其余用细实线(线宽 $0.25d$)。

14.6.4　厨房、卫生间详图

厨房和卫生间是住宅中必不可少的辅助房间之一,设计实践中有人将它们一起合称为"功能房间"。在住宅设计实践中,画得最多的详图,也当数这两种功能房间的详图(见图 14-35)了。这些房间与楼梯的表达形式基本相同:主要按所在轴线位置将房间画成平面放大图,再配以剖面图;必要时用索引标志画出具体单个设备详图或安装位置详图,把这些房间的做法表达清楚。读图时注意核对照轴线编号、墙的厚度和位置、门窗位置是否与建筑平面图一致,同时还应核对这些房间的建筑、结构、设备图样中的预留孔洞位置和大小有无漏掉或产生矛盾之处。

1. 厨房详图

厨房中最常见的固定设备有灶台、案台、洗涤池(盆)、污水池、壁柜(龛)等。相对固定的设备则可能有冰箱、餐桌、吸排油烟机(或换气扇)以及其他厨房用电器设备等。要将这些设施,尤其是固定设备作出合理的安排,在建筑施工过程中应将它们制作出来。因此,在设计中必须用详图的形式将设备的位置、形式、安装做法及起码的装修要求、施工注意事项等一一确定下来。

厨房间的详图是多种多样的。常见的有平面详图、全剖面详图、局部剖向详图以及设备详图、构配件断面详图等等。以上所列各种详图,不必全部画出,一般除了平面详图是必需的以外,其他详图可酌情取舍。绘制厨房详图的过程与绘制建筑平面图相当,所用线型也与建筑平面图相同。

厨房详图的尺寸标注出应注出:①轴线尺寸;②注明各种设备的定形及定位尺寸,以便施工安装;③高度方向的尺寸即可由剖面图表达,也可在平面图中用标高的形式明确。

2. 卫生间详图

卫生间除设备与厨房不同以外,楼(地)面的防、排水处理及墙身的防潮处理等也与厨房的处理方式有别。当所用比例不大于 1：50 时,有图例则用图例,无图例则要求按真实的投影绘制。当比例大于 1：50 时,一律按真实投影绘制。以上原则也适用于厨房中的设备。

卫生间详图的类型、图示要求、尺寸标注以及文字说明等方面的内容,与厨房的基本相同。

对部分设施或卫生器具(洗脸盆、浴盆、坐式大便器等),通常按一定规格或型号订购成品

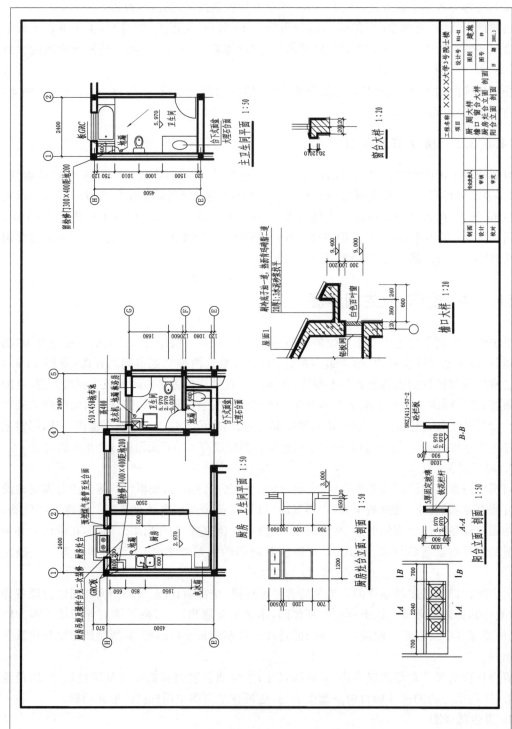

图14-35　厨房、卫生间等详图

后,再按有关的规定或说明安装,可不必注全尺寸。

学 习 引 导

14-1　从房屋的组成入手,从而了解房屋图中各图线表达的房屋组成中的那部分。

14-2　房屋施工图的内容包括:图样目录、施工总说明、建筑施工图、结构施工图、设备施工图、装修施工图等。房屋施工图是指导建筑施工过程的依据。

14-3　掌握建筑总平面图的形成、作用及图示方法是阅读建筑总平面图的关键。

14-4　建筑平面图主要表达房屋平面布置。通过建筑平面图的绘制步骤,掌握建筑平面图的图示内容特点。

14-5　对于多层建筑,原则上每一层都绘制平面图,但每层布置完全相同可用标准层平面图来表示。所以,各层都相同的多层房屋的平面图有底层平面图、标准层平面图或屋顶平面图。

14-6　建筑立面图表达房屋的外形外貌,其命名方式说明观看方向。多种图线的线宽来区分主次,增强立面图表达效果。

14-7　建筑剖面图主要表达房屋内形上的高度变化,一般结合建筑平面图、立面图来阅读。

14-8　建筑详图是表达建筑细部的施工图,是建筑平、立、剖面图的补充。要了解详图符号与索引符号的含义,便于查阅建筑详图。

思 考 题

14-1　一个建筑工程项目的最终建成,大致应经过哪些过程? 每个设计阶段的主要任务、要求是什么?

14-2　建筑总平面图有何用途? 在建筑总平面图上一般应反映哪些内容?

14-3　建筑平面图是如何形成的? 建筑平面图有何用途? 建筑平面图主要包括哪些内容?

14-4　阅读建筑平面图应如何着手? 归纳看图步骤以及看图时应注意的重点问题。

14-5　试述建筑平面图的绘制步骤。

14-6　建筑立面图是如何形成的? 建筑立面图有哪些命名方法?

14-7　建筑立面图应包括哪些内容? 熟悉建筑立面图的有关图例符号、画法规定和立面上各种做法的表示方法。

14-8　试述建筑立面图的绘制步骤。

14-9　建筑剖面图是如何形成的? 它与建筑平面图有何关系? 建筑剖面图主要包括哪些内容?

14-10　试述建筑剖面图的绘制步骤。

14-11　你认为建筑平面图、立面图、剖面图各有什么特点和区别? 它们之间又有什么联系? 在看图时三者的关系如何?

14-12　什么是建筑详图? 详图主要反映哪些内容?

14-13　如何通过阅读这些详图,举一反三,掌握读图要领,为阅读其他详图打卜基础?

第15章 结构施工图

本章要点

- **图学知识**

  介绍结构施工图中国标有关规定、基本图示特点及常用的图例、尺寸注法的基本知识以及阅读和绘制结构施工图的方法,重点介绍钢筋混凝土构件相关图样的内容和方法。

- **思维能力与实践技能**

  通过阅读和掌握绘制结构施工图的方法来提高读图能力、熟练绘图技巧。

- **教学提示**

  结合阅读和绘制结构施工图,注意提示不同图类中粗实线所表示的意义。

15.1 概　　述

任何一幢建筑物都是由基础、墙、柱、梁、楼板和屋面板组成的,它们起着抵抗风、雨、雪,承受各种荷载,支撑房屋保持一定空间形状和骨架的作用。在建筑工程中,将这种骨架称为建筑物的结构,将组成建筑骨架的"零件"称为结构的构件(**结构构件**),如图 15-1 所示的是组成房屋结构的各种构件。

房屋中的门、窗等部分只起维护作用,不属于结构构件,称为**建筑配件**。

在房屋设计中,除了进行建筑设计而绘制出建筑施工图外,还要根据建筑各方面的要求,进行结构选型和构件布置,再通过力学计算,确定各承重构件的形状、大小、材料以及内部构造等,并将设计结果绘制成结构施工图,简称**结施图**。

结施图与建施图表达的内容虽不相同,但对同一套图样来说,它们反映的是同一幢建筑物的内容,结施图是建施图的继续,从设计到施工,结施图必须密切与建施图配合,这两个工种的施工图之间不能有矛盾,它们的定位轴线、各部位的尺寸必须完全相符,如有矛盾,则以结构尺寸为准。

建筑物的构件、配件主要是由钢筋混凝土、砖、钢材和木材等材料制成。根据承重结构的材料不同,常见的房屋结构可分为以下五种:

(1)混合结构　墙用砖砌筑,梁、楼板和屋面都是钢筋混凝土构件;

(2)钢筋混凝土结构　柱、梁、楼板和屋面都是钢筋混凝土构件;

(3)砖木结构　墙用砖砌筑,梁、楼板和屋架都用木料制成;

(4)钢结构　承重构件全部为钢材;

(5)木结构　承重构件全部为木料。

目前我国建造的民用建筑,广泛采用混合结构和钢筋混凝土结构。

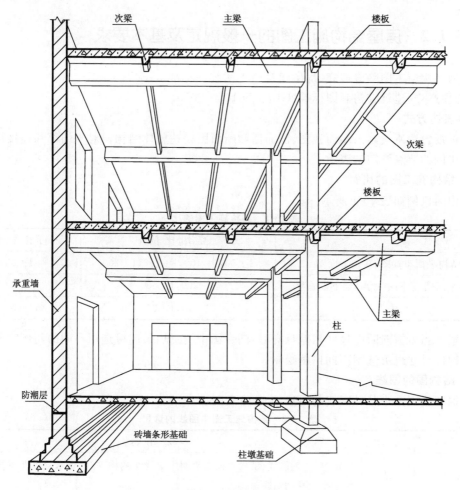

次梁　主梁　楼板

次梁

楼板

承重墙

主梁

柱

防潮层

砖墙条形基础

柱墩基础

图 15-1 建筑物的结构

15.1.1 房屋结构图的内容和种类

结施图与建施图一样,不仅是构件制作、安装和指导施工的依据,也是计算工程量、编制预算和施工进度计划的依据。

1. 房屋结构图的内容

结构施工图主要用于指导施工放灰线,开挖基槽,支撑模板,绑扎钢筋,设置预埋件和预留孔洞,浇灌混凝土,安装梁、板、柱等构件的施工过程,因此房屋的结施图通常表示房屋结构的整体布置和各承重构件(包括支撑和联系构件)的形状、大小、材料、构造等结构设计的内容。

2. 房屋的结构图的种类

房屋的结构图一般分为结构平面布置图(如基础平面图、楼层结构平面图、屋面结构平面图等)、结构构件详图(如基础详图,梁、板、柱、楼梯、屋架等)两大类。

本章主要介绍绘制和阅读钢筋混凝土结构施工图的基本方法。

15.1.2　房屋结构施工图的一般规定及基本要求

绘制结构施工图除应遵守《房屋建筑施工图统一标准》GB/T 50001—2010 中的基本规定外,还必须遵守《建筑结构制图标准》GB/T 50105—2010。

1. 表达方式

用正投影法所绘制的多面视图、剖面图和断面图表达整体结构。对于细部和连接构造,则用更大比例的节点详图来表示。

2. 结构施工图的比例

常用的比例如表 15-1 所示。

表 15-1　结构施工图的比例

	常 用 比 例	可 用 比 例
结构平面布置图、基础平面图	1∶50,1∶100,1∶150,1∶200	1∶60
圈梁平面图、总图中管沟、地下设施等	1∶200,1∶500	1∶300
详图	1∶10,1∶20	1∶4,1∶5,1∶25

注意　当纵横向断面尺寸相差悬殊时,同一图中,在纵、横向可选用不同的比例绘制,轴线尺寸与构件尺寸也可选用不同比例绘制。

3. 结构图的图线

结构图施工图中各种图线的用法如表 15-2 所示。

表 15-2　结构施工图中图线的选用

名　　称	线　宽	一　般　用　途
粗实线	d	螺栓、主钢筋线、结构平面布置图中单线结构构件线、钢木支撑及系杆线,图名下横线及剖切线
中实线	$0.5d$	结构平面图以及从详图中剖到或可见的墙身轮廓线、基础轮廓线,钢、木结构轮廓线,箍筋线,板钢筋线
细实线	$0.25d$	可见的钢筋混凝土构件的轮廓线、尺寸线、引出线,标高符号,索引符号
粗虚线	d	不可见的钢筋、螺栓线,结构平面图中不可见的单线结构构件线及钢、木支撑线
中虚线	$0.5d$	结构平面图中不可见构件、墙身轮廓线及钢、木构件轮廓线
细虚线	$0.25d$	基础平面图中管沟轮廓线、不可见的钢筋混凝土构件轮廓线
粗单点长画线	d	柱间支撑、垂直支撑、设备基础轴线中的中心线
细单点长画线	$0.25d$	中心线、对称线、定位轴线
粗双点长画线	d	预应力钢筋线
细双点长画线	$0.25d$	原有结构轮廓线
折断线	$0.25d$	断开界线
波浪线	$0.25d$	断开界线

4. 构件代号

为了方便阅读,简化标注,常用代号表示构件名称,如表 15-3 所示。

表 15-3 常用构件代号

序号	名　称	代号	序号	名　称	代号	序号	名　称	代号
1	板	B	5	折板	ZB	9	挡雨板或檐口板	YB
2	屋面板	WB	6	密肋板	MB	10	吊车安全走道板	DB
3	空心板	KB	7	楼梯板	TB	11	墙板	QB
4	槽形板	CB	8	盖板或沟盖板	GB	12	天沟板	TGB
13	梁	L	23	托架	TJ	33	垂直支撑	CC
14	屋面梁	WL	24	天窗架	CJ	34	水平支撑	SC
15	吊车梁	DL	25	框架	KJ	35	梯	T
16	圈梁	QL	26	刚架	GJ	36	雨篷	YP
17	过梁	GL	27	支架	ZJ	37	阳台	YT
18	连系梁	LL	28	柱	Z	38	梁垫	LD
19	基础梁	JL	29	基础	J	39	预埋件	M
20	楼梯梁	TL	30	设备基础	SJ	40	天窗端壁	TD
21	檩条	LT	31	桩	ZH	41	钢筋网	W
22	屋架	WJ	32	柱间支撑	ZC	42	钢筋骨架	G

15.2　钢筋混凝土构件简介

15.2.1　混凝土的强度等级和钢筋混凝土构件的组成

混凝土由水、水泥、砂子、石子按一定比例混合,经搅拌、浇注、养护硬化而成。混凝土的强度等级分为 C10、C15、C20、C25、C30、C35、C40、C45、C50及 C60 十个等级,数字越大,表示混凝土抗压强度越高。混凝土的抗拉强度比抗压强度低得多,一般仅为抗压强度的 $1/10\sim1/20$。当用混凝土制成的构件悬空使用时(见图 15-2),下部受拉区一旦达到抗拉强度极限,将出现无预兆的断裂。钢筋不但具有良好的抗拉强度,而且与混凝土有良好的黏结力,其热膨胀系数与混凝土相近,因

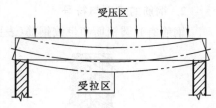

图 15-2　悬空梁受力情况示意图

此,为提高构件的承载能力,可在混凝土构件受拉区内配置一定数量的钢筋。这种由钢筋和混凝土两种材料构成的构件称为钢筋混凝土构件,简称"RC"结构。常见的钢筋混凝土构件有梁、板、柱、基础、楼梯等。为了提高构件的抗裂性,还可制成预应力钢筋混凝土构件。没有钢筋的混凝土构件称为混凝土构件或素混凝土构件,这种构件常用于筑路和房屋底层地坪。

钢筋混凝土构件按施工方法的不同,可分为现浇和预制两种。现浇构件是在建筑工地上现场浇捣制作的构件;预制构件是在混凝土制品厂先预制,然后运到工地进行吊装,有的预制构件(如厂房的柱或梁)也可在工地上制作。

15.2.2　钢筋的分类与作用

1. 钢筋按其所起的作用分类

如图 15-3 所示,配置在钢筋混凝土构件中的钢筋,按其所起的作用的不同可分为以下五种。

(1) 受力筋　承受拉力或压力的钢筋,主要用在梁、板、柱等各种钢筋混凝土构件中。

(2) 架立筋　在梁中与受力筋、钢箍一起形成钢筋骨架,用以固定钢箍位置。

(3) 钢箍　也称箍筋,用于梁和柱内固定受力筋的位置,并承受一部分斜拉应力。

(4) 分布筋　在板内与受力筋垂直,用以固定受力筋的位置,与受力筋一起构成钢筋网,使力均匀分布给受力筋,并抵抗热胀冷缩所引起的温度变形。

(5) 构造筋　因构造要求或施工安装的需要而配置的钢筋。如图 15-3 中所示的板,在支座处于板的顶部时所加的构造筋属于前者,两端的吊环则属于后者。

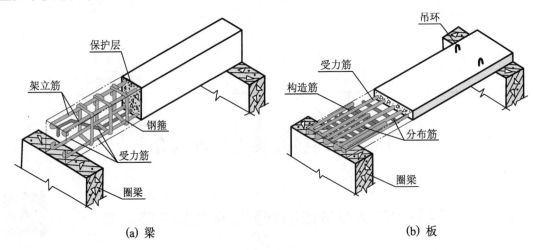

(a) 梁　　　　　　　　　　　　　　　　(b) 板

图 15-3　钢筋的名称及保护层

2. 钢筋的级别与符号

钢筋有光圆钢筋和带纹钢筋(表面上有人字纹或螺旋纹)两种,如图 15-4 所示。

(a) 人字纹钢筋　　　　(b) 螺旋纹钢筋　　　　(c) 光圆钢筋

图 15-4　钢筋的外形

钢筋的品种等级不同,在图中的符号也不一样,常见的种类及符号见表 15-4 所示。

表 15-4　普通热轧钢筋种类和符号

钢筋种类	钢种	常用材料	符号	主要用途	备　注
HPB300	低碳钢	Q235	ϕ	非预应力	HPB 指热轧光圆钢筋。
HRB335	合金钢	20MnSi	Φ		HRB 为热轧带肋钢筋,H、R、B 分别为热轧(hot rolled)、带肋(ribbed)、钢筋(bar)三个词的英文首位字母。
HRB400		20MnSiV 20MnSiNb 20MnTi	Φ	非预应力、 预应力	RRB 指余热处理钢筋。 300、335、400 为强度值
RRB400		K20MnSi	Φ^R	预应力	

习惯上也称:ϕ——Ⅰ级钢筋;Φ——Ⅱ级钢筋;Φ——Ⅲ级钢筋。

3. 保护层和弯钩

钢筋混凝土构件的钢筋不能外露,为了保护钢筋、防腐蚀、防火以及加强钢筋与混凝土的黏结力,钢筋的外边缘和构件表面应保持一定厚度的保护层(见图 15-3)。

根据钢筋混凝土结构设计规范,构件的混凝土强度等级及所处的环境不同,钢筋的保护层厚度不同,保护层的最小厚度如下:

当梁高不大于 400 mm 时,保护层为 20 mm;

当梁高大于 400 mm 时,保护层为 25 mm;

当板厚不大于 100 mm 时,保护层为 10 mm;

当板厚大于 100 mm 时,保护层为 15 mm。

为使钢筋和混凝土具有良好的黏结力,应将光圆钢筋两端做成半圆弯钩或直弯钩。带纹钢筋与混凝土的黏结力强,两端可不做弯钩。钢箍两端在交接处也要做出弯钩。弯钩的常见形式和画法如图 15-5 所示。在图中分别标注了弯钩的尺寸。下面的图则是它们的简化画法。图中仅画出了钢箍的简化画法,钢箍弯钩的长度,一般分别在两端各伸长 50 mm 左右。

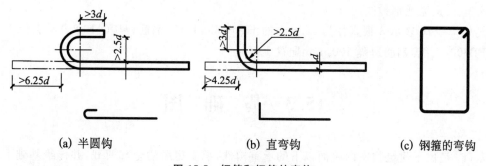

(a) 半圆钩　　　　　　　　　(b) 直弯钩　　　　　　　　　(c) 钢箍的弯钩

图 15-5　钢筋和钢箍的弯钩

4. 钢筋的表示方法和标注

一般钢筋的表示方法如表 15-5 所示。在图中为了区分各种类型和不同直径的钢筋,要求对每种钢筋加以编号,并在引出线上注明其规格和间距。钢筋编号和尺寸标注方式如下:

$$N \frac{n\phi d}{L@S}$$

表 15-5　一般钢筋的表示方法

序号	名　称	图　例	说　明
1	钢筋横断面	●	
2	无弯钩的钢筋端部		下图表示长、短钢筋投影重叠时,短钢筋的端部可用 45° 斜画线表示
3	带半圆形弯钩的钢筋端部		
4	带直钩的钢筋端部		
5	带丝扣的钢筋端部		
6	无弯钩的钢筋搭接		
7	带半圆形弯钩的钢筋搭接		
8	带直钩的钢筋搭接		
9	套管接头(花篮螺丝)		
10	机械连接的钢筋接头		用文字说明机械连接的方式

其中:

N —— 钢筋的编号,细实圆,圆圈直径为 6 mm;

n —— 钢筋数量代号;

ϕd —— 钢筋种类符号＋钢筋直径(mm);

L —— 钢筋长度代号;

@ —— 钢筋或钢箍之间的中心距代号;

S —— 钢筋或钢箍间距(mm)。

例如,3 Φ 16 表示 3 根直径为 16 mm 的 HRB335(Ⅱ级)钢筋,ϕ10@100 表示直径 10 mm 的 HPB300(Ⅰ级)钢筋每隔 100 mm 配置 1 根。

15.3　基　础　图

　　基础[①]是位于建筑物室内地面以下的承重构件,承受房屋的全部荷载,并传给基础下面的地基。地基可以是天然的土壤,也可以是经过加固的土壤。

　　基础图主要表示建筑物室内地面以下基础部分的平面布置及详细构造。基础图通常包括**基础平面图**和**基础详图**。

　　房屋的基础形式取决于上部承重结构形式,根据上部结构的形式和地基承载能力的不同,最常见的可分为承重墙下的条形基础和承重柱下的独立基础(见图 15-6)。本节实例为某高校新建住宅为砖混结构,因此它的基础相应设计成墙下的条形基础。

---

　　①　在建造房屋的过程中,首先要放灰线(用工具在地上撒石灰粉画线),再根据石灰线挖基坑,随后砌筑或浇捣基础。

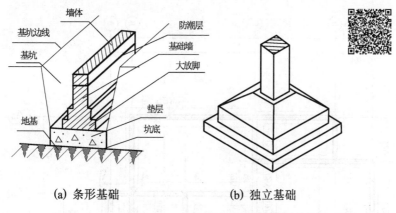

(a) 条形基础　　　　　　　(b) 独立基础

图 15-6　常见的基础类型

15.3.1　基础平面图

基础平面图是反映基础平面布置的图样。它是假想用一个水平面在房屋的室内地面以下的剖切面剖切后得到的水平剖面图。为了便于读图和施工，基础平面图表示了基坑未回填土的情况，如图 15-7 所示。

1. 图示内容

在基础平面图上只绘出垫层边线和基础墙（柱）[①]的投影线，基础的细部（大放脚）投影将具体反映在基础详图中。

2. 规定与要求

基础纵横定位轴线及编号应和建筑施工图中的底层平面图一致。

（1）比例　一般与建筑平面图相同，常采用 1∶100、1∶200 或 1∶50，本例为 1∶100。

（2）图线　中实线表示被剖到基础墙身线，细实线表示基础底面轮廓线，粗实线（单线）表示可见基础梁，不可见基础梁用粗虚线（单线）表示，柱子涂黑表示[②]。

（3）尺寸　需标出基础的定形尺寸（基础墙宽度）和定位尺寸（纵横定位轴线间尺寸）、底面标高等[③]。

（4）基础平面图的绘制步骤　先根据纵横定位轴线画出轴线网，然后画基础墙、基础宽度，最后标注。

15.3.2　基础详图

基础详图是用较大比例画出的局部构造图。条形基础常采用垂直剖视图或断面图表示，

---

①　埋入地下的墙称为基础墙，当采用砖墙和砖基础时，为使基础墙和垫层之间逐步过渡而做成阶梯形砌体（大放脚）。

②　如房屋底层平面中有较大的门洞，则会在条形基础中设置基础梁，使条形基础能承受地基的反力，在房屋底层平面图中用粗点画线表示基础梁的中心线位置，并用代号 JL 标注。

③　当基底标高有变化时，应在基础平面图对应部分附近画一段基础垫层的垂直剖面图，用来表示基底标高的变化。

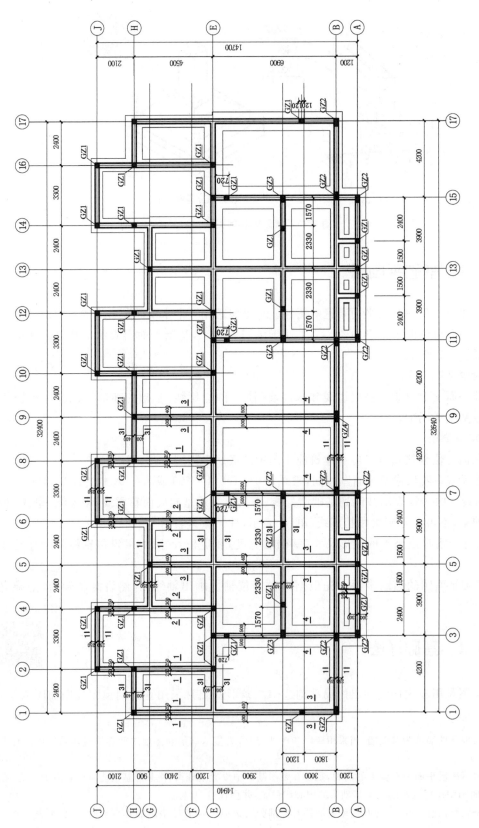

基础平面图　1:100

图 15-7　基础平面图

独立基础则用垂直断面和平面图表示。

　　一幢房屋,由于各处有不同的荷载和不同的地基承载力,基础的断面形状与埋置深度有所不同,对每一个不同的断面,都要画出其断面图,并在基础平面图上用 1—1、2—2 等剖面符号表明该断面的位置。

1. 图示内容

　　基础各组成部分的具体形状、大小、材料及基础埋深等。由于条形基础各部位的断面形状和配筋形式类似,因此只要画出一个通用断面图,再附上相关参数的表格即可,如图 15-8 所示。

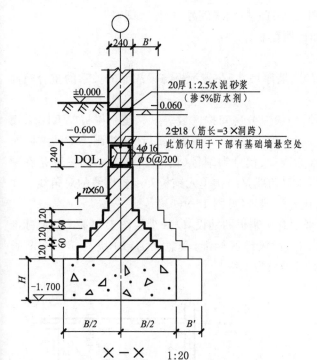

基础编号 ×—×	垫层宽 B	垫层高 H	基础放阶 n	备注
1—1	500	350	1	
2—2	600	350	1	
3—3	800	350	1	
4—4	1000	350	3	

注：B'为护壁柱尺寸

图 15-8　基础详图

2. 规定与要求

基础详图应与基础平面图中被剖切的相应代号及剖切符号一致。

　　(1) 比例　常采用 1∶10、1∶20、1∶50 等比例绘制。

　　(2) 图线　为了突出表示钢筋的配置情况,轮廓线全部画细实线,而且不画图例,钢筋画粗实线或小圆点断面。

　　(3) 尺寸　应标出基础的各部分(基础墙、柱、基础垫层等)的详细尺寸、钢筋尺寸以及室内外地面标高和基础垫层(基础埋深)的标高。

　　(4) 基础详图的绘制步骤　先画出轴线位置,然后从下往上画,最后标注。

15.4　楼层结构平面图

楼层结构平面图是表示建筑物室内地面以上各层平面承重构件布置的图样。

假想用一个紧贴楼面的水平面剖切后所得的水平剖视图即为楼层结构平面图。

如果各层楼面结构布置情况相同,则可只画出一个楼层结构平面图,但应注明合用各层的层数。当底层地面直接做在地基上(无架空层)时,它的地面层次、做法和用料若已在建筑详图中表明,无须再画底层结构平面图。

1. 图示内容

楼层结构平面图主要表示楼面板及其下面的墙、梁、柱等承重构件的平面布置以及它们之间的相互关系,为施工时安装构件和制作构件提供依据。

2. 规定与要求

楼层结构平面图应采用与建筑平面图一致的纵横轴线编号,以便查阅对照。

(1)比例　一般用与建筑平面图同样比例绘制。

(2)图线　参阅表15-2。

(3)尺寸　只需标注纵横定位轴线尺寸、墙厚尺寸,在表示板与梁或墙的关系的重合断面图上标注板底的结构标高。

房屋内铺设的楼板有预制和现浇两种,一般应分房间按区域表示。预制楼板(YKB)采用定型的预应力多孔板。**预制板的平面布置**有两种方法表示:一种是以细实线画出板的实际布置情况,直接表示板的铺设方向,并注明板的数量、代号和编号(见图15-9(a));另一种是在预制板布置的范围内,用细实线画一对角线,该对角线是结构单元铺板外围轮廓线的对角线。在对角线的一侧(或两侧)注写铺板的数量、代号和编号(见图15-9(b))。

在图15-9中采用了简化画法和代号来示意预制板的铺设,以减少绘图工作量。各地标准不同,代号也不一样,如代号"10YKB3351"为武汉地区标准,其意义为:10块宽500 mm、长3 300 mm的预应力钢筋混凝土空心板,荷载等级为1级。

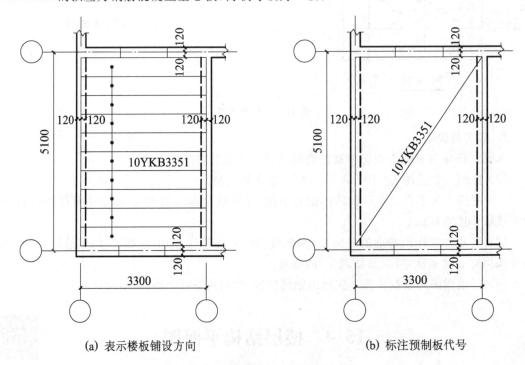

(a) 表示楼板铺设方向　　　　　　　　(b) 标注预制板代号

图 15-9　预制楼面板的平面布置示意

　　现浇楼面结构平面布置图中以粗实线画出受力筋、分布筋和其他构造钢筋的配置和弯曲情况。图中应注明各种钢筋的编号、规格、直径、间距等，对弯起钢筋，要注明弯起部位到轴线的距离、弯筋伸入邻板的长度；还应注明各构造钢筋伸入墙（或梁）边的距离。把钢筋混凝土的截面涂黑，并注明板面和梁底的标高，如图 15-10 所示。

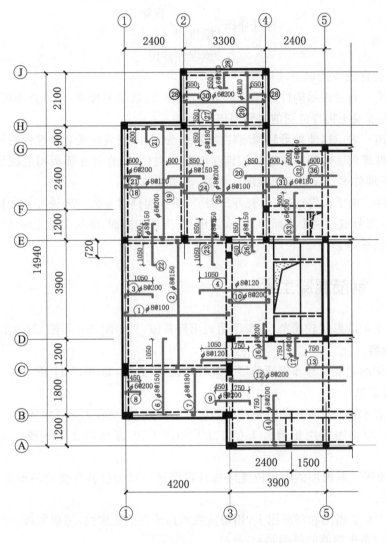

一单元二层结构平面布置图　　1:100

图 15-10　现浇楼面板的平面布置

15.5　钢筋混凝土构件详图

　　钢筋混凝土构件有定型构件和非定型构件两种。定型的预制构件或现浇构件可直接引用标准图或本地区的通用图，只要在图样上写明选用构件所在的标准图集或通用图集的名称、代号便可查到相应的结构详图，因而不必重复绘制。自行设计的非定型预制构件或现浇构件，则必须绘制结构详图。

钢筋混凝土构件详图的种类如下：

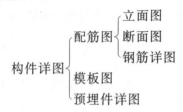

现对各构件详图详述如下。

(1) 配筋图　着重表示构件内部的钢筋配置、形状、数量和规格，包括立面图、断面图和钢筋详图，是钢筋混凝土构件详图的主要图样。

(2) 模板图　表示构件外形和预埋件位置，作为制作、安装模板和预埋件的依据。

(3) 预埋件详图　对配有预埋件的钢筋混凝土构件，通常要在模板图或配筋图中标明预埋件的位置，预埋件本身应另画出预埋件详图，表明其构造。

(4) 预埋件　由于构件连接、吊装等的需要，制作构件时常将一些铁件预先固定在钢筋骨架上，并使其一部分或一两个表面伸出（或露出）在构件的表面，浇筑混凝土时便将其埋在构件之中，如吊环、铁板等。

15.5.1　钢筋混凝土梁

钢筋混凝土梁的形状较简单，一般不用画出模板图，只画配筋立面图、断面图。

1. 图示内容

主要表示梁的轮廓尺寸和钢筋的形式规格及位置、数量，如图 15-11 所示。

2. 规定与要求

为清楚地表示钢筋混凝土构件中的钢筋配置情况，假想混凝土为透明体。

(1) 比例　立面图常用比例为 1∶10、1∶20、1∶50，断面图比例一般比立面图比例大一倍。

(2) 剖切位置　断面图的剖切位置应选择在钢筋数量和位置有变化的地方（不宜取在斜置钢筋的部位）。

(3) 图线　在立面图和断面图上，用细实线画出构件的轮廓线，用粗实线（立面图上）和黑圆点（断面图上）画出钢筋的投影[1]。

(4) 标注　①在配筋图中各类钢筋都应编号，要将不同直径、等级、形状、长度的钢筋进行编号，用引出线标注编号、数量、级别、直径、间距；②在配筋图的立面图中，很多钢筋的投影重叠在一起，每一根钢筋的形状不易表达清楚，所以对钢筋分布比较复杂的构件还要画钢筋详图（也称抽筋图），并列出钢筋表（反映钢筋各种情况的汇总表），把每一种不同编号的钢筋的形状、直径、根数、尺寸、规格、长度表达清楚，在配筋图的断面图上要表示梁的断面形状、尺寸，箍

---

[1]　在断面图上不画混凝土或钢筋混凝土的材料图例，而被剖到的和看见的砖砌体的轮廓线则用中实线表示，砖与钢筋混凝土构件在交接处的分界线则仍按钢筋混凝土构件的轮廓线画细实线，但在砖砌体的断面上，应画出砖的材料图例。

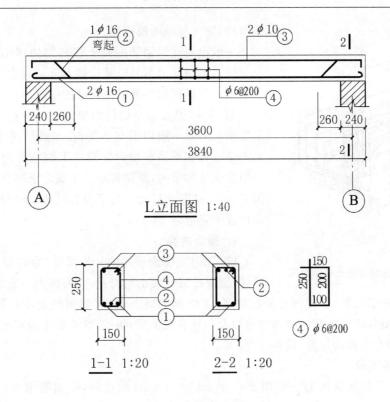

图 15-11 钢筋混凝土梁详图

钢筋表

编号	简　图	直径	长度	根数	备注
①	75　3790	$\phi 16$	3940	2	
②	215　282　200　2960	$\phi 16$	4354	1	
③	3790　63	$\phi 10$	3896	2	
④	150　250　200　100	$\phi 1$	700	20	

筋的形式及钢筋的位置;③在钢筋详图[①]中,弯起筋要标注每一段尺寸,标注时,不画尺寸线和尺寸界线,只把尺寸数字注在钢筋的旁边;④如有弯筋,应标注弯筋起弯位置。

（5）钢筋表　附在图样的旁边,其内容有钢筋编号、简图、直径（钢筋级别）、长度尺寸、规格、数量、总长等,以便加工制作和做预算。

如果梁采用的比例较大,画出的梁很长,则梁可用折断线表示。

15.5.2　钢筋混凝土柱

柱是房屋的主要承重构件,其结构详图包括立面图和断面图,如果柱的外形变化复杂或有

---

① 如构件比较简单,可不画钢筋详图,在钢筋表中用简图表示。

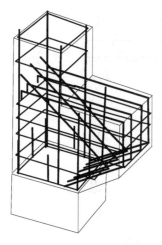

图 15-12　钢筋混凝土柱示意图

预埋件，则还应增画模板图。

一般民用建筑钢筋混凝土柱的结构详图的内容、特点与梁的基本相同。本节以某压铸车间边柱为例说明较为复杂的工业厂房预制钢筋混凝土柱的图示内容及特点。

图 15-12 是带有牛腿的钢筋混凝土柱在牛腿这一段的示意图。牛腿一般用于支承梁，在工业厂房中常用来支承吊车梁。在支承吊车梁的牛腿之上的柱称为上层柱，主要是用来支承屋架的，断面较小。牛腿之下的柱称为下层柱，因受力大，故断面较大。为了节省材料，下层柱的断面也可设计成工字形。

1. 图示内容

模板图①主要表示柱的外形尺寸（也称模板尺寸）和预埋件、预留孔洞的大小与位置；立面图主要表示柱的高度方向尺寸、柱内钢筋配置、示意钢筋搭接位置（Ⅰ级钢筋以上用 45°斜短线表示）、钢筋搭接区长度，搭接区内箍筋需要加密的具体数量以及与柱有关的梁、板等；断面图主要反映断面的尺寸、箍筋的形状和受力筋的位置、规格、数量等。

2. 规定与要求

(1) 比例　柱的立面图一般用 1∶50、1∶30、1∶20 的比例，断面图用 1∶20、1∶10 的比例。

(2) 图线尺寸　与钢筋混凝土梁相同（参见表 15-2）。

(3) 剖切位置　断面图的剖切位置应设在截面尺寸及受力筋数量、位置有变化处。

(4) 钢筋混凝土柱详图的阅读。

图 15-13 是一根带有牛腿的钢筋混凝土柱的配筋图、断面图和模板图。柱的总长为 10.5 m，柱顶标高为 9.4 m，牛腿标高为 6.22 m。牛腿之上的上柱，主要用来支撑屋架，断面较小，为 400 mm×400 mm。柱顶处 M3 表示编号为 3 的螺杆预埋件，用来与屋架焊接。M2 与吊车梁焊接，M1、M4 与墙板焊接（预埋间的具体做法另有详图表示）。牛腿之下的下柱，因受力较大，其断面为 400 mm×600 mm。

上柱受力筋采用 4ϕ18，分布在四角；下柱受力筋采用 3ϕ18 和 3ϕ14，均匀分布在柱的两边。上、下层柱的受力筋都伸入牛腿，使上下层连成一体。当长短钢筋投影重叠时，在钢筋的端部用 45°粗短画线表示；在两条无弯钩的钢筋搭接处，则在搭接两端各画 45°粗短画线。下层柱的钢箍编号分别为 9 和 7，均为 ϕ8@200。在牛腿部分要承受吊车梁荷载，该部分配筋比较复杂，所以这一段有两种弯筋，编号为 8 的钢箍需加密，采用 ϕ8@100，形状随牛腿断面逐步变化。另外用编号为 3 和 4 的弯筋加强牛腿。因投影重叠，在立面图中不宜分清它们的弯曲形状和各段长度，在配筋附近画出它们的具体形状并注上其相应编号、根数、直径和各段长度，以便与立面图和断面图对照阅读。

在配筋图的尺寸附近有箍筋的布置线，在箍筋的布置线上分段表示了箍筋的布置。

---

①　模板图上预埋件只画位置示意和编号。具体细部情况另绘详图。

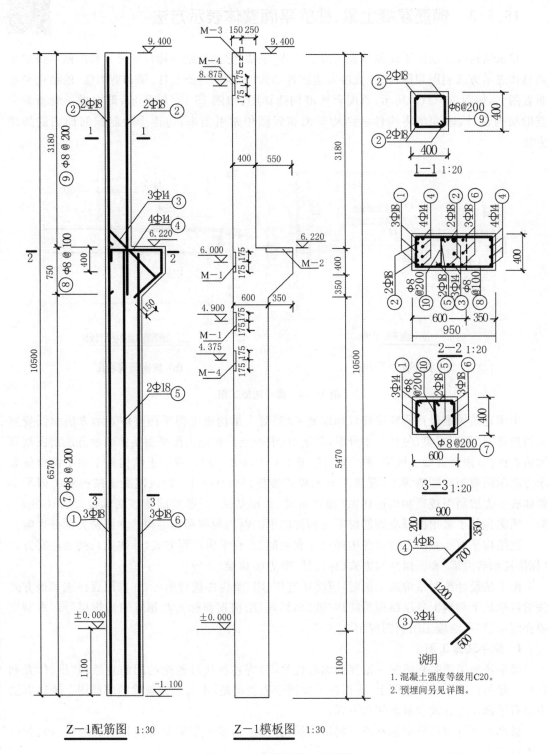

Z—1配筋图 1:30　　　　Z—1模板图 1:30

说明
1. 混凝土强度等级用C20。
2. 预埋间另见详图。

图 15-13　钢筋混凝土柱详图

15.5.3 钢筋混凝土梁、柱的平面整体表示方法

建筑结构施工图的平面整体表示方法简称"平法"它是把结构构件的尺寸和配筋等按照平面整体表示方法制图规则,整体直接表达在各类构件(钢筋混凝土柱、梁和剪力墙)的结构平面布置图上,如图 15-14(a)所示,再配合标准构造详图,如图 15-14(b)所示,即构成一套新型完整的结构设计,改变了将构件从结构平面布置图中索引出来,再逐个绘制配筋详图的烦琐方法。

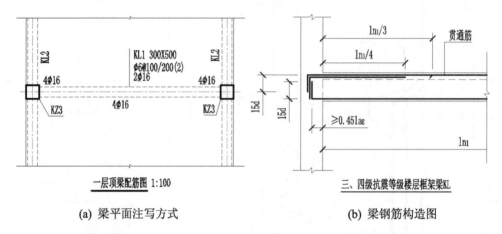

(a) 梁平面注写方式　　　　　　　　　(b) 梁钢筋构造图

图 15-14　梁平法施工图

中国建筑标准设计研究院修订和编制了《混凝土结构施工图平面整体表示方法制图规则和构造详图》系列图集,包括三本分册,分别是《混凝土结构施工图平面整体表示方法制图规则和构造详图(现浇混凝土框架、剪力墙、梁、板)》(11G101—1)、《混凝土结构施工图平面整体表示方法制图规则和构造详图(现浇混凝土板式楼梯)》(11G101—2)、《混凝土结构施工图平面整体表示方法制图规则和构造详图(独立基础、条形基础、筏形基础及桩基承台)》(11G101—3)。图集包括了常用的现浇钢筋混凝土构件的平法制图规则和标准构造详图两大部分内容。

在结构平面布置图上表示各构件尺寸和配筋值,有平面注写方式(标注梁)、列表注写方式(标注柱和剪力墙)和截面注写方式(标注柱、剪力墙和梁)三种。

按平法设计绘制结构施工图时,应将所有柱、墙、梁构件进行编号,并应用表格或其他方式注明包括地下和地上各层结构层的楼(地)面标高、结构顶面标高及相应的结构层号。本节主要介绍梁、柱平法施工图制图规则。

1. 梁平法施工图

梁平法施工图是将梁按一定规律编写代号,并将各种代号的梁的配筋直径、数量、位置和代号一起写在梁平面布置图上,直接在平面图中表达清楚,不再单独画梁的配筋图。表达方法主要有平面注写方式和截面注写方式。

梁平面布置图应分别按梁的不同结构层(标准层),将全部梁及与其相关联的柱、墙、板一起采用适当比例绘制。

1) 平面注写方式

平面注写方式是指在梁平面布置图上,分别在不同编号的梁中各选一根梁,在其上注写截面尺寸和配筋具体数值的方式来表达梁平法施工图。图 15-15 即是采用平面注写方式表达的

梁平法施工图。

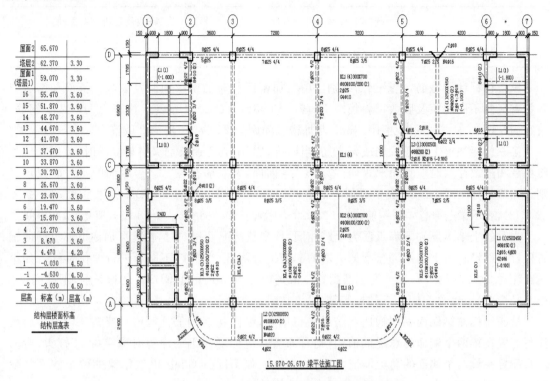

图 15-15 梁平法施工图的平面注写方式

平面注写包括集中标注与原位标注。集中标注表达梁的通用数值,如图中引出线上所注写的四或五排数字。原位标注表达梁的特殊数值。当集中标注中的某些数值不适用于梁的某部位时,则将该项数值原位标注,以原位标注取值优先。

(1)梁集中标注的内容及规定。

梁集中标注的内容有五项必注值及一项选注值。五项必注值是梁编号、梁截面尺寸、梁箍筋、梁上部通长筋或架立筋、梁侧面纵向构造钢筋或受扭钢筋,一项选注值是梁顶面的标高高差。集中标注可以从梁的任意一跨引出,规定如下。

第一行标注梁编号、梁截面尺寸,梁编号由梁类型代号、序号、跨数及有无悬挑代号组成。应符合表 15-6 规定。其中(XXA)为一端有悬挑,(XXB)为两端有悬挑,悬挑不计入跨数;当梁为等截面时,截面尺寸用 $b×h$(宽×高)表示。如 KL3-1(2A)300×600 表示 3 楼 1 号框架梁,2跨,一端有悬挑,梁宽为 300 mm,梁高为 600 mm。

表 15-6 梁编号

梁 类 型	代 号	序 号	跨数及是否带有悬挑
楼层框架梁	KL	XX	(XX)、(XXA)或(XXB)
屋面框架梁	WKL	XX	(XX)、(XXA)或(XXB)
框支梁	KZL	XX	(XX)、(XXA)或(XXB)
非框架梁	L	XX	(XX)、(XXA)或(XXB)

梁　类　型	代　号	序　号	跨数及是否带有悬挑
悬挑梁	XL	XX	(XX)、(XXA)或(XXB)

第二行标注梁箍筋，包括钢筋级别、直径、加密区与非加密区间距及肢数。箍筋加密区与非加密区的不同间距及肢数用斜线"/"分隔。如 $\phi8@100/200(2)$ 表示箍筋为 HPB235 钢筋，直径为 8 mm，加密区间距为 100 mm，非加密区间距为 200 mm，均为 2 肢箍。

第三行标注梁上部通长筋或架立筋，当同排纵筋中既有通长筋又有架立筋时，应用"＋"号将两者相连。注写时应将角部纵筋注写"＋"号前面，架立筋写在"＋"号后面的括号内以示区别。如第三行注写 $2\Phi16$，表示梁的上部有两根直径为 16 mm 的 HRB335 通长钢筋；$2\Phi20＋(2\Phi18)$，表示梁上部有 4 根钢筋，其中 $2\Phi20$ 表示通长筋，在角部，$2\Phi18$ 表示架立筋，在中间。

当梁的上部纵筋和下部纵筋为全跨相同，且多数跨配筋相同时，在此可加注下部纵筋的配置值，用分号"；"将上部纵筋与下部纵筋的配筋值分隔开，少数跨不同者进行原位标注。如第三行注写 $2\Phi20;2\Phi25$，表示梁上部配置 2 根直径为 20 mm 的 HRB335 的通长筋，下部配置 2 根直径为 25 mm 的 HRB335 的通长筋。

第四行标注梁侧面纵向构造钢筋或受扭钢筋，纵向构造钢筋注写时以字母 G 打头，后面注写配置在梁两个侧面的总配筋值，且对称布置。纵向受扭钢筋注写时以字母 N 打头，后面注写配置在梁两个侧面的总配筋值，且对称布置。如第四行 $G2\Phi22$ 表示梁的两个侧面共配置 2 根直径为 22 mm 的 HRB335 的纵向构造钢筋。

第五行标注梁顶面标高高差。梁顶面标高高差是指相对于结构层楼面标高的高差值，有高差时注写在括号内，无高差时不注。梁顶面标高高于所在结构层楼面标高时，其标高高差为正值，反之为负值。如第五行注写（−0.010），表示梁的顶面标高低于该层楼面标高 0.010 m。

（2）梁原位标注的内容及规定。

在梁上方标注梁支座上部纵筋，包括通长筋在内的所有纵筋。当上部纵筋多于一排时，用斜线"/"将各排纵筋上下分开，上排的纵筋在前，下排的纵筋在后。当同排纵筋有两种直径时，用"＋"号将两种直径的纵筋相连，注写时将角部纵筋放在前面。当梁中间支座两边的上部纵筋不同时，必须在支座两边分别标注，如果两边相同，可只在一边标注。

在梁下方标注梁下部纵筋，当下部纵筋多于一排时，用斜线"/"将各排纵筋上下分开，当同排纵筋有两种直径时，用"＋"将两种直径的纵筋相连，注写时将角部纵筋写在前面。当梁下部纵筋不全部伸入支座时，将梁支座下部纵筋减小的数量写在括号中。

对梁附加箍筋或吊筋，将其直接画在平面图中的主梁上，并用引出线标注总配筋值（附加箍筋的肢数注写在括号内）。当多数附加箍筋或吊筋相同时，可在梁平法施工图上统一注明，少数与统一标注值不一致时，再原位引出。附加箍筋或吊筋的几何尺寸应按照标准构造详图，并结合其所在位置的主梁和次梁的截面尺寸确定。

2）截面注写方式

截面注写方式是指在梁平面布置图上，从相同编号的梁中选择一根梁标注剖切位置线、剖切编号，移出作配筋截面图，并在配筋截面图上注写截面尺寸和配筋具体数值的表达方式。图 15-16 即是采用截面注写方式表达的梁平法施工图。

在截面配筋详图上应注写截面尺寸 $b\times h$（宽×高）、上部筋、下部筋、梁侧面构造筋或受扭筋以及箍筋的具体数值,当某梁的顶面标高与结构层的楼面标高不同时,应在其梁编号后注写梁顶面标高差(注写规定与平面注写方式相同)。截面注写方式即可单独使用,也可与平面注写方式结合使用。

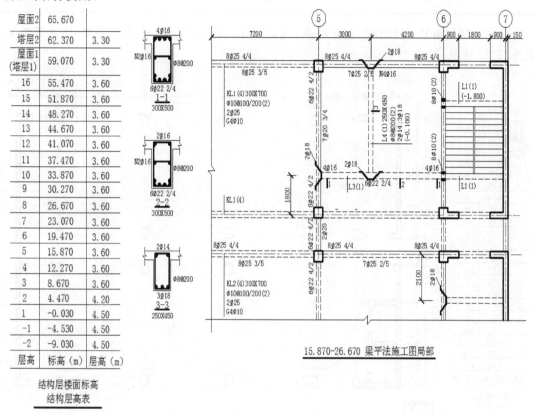

屋面2	65.670	
塔层2	62.370	3.30
屋面1 (塔层1)	59.070	3.30
16	55.470	3.60
15	51.870	3.60
14	48.270	3.60
13	44.670	3.60
12	41.070	3.60
11	37.470	3.60
10	33.870	3.60
9	30.270	3.60
8	26.670	3.60
7	23.070	3.60
6	19.470	3.60
5	15.870	3.60
4	12.270	3.60
3	8.670	3.60
2	4.470	4.20
1	-0.030	4.50
-1	-4.530	4.50
-2	-9.030	4.50
层号	标高(m)	层高(m)

结构层楼面标高
结构层高表

图 15-16　梁平法施工图的截面注写方式

2. 柱"平法"施工图

柱平法施工图是指在柱平面布置图上采用列表注写方式或截面注写方式表达。在柱平法施工图中,应按规定注明各结构层的楼面标高、结构层高及相应的结构层号。

1) 列表注写方式

列表注写方式是指在柱平面布置图上,分别在同一编号的柱中选择一个(有时需要选择几个)截面标注几何参数代号;在柱表中注写柱号、柱段起止标高、几何尺寸(含柱截面对轴线的偏心尺寸)与配筋的具体数值,并配以各种柱截面形状及其箍筋类型图的方式,构成柱平法施工图。图 15-17 即是采用列表注写方式绘制的柱平法施工图。

柱表注写内容规定:先绘出柱平面布置图,再注写柱编号,如表 15-7 所示。柱编号由类型代号和序号组成。如 KZ1 等;标注柱截面与轴线关系。

表 15-7　柱编号

柱　类　型	类 型 代 号	序　　号
框架柱	KZ	XX
框支柱	KZZ	XX
梁上柱	LZ	XX

柱 类 型	类型代号	序 号
剪力墙上柱	QZ	XX

列表注写柱编号,各段柱的起止标高、截面尺寸、柱配筋情况、柱截面类型、柱箍筋类型。如图 15-17 所示。

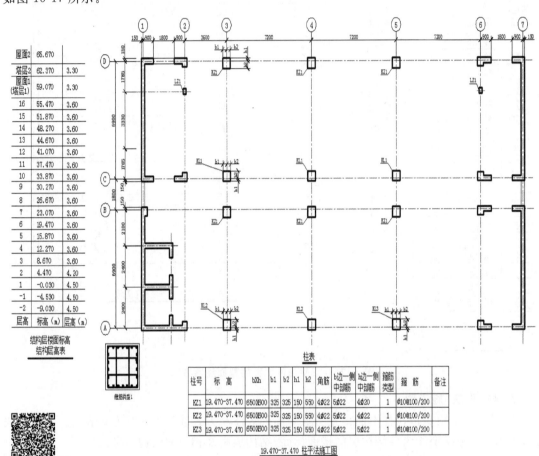

柱号	标高	b×h	b1	b2	h1	h2	角筋	b边一侧中部筋	h边一侧中部筋	箍筋类型	箍筋	备注
KZ1	19.470-37.470	650X600	325	325	150	550	4Φ22	5Φ22	4Φ20	1	Φ10@100/200	
KZ2	19.470-37.470	650X600	325	325	150	550	4Φ22	5Φ22	4Φ22	1	Φ10@100/200	
KZ3	19.470-37.470	650X600	325	325	150	550	4Φ22	5Φ22	5Φ22	1	Φ10@100/200	

19.470-37.470 柱平法施工图

图 15-17　柱平法施工图的列表注写方式

2)截面注写方式

截面注写方式是指在分标准层绘制的柱平面布置图上,分别在同一编号的柱中选择一个截面,以直接标注截面尺寸和配筋具体数值的方式来表达柱平法施工图。图 15-18 即是采用截面注写方式绘制的柱平法施工图。

如图 15-18 所示,对所有柱截面按平面注写方式规定进行编号,从相同编号的柱中选择一个截面,按另一种比例(1:20 或 1:25)原位放大绘制柱截面配筋图,并在各配筋图上继其编号后再注写截面尺寸(宽×高)、角筋或全部纵筋当纵筋采用一种直径且能够图示清楚时)、箍筋的具体数值,以及在柱截面配筋图上标注柱截面边线偏离轴线的具体数值。当纵筋采用两种直径时,须再注写截面各边中部筋的具体数值(对于采用对称配筋的矩形截面柱,可仅在一侧注写中部筋,对称边省略不注)。

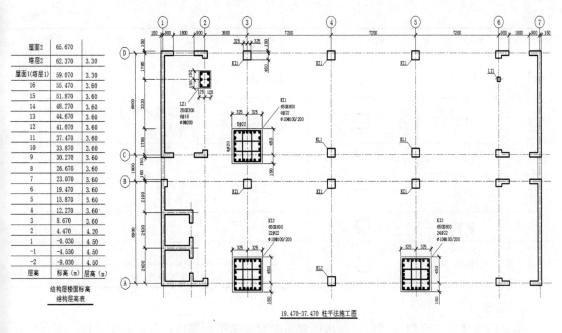

图 15-18 柱平法施工图的截面注写方式

15.6 钢结构图

钢结构(简称 S 结构)是由各种型钢(如角钢、工字钢、槽钢等)和钢板等通过用铆钉、螺栓连接或焊接的方法加工组装起来的承重构件。钢材具有强度高、自重轻、抗震性能好、施工速度快、地基费用省、外形美观等一系列优点,在发达国家,钢结构建筑已经成为城市的主要建筑。在我国,钢结构目前常被用于大跨度的、有吊车的工业厂房,高层建筑,地下建筑,桥梁等建筑物中,作为建筑物的骨架,制成钢柱、钢梁、钢屋架等。一些公用建筑(如体育馆、剧场等)由于室内空间要求大,有时也要求采用钢屋架作为屋顶支承结构。

指导钢结构施工的图样称为**钢结构图**。钢结构的系统布置图,与钢筋混凝土结构布置图相仿;钢结构的构件图,则主要表达型钢的种类、形状、尺寸及连接方式,这些内容的表达,除了图形外,多数还要标注各种符号、代号、图例等。

15.6.1 型钢的图例和连接方法

1. 型钢的图例和标注方法(见表 15-8)

表 15-8 常用型钢的图例和标注方法

序 号	名 称	截 面	标 注	说 明
1	等边角钢	∟	∟ $b \times t$	b 为肢宽,t 为肢厚
2	不等边角钢	∟	∟ $B \times b \times t$	B 为长肢宽,b 为短肢宽,t 为肢厚

序　号	名　　称	截　面	标　注	说　明
3	工字钢	$\mathbf{I}$	$\mathbf{I}$N,Q$\mathbf{I}$N	轻型工字钢加注 Q 字,N 为工字钢的型号
4	槽钢	C	CN,QCN	轻型槽钢加注 Q 字,N 为槽钢的型号
5	扁钢	—	$-b\times t$	宽×厚
6	钢板	—	$\dfrac{-b\times t}{l}$	宽×厚 板长
7	圆钢	⊘	ϕd	—
8	钢管	○	$DN\times\times$	内径
			$d\times t$	外径×壁厚

2. 连接方式

型钢的连接方式有焊接、铆接(在房屋建筑中较少采用)、螺栓连接。其中焊接不削弱杆件截面,构造简单且施工方便,是目前钢结构施工中主要的连接方法。

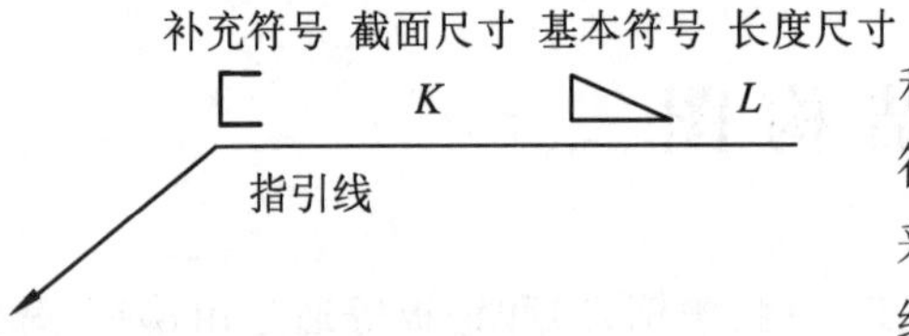

补充符号　截面尺寸　基本符号　长度尺寸

指引线

图 15-19　焊缝符号

在焊接钢结构图中,必须把焊缝的位置、形式和尺寸标注清楚。焊缝的表示应符合国标《焊缝符号表示法》(GB/T 324)中的规定。焊缝按规定采用焊缝符号来标注。焊缝符号由带箭头的引出线、基本符号、焊缝尺寸和补充符号组成,如图 15-19所示。

常用焊缝的图形符号和补充符号如表 15-9 所示。

表 15-9　图形符号和补充符号

焊缝名称	示意图	基本符号	符号名称	示意图	补充符号	标注示例
V形焊缝	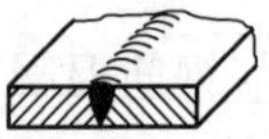	$\lor$	三面焊缝符号	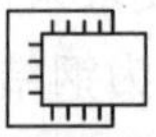	C	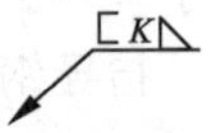 CK
I形焊缝		‖	周围焊缝符号	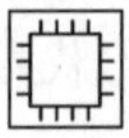	○	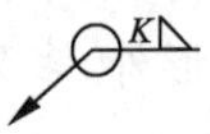 ○K
角焊缝	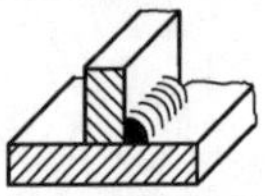	◺	现场符号		 ▲	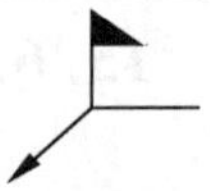
塞焊缝 槽焊缝	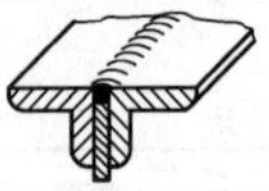	⏢	相同焊缝符号		⌒	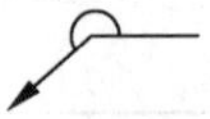

螺栓连接是可拆换的,一组螺栓连接件包括螺栓、螺母和垫圈,螺栓连接需先钻孔,连接时将螺栓插入孔内,垫上垫圈、拧紧螺母即可。

螺栓连接的形式可用简化图例表示,如表 15-10 所示。

表 15-10　常用螺栓、螺栓孔图例

序　号	名　称	图　例	焊缝名称
1	永久螺栓	$\frac{M}{\phi}$	
2	安装螺栓	$\frac{M}{\phi}$	(1) 细"＋"线表示定位线； (2) M 表示螺栓型号； (3) ϕ 表示螺栓孔直径
3	圆形螺栓孔	ϕ	

15.6.2　钢屋架结构图

钢屋架是在较大跨度建筑的屋盖中常用的结构形式。屋架的外形与屋面材料和房屋使用要求有关，常用的钢屋架有三角形屋架和梯形屋架。

钢屋架是用型钢（主要是用角钢）通过节点板，以焊接或铆接的方法，将各个杆件汇集在一起而制作成的。屋架的上面斜杆件称为上弦杆，下面水平杆件称为下弦杆，中间杆件统称为腹杆，但有竖杆和斜杆之分。各杆件交接的部位称为节点，如支座节点和屋脊节点、上弦节点和下弦节点等。

钢屋架结构详图是表示钢屋架的形式、大小、型钢的规格、杆件的组合和连接情况的图样。其主要内容包括屋架简图、屋架详图（包括节点详图）、杆件详图、连接板详图、预埋件详图以及钢材用量表等。

1. 图示内容

（1）屋架简图（屋架示意图）　钢屋架简图是用较小比例（如 1∶100）画出杆件轴线的单线图，用来表示屋架的结构形式、跨度、高度和各杆件的几何轴线长度，是屋架设计时杆件内力分析和制作时放样的依据。当屋架对称时，可采用对称画法，如图 15-20 所示。

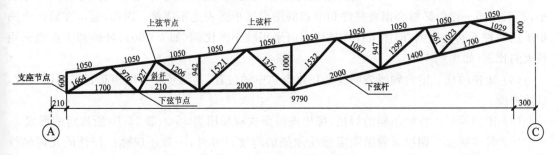

图 15-20　屋架简图（示意图）

（2）屋架详图　以立面图为主，围绕立面图分别画出屋架端部侧面的局部视图、屋架跨中侧面的局部视图、屋架上弦的斜视图、假想拆卸后的下弦平面图以及必要的剖面图等。此外，还要画出节点板、支撑连接板、加劲肋板、垫板等的形状和大小，如图 15-21 所示。

对构造复杂的上弦杆，还要补充画出各杆件截面实形的辅助投影图。

2. 规定与要求

（1）图线　钢屋架简图用单线图表示，一般用粗（或中粗）实线绘制。钢屋架立面图中杆

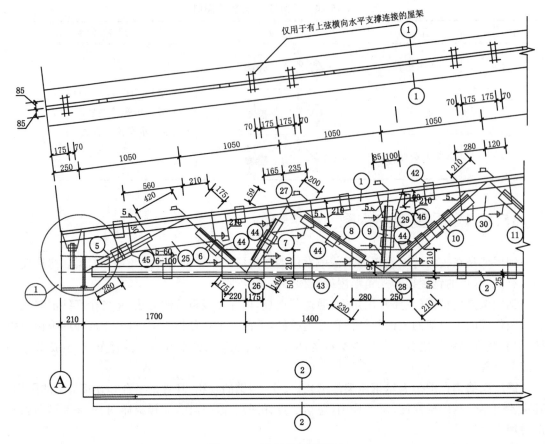

图 15-21　钢屋架结构详图

件或节点板轮廓用粗（或中粗）线，其余为细线。

　　（2）比例　钢屋架简图采用较小比例（如 1∶200），屋架的立面图及上下弦投影图用 1∶50，杆件和节点采用 1∶20。钢屋架的跨度和高度尺寸较大，而杆件（型钢）的断面尺寸较小，若采用同一比例必然会出现杆件和节点的图形过小而表达不清楚。因此，通常在同一个图中采用两种不同的比例，即屋架杆件轴线方向采用较小的比例（如 1∶50），杆件和节点则采用较大的比例（如 1∶20）。

　　（3）定位轴线　定位轴线表明屋架在建筑物中的位置，其编号应与结构布置平面图一致，以便查阅。

　　（4）图例符号　各种不同的焊接、螺栓连接形式应采用表 15-9、表 15-10 所规定的形式。

　　（5）尺寸标注　钢屋架简图除需标注屋架的跨度尺寸外，一般还应标出杆件的几何轴线长度。钢屋架立面图上则需要标注杆件的规格、节点板、孔洞等详细尺寸。

　　钢屋架的各个零件按一定顺序编号，在钢屋架图中一般应附上材料表（略）。材料表按零件号编制，并注明零件的截面规格尺寸、长度、数量和重量等内容，它是制作钢屋架时备料的依据。因而，在钢屋架图中一般只要注明各零件号，可以不必标注各零件的截面和长度尺寸。钢屋架图中要详细注明各零件和螺栓孔的定位尺寸以及连接焊缝代号。对于单独画出的节点板、连接板等的视图，必须详细注出定形尺寸。

学 习 引 导

15-1　本章表达的重点是房屋承重结构构件,要注意图中图线的选用和表达对象与其他章的不同。

15-2　应清楚常见的房屋结构分为五种。注重钢筋混凝土结构和混合结构,按钢筋在钢筋混凝土构件中所起的作用,将钢筋进行分类及标注。

15-3　清楚基础平面图和基础详图的表达,区分条形基础和独立基础的用处与不同。

15-4　楼层结构平面图中主要表示楼面板及其下面的墙、梁、柱等承重构件的平面布置。不可见的结构构件如墙身轮廓线用中虚线绘制,可见的结构构件如墙身轮廓线用中实线绘制,并用构件代号来表示构件名称,粗实线表示现浇板中钢筋的布置。

15-5　钢筋混凝土构件详图包括配筋图、模板图和预埋件详图。配筋图为清楚表示钢筋的配置,假想混凝土构件为透明体,配筋断面图的比例可以比配筋立面图放大一倍绘制。

15-6　钢结构的构件图,主要表达型钢的种类、形状、尺寸及连接方式,一般用各种符号、代号、图例等表达。

思 考 题

15-1　结构施工图一般包括哪些内容?

15-2　一般来说,在混凝土构件内置钢筋的目的是什么? 按在混凝土中所起的作用,钢筋可分为哪几种?

15-3　基础平面图主要反映哪些内容? 基础详图反映哪些内容? 两者在施工中各起什么作用?

15-4　条形基础有什么特点? 基础垫层宽度有几种?

15-5　楼层结构平面图表示哪些内容? 楼板下的墙身和梁是怎样表示的? 预制楼板的布置在结构平面图中如何简化表示?

15-6　钢筋混凝土构件结构详图有何图示特点? 钢筋的标注方法如何?

15-7　钢筋混凝土结构图中各符号的意义是什么?

15-8　试说明等边角钢、不等边角钢和钢板的标注方法。

15-9　焊缝代号由哪几部分组成? 各部分表达什么内容? 举例说明。

15-10　以钢屋架结构图为例说明钢结构图主要反映哪些内容?

第16章　给水排水工程图

本章要点

- **图学知识**

  介绍给水排水工程图中国标的有关规定、基本图示方法、图示内容、特点及常用的图例、管道画法的基本知识以及阅读和绘制给水排水工程图的方法。

- **思维能力与实践技能**

  (1) 通过绘图训,练达到深入理解他人的设计思想和内容,提高读图能力的目的;

  (2) 通过绘图训练正确地将头脑中的"设计意图"用图形表现出来;

  (3) 通过绘图训练掌握绘制给排水工程图的方法和技巧,提高绘图能力。

- **教学提示**

  结合阅读和绘制给水排水工程图,注意培养学生基本工程素质。

16.1　概　　述

水是人类的生命之源,也是国民经济发展的要素之一。给水排水工程是国家基本建设的重要组成部分,它同人类的日常生产、生活以及自然环境保护等,都有十分密切的关系。作为市政工程技术人员的后备军,学会绘制与阅读给水排水工程图,即跨进了本学科的大门,迈出了第一步。

16.1.1　给水排水工程简介

给水排水工程按其管道系统功能性质,可分为给水工程和排水工程两大系统;按其规模大小、工程性质和使用范围,又可分为室外给水排水工程和室内给水排水工程。室外给水排水工程分为城市(区域)给水排水工程、厂区(小区)给水排水工程,属于市政工程范围。室内给水排水工程又称为建筑给水排水工程,属于房屋建筑工程范围。

1. 给水工程

给水工程的任务是:在经济、安全的前提下,供应人类生产、生活中所需用水以及用以保障人民生命财产安全的消防用水,并满足各种用户对水量、水质、水压的不同要求。

给水工程一般由下列部分组成。

(1) 取水工程　包括选择水源和取水地点、建造一系列取水构筑物等。取水构筑物按水源的不同,可分为地下取水构筑物(如管井、大口井、渗渠、辐射井等)、地表水取水构筑物(如取水头部、进水管、井、集水井、一级泵站等)。

(2) 净水工程　包括水厂工艺设计、一系列水处理构筑物和辅助建筑物的建造,如各种不同工艺、不同功能的水处理池、储水池、二级泵站等的建造。

(3) 输配水工程　包括输配水管网设计、管道敷设以及附属储水、升压设施的建造,如泵站、水塔、储水池等的建造。

2. 排水工程

排水工程的任务是：将人类生活、生产活动中产生的生活污水、工业废水（按其污染程度可分为生产废水和生产污水）以及大自然降水进行有组织的排除（降水和生产废水一般直接排入附近水体，而生活污水、生产污水须经处理后方可排除），以保护环境免受污染，保障人民的正常生活与身体健康，促进工农业生产的发展。

排水系统指的是收集、输送、处理、利用废水并将废水排入水体的全部工程设施，一般可分为以下几种。

（1）城市污水排水系统是指以收集、排除生活污水为主的排水系统，一般由五部分组成：室内污水管道系统及卫生设备，室外污水管道系统及附属构筑物，污水泵站及压力管道，污水处理厂，污水出口设施等。

（2）工业废水排水系统。一般工厂排水系统均纳入城市排水系统，有些工厂或因规模较大，或因距城市市区较远，才单独形成工业废水排水系统，一般由五部分组成：车间内部管道系统及排水设备，厂区管道系统及附属设施，污水泵站及压力管道，污水处理站，出水口等。

（3）城市雨水排水系统是指以收集、排除大自然降水为主的排水系统，一般由五部分组成：房屋雨水管道系统和设备，厂区（小区）雨水管渠系统，街道管渠系统，排洪沟，出水口等。

16.1.2 给水排水工程图分类

给水排水工程图是表达室内外给水排水工程设施的结构、形状、大小、位置及其材料和有关技术参数的图样，以利于设计人员与施工人员相互之间的技术交流和按图施工。

给水排水工程图按其作用和内容分，有以下几种。

1. 室内给水排水工程图

室内给水排水工程图主要画出房屋内的厨房、浴厕等房间以及工矿企业中的锅炉间、澡堂、化验室以及需用水的车间等用水部门的管道布置，常见图样一般包括室内给水排水管道平面图、给水排水管道系统图、卫生设备或用水设备安装详图、屋面雨水平面图等。有时为了表示管道的敷设深度，还配以管道纵剖面图。

2. 室外管网及附属设备图

室外管网及附属设备图主要画出敷设在室外地下各种管道的平面及高程布置，常见图样一般包括区域规划图、管网平面布置图、管网平差图、街道管道平面图、管道纵剖面图、管道节点图、管道附属构筑物工程图等。

3. 水处理工艺设备图

水处理工艺设备图是指自来水厂和污水处理厂等的设计图样。如水厂内各个水处理构筑物和连接管道的总平面布置图，反映高程布置的流程图，还有取水构筑物、投药间、泵房等单项工程的平面、剖面设计图，以及给水和各种污水处理构筑物（如沉淀池、过滤池、曝气池等）的工艺设计图等。

16.1.3　给水排水工程图的特点及制图标准

1. 给水排水工程图特点

(1) 图样种类繁多,不仅包括具有专业特征的管道系统的各类图样,还包括建筑、结构、机械、水利工程等不同专业的图样,它们均应参照执行各自的制图标准。

(2) 投影方法涉及面广,大量图样为正投影图,并涉及轴测投影、标高投影、展开图等。

(3) 图样比例跨度大,最小比例可达 1:50 000,如区域规划图;最大比例可达 2:1,如设备零件图、零部件详图等。

(4) 图例使用广泛。由于多数图样比例偏小,管道及其附件、管道连接、阀门、卫生器具及水池、设备及仪表这些图内的重要内容均无法按投影关系绘出;此外,上述内容大部分为工业成型产品,其规格、形状、尺寸均可在有关规范、标准图中查出,无须在图中详尽表达,因此,图例在给水排水工程图中得到广泛应用。

2. 给水排水制图标准

给水排水工程图应按照建筑制图国家标准绘制。图中的图线、比例及字体应遵照《房屋建筑制图的统一标准》(GB/T 50001—2010)、《给水排水制图标准》(GB/T 50106—2010)的制图规定,其中的给水处理厂(站)等还应遵照《总图制图标准》(GB/T 50103—2010)的有关规定。

(1) 图线。给水排水专业制图,应选用表 16-1 规定的线型。图线的宽度 b 应根据图样的比例和类别,按标准中图线的规定选用。

表 16-1　线型表

名　称	线　型	线　宽	一　般　用　途
粗实线	——	b	新设计的各种排水和其他重力流管线
粗虚线	▬ ▬ ▬	b	新设计的各种排水和其他重力流管线的不可见轮廓线
中粗实线	——	$0.7b$	新设计的各种给水和其他压力流管线;原有各种排水和其他重力流管线
中粗虚线	– – – –	$0.7b$	新设计的各种给水和其他压力流管线及原有各种排水和其他重力流管线的不可见轮廓线
中实线	——	$0.5b$	给水排水设备、构件的可见轮廓线厂区(小区)给水排水管道图中新建建筑物、构筑物的可见轮廓线;原有给水和其他压力流管线
细实线	——	$0.25b$	平、剖面图中被剖切的建筑构造(包括构配件)的可见轮廓线;厂区(小区)给水排水管道图中原有建筑物、构筑物的可见轮廓线;尺寸线、尺寸界限、局部放大部分的范围线、引出线
中虚线	— — —	$0.5b$	给水排水设备、构件的不可见轮廓线;厂区(小区)给水排水管道图中新建建筑物、构筑物的不可见轮廓线;原有排水和其他重力流管线

续表

名　称	线　型	线　宽	一般用途
细虚线	 —— —— —— ——	0.25b	平、剖面图中被剖切的建筑构造的不可见轮廓线;厂区(小区)给水排水管道图中原有建筑物、构筑物的不可见轮廓线
细点画线	 —— · —— · ——	0.25b	中心线、定位轴线
折断线	 —— —⋀— ——	0.25b	断开界线
波浪线	 —⌒⌒⌒⌒—	0.25b	平面图中水面线;局部构造层次范围线;保温范围示意线

（2）比例。给水排水专业制图宜选用表 16-2 中的比例。

表 16-2　给水排水图的比例

名　称	常用比例
区域规划图、区域位置图	1∶50 000、1∶10 000、1∶5 000、1∶2 000、1∶1 000
厂区(小区)平面图	1∶2 000、1∶1 000、1∶500、1∶200
管道纵断面图	横向 1∶1000、1∶500;纵向 1∶200、1∶100
室内给水排水平面图	1∶300、1∶200、1∶100、1∶50
给水排水系统图	1∶200、1∶100、1∶50 或可无比例
水处理厂平面图	1∶1000、1∶500、1∶200、1∶100
水处理流程图	无比例
水处理高程图	可无比例
水处理构筑物平剖面图	1∶60、1∶50、1∶40、1∶30、1∶10
设备加工图	1∶100、1∶50、1∶40、1∶30、1∶20、1∶10、1∶2、1∶1
部件、零件详图	1∶50、1∶40、1∶30、1∶20、1∶10、1∶5、1∶3、1∶2、1∶1、2∶1

（3）图例。《给水排水制图标准》中规定了管道及其附件、管道连接、阀门、卫生器具及水池、设备及仪表等五类 143 个图例，表 16-3、表 16-4 中节选了其中部分图例，在名称一栏内有附注的，详见表后文字说明。

表 16-3　图例（一）

名　称	图　例	名　称	图　例
管道①	————	雨水斗	○　　⊤
管道②	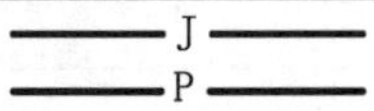 ——J——　——P——	排水漏斗	○　　▽
管道③	 — — — —	圆形地漏	 ⊘　　▽
交叉管	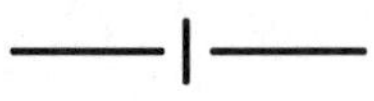 ——┃——	自动冲洗水箱	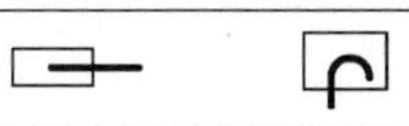 ▭　　⌐

续表

名　称	图　例	名　称	图　例
三通连接		法兰连接	
四通连接		承插连接	
流向		螺纹连接	
坡向		法兰堵盖	
套管伸缩器	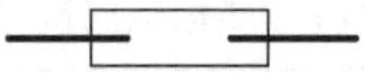	偏心异径管	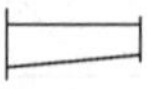
管道立管④	 XL ⊢XL	异径管	
存水弯		管接头	
检查口		弯管	
清扫口		正三通	
通气帽		斜三通	

注：①一般图例；②用汉语拼音字头表示管道类别；③用图例表示管道类别；④X为管道类别符号。

表 16-4　图例（二）

名　称	图　例	名　称	图　例
正四通	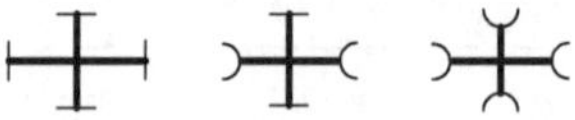	水盆水池①	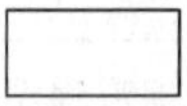
斜四通	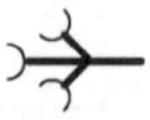	洗脸盆	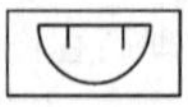
阀门①		浴盆	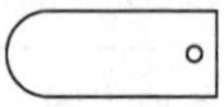
闸阀		盥洗槽	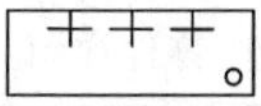
截止阀		污水池	
减压阀	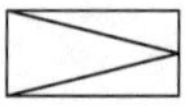	蹲式大便器	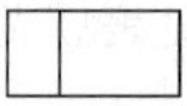
球阀		小便槽	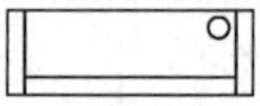
止回阀		淋浴喷头	
浮球阀	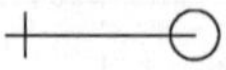	雨水口	

续表

名　称	图　例	名　称	图　例
延时自动冲洗阀	 ⊢	阀门井、检查井	○　□
放水龙头	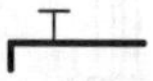 ⊤	放气井	△
室外消火栓	 ⊘	水封井	①
室内消火栓（单口）	 ◑	跌水井	⊘
室内消火栓（双口）	⊗	水表井	 ▶

注：①一般图例。

16.2　室内给水排水工程图

16.2.1　室内给水排水工程的组成

1. 室内给水系统的组成

民用建筑室内给水系统按供水对象可分为生活用水系统和消防用水系统。对于一般的民用建筑，如宿舍、住宅、办公楼等，两系统可合并设置，其组成部分如图 16-1 所示。

（1）引入管（又称进户管）　为穿过建筑物承重墙或建筑物基础，自室外给水管将水引入室内给水管网的一段水平管段。引入管应有不小于 0.3% 的坡度斜向室外给水管网。

（2）水表节点　对于需要单独统计用水量的房屋，其进户管上应设置水表。为便于查修，水表前后均应设置阀门，必要时还要装设泄水装置以便于管网检修时泄水。水表节点就是上述装置的总称，所有装置应设置在水表井中。

（3）管道系统。

干管　指将水由引入管沿水平方向输送到室内有关地段的管段。

立管（又称竖管）　指将水由干管沿竖直方向输送到各楼层的管段。

支管（又称配水管）　指将水由立管输送到各用水房间，即向配水管供水的管段。

（4）给水附件及设备　包括各种阀门、管接头、放水龙头和分户水表等。

（5）升压及储水设备　当用水量大、水压不足时，需要设置水箱和水泵等设备。

（6）室内消防设备　按照建筑物的防火等级要求需要设置消防给水时，一般应设消防水池、消火栓等消防设备。有特殊要求的，还应专门装设自动喷淋消防或水幕消防设备。

室内给水系统布置方式有多种，按有无加压设备可分为直接供水方式和水泵、水箱供水方式等。还可采用"分区供水"方式，即建筑物的下面几层由室外给水管网直接供水，上面几层设水箱供水的方式。按水平干管敷设位置的不同，分为下行上给式和上行下给式，下行上给式的

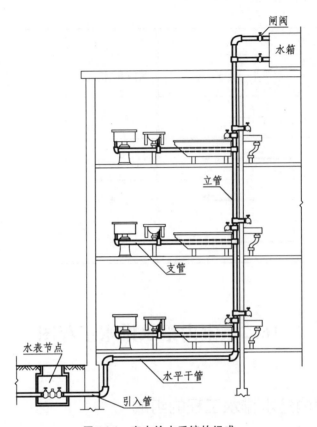

图 16-1　室内给水系统的组成

干管敷设在地下室或首层地面下,一般用于水量、水压能满足要求的建筑物,如图 16-2 所示。上行下给式的干管敷设在顶层的顶棚上,由于室外管网给水压力不足,建筑物上需设置水箱和水泵,一般用于多层民用建筑或地下水位高、敷设管道有困难的地方,如图 16-3 所示。按配水干管或配水立管是否互相连接分为环形和树枝形管网布置形式,环形是干管首尾相连,有两根引入管,一般用于生产性建筑;树枝形是干管首尾不相连,只有一个引入管,支管布置形式像树枝,一般用于民用建筑。

　　布置室内给水管网应考虑:

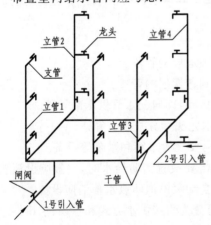

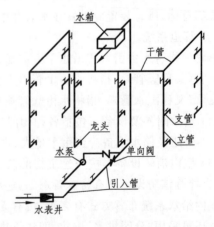

图 16-2　直接供水的水平环形下行上给式布置　　图 16-3　设水泵、水箱供水的树枝形上行下给式布置

（1）管系选择应使管道最短，便于检修；

（2）给水立管应靠近用水量大的房间和用水点。

2. 室内排水系统的组成

民用建筑室内排水系统通常是排除生活污水。雨水管应单独设置，不与生活污水合流。室内排水系统的组成部分（见图 16-4）如下。

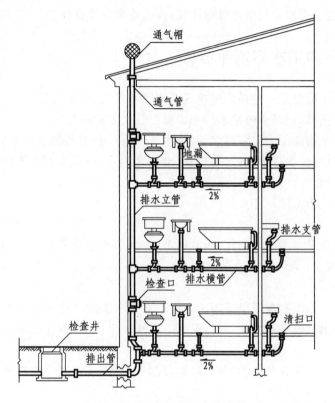

图 16-4　室内排水系统的组成

（1）排水横管　连接卫生器具和大便器的水平管段称为排水横管。连接大便器的水平横管管径不小于 100，且流向立管方向有 2% 左右的坡度。当大便器多于一个或卫生器具多于两个时，排水横管应有清扫口。

（2）排水立管　连接排水横管和排出管的竖向管段称为排水立管。立管管径一般为 100，但不能小于 50 或所连接的横管管径，在首层和顶层应设置检查口，多层建筑中则应每隔一层设置一个检查口，检查口距楼、地面高度为 1 m。

（3）排出管（又称出户管）　连接排水立管将污水排出室外检查井的水平管段称为排出管。其管径应不小于 100，向检查井方向应有 1%～2% 的坡度（管径为 100 时坡度取 2%，管径为 150 时坡度取 1%）。

（4）通气管　在顶层检查口以上的一段立管称为通气管，用来排出臭气、平衡气压，以利于存水弯存水。通气管应高出屋面 0.3 m（平屋面）至 0.7 m（坡屋面）。在寒冷地区，通气管管径应比立管管径大 50，以备冬季时因管内结冰而致使管内径减少。在南方地区，通气管管径与排水立管管径相同，最小不应小于 50。

（5）检查井或化粪池　生活污水由排出管引向室外的排水系统，之间应设置检查井或化粪池，将污水进行初步处理。

3. 室内排水管网的布置

布置室内排水管网应注意：

(1)立管布置要便于安装和检修；

(2)立管应尽量靠近污物、杂质最多的卫生设备(如大便器、污水池)，横管应有坡度，斜向立管；

(3)排出管应选最短途径与室外管道连接，连接处应设检查井。

16.2.2　室内给水排水平面图

室内给水排水平面图是一种在房屋建筑平面图基础上，突出表达室内给水排水管道及设备平面布置的工程图样，它是室内给水排水工程主要技术文件之一。

室内给水排水平面图的主要内容包括：给水排水管道及设备的平面布置，给水管管径、长度，排水管管径、坡度，给水排水立管、进户管、出户管编号，建筑平面主要轮廓线、外墙主要轴线及编号，相关房间名称，施工要求，图例等。

室内给水排水工程图图示特点如下。

1. 比例

一般采用与建筑平面图相同的比例，常用 1∶100；管道及设备较多时，可用 1∶50；大面积房屋可用 1∶200 或 1∶300。

2. 视图选择

一般包括底层平面图和楼层平面图。底层平面要布置进户管和出户管，是必不可少的图样。当多层建筑管道及设备布置相同时，仅画一幅楼层平面图，或在图中直接注明楼层，或注为标准层。

当管道及设备仅集中在几个房间时，可画局部平面图；或在底层画出整个房屋平面，楼层画成局部平面。

室内给水系统、排水系统可画在同一幅平面图内，如管道及设备布置复杂，也可分别绘制给水平面图和排水平面图。

3. 房屋平面的画法

房屋平面图在给水排水平面图中，相对于管道及设备是较次要的内容，故抄绘房屋平面图时，一要内容从简，仅画墙身、门窗洞、楼梯、台阶等主要构配件的主要轮廓线，构造细部均可略去，二要在图线宽度方面降低等级，均画成细实线。

4. 管道系统的画法

(1)管道画法　给水管、热水管常用钢管、铸铁管、塑料管等，排水管常用铸铁管、陶土管、石棉水泥管、混凝土管、铜管、铅管、有机玻璃管等。这些管材均属工业成型产品，不论其管径大小，均用同一粗细的单线表示。新建给水排水管用粗实线或粗虚线表示，原有给水排水管用中实线或中虚线表示。当图中仅有一种管道时，可用粗实线表示。当图中有两种或两种以上管道(见图 16-5(a))时，全用粗实线，并断开注上管道代号(管道种类第一个字的第一汉语拼音母)以区别管道类别；或用不同线型表示，并在图中列出图例以说明管道类别(见图 16-5(b))。

当明装管道采用国家标准中的标准支吊架安装时，沿墙敷设的管道与内墙壁间距不必按比例绘出，也无须标注尺寸。安装施工时均依有关施工图册中的规定尺寸执行；但非沿墙敷设的管道或有特殊要求的管道，则必须按准确安装位置绘出，并标出安装尺寸。

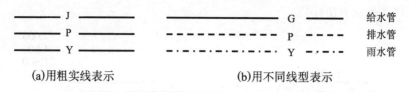

(a)用粗实线表示　　　　　　　　(b)用不同线型表示

图 16-5　管道单线表示法

若暗装管道受图面尺寸限制,管道可画在墙身外室内一侧,但在施工要求部分应用文字说明清楚。

当几根管道在平面图内投影重合时,为反映管道根数,可错开画成几条相互平行的管道。

为简化图面、方便施工,可将安装在下层空间而为本层所用的重力管道绘于本层平面图内,如二层污水横向支管及横管实际敷设在底层空间顶部,但绘在二层平面,且不考虑其可见性问题。

立管在平面图中,应画成直径为 $2\sim3d$ 的单线圆或实心圆。

(2)其他内容画法　如前所述,管道附件、管道连接、阀门、卫生器具及水池、设备与仪表的绝大多数为工业定型产品,应采用《给水排水制图标准》中规定的图例表示,一般图内可不作说明;但在采用《给水排水制图标准》未作统一规定的图例时,图内必须增加图例的内容,对自选图例作明确的文字说明。图例大小无统一规定,可大致按比例画出。图例中含管道部分应画粗实线,其余可画细实线。图例所代表的设施的规格、型号、尺寸、材料、生产厂家、标准图图号等内容可在施工要求中用文字说明。

5. 编号

(1)管道进出口编号　建筑物给水排水进出口数在两个或两个以上时宜编号。编号符号与建筑详图索引符号相似,用细线圆表示,直径为 $10\sim12$ mm,上半圆注明管道代号,以区别管道类别,下半圆用阿拉伯数字表示管道系统编号,如图 16-6(a)所示。

(2)立管编号　建筑物内穿过两层或两层以上楼层的立管,若其数目在两个或两个以上时宜编号。图 16-6(a)为平面图立管编号表示法,图 16-6(b)为系统图立管编号表示法,L 为立管代号。

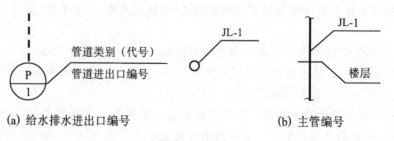

(a) 给水排水进出口编号　　　　　　　　(b) 主管编号

图 16-6　编号

6. 有关标注

(1)房屋平面　仅标注有关主要轴线编号、轴间尺寸、各楼层标高及有关房间名称。

(2)管道。

① 长度　平面图一般不标注长度,安装施工时以实测尺寸为依据;给水管也可按设计计算数据标注出水平管长度。

② 标高　平面图仅标注有特殊要求的管道标高,其单管和高度不同而投影重合的多管标

高分别按图 16-7 所示方法标注。

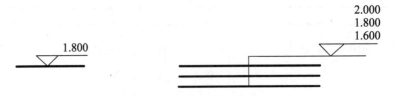

图 16-7　平面图管道标高标注法

③ 管径(单位:mm)　《给水排水制图标准》规定,铸铁管等管材用公称直径(内孔直径) DN 表示,钢筋混凝土管等管材用内径 d 表示,无缝钢管等管材用外径 D、壁厚 δ 表示。平面图应标注给水管进户管立管、排水管立管、出户管,其单管和多管标注方法,如图 16-8 所示。

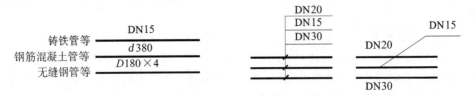

图 16-8　管径标注法

④ 卫生器具　应用图例表示,包括安装定位尺寸在内的所有尺寸均不标注,只在特殊需要时才标注。

7. 施工要求

用文字简要说明,以补充图样未表达清楚或难以表达清楚的内容,如所套用的标准图图号、管道设置方式(明装或暗装)、管材及防腐防冻措施、卫生器具规格、生产厂家、安装质量验收标准以及其他技术要求等。

16.2.3　室内给水排水平面图的阅读

阅读室内给水排水平面图主要了解给水管道(包括引入管、给水干管、支管)、卫生器具、管道附件等。

例 16-1　阅读图 16-9 所示某高校新建住宅底层室内给水排水平面图。

(1) 看图名、比例。该平面图是底层室内给水排水平面图,将给水平面图和排水平面图合并画出,其比例同建筑平面图的比例,均为 1:100。

(2) 了解用水房间的平面布置。由不同的线型了解房屋的平面布置、用水房间的卫生器具的平面布置、管道的平面布置等。底层用水房间集中在卫生间,每一个用水房间直接进户和出户。管道用粗实线绘制,卫生设备用中实线绘制,房屋平面中墙身、门窗洞、楼梯、台阶等主要构配件用细实线绘制。管道及设备集中在卫生间和厨房,单独画出卫生间和厨房的局部平面图。

(3) 了解管道系统及设备。管道附件、管道连接、阀门、卫生器具及水池、设备及仪表等用图例表示。

底层平面图中布置进户管和出户管。底层卧室设有管道井,以小圆圈表示立管;虽然底层卧室无须用水,但二层设有厨房、三层设有主卫生间。楼梯与卫生间之间的管道井内布置立

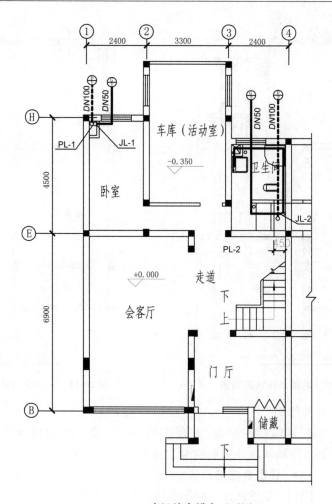

底层给水排水平面图 1:100

图 16-9　某高校新建住宅底层室内给水排水平面图

管。进户管入卫生间的管道井内,用水通过立管和支管送入卫生间的盥洗槽、蹲式大便器的高位水箱、淋浴喷头、洗涤池、洗衣机。洗涤池、地漏、淋浴间、大便器、盥洗槽的污水通过排水横管汇入排水立管后直接出户。粗实线表示给水管道,粗虚线表示排水管道。

请读者自行对照图 16-10、图 16-11,阅读二层、三层室内给水排水平面图。

16.2.4　室内给水排水系统图

给水排水系统图是一种斜等测轴测图,它同平面图一样,也是室内给水排水工程的主要技术文件之一。平面图与系统图相配合,一般均可清楚表达管道及设备的布置情况,如管道及设备布置复杂,可另辅以较大比例的剖面图。室内给水排水系统图图示特点如下所述。

1. 比例

一般采用与平面图相同的比例。如局部不易表达清楚,可作局部放大。也可无比例。

2. 视图选择

系统图布图方向应与平面图一致,并应按系统分别绘出。

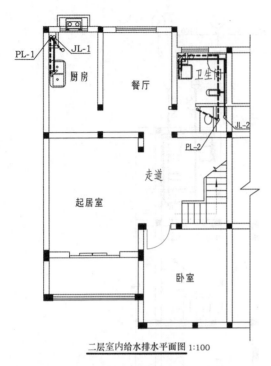

图 16-10　二层室内给水排水平面图　　　　图 16-11　三层室内给水排水平面图

3．轴间角和轴向伸缩率

一般取 OX 轴（房屋横向）与 OZ 轴（房屋高度）垂直，OY 轴（房屋纵向）与 OZ 轴夹角为 45°，各轴轴向伸缩率均为 1，如图 16-12 所示。

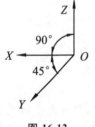

图 16-12

4．管道系统的画法

（1）管道画法　同平面图，用单粗线表示；管道交叉时，可将不可见管段在交叉点处断开。

（2）其他内容画法　管道附件、管道连接、阀门、卫生器具及水池、设备及仪表的画法同平面图，用图例表示，但应注意某些设施在平面图中和在系统图中的规定图例是不同的。

（3）省略画法　多层建筑给水排水管道及设备在不同楼层的布置多数情况都是相同的，几根立管管道及设备也有布置相同的情况。为简化作图，便于读图，可仅画其中一层或一根立管，其余楼层或立管仅画出端部，并用文字说明。

（4）房屋构件画法　管道可能穿过墙身、楼面等建筑构件，在系统图中，应将这些建筑构件画成局部剖面形式。一般用细实线，有些要画上材料符号。

（5）有关标注。

① 管径　给水管、排水管均应分段标注。

② 标高　各楼层标高、进出口标高必须标注，有时主要横管、立管管顶、水箱等设施也要标注，系统图 OY 方向管道标高标注方法如图 16-13 所示。

③ 编号　进出口与立管编号应与平面图中编号一致。

-1.00

图 16-13　标高标注

16.2.5　室内给水排水系统图的阅读

室内给水排水系统图主要表示管道的空间布置情况。配合室内给水排水平面图综合了解用水房间的管道、卫生器具等布置情况。

例 16-2　阅读图 16-14 所示某高校新建住宅室内给水排水系统图。

（1）看图名、比例。给水系统图和排水系统图应按管道系统分别绘制。将房屋的高度方向作为 OZ 轴，以房屋的横向作为 OX 轴，以房屋的纵向作为 OY 轴。绘图比例与平面图相同。系统图中水平方向的长度尺寸可直接在平面图中量取，高度方向的尺寸可根据建筑物的层高和卫生器具的安装高度确定。如盥洗槽、洗涤池的水龙头安装高度一般为 1.2 m，淋浴喷头的高度采用 2.4 m，大便器的高位水箱高度为 2.4 m，其上的球形阀门高度采用 2.4 m。用中实线以图例形式画出各种卫生器具。

（2）管道系统。按管道系统绘制系统图（见图 16-10），分别绘出给水系统图和排水系统图。排 1 系统和给 1 系统各层管道及设备布置均不相同，必须全部绘出。排 2 系统和给 2 系统各层布置相同，可仅画其中一层。其余各系统同排 1、给 1、排 2、给 2 系统，均可省略。在给水系统图中，引入管通过水表井，从室外－1.500 m 的高度穿墙进入室内，在－0.500 m 的高度经立管送水到各层，底层立管通过横管、支管将水送到该层的卫生器具、消火栓处。图中标出了室外地面、室内地面、各层楼面的标高，各立管管径，各横管、支管管径和标高以及卫生器具、消火栓安装的标高。在排水系统图，排水立管收集的污水通过标高为－1.200 m 的排出管排出室外。在卫生器具和管道的连接处，设置有存水弯（水封），以阻止室外下水道中所产生的臭气倒灌入室内，影响卫生。在距底层和顶层地面 1 m 高处设有检查口，在距屋面 0.7 m 处设有通气口。

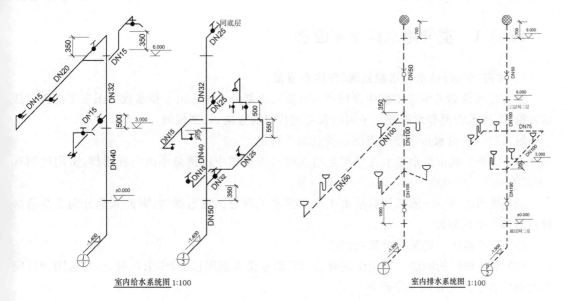

室内给水系统图 1:100　　　　　　　　　室内排水系统图 1:100

图 16-14　某高校新建住宅室内给水排水系统图

（3）有关标注。在给水系统图中，给水横管应标注管径及管道中心标高，给水立管应标注立管管径，引入管应标注系统编号及入户标志。在排水系统图中，排水横支管应标注管道管径,首层横管应标注管道的起始标高,立管应标注管径及立管标号,排出管应标注管道管径、管道标高和出户标高。

16.2.6　详图

给水排水详图即安装图。各种卫生器具和管道节点的安装一般都有标准图或通用图,如全国通用给水排水标准图集、建筑设备安装图册等,应尽可能选用。如卫生器具的尺寸及其在用水房间的安装位置与标准图不一致时,则需专门绘制详图。详图通常用平面图、立面图、剖面图表示,用放大比例绘制,一般为 1：25、1：5、1：1 等。

16.2.7　施工说明

较大型的工程应编制专门的施工说明,较简单的工程只需在施工图中附加施工说明,以补充施工图中未尽的内容。施工说明一般有以下内容:给水管、排水管所用管材的种类和接头方法,给水管道、排水管道标高所指管道部位,卫生器具安装、消火栓安装采用或参照采用的图集名称以及某些施工要求,如所有给水排水管道的防锈要求和检验要求等。

16.3　室外给水排水工程图

室内给水排水工程图之外的给水排水工程图均属于室外给水排水工程图,包括各类平面图、管道纵剖面图、管道附属构筑物工程图等。

16.3.1　室外给水排水平面图

1. 城市(区域)给水排水规划图(总体布置图)

给水排水规划是城市市政建设规划的重要组成部分。城市给水排水规划图主要内容包括城市给水、排水管网和水处理厂平面图布置现状以及近期、远期规划。

城市(区域)给水排水规划图图示特点如下所述。

(1)比例　城市给水排水规划图是给水排水工程图中比例最小的一种图样,常用比例有 1：50 000、1：10 000、1：5 000、1：2 000 等。

(2)视图选择　一般都是对给水工程和排水工程分别进行规划,因此大都分别绘制给水规划图和排水规划图。

(3)管道画法　仍采用单粗线画法。

(4)水处理厂的画法　采用图例画法,因《给水排水制图标准》中未作规定,自选图例后应在图例内容中列出并用文字说明。

(5)其他内容画法　建筑物、道路、河流、桥梁等用图例表示,其他设施,如取水构筑物、泵站、水塔均可不画出,还应画上指北针。

例 16-3　阅读图 16-15 所示某市给水规划图。

(1)看图名、比例。在某市提供的地形图上绘出的给水规划图,其比例为 1：10000,因比

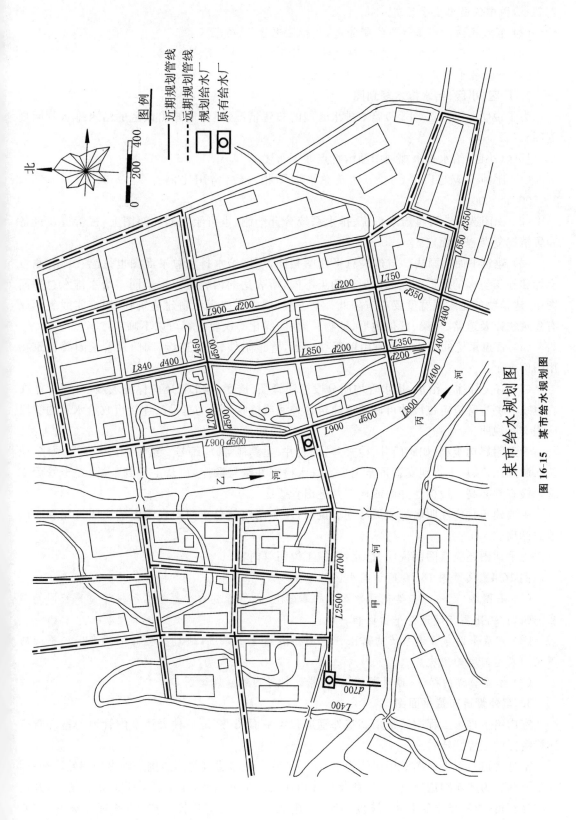

某市给水规划图

图 16-15　某市给水规划图

例较小,图中仅画出主干管道。

(2)管线画法。用单粗线绘制管道,并标注出管长、管径等。

(3)图例。图中建筑物、道路、河流等用图例表示,列出图例。

(4)画上指北针。为指明朝向,需绘制指北针和风向频率玫瑰图。

2. 厂区(小区)给水排水规划图

为了说明一个厂区(小区)给水排水管网的布置情况,通常需画出该区的给水排水管网规划图。

厂区(小区)给水排水规划图图示特点如下所述。

(1)比例　　应与厂区(小区)建筑总平面图相一致,常用比例有 1∶2 000、1∶1 000、1∶500、1∶200。

(2)视图选择　　可将给水系统、排水系统分开绘制,也可绘在同一幅图上,视管道及设备布置情况复杂程度而定。

(3)建筑平面的画法　　与建筑总平面图相同,厂区给水排水总平面图也是绘在标有测量坐标和施工坐标的地形图上的。但因图类不同,所表达的内容重点也不同。给水排水总平面图中,建筑物的轮廓线宽度要相应降低一个等级:用中实线表示新建建筑物,用细实线表示原有建筑物以及道路、桥梁、其他地形、地物。园林、绿化等次要内容可以不画。

(4)管道系统的画法　　管道用单粗线表示,管道附件、管道连接、阀门及管道附属构筑物用图例表示。

(5)有关标注　　给水、排水管均应分段标注管径、长度,排水管还应标注坡度(一般标注在管道线一侧),管道定位尺寸可以邻近建筑物外墙或道路边缘为基准。连接市政给水管的管段应用文字说明。

管道附属构筑物(如阀门井、检查井、水表井、化粪池等)应编号。给水阀门井编号顺序,应从水源到用户、从干管到支管再至用户。排水检查井编号顺序,应从上游到下游,先干管后支管。检查井标高一般标注井底或检查井进出管道底。

主要建筑物应注明名称或编号列表说明,还应用建筑总平面图表示方法注明楼层和底层地面标高。

总平面图还应有图例说明、指北针、施工说明等内容。

例 16-4　阅读图 16-16 所示某小区给水排水规划图。

(1)看图名、比例。在建筑总平面图的基础上,进行管道的布置。本例将管道系统同绘制在一幅图内,比例与建筑总平面图相一致。

(2)建筑平面与管道系统的画法注意突出表达管道系统,通过线型的不同来区分不同的管线和表达内容的主次。

(3)细看管道的标注,通过图例说明、指北针等内容辅助读图。

3. 室外管道布置平面图

室内给水排水工程中还常用到室外管道布置平面图,这是一种表达室内管道与室外管道连接情况的工程图样。

室外管道布置平面图常用比例为 1∶500~1∶1 000,建筑物用图例仅画出外墙轮廓线;图内主要内容为建筑物进户管、出户管及与其相连接的室外给水、排水管道平面布置情况,并应标注各管道管径、排水管长度、坡度;管道上附属构筑物均应用图例画出,并标注编号、主要标高。

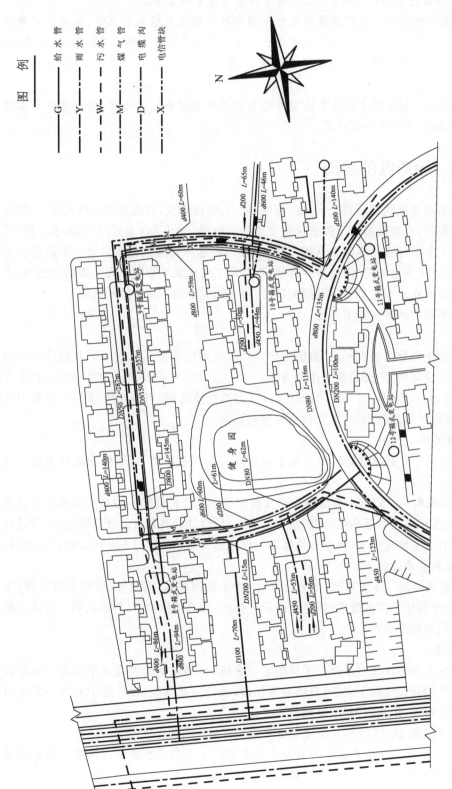

小区管道规划图 1:2000

图 16-16　某小区管道规划图

例 16-5　阅读图 16-17 所示某校住宅楼室外管道布置平面图。

(1) 管道系统的布置。依据建筑底层给水排水平面图中的给水进户管、排水出户管的位置和室外某校(小区)给水排水的具体情况进行连接。室内进户管上标注有阀门井、水表井,用图例表示。室内出户管与室外排水管道的连接用检查井相接,检查井用 2～3 mm 的细实线表示。

(2) 有关标注。图中标注出住宅楼室外给水管道的管径和平面布置,检查井的平面位置和排水管道的管径、长度及平面布置。

16.3.2　管道纵剖面图

管道纵剖面图是反映管道管径、长度、坡度、标高、敷设深度、管道与构筑物连接、干管与支管连接的工程图样,一般都是城市街道排水管道纵剖面图。在厂区(小区)给水排水工程中,因有关数据和施工要求已在平面图中有所反映,一般均不绘制管道剖面图。给水管道仅在某些特殊情况下,如管道穿过铁路、河谷等障碍物,某些施工要求在平面图中无法表达清楚时,才绘制管道纵剖面图。在绘制街道管道纵剖面图时,往往同时绘制街道管道平面图。

管道纵剖面图图示特点如下所述。

1. 比例

管道敷设深度与管道长度相比,数值很小,因此,管道纵剖面图纵横两个方向分别采用不同的比例:纵向(管道埋深方向)常用比例为 1∶200、1∶100,并应画出比例尺;横向(管道长度方向)常用比例为 1∶1000、1∶500,不画比例尺,也不标注比例,可以从管道长度数据中反映出来;纵横方向尺寸单位均为米,纵向标高为绝对标高。

2. 纵剖面画法

(1) 剖面选择　管道纵剖面习惯上按水流方向自左而右布置,剖切位置沿管道线并垂直于水平面。

(2) 地面剖面画法　地面标高分为自然标高和设计标高。自然标高为水准测量所得资料确定,自然地面线往往是一条曲线,应画剖面材料符号;设计标高是设计计算确定的,设计地面线往往是一条有一定坡度的直线;当自然标高与设计标高高差不超过 500 mm 时,可只绘制设计地面线,不画自然地面线。

(3) 管道系统画法　压力管道(多为给水管)用单粗线表示,重力管道(都是排水管)用双粗线表示;垂直于剖切平面的管道,理论上投影为椭圆,为简化作图,可仍画成圆。管道上检查井等构筑物也用双粗线表示。

3. 有关标注

纵剖面图内主要标注垂直于剖切平面的管道名称、标高及其距检查井距离等。纵剖面下方常列表对应纵剖面标注如下内容:自然地面标高、设计地面标高、设计管中心标高或管内底标高、管径、平面距离、构筑物编号、基础处理方式等。

例 16-6　阅读图 16-18 所示某街道管道平面图和纵剖面图。

(1) 看图名、比例。街道管道平面图与纵剖面图同时绘制。管道纵剖面图的纵横向采用不同的比例,纵向绘出比例尺,从而可了解纵横比例。

(2) 上方的图示内容。图中从左至右用细实线绘出设计地面线,用粗实线表示管道。给水管用单粗线表示,重力管用双粗线表示。检查井等用中实线绘制。

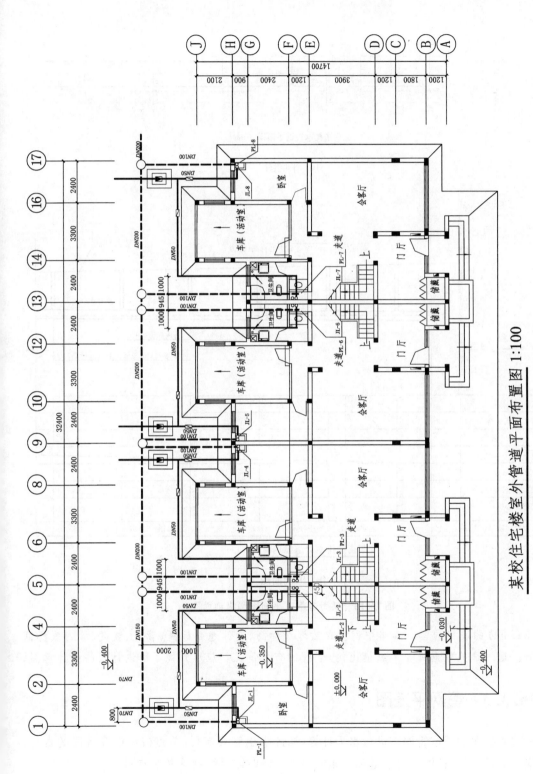

某校住宅楼室外管道平面布置图 1:100

16-17 某校住宅楼室外管道平面布置图

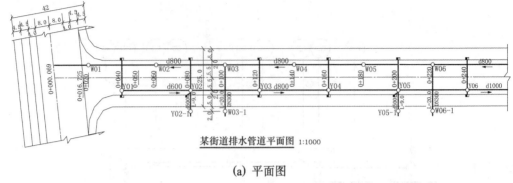

(a) 平面图

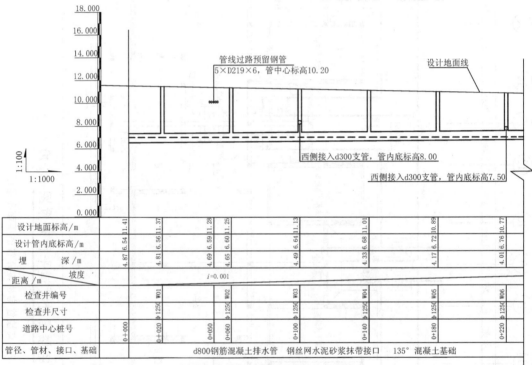

(b) 纵剖面图

图 16-18　某街道管道平面图和纵剖面图

（3）下方的表格内容。表格中列出自然地面标高、设计地面标高、管径、坡度、管内底标高等数据。通过这些数据可了解纵横比例、管线的布置情况。应尽可能了解设计人的设计意图。

16.3.3　管网平差图

新建和扩建的城市管网需进行水力计算，据此求出管线流量、节点流量以及管段的直径、水头损失等，以满足各用户对水量和水压的要求。同时需要绘制管网平差图。

管网平差图是水力计算示意图，用粗实线表示管道，用箭头表示管段流向，标注节点流量、管线流量、管段长度、管径。标注出闭合差和校正流量的方向与数值。

例 16-7　阅读图 16-19 所示某市管网平差计算图。

（1）按照某市管网的布置形状绘制计算图，对节点和管段顺序编号，并标明管段长度。

（2）按最高日最高时用水量计算节点流量，并在计算图节点旁引出箭头，注明节点流量。

（3）按管网的供水情况确定各管段中水流方向，进行流量分配，同时确定各管段的流量。

（4）由各管段流量确定管段的管径和水头损失。

（5）用粗实线表示管网布置，用箭头表示管段流向，用图例表明注写内容。

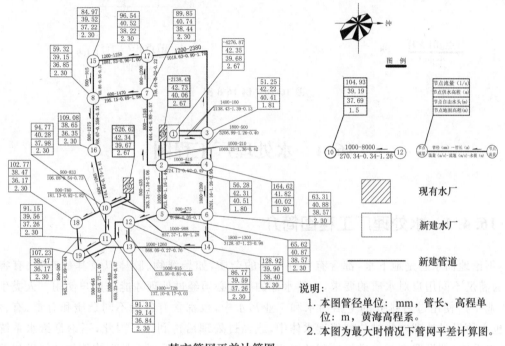

某市管网平差计算图

图 16-19　某市管网平差计算图

16.3.4　管道节点大样图

管网平面布置图比例较大，只能表示管道的大致情况，不能详细表示管道的连接、配件安装情况，因此需要用详图表示以利于施工人员的识图和正确施工。详图可分为设施、配件详图和节点大样图。设施、配件详图一般可由标准图集中查到。

不论室内工程，还是厂区工程，管道节点大样图都是一种常见的图样，管道节点大样图主要是指各种给水管道的闸阀井、消火栓，各种排水管道的检查井，以及管道交叉点的选择、布置和尺寸的放大图。

管道节点大样图可不按比例绘制，在平面图基础上进行局部放大。节点大样图表示闸阀井连接形式的选择、布置情况。

例 16-8　阅读图 16-20 所示节点大样图。

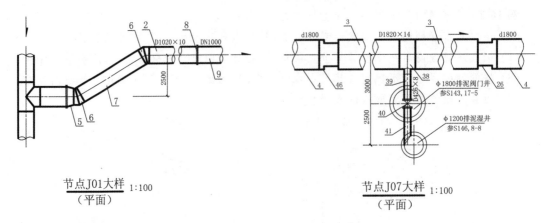

节点J01大样 1:100
（平面）

节点J07大样 1:100
（平面）

图 16-20　例 16-8 图

16.4　水处理厂工程图

16.4.1　水处理厂工程图简介

　　不论地面水还是地下水，都含有各种不同的杂质，如悬浮物、胶体以及其他有毒、有害物质，为满足不同用户对水质的要求，天然水体的原水必须经过处理才能供用户使用。人类生活和工业生产使用过后排放的生活污水和工业污水中，也都含有各种不同杂质和有毒、有害物质，也必须经过处理才能排放到邻近水体中，或经过处理后再利用。因此，不论是给水系统还是排水系统，都设置有对水进行处理的工程设施，这就是由一系列水处理构筑物和辅助建筑组成的水处理厂（站），包括给水处理厂（又称净水厂或水厂）、污水处理厂（简称污水厂）。不同规模的城市，应按其规模设置相应数量的水厂和污水厂；规模较大、水污染严重的厂矿，应设置污水处理站。

　　水处理厂的主体是按一定工艺流程确定的系列水处理构筑物和建筑，如沉淀池、澄清池、滤池、清水池等，它们之间由管道相通；其次包括一些生产、生活辅助建筑物，如化验室、修理间、仓库、办公室、宿舍、食堂等；另外还包括一些其他设施，如堆沙场地、道路、围墙等。

　　水处理厂工程图包括工艺流程图、水处理厂布置图和水处理构筑物工程图，此外，还包括房屋建筑物的建筑图。

16.4.2　工艺流程图

　　在水处理厂设计中，如何选择适当的处理工艺流程是一个首要的问题。所谓工艺流程，就是指在满足设计工艺要求的前提下，各水处理构筑物的合理排列顺序或有机组合。工艺流程图就是表示这个排列顺序或有机组合的一种图样。工艺流程图种类甚多，在水处理厂设计中随用途的不同而异。图 16-21 即为其中的一种。

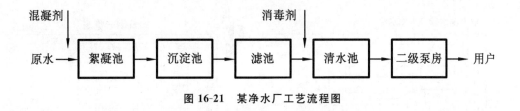

图 16-21 某净水厂工艺流程图

16.4.3 水处理厂平面布置图

在选定了水处理厂厂址并确定了水处理工艺流程图之后,要经过设计计算确定各水处理构筑物、建筑物及辅助建筑物的平面尺寸,再根据工艺流程、各构筑物和建筑物的功能、施工要求,以及各管道敷设安装的施工要求,并结合厂址的地质、地形条件,进行水处理厂平面布置。平面布置力求经济、合理、布局紧凑。水处理厂平面布置图就是反映水处理厂各构筑物、建筑物、管道、设备及其他设施平面设计意图的一种图样。

水处理厂平面布置图图示特点如下所述。

(1) 比例 常用 1:1 000、1:500、1:200、1:100。

(2) 构筑物、建筑物用图例表示 比例较小时,可只画外轮廓线,如比例允许,也可画出部分内轮廓线,以示不同构筑物的差别。

(3) 管道系统画法 管道用单粗线表示,管道附件用图例表示。

(4) 有关标注 尺寸仅标注水厂总体尺寸,标高不标注,各构筑物、建筑物名称则应在图内注明,或图内标号、图外注明。

例 16-9 阅读图 16-22 所示某净水厂平面布置图。

按照工艺流程和各方面的要求,确定各净水构筑物的尺寸。构筑物、建筑物主要轮廓线用细实线绘制。在图内标号、图外注明构筑物、建筑物的名称。管道用粗实线绘制,管道附件用图例表示。为使设计合理,应画上风向频率玫瑰图和指北针。

16.4.4 水处理厂高程布置图

水处理厂所处理的对象——水,是能流动的液体。为了不增设加压设备以减少建厂投资,水处理厂管道系统应充分利用水流自重的能量来促使水的流动,也就是说,在处理工艺整个流程中,各构筑物间管道内水流应为重力自流。这样,必须保证各构筑物之间存在有一定的水面高度差,才能足以克服水流在流动过程中的能量损失(在水力学上称为水头损失),以达到保证水流为重力自流的目的。因此,同平面布置一样,高程布置也是水处理厂设计的重要内容之一。

水处理厂高程布置图就是反映各处理构筑物控制标高及其之间联系的一种图样。水处理厂高程布置图常和平面布置图同绘一幅图,并布置在平面布置图上方,以便对照读图。

水处理厂高程布置图图示特点如下所述。

(1) 比例 一般可不按比例。这个原则的含义主要针对各构筑物尺寸及各构筑物间水平距离而言。在纵向标高方向,虽然也可不严格按比例,但应反映出各构筑物控制标高的高程差别。

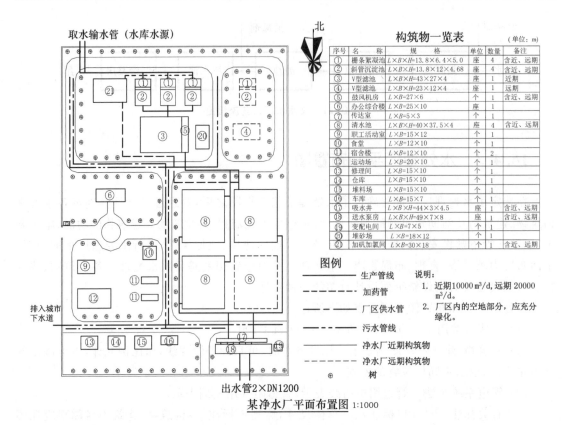

图 16-22　某净水厂平面布置图

（2）地形剖面画法　习惯上,按水流方向自左而右布置,地面线应画材料符号。

（3）管道系统及构筑物画法　管道用单粗线表示,构筑物无统一图例,也无统一规定画法,可采用示意性画法,大致画出构筑物轮廓即可。

（4）有关标注　仅标注各构筑物名称和控制标高。控制标高主要指构筑物的水面标高、设备标高、管道进出口标高等影响整个系统高程的标高。

例 16-10　阅读图 16-23 所示某水厂高程布置图。

本图可不按比例绘制,但在纵向标高上方向反映各构筑物控制标高的高程差别。标注构筑物类的水面标高、设备标高、管道进出口标高等控制标高。按水流方向布置,画出地面线。管道用粗实线绘制,构筑物大致画出其主要轮廓线即可,在构筑物的下方注明其名称。

16.4.5　水处理构筑物工艺图

水处理构筑物是水处理厂的主体工程设施。每个水厂都设有几种按不同工艺要求设置的水处理构筑物,它们都应有一整套图样为其建筑、结构、设备安装施工提供施工依据。

水处理构筑物图按其性质可分为工艺设计图、结构施工图和设备施工图三大类,其中结施图和设施图中的设备零件图、装配图等图可从建筑图和机械图有关章节中了解。这里对水处理构筑物工艺图作简单介绍。

水处理厂的水处理构筑物一般都是钢筋混凝土结构或预应力混凝土结构的水池,它们功能不同,形状各异,往往外部结构简单,内部结构却很复杂。这些水池的建筑构造、管道的敷

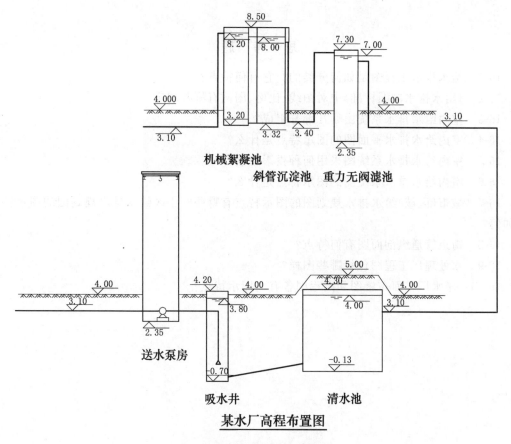

某水厂高程布置图

图 16-23 某水厂高程布置图

设、水处理的设置都是由工艺设计确定的,水处理构筑物工艺图就是反映水处理工艺设计意图的工程图样。各水处理工艺图可参看《给水排水设计手册》进行工艺设计及绘图。

学 习 引 导

16-1 从给水排水工程的介绍,了解给水排水工程图的分类。

16-2 《给水排水制图标准》中规定粗实线表达的是管道。给水排水工程图重点表达管道的布置。管道附件一般按图例绘制。给水排水工程图中图例的使用非常广泛。

16-3 读建筑给水排水工程图时,要将给水排水平面图与系统图进行综合阅读,重点阅读管道的布置。弄清进户出户管布置在哪、有几根;给水通过水平干管到立管,立管通过支管通到用户需要用水的配水支管。排水通过排水横管收集用户生活所产生的污废水到立管,然后通过出户管出户。

16-4 室外给水工程图主要指由水厂的出水如何通过压力管布置到用户;室外排水工程图主要指用户生产生活产生的污废水通过重力管布置到污水厂处理后排放到附近水体,所以需要绘制管道纵剖面图。

16-5 水处理厂平面布置图与高程图主要表达水处理工艺流程,让水源水通过一定处理方式,使水满足用户对水质、水量、水压的需要。高程图中高度按比例绘制,明确各水处理构筑物进水出水的高度,长度方向可不按比例,管道按水流方向绘制。

思 考 题

16-1　给水排水工程图是如何分类的？它有何特点？

16-2　《给水排水制图标准》中对图线、比例、图例有哪些规定？

16-3　室内给水排水系统由哪几部分组成？

16-4　室内给水排水平面图的图示特点是什么？

16-5　室内给水排水系统图采用何种投影绘制？

16-6　室内给水排水系统图的图示特点是什么？

16-7　城市(区域)给水排水规划图的图示特点有哪些？小区给水排水规划图的图示特点又如何？

16-8　街道管道纵剖面图有何特点？

16-9　水处理厂工程图包括哪些图样？

16-10　净水厂平面布置图和高程图各有何图示特点？

第17章 道路工程图

本章要点

- **图学知识**

  介绍道路工程施工图中国标的有关规定、基本图示方法、图示内容及常用的图例、尺寸标注法的基本知识，以及阅读和绘制道路工程施工图的方法。

- **思维能力与实践技能**

  (1) 通过阅读和绘制道路施工图，了解公路、城市道路构筑上的区别，为课程设计、毕业设计打下初步的绘图基础；

  (2) 通过道路设计中（如设计坡度线）一些特殊巧妙方法的处理过程，用"迁移思维法"触类旁通地去理解和设法解决工程上的其他问题。

- **教学提示**

  在引导阅读和指导绘制道路工程图时，注意图学基本理论在实际工程中的运用。

道路与房屋等建筑物相比，其工程范围较大。特别是山区公路，高低起伏，走向曲折，沿线地形地物复杂，道路的空间横向和竖向变化相差很大。道路的图示方法与前几章建筑工程图相比虽有许多不同，但都是建造建筑物的技术依据。

道路工程图是用来说明道路路线的走向、线型，沿线的地形地物，路线的标高和坡度、路基宽度和边坡、路面结构，土壤、地质情况，以及路线上的附属构筑物（如桥梁、涵洞、挡土墙等）的位置及其与路线的相互关系的图样。它主要包括道路路线的平面图、纵断面图和路基横断面图。本章以某民族度假村内 11# 公路工程图为例介绍道路工程图的有关知识。

17.1　道路路线平面图

道路路线平面图通过在地形图上画出同样比例的路线水平投影图来表示道路的走向和弯曲度。道路平面图主要表示道路路线的平面位置、平面线型、沿线的地形（如山丘、平地、河流等）地物（如村镇、房屋、耕地、果园等）。图 17-1 所示 11# 公路地形及平面图西段与已建道路连接，始于 K0+000（起点），其终端里程为 K0+564.899（终点），长度为 564.9 m。

17.1.1　道路路线平面图的内容

图 17-1 所示 11# 公路地形及平面图包含以下两部分的内容。

1. 地形部分

在地形图上表示道路路线所在地区的地形、地物，如地面的起伏情况、河流、房屋、农田、树木、桥梁及铁路等。

（1）比例　在道路平面图上为了反映路线的全貌，并使图形清晰，需根据地形起伏情况选

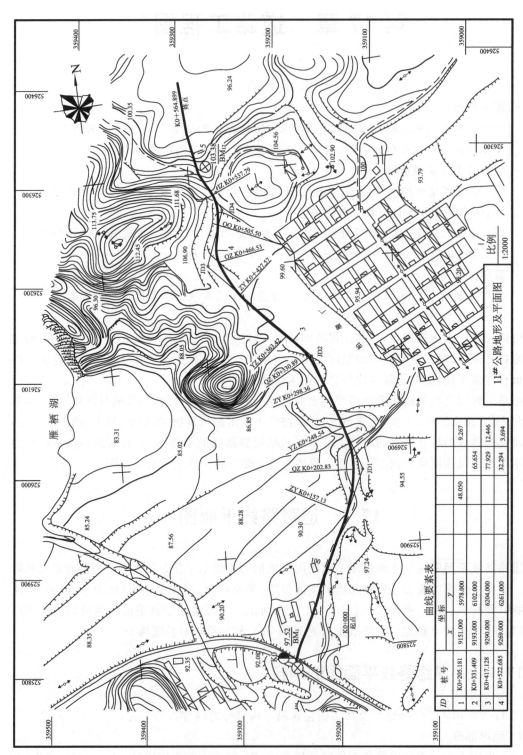

图 17-1　11#公路地形及平面图

用适当比例。城市道路平面图常用 1∶500～1∶1 000,山岭区、丘陵区常用 1∶1 000～1∶2 000,平原区常用 1∶2 000～1∶5 000。

图 17-1 所用比例为 1∶2 000。

(2) 方向　应画出风玫瑰图或指北针以及测量坐标网,用来指出道路所在地区的方位与路线的走向。由图 17-1 中的风玫瑰图和指北针可知,该路线为南北走向,起点位于南边的公路。

(3) 地形　用等高线(见第 10 章介绍)表示地形的起伏。

等高线有以下特点:① 等高线一般是封闭曲线;② 除地形面为悬崖绝壁处,等高线不相交;③ 等高线愈密表示地势愈陡,愈疏表示地势愈平坦。

图 17-1 中,起点至 JD1(线路转点)地势较平坦,高程从 97.52 m 到 94.55 m。这段路左侧有三个台地,高程分别为 90.30 m、88.28 m、86.85 m。从 JD1 至 JD2 中点 QZK0+330.89 线路右侧台地地面高程 99.60 m,左侧台地 86.85 m,高差达到 12.75 m,这表明未来路基土石方工程相对较大。线路由 JD2 至终点,经过两个山头鞍部(垭口),此处地面标高约为 104.56 m,即从 JD1 至终点线路处在上坡态式。

(4) 地貌、地物　在地形图上的地貌地物,如河流、房屋、桥梁、道路、电力线和地面植被等,都是按规定图例绘制的。常见图例如表 17-1 所示。对照图例可知:该路线东为住宅区。

表 17-1　常见地形图例

名 称	图 例	名 称	图 例	名 称	图 例
房屋		桥梁	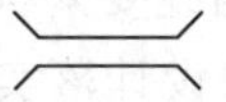	草地	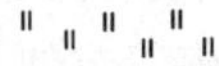
大车路		涵洞	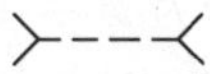	水稻田	
堤坝	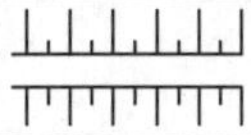	高压电力线 低压电力线	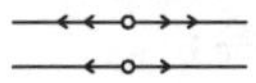	旱地	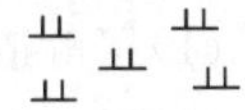
河流		围墙篱笆	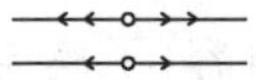	菜地	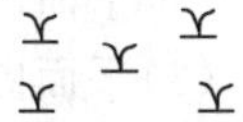
小路		沙滩	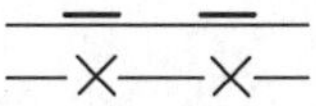	果树	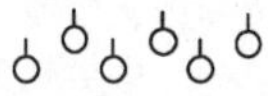

(5) 水准点　为满足设计和施工的需要,沿线要设置一定数量的水准点,既要在沿线附近,又不致被施工或行车所破坏。在图中用符号"⊗"表示水准点位置,标注出水准点代号 BM 并加以编号,如图 17-1 中线路起点、终点的水准点地面标高分别为 97.52 m、103.38 m,用 $\otimes\frac{97.52}{BM_1}$ 及 $\otimes\frac{103.38}{BM_2}$ 表示。

2. 路线部分

在公路平面图上应包括路线的长度、走向、路面边线、路基宽度、收地范围和道路路线平面弯曲转折的情况。

(1) 路线的表示方法　比例较大时,用两条表示路基宽度的粗实线作为设计路线;当比例较小时,路基宽度不需表达,只要依路线中心画一条粗实线来表示。在设计时,如果有比较路线,可同时用粗虚线绘出。

(2) 里程桩号　为了清楚地看出路线的总长和各段的长度,一般在路线上从起点到终点沿前进方向的左侧用符号 ⦿ 注写公里桩,如 ⦿ K1,⦿ K2,…,表示此处离起点 1 km,2 km,…,在路线沿前进方向的右侧用加有短细线"|"注写百米桩,如 1,2,…9,数字写在短细线的端

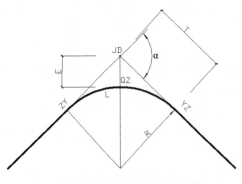

图 17-2　平面曲线几何要素

部,字头朝上。

　　(3)平曲线要素　道路路线在平面上是由直线段和曲线段组成的,在路线转折处,即两段直线的交角点,一般应设平曲线,最常见、较简单的平曲线为圆弧。在平面图上应标出交角点位置和编号,用字母"JD"表示。在交角点处按设计半径画出圆弧曲线,此曲线在道路上称为弯道,曲线上各特征点分别用字母表示。如曲线起点 ZY(直圆)、中点 QZ(曲中)、终点 YZ(圆直)。各几何要素见图 17-2。

　　在图中适当位置列出平曲线要素,内容包括交角点(JD)号、转折角(偏角 α)、曲线半径(R)、切线长度(T)、曲线长度(L)、偏距(E)和各特征点桩号。

　　路线的转折处,需用细线画出曲线的切线和切点处的半径(不必画出圆心)。切线与切线的交点称为交角点,简称交点,用"JD"表示,例中示出了 JD1,JD2,…,JD4。

　　从图 17-1 可以看出:线路由四条曲线及一条直线组成,在平面图上标有转折号,即交角点编号,如 JD1、JD2、JD3、JD4,在交角点处按设计半径画有圆弧曲线,标出了起点(ZY)、中点(QZ)和终点(YZ)。要画出圆弧线,首先要知道交点转角(α)、切线(T)、圆曲线半径(R)及圆曲线中点与交点间距离(E)这些"曲线要素",并将它们列成表,载于平面图的适当位置。为了将来施工方便及正确地把图样上的设计落实在地面上,"曲线要素表"上标注了交点(JD2)的坐标(x,y),例如 JD1 的(定位)坐标为 $x = 9151.000, y = 5978.000$。

　　在阅读图 17-1 时,要注意以下几点:

　　(1)了解道路平面图的组成内容;

　　(2)平面图上圆曲线的画法;

　　(3)平面图上等高线有哪些内容,了解与平面图设计有关的水准点,x、y 坐标,地貌地物等。

17.1.2　道路路线平面图的绘制

　　(1)绘制道路路线平面图时,要先画地形图,然后画路线中心线,再画出路面、边坡及用地宽度。画图时要按里程顺序确定测量控制点(如三角点、水准点等),从左到右依次绘制,最后画出地形地貌,注写文字,填写角标和图标。

　　(2)由于道路路线平面图是狭长、曲折的长条形状,所以常需把图纸拼接起来绘制,如图 17-3 所示。拼接的每张图幅上都应有指北针。

17.2　道路路线纵断面图

　　路线中心线由直线和曲线组成,用假想的铅垂剖切面(平面与柱面的组合)沿路线中心线进行剖切,把剖切后的部分拉直展开而画出的剖切面与地面交线的断面图,称为**道路路线纵断面图**。

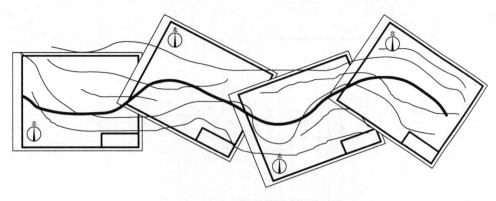

图 17-3　图幅的拼接示意

17.2.1　道路路线纵断面图的内容

道路路线纵断面图主要表达道路的纵向线型以及沿线地面的高低起伏状况、地质和沿线设置的构筑物的情况。

图 17-4 所示 11# 公路路线纵断面图包含以下两部分内容。

1. 图样部分

图样部分在图 17-4 的上部沿线路前进方向为不规则的细折线及粗实折线,水平方向表示路线长度,竖直方向表示地面高程及路线设计的路基边缘的标高。

(1) 比例　由于地面线与设计线的高差比路线的长度要小得多,为了在纵断面图上明显的将竖直方向的这种高差显现出来,规定沿路线竖直方向的比例比水平方向比例大 10 倍。规定在山岭地区,水平方向比例为 1:2000,竖直方向为 1:200;在平原地区,水平方向比例为 1:5000,竖直方向比例为 1:500。图 17-4 中水平方向比例为 1:1000,而竖直方向比例为 1:200。

(2) 地面线　根据水准测量结果,将地面各桩号的标高按竖直方向比例逐点绘在水平方向相应的里程桩号上,顺序连接各点成不规则的折线,即为路线中心线的地面线,即地面高程线,用细实线画出。

(3) 设计坡度线　由于地形起伏和土壤地质等条件,为保证一定车速的汽车安全、流畅地通过,地面纵坡要有一定的平顺性,起伏不宜过大和过于频繁。可根据地形情况和技术标准合理设计出坡度线,设计坡度线用粗实线画出。

注意　线路纵断面设计线不是线路中心线。因为如果设计线是中心线,那么施工中,当完成路基土石方工程后再做路基面横向排水坡时又要在路基面两边缘挖掉已填好的土石方,这个工程量是很大的,所以将设计坡度线(纵向)定在中心线一侧路基边缘,问题就迎刃而解了。

(4) 竖曲线　在设计线纵坡变更处,相邻两坡坡度差的绝对值规定不能超过限值,以利汽车,特别是带拖斗汽车的安全行驶。同时,在变坡处需设置竖曲线。竖曲线垂直于水平面的平面曲线。竖曲线分凹型曲线(有时称为反向竖曲线)└─┴─┘与凸型竖曲线┌─┴─┐。在图 17-4 里程 K0+210 处,左边下坡为 1.4%,右边上坡为 2.6%,坡差(|−1.4%−2.6%|=4.0%)大于规定值。所以此变坡点设置了竖曲线,曲线要素为 $R = 2\,000$ m,$T = 40.10$ m,$E = 0.402$ m;竖曲线起点、终点里程分别为 K0+169.90、K0+250.10。

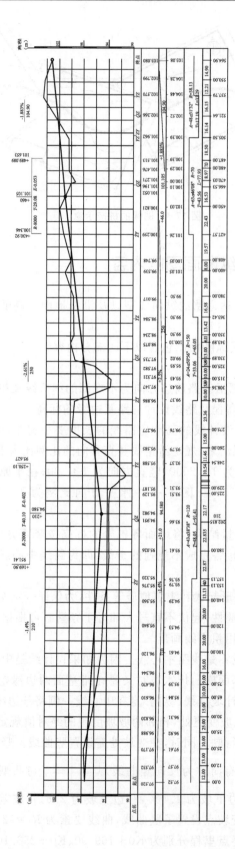

图 17-4　11# 公路纵断面图

图 17-4 中另一变坡点里程为 K0＋460，此处竖曲线起点、终点分别为 K0＋430.92、K0＋489.089，半径 $R = 8\,000$ m，$T = 29.08$ m，$E = 0.053$ m。

2. 资料表部分

图 17-4 中资料表由七个栏目组成，自上而下分别如下所述。

（1）点名，给出了起点及平面曲线要素（ZY_i、QY_i、$\mathrm{YZ}_i(i=1\sim4)$）、终点的数值。

（2）设计高程，由起点的 97.52 m，根据设计坡度定出的高程。

（3）设计坡度及距离，如第一段路线从 0＋0.00 至 0＋210 为 -1.4% 下坡等。

（4）地面高程，与图样相对应，再与设计高程对照，可表达是填方还是挖方。

（5）线路平面线型的示意图。直线用水平线表示，平曲线用凹或凸折线表示。如图 17-4 中 JD1 处：

（6）间距。

（7）里程（见图 17-4）。

思考　（1）了解道路路线纵断面图为何用两种不同的比例。

（2）设计路基坡度线为什么不定在路基中心线上？

（3）看图了解这段路面的设计高程的最大值、最小值。

17.2.2　道路路线纵断面图的绘制

绘图时注意以下三点。

（1）为了便于阅读并提高绘图速度，路线纵断面图应画在透明的方格纸上。画图时，要使用图纸的反面，这是为了在擦改时能够保留住方格线。

（2）为了使地面起伏及设计坡度更醒目，画纵断面图时，纵向与横向应使用不同的比例。一般纵向比例为 1∶100，横向比例为 1∶1 000。必要时，纵向比例也可用 1∶50。当高差甚大时，纵向比例可用 1∶200；地形起伏较少时，横向比例可用 1∶2 000。

（3）在纵断面图起始处应有图标，注明路线名称，纵、横向比例等。

绘图顺序如下所述：在选定图纸上先画出表格，填注里程、地面高度和设计高度、平曲线等，然后绘制纵断面图，并画出桥、涵等人工构筑物，注写说明，最后填写角标和图标。

17.3　道路路基横断面图

根据测量资料及道路设计要求，在道路中心桩处沿线路前进方向顺次将路基横断面画出，作为计算土石方工程数量和施工时的依据。

在线路每一中心桩处假想用一平面垂直于线路中心线进行剖切，画出剖切面与地面的交线，再根据填、挖方高度和规定的路基宽度和边坡，画出路基横断面设计线，即得到道路**路基横**

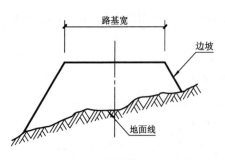

图 17-5　路基横断面示意图

断面图。

道路路基横断面图表明路基宽度、边坡、路面结构(如沙石、混凝土、沥青路面等),以及线路上附属人工构筑物(如桥梁、挡土墙等)与线路的相关位置与关系。

如图 17-5 所示,水平与竖直方向用同一比例绘制,比例为 1∶200、1∶100 或 1∶50 均可。

道路路基横断面图的基本形式一般有三种,即全路堤式(填方路基)、全路堑式(挖方路基)、半堤半堑式。

与 11# 公路纵断面图(见图 17-4)相配合的、相关中心桩号处路基横断面图如图 17-6 所示,该图所表示的意义如下。

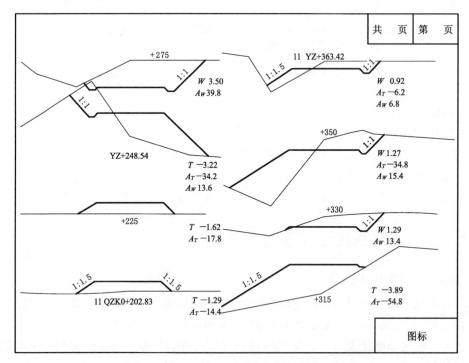

图 17-6　路基横断面

(1) K0+202.83 断面、K0+225 断面、K0+315 断面均属填方路堤(全路堤),断面右下方注高度有 $T = 1.29, 1.62, 3.89, A_T = 14.4, 17.8, 54.8$。其中,"$T$"表示填方(汉语拼音"tian"第一个字母)高度(m);"A_T"表示填方断面积。

(2) K0+275、K0+330 表示全路为堑式(堑即壕沟)路堤,这几个断面右下角依次注有 $W = 3.50, 1.29$ 及 $A_w = 39.8, 13.4$,"W"表示挖方(汉语拼音"wa"第一个字母)高度(m)。"A_w"表示挖方断面面积(m^2)。

(3) YZ+248.54、K0+350、YZ+363.42 断面属于半堑式路堤(即路堤一半是填方,一半是挖方,"一半"之意非绝对数字)。断面右下角依次注有 $T = 3.22, W = 1.27, 0.92$,及 $A_T = 34.2, 34.8, 6.2, A_w = 13.6, 15.4, 6.8$。

17.4 城市道路横断面图

城市道路的功能主要是解决两大交通问题，即车辆交通与人行交通问题。解决行人与车辆的交通矛盾，通常利用侧平面和绿化带把人行道和车行道布置在不同的位置和高度用以分隔行人和车辆；解决机动车与非机动车的交通矛盾，通常采用横断面上不同的布置形式来组织交通。根据机动车道和非机动车道的要求，城市道路横断面有如图 17-7 所示的四种基本形式。

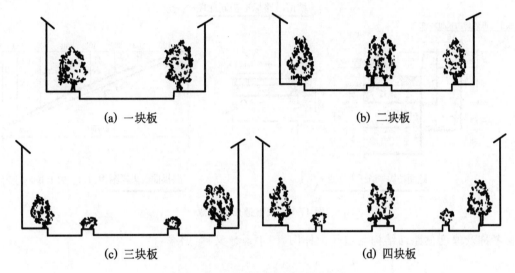

(a) 一块板　　　　　　　　　(b) 二块板

(c) 三块板　　　　　　　　　(d) 四块板

图 17-7 城市道路横断面基本形式

(1)"一块板"断面。机动车和非机动在一个车行道上"混合行驶"，一般情况下机动车在中间行驶，非机动车靠路边行驶。

(2)"两块板"断面。利用绿化带将一块板式断面一分为二，车辆(机动、非机动)分向行驶。

(3)"三块板"断面。用分隔带(或分隔墩)把一块板车行道分为三块，中间的为双向行驶机动车辆，两侧的为单向行驶的非机动车道。

(4)"四块板"断面。在三块板断面形式上，用分隔带把中间的机动车道一分为二，分向行驶。

为了初步了解横断面设计及施工图，选录某城市道路横断面图(见图 17-8)，说明如下。

(1) 城市道路横断面为"三块板"式断面，中间双向行驶机动车车行道宽 15.00 m，向两侧各 2.0 m 设置绿化隔离带。两侧的单向非机动车行道各宽 6.00 m。两侧设置了人行道，人行道宽 4.0 m，路面总宽 40.0～41.5 m。

(2) 将中间双向行驶的机动车道利用路面结构层做成路拱，由中心向两侧排水，排水坡度为 1.5%，路拱曲线各点(100 cm，200 cm，…)的坐标画于路拱曲线大样图中。

(3) 两侧人行道设置在毗邻沿街建筑处，且高度比非机动车道高出 0.15 m，利于分隔行人和车辆。

(4) 路面结构。机动车道分四层，总厚 0.45 m；非机动车道分三层，总厚 0.25 m，各层的

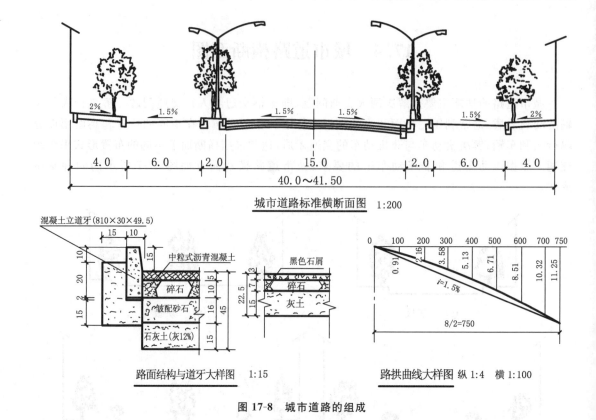

图 17-8　城市道路的组成

配料名称及厚度见路面结构与道牙大样图（图中道牙又称"路缘石"）。

17.5　立体交叉工程图

　　城市道路在市区和郊区的主干道与主干道、主干道与次干道平面交叉是很普通的。几条（道路两条，三条，四条，……）的平面交叉点称做"交叉口"。在平面交叉口上，来自不同行驶方向的车辆会发生以下三种情况：

　　（1）同一行驶方向的车辆，不同方向分开有"分开点"；

　　（2）不同方向行驶的车辆会合后向同一方向行驶，有"合流点"；

　　（3）不同行驶方向的车辆相互交叉有"冲突点"。

　　这三种情况是影响交叉口行车速度和发生交通事故的主要原因。所以，城市道路交通组织要求减少前两种情况，减少或消灭第三种情况（"冲突点"）。

　　平面交叉口减少或消灭"冲突点"的最有效方法就是设计"立体交叉"。它是将互相冲突的车流分别设在不同平面的行车道上，使其各行其道，互不干扰。

　　本节将对立体交叉的形式、图示内容和图示特点作简要介绍。

17.5.1　立体交叉的形式

　　立体交叉按上、下位置及结构形式的不同，主要可分为隧道式（下穿式，如图 17-9（a）所示）

和跨路桥式(上跨式,如图 17-9(b)所示)两种。

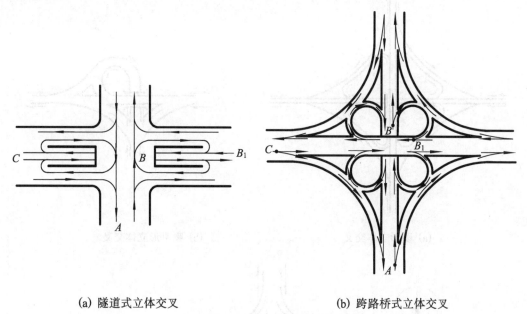

(a) 隧道式立体交叉　　　　　　　　　　　　(b) 跨路桥式立体交叉

图 17-9　立体交叉

隧道式立体交叉比较美观,占地面积小,适合用于市区。但地道结构复杂,排水有困难。在行车组织上能满足各向车流(特别左转车流)通畅无阻,互不干扰。在图 17-8(a)上,直行及右转车流如箭头所示;左转车流,例如 $A \to C$ 是经由 $B \to B_1 \to C$,即用右转代替左转。其他左转车亦然。

跨路桥式立体交叉,如 $A \to C$ 左转车流也是用右转代替左转,从 $A \to B \to B_1 \to C$。不同于图 17-9(a)的地方是,修筑了右转车道(共四条)。转车道又叫"匝道",是用以连接上、下干道或次干道的车道。所以这种立体交叉又称为互通式立体交叉。再观察一下,在上、下车道连接上还有四个圆形(或椭圆形)匝道,这也是上、下道路左转车流用右转代替左转的车道。它的圆半径较小,会影响行车速度,左转车流行车路线也较长,这就是其缺点。另外,整个立交占地面积大,所以它宜用于郊区。

互通式立体交叉还有许多不同的形式,这些形式的选择主要取决于当地的地形、地质、经济、排水、施工及与周围环境(如房屋、风景等)等。菱形立体交叉(见图 17-10(a))、喇叭形立体交叉(见图 17-10(b))、十字形道路首蓿叶式立体交叉(见图 17-10(c))是常选图式。

17.5.2　立体交叉图示方法

1. 平面设计图

图 17-11 为某立体交叉平面图,它是由南北、东西两条干道、四条匝道、立交桥、隔离带和绿化带组成的。

2. 交通组织图

在平面图确定后,还需画出交通组织图,明确标出车流方向及交通组织,车流方向用箭头表示,图上实线表示机动车行驶方向,虚线表示非机动车行驶方向。

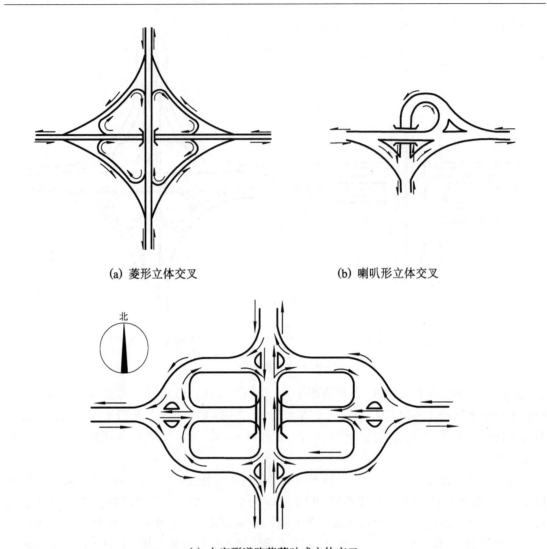

(a) 菱形立体交叉　　　　　　　　(b) 喇叭形立体交叉

(c) 十字形道路苜蓿叶式立体交叉

图 17-10　常用立体交叉形式

现在由南往北、往东、往西三个方向为例（见图 17-11）说明车辆运行的组织：由南往北，直行；由南往东，车辆右转往南匝道驶入东西干道；由南往西，车辆直行右转至北匝道，再右转驶入东西干道，穿过立交桥往西。

3. 横断面设计图

图 17-11 中的 1—1 剖面及 2—2 剖面分别为东西干道、南北干道的横断面。

图 17-12 为某立体交叉东西干道的横剖面（剖面 1—1）图，其图示方法与一般道路相同。

图 17-13 即为某立体交叉南北干道的剖面图。

4. 纵断面设计图

南北干道纵断面设计图图示方法与一般道路相同。唯东西干道纵断面的非机动车道纵坡要求比机动车道纵坡缓一些，其余图示同一般道路。

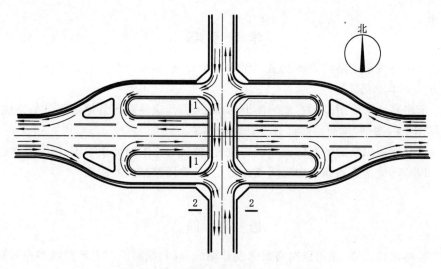

图 17-11　某立体交叉平面及交通组织图

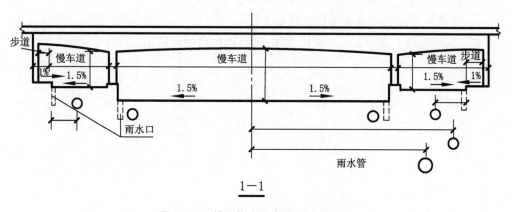

1—1

图 17-12　某立体交叉东西干道剖面图

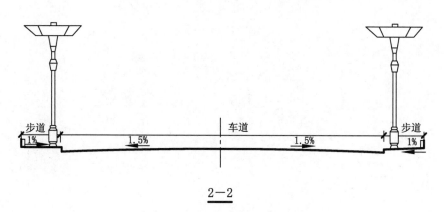

2—2

图 17-13　某立体交叉南北干道剖面图

学 习 引 导

17-1　公路与城市道路建设涉及多方面的专业知识,本章只介绍基本的图形表达,前面学习的读图方法在本章仍然适用。

17-2　道路路线平面图是画在地形图上的水平投影,应注意区分地形部分与路线部分,学会读懂地形图上的图例,读懂路线部分专有表达方法。

17-3　清楚线路纵断面的剖切面与剖切位置,理解线路纵断面图中粗、细线表达的对象。

17-4　理解与清楚道路建设中需要填方与挖方,看懂路基横断面图。

思 考 题

17-1　粗略比较公路、城市道路横断面设计图的异同、纵断面图上地面线与设计坡度线高程上有什么区别?

17-2　道路平面图为什么要画在具有等高线的地形图上?

17-3　道路平面图为什么要设计立体交叉?

17-4　阅读图 17-8、图 17-9,回答什么叫匝道,指出图中的匝道。

第 18 章　桥、隧、涵工程图

本 章 要 点

- **图学知识**
  介绍桥、隧、涵工程图的图示特点、图示内容及阅读和绘制施工图的基本方法。
- **思维能力与实践技能**
  通过认识各种不同造型的桥、隧、涵工程图,初步了解各种桥、隧、涵工程图的读图方法和技巧,开阔工程造型视野,提高构型思维能力。
- **教学提示**
  从工程实际的角度,注意培养学生的工程素质。

道路或铁路跨越江河、湖海、山谷等障碍物时,需要修建桥梁;穿过山岭、湖海等障碍物时,要开凿隧道;道路路线上,为了能使少量流水宣泄,需要修建涵洞。桥梁、隧道、涵洞等工程图是修建这些建筑物的技术依据。这些图样除了采用前面讲述的图示方法(基本视图、剖视图和断面图等)外,还应根据其构造形式的不同,采用不同的表示方法。本章将主要介绍上述建筑物的图示方法和特点。

18.1　桥梁工程图

桥梁的种类很多,按其受力基本体系分,有梁式桥(见图 18-1)、拱桥(见图 18-2)、刚架桥(见图 18-3)、吊桥、组合体系桥、悬索桥、斜拉桥(见图 18-4)等;按建筑材料分,有钢筋混凝土桥、钢桥、石桥、木桥等。在中小型桥梁中,钢筋混凝土桥最为常见。

图 18-1　梁式桥

图 18-2　拱桥

不论选用何种材料,也不管采用哪种结构形式,对于桥梁工程图来说,除了具备桥梁专业图的一些特点外,其他的画图原理与读图方法都是用工程制图的基本原理与理论来解决的。

图 18-3　预应力混凝土斜腿刚架桥

图 18-4　斜拉桥

18.1.1　桥梁工程图的图示内容

建造一座桥梁，从设计到施工要绘制很多图样，这些图样大致可分为以下四类。

18.1.1.1　桥位平面图

桥位平面图也称桥位地形图，是桥梁及其附近区域的水平投影图，主要用来表示新建桥梁与周围地形地物的总体布局。其画法与道路平面图相同，它是通过地形测量绘出的图样。这种图一般采用较小的比例，如 1∶500、1∶1 000、1∶2 000 等。

桥位平面图是桥梁设计及施工定位的依据。

图 18-5 表示的是桥梁所在的平面位置和与路线连接情况，以及地形图上桥位所处的道路、河流、水准基点、地质钻孔及桥位附近的地物，如房屋、农田、果园等等。图上符号的含义如

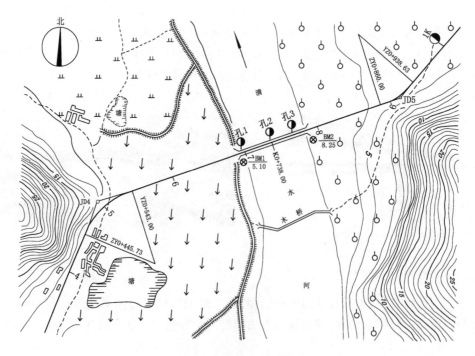

图 18-5　桥位平面图

下：⚲孔 1、⚲孔 2，表示桥台、桥墩地质钻孔编号；⚲，里程标，图上表示 1 km；⊗，水准点；⊗ $\frac{BM1}{5.10}$，分子为水准点编号，分母为高程。

桥位平面图中的植被、水准符号等均应以正北方向为准，而图中文字方向则可按路线要求及总图标方向来决定。

18.1.1.2　桥位地质断面图

桥位地质断面图是根据水文调查和地质钻探所得的资料绘制的桥位所在河流河床位置的地质断面图。

图 18-6 中表明了河床的断面线，包括最高水位线、常水位线及最低水位线，同时还标注了与桥位平面相配合的地质钻孔和钻孔在水下河床的岩层分布线。图中共标出实际钻探取样时

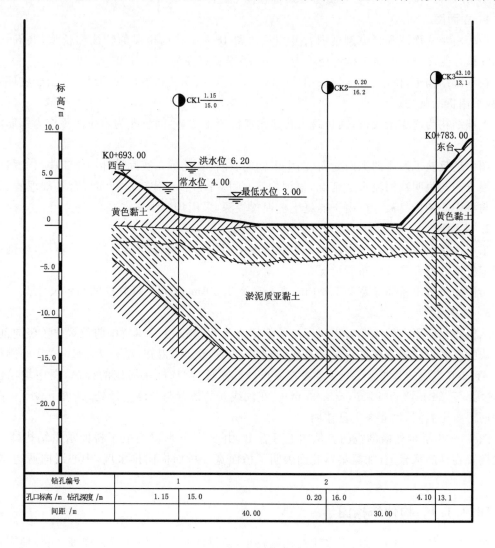

钻孔编号		1		2		
孔口标高 /m　钻孔深度 /m	1.15	15.0	0.20	16.0	4.10	13.1
间距 /m			40.00		30.00	

××桥桥位地质断面图　1:50（水平）

图 18-6　桥位地质断面图

岩心的分层处连线(共有四层),从上到基岩分别用文字表述为:黄土层→淤泥→淤泥质亚黏土→结核性硬质黏土。有些图上只用图例画出,而图例在地质状况说明书中作了说明。

在地质剖面图中,为了显示地层及河床深度变化情况,设计和画图时将地形高度(标高)的比例采用 1 : 200,而水平方向则采用 1 : 500。

18.1.1.3　桥梁总体布置图

梁桥总体布置图是表达桥梁上部结构、下部结构和附属结构三部分组成情况的总图,主要表明桥梁的形式、总跨径、孔数、桥梁标高、桥面宽度、桥结构、横断面布置和桥梁的线形等。这些都是施工时确定墩台位置、安装构件和控制标高的依据。

桥梁总体布置图由立面图、平面图(包括剖视图)和横剖视图组成。

图 18-7 为一座五孔钢筋混凝土梁式桥总体布置图。

1. 立面图

一般由半立面图和半纵剖视图合并组成。图 18-5 反映出桥梁的特征和桥型,共五孔,两个边孔跨径为 20 m,中间三孔跨径均为 35 m,桥梁总跨径为 145 m。

在下部结构中,桥墩、桥台均采用柱式墩台,由承台、立柱和基桩共同组成。由于桩埋置较深,故采用折断画法。

上部结构为简支梁式桥,两边跨为普通钢筋混凝土梁,中间三孔为后张法预应力钢筋混凝土梁。

图中还反映了河床的纵向断面(图中未标地质断面,此桥在实际设计与施工中另有河床纵剖地层分布与说明)、河流水文情况,根据标高尺寸(单位:m)可知基桩和桥台基础埋置深度、梁底与桥中的标高尺寸。由于混凝土桩埋置较深,采用折断画法。

2. 平面图

采用半平面图和半剖视图表示。半平面图主要表达了桥面和锥形护坡的情况,半剖视图表明了桥墩和桥台及桩的布置情况。

由图中可看出桥面净宽为 7.00 m,人行道宽 1.50 m,还有栏杆立柱的布置尺寸。

3. 剖面图

从桥台立面图在轴线③右边所标注的剖切位置可看出,在右半桥中跨位置作了竖向剖切,在轴线⑤又对墩柱和基桩进行了水平横向剖切,由这部分图得知,墩柱为 2φ1600 实心圆柱支承在 4φ1200 组成的基桩承台上(承台厚 2000)。各墩、台基桩在河床的标高,图中均已注明(依次为 -7.24 m, -5.50 m, -3.00 m)。在轴线⑥的桥台与公路交接处,路堤下设了一处方形钢筋混凝土涵洞,尺寸图上已注明。

图 18-8 为桥台处横剖视图。从图上可看出,由 6 片 T 形梁组成了桥面承重结构体系,T 形梁搁置在柱的承台上(加梁垫),此图表明了桥面宽及桥面横向排水坡(中心线向两边排水,坡度 0.015%)。

18.1.1.4　构件结构图

在梁桥总体布置图中,由于采用的比例较小,桥梁的各部分构件没有详细、完整地表达出来,因此还必须采用较大比例画出桥型结构图,把构件(通常是指桥墩图、桥台图、主梁配筋图等)的形状、大小完整地表达出来,以此作为施工的依据。这种图叫**构件结构图**或**构件图**,也称**详图**。常用比例为 1 : 10~1 : 50,当需要局部放大时,比例可用 1 : 3~1 : 10。

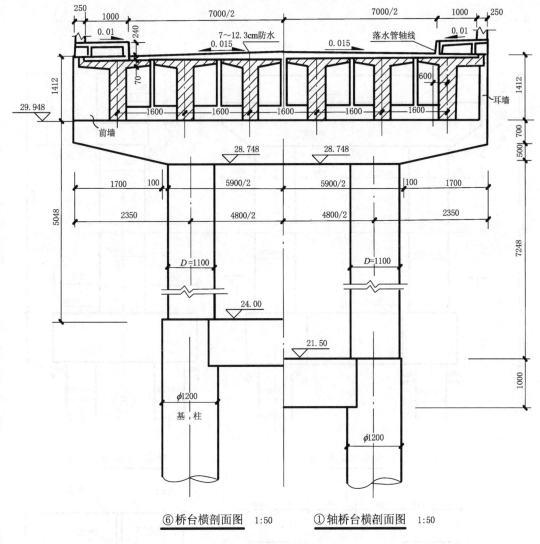

⑥桥台横剖面图　1:50　　　①轴桥台横剖面图　1:50

图 18-8　桥台处横剖视图

图 18-9 为②～⑤轴桥墩图。图 18-10 为桥台柱、桥墩柱钢筋图。

18.1.2　桥梁工程图的阅读

桥梁形体庞大,结构复杂,其工程图繁多。在阅读桥梁工程图时,需应用前面介绍的基本投影原理、形体分析方法及结施图中钢筋混凝土结构和钢结构相关知识来帮助读图。

18.1.2.1　读图方法

(1)分解整体　一座桥梁由多种构件组成,阅读桥梁工程图时,先看总体布置图,将各部分区分开,了解每个构件的总体形状和大小。

(2)形体分析　用形体分析方法将构件的整体划分为不同的基本形体和经叠加或挖切成的组合形体,如将桥墩分为棱柱体、圆柱体和斜圆锥体等。

(3)投影分析　在总体布置图或构件结构图中,按投影规律找出各投影图之间的投影关

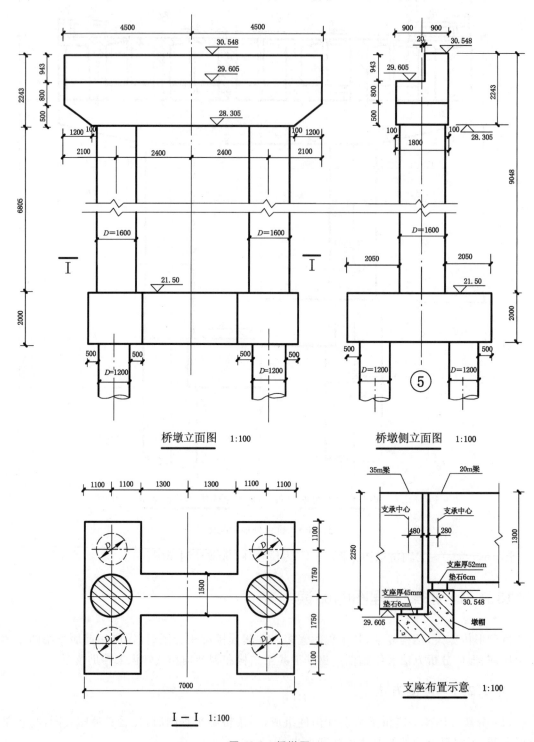

桥墩立面图　1:100

桥墩侧立面图　1:100

Ⅰ—Ⅰ　1:100

支座布置示意　1:100

图 18-9　桥墩图

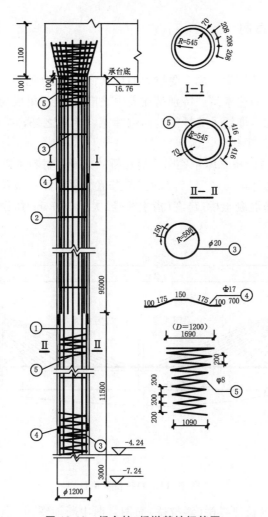

图 18-10　桥台柱、桥墩基桩钢筋图

系。根据剖切位置搞清剖、断面图中各部分投影,帮助想象空间形体的形状。

　　(4)归纳综合　根据形体分析和投影分析看懂各个构件局部形状,汇总组成整体。

18.1.2.2　读图步骤

　　(1)看标题栏和文字附注说明,了解桥梁名称、种类、主要技术指标、画图比例、尺寸单位及施工措施等。

　　(2)看桥位图,了解桥梁的位置与周围地形地物的关系。

　　(3)看总体布置图,弄清各投影图的关系。对于剖面图、断面图,则要找出剖切线位置和投影方向。先看立面图、纵剖面图时,了解桥型、孔数、跨径大小、墩台数目、总长、总高、河床断面及地质情况、各种水位的标高。在对照平面图和横断面图、侧面图时,了解桥梁的宽度,车行道、人行道尺寸和主梁的断面形式、尺寸,墩、台形状和尺寸,对桥梁全貌有一个初步的认识。

　　(4)分别阅读构件结构图和详图,搞清构件的全部构造,注意详图的编号和标注。

　　(5)阅读工程数量表、钢筋明细表和图中文字说明、材料断面符号等,了解桥梁各部分使用的建筑材料及数量等。

18.1.2.3　读图举例

1. 斜拉桥

斜拉桥由主梁、索塔及拉索组成。受拉力的拉索将梁吊起(见图 18-4)。斜拉桥桥型独特,构造美观,好像一件精美的艺术品。特别是在大中城市,此类桥梁成为一处亮丽的景观。它那伞状的斜向拉索恰似琴弦,增添了美妙的空间韵律感。除此之外,它还突出直线感与柔细感,显示出其他桥梁所没有的现代感。

图 18-11 为国外某斜拉桥总体布置图。斜拉桥的梁所用材料可以为钢或预应力钢筋混凝土,采用何种材料的梁构件可参考"经济跨度"参考值。桥梁界一般认为,梁跨度在 $150\sim200$ m 之间时,钢桥优于钢筋混凝土桥;跨度(指主跨径)大于 550 m 时,钢筋混凝土斜拉桥优于钢斜拉桥。

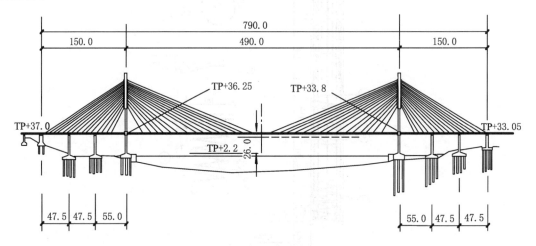

图 18-11　斜拉桥实例(一)

图 18-12 所示为武汉长江二桥(斜拉桥)简图。图中断面图为主梁的横截面,属于预应力混凝土结构的双边箱开口型倒 T 形面,在边墩支点附近的梁底开口部分封闭,变为五室箱梁,梁面宽 29.4 m,顶面双向 1.5% 向左右两侧递降。主梁的支承体系为:边墩设竖向支座,塔墩处用挂索吊拉。

提示　注意斜拉桥的斜拉索与梁和塔是如何固定的。

2. 预应力混凝土斜腿刚架桥

预应力混凝土斜腿刚架桥(见图 18-3)适用于城市跨线立交和跨越深山、峡谷、水流湍急的河流。考虑到这些地段施工时不便搭脚手架,所以常采用吊篮悬臂拼装预制节段施工。在设计施工图上与其他钢筋混凝土桥设计图相比,这种桥有一些自己的特点。

图 18-13 为斜腿刚架桥总体布置图,从图中可知:桥全长 78.8 m,主跨径 40.0 m;斜腿长 9.75 m,高 4.52 m,斜腿脚与水平线成 $40°56'24''$ 夹角;梁上节段编号为 $1\sim28$ 号,共 27 节段;梁内细虚线为预制节段分界线。还可看出,梁与斜腿均采用直线型变截面。

图 18-14 为梁、腿节段拼装图。

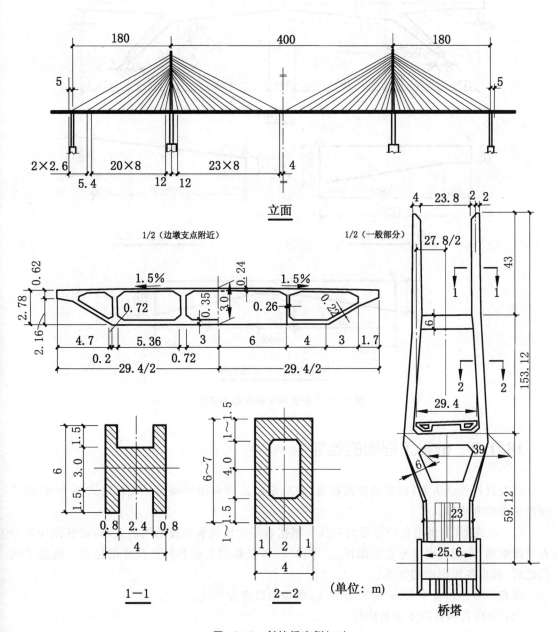

图 18-12　斜拉桥实例（二）

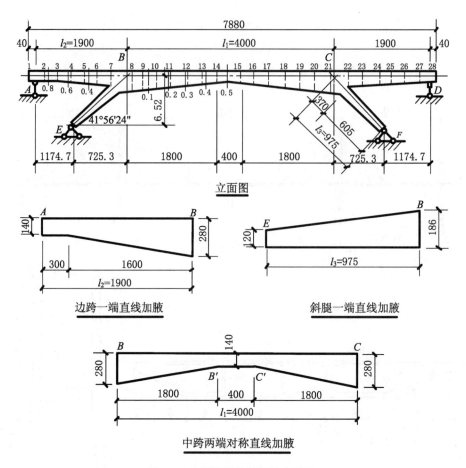

图 18-13　斜腿刚架桥总体布置图

18.1.3　桥梁工程图的绘制

首先选择表达方案,确定投影图数量,然后定出比例和图纸幅面。现以梁式桥为例,说明画图的方法和步骤。

(1) 布置图位,画出各投影图的基线。根据选用的比例和各投影图的大小,将各图均匀分布在图框内,布图时要注意留出图标、文字说明、各投影图名称和标注尺寸的位置。确定了图位之后,画出各投影图的基线。

注意　各图以桥中心线、跨径分界线、梁顶面线等为基线。

(2) 画出各构件的主要轮廓线。

(3) 画各构件的细部。根据主要轮廓线从大到小画全各构件的投影,要注意各投影图间的投影关系。

(4) 画出各细部结构轮廓线、尺寸线、标高符号、坡高符号等,注写尺寸数值、里程桩号等。材料断面符号可在加深图线时一次画出。

(5) 检查校核,按线型规格(见表 18-1)用铅笔描深或上墨线。根据画好的原图即可描图、复制。

表 18-1 桥梁图比例线型参考表

图 名	说 明	比 例	线 型
桥位平面图	表示桥梁在线路上的位置以及周围地物、地貌、地形、农田、房屋等	1∶500～1∶2 000	桥道路用粗实线,等高线的计曲线用中实线,其余用细实线
桥位地质断面图	表示桥位处的河床、地质断面及水文情况,高度比例较水平比例放大数倍画出	1∶100～1∶500(高面),1∶500～1∶2000(水平面)	河床底用粗实线,其他如土质层及材料代号均为细实线
桥梁总体布置图	表示桥梁的全貌,长、宽、高尺寸,标高,纵、横剖面图	1∶50～1∶500	立面图、平面图用中实线,纵、横剖面图的剖面用粗实线,其余用细实线
结构件图	表示桥的梁、桥台(墩)、人行道、栏杆等构造图	1∶10～1∶50	构件外形投影用中实线或细实线,剖断图外轮廓用细实线,钢筋用粗实线
详图	钢筋图,钢架、钢筋的焊接图,栏杆等细部花饰	1∶3～1∶10	钢筋用粗实线,其余一般用细实线

18.2 隧道工程图

隧道是铁路或公路穿越山岭及穿越河流河床底部、城市地面下层的工程建筑。

由于隧道建筑沿长度方向断面很少变化,所以表达内容较简单,即在等高线地形图上画平面图表达隧道的设计位置,用洞门图、横断面及洞内避车洞图表达各部分的形状与构造图。

18.2.1 隧道平面图

图 18-15 为某公路隧道的平面示意图。可以看出,隧道通过山岭,从西洞口桩号 4＋338 向东北方向的东洞口里程 4＋628,全长 290 m,为一直线。西洞口注明为一字式洞门,东洞门口为柱式洞门,隧道轴线方位为 NE61°30′。

18.2.2 隧道洞门图

隧道洞门设计图是依据洞口处地层的坚硬性系数及边坡、仰坡大小等因素选定的,总体上看有以下几种形式:端墙式(一字式)洞门(见图 18-16),翼墙式洞门(见图 18-17),柱式、环框式及阶梯式洞门。本书只提供了翼墙式洞门图样,如图 18-18 所示,供初学者参考。

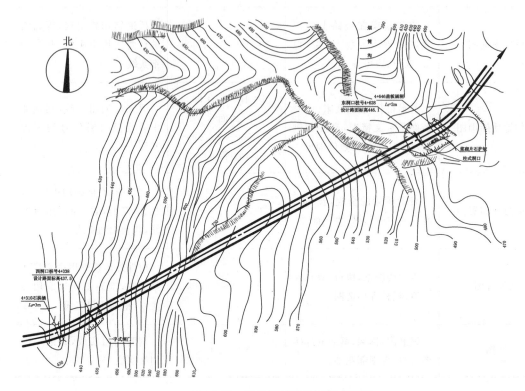

图 18-15　某公路隧道的平面示意图

图 18-16　端墙式隧道门　　　　　　　　**图 18-17　翼墙式隧道门**

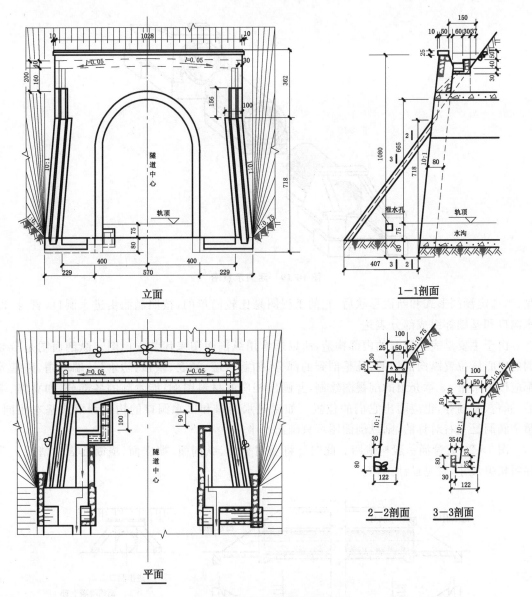

图 18-18　翼墙式隧道洞门图

18.3　涵洞工程图

涵洞是排泄少量流水的工程建筑。凡单孔涵洞跨径小于 5 m、多孔涵洞(最多不准超过 3 孔)跨径总长小于 8 m 以及圆管涵、箱涵均称为涵洞。

涵洞的种类很多,依所使用的建筑材料不同可分为石涵洞、钢筋混凝土涵洞,按其构造形式可分为圆管涵、盖板涵及拱涵等。涵洞由洞身、洞口及基础三部分组成。根据它们的横断面形状,可以把涵洞分为圆形涵、卵形涵、拱形涵、矩形涵等。图 18-19 是一个圆管涵洞的立体图,为使两侧路基及涵洞基础免受冲刷,洞口修筑了八字翼墙。

选择什么形式及横断面形状是由公路及城市(郊区)道路根据水力及受力要求确定的。但

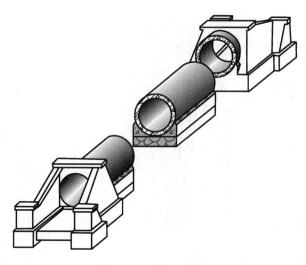

图 18-19　涵洞示意图

是,当选定涵洞形式和断面形状后,它的工程图是比较简单的,按照涵洞由进水洞口,管身、出水洞口和基础等组成部分表达。

　　由于主要是表达涵洞的内部构造,所以通常用纵剖面图来代替立面图。纵剖面图是沿涵洞的中心线位置纵向剖切的,凡是剖到的部分,如截水墙、涵底、拱顶、防水层、端墙帽、路基等都应按本书第13章介绍的剖视图绘制,并画出相应的材料图例;能看到的各部分,如翼墙、端墙、涵台、基础等,也应画出它们的位置。如果进水洞口和出水洞口的构造和形式基本相同。整个涵洞是左右对称的,则纵剖面图可只画出一半。

　　图 18-20 为管涵一般构造图。此图已将涵洞平面、纵剖面、端立面、横断面表达清楚。若注明相关尺寸,就是设计图样。

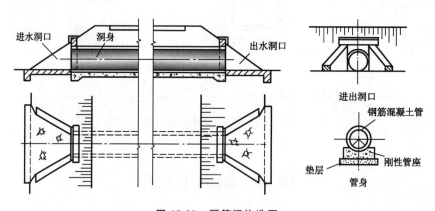

图 18-20　圆管涵构造图

　　另外,涵洞洞口还有不同形式,常见的有如下四种:

　　(1) 一字式设锥形护坡的洞口,如图 18-21 所示;

　　(2) 一字式(与人工渠道相接)洞口,如图 18-22 所示;

　　(3) 八字式洞口,如图 18-23 所示;

　　(4) 平头式洞口,如图 18-24 所示。

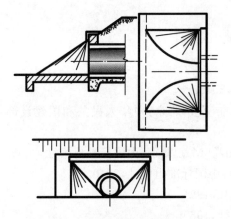

图 18-21 一字式设锥形护坡的洞口

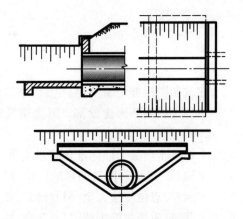

图 18-22 一字式(与人工渠道相接)洞口

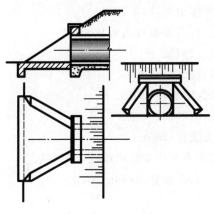

图 18-23 八字式洞口

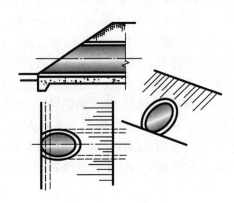

图 18-24 平头式洞口

学 习 引 导

18-1 桥、涵、隧工程图涉及江河、湖海、山谷等地形图与地质水文图,内容较多,本章只以图形的表达介绍一点基本知识。有关专业知识要在后续课程学习中解决。

18-2 了解桥、涵、隧工程图的图示内容及图形表达方法。

18-3 形体分析、投影分析仍然是本章读图的基本方法。但应注意看图名、看比例、看标题栏和文字附注说明。

思 考 题

18-1 从地物、地貌等客观条件到构形、外观、造价等方面比较教材中介绍的几种桥梁,粗略考虑如何选用桥型。将见过的桥型用迁移思维法触类旁通地加以比较。

18-2 在什么条件下选用涵洞?

参考文献

[1] 建筑制图标准汇编[M]. 北京:中国计划出版社,2010.

[2] 中华人民共和国建设部. 房屋建筑制图统一标准[S]. 北京:中华人民共和国建设部, 2002.

[3] 全国技术产品文件标准化技术委员会. 机械制图卷[M]. 北京:中国标准出版社,2006.

[4] 王槐德. 机械制图新旧标准代换教程[M]. 北京:中国标准出版社,2010.

[5] 张永声. 思维方法大全[M]. 南京:江苏科技出版社,1991.

[6] 王其昌. 看图思维规律[M]. 北京:机械工业出版社,1989.

[7] 王晓琴,宋玲. 工程制图与图学思维方法[M]. 武汉:华中科技大学出版社,2009.

[8] 王晓琴,贾康生. 阴影与透视[M]. 武汉:华中科技大学出版社,2012.

[9] 朱育万,卢传贤. 画法几何及土木工程制图[M]. 北京:高等教育出版社,2010.

[10] 林国华. 土木工程制图[M]. 北京:高等教育出版社,2013.

[11] 谭建荣,张树有. 图学基础教程[M]. 北京:高等教育出版社,2006.

[12] 丁宇明,黄水生. 土建工程制图[M]. 北京:高等教育出版社,2012.

[13] 何斌,陈锦昌. 建筑制图[M]. 北京:高等教育出版社,2010.

[14] 王桂梅. 形体的构成与表达[M]. 天津:天津大学出版社,2001.

[15] 黄其柏,阮春红. 画法几何及机械制图[M]. 武汉:华中科技大学出版社,2018.

[16] 大连理工大学工程画教研室. 机械制图[M]. 北京:高等教育出版社,2013.

二维码资源使用说明

本书配套数字资源以二维码的形式在书中呈现,读者第一次查看数字资源时,可利用智能手机微信扫码,扫码成功后提示微信登录,授权后进入注册页面,填写注册信息。按照提示输入手机号后点击获取手机验证码,稍后会收到4位数的验证码短信,在提示位置输入验证码成功后,重复输入两遍设置密码,点击"立即注册",注册成功(若手机已经注册,则在"注册"页底面选择"已有账号?绑定账号",进入"账号绑定"页面,直接输入手机号和密码,提示登录成功)。接着提示输入学习码,需刮开教材封底防伪涂层,输入13位学习码(正版图书拥有的一次性使用学习码),输入正确后提示绑定成功,即可查看二维码数字资源。手机第一次登录查看资源成功,以后便可直接在微信端扫码登录,重复查看本书所有的数字资源。